高等职业教育装备制造类专业系列教材

电气控制与PLC应用技术项目教程

DIANQI KONGZHI YU PLC YINGYONG JISHU XIANGMU JIAOCHENG

主　编　杨轶霞

副主编　陈浩龙　杨　虎

参　编　张　鑫　杨明皓

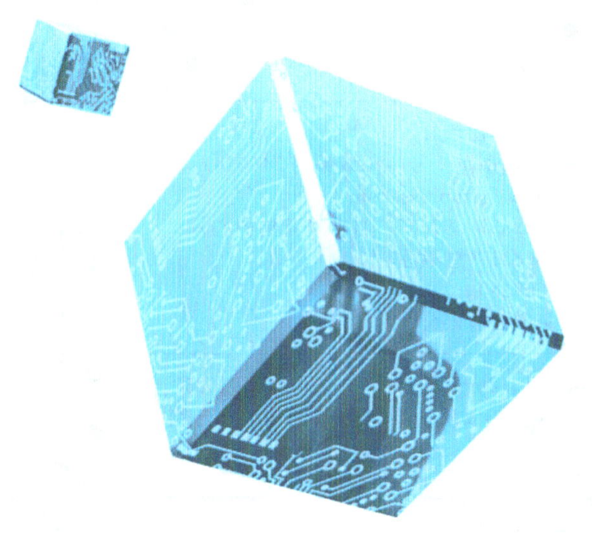

内容简介

本书以电动机基本控制电路、S7－200系列PLC常用指令和编程方法为主线，按照项目导向，任务驱动的模式，重点介绍了电动机基本电气控制电路、西门子S7－200系列PLC的工作原理和应用技术。全书包括电动机基本电气控制电路、S7－200系列PLC的认识基础、PLC基本逻辑指令及应用、PLC顺序控制指令及应用、PLC功能指令及应用、PLC控制系统设计及应用实例六个项目，并在附录中提供了常用电气设备图形和文字符号、S7－200系列PLC特殊存储器、S7－200系列PLC错误代码、S7－200系列PLC产品故障检查与处理、S7－200系列PLC指令集。

本书可作为高职高专院校电气自动化、机电一体化、光伏发电技术及应用和相关专业的教材，也可作为相关专业工程技术人员的培训教材和学习参考书。

图书在版编目(CIP)数据

电气控制与PLC应用技术项目教程／杨铁霞主编．—西安：西安交通大学出版社，2023.7

ISBN 978－7－5693－1369－7

Ⅰ．①电…　Ⅱ．①杨…　Ⅲ．①电气控制－高等职业教育－教材②PLC技术－高等职业教育－教材　Ⅳ．①TM571.2　②TM571.61

中国版本图书馆CIP数据核字(2019)第225775号

书　　名　电气控制与PLC应用技术项目教程
主　　编　杨铁霞
策划编辑　曹　昳　杨　璠
责任编辑　杨　璠　张明玥
责任校对　魏　萍
封面设计　任加盟

出版发行　西安交通大学出版社
（西安市兴庆南路1号　邮政编码710048）
网　　址　http://www.xjtupress.com
电　　话　(029)82668357　82667874(市场营销中心)
(029)82668315(总编办)
传　　真　(029)82668280
印　　刷　西安五星印刷有限公司

开　　本　787mm×1092mm　1/16　**印张**　19.625　**字数**　420千字
版次印次　2023年7月第1版　2023年7月第1次印刷
书　　号　ISBN 978－7－5693－1369－7
定　　价　55.00元

如发现印装质量问题，请与本社市场营销中心联系。
订购热线：(029)82665248　(029)82667874
投稿热线：(029)82668502
读者信箱：phoe@qq.com

甘肃工业职业技术学院
教材编写委员会

前言

PREFACE

本书是根据高职高专人才培养的目标，并考虑高职学生学情和课程项目化教学改革的方向，结合编者多年教学改革的实践经验，以"工学结合、项目引导、任务驱动、教学做一体"为原则编写的教材。

本书以培养学生的基本电气控制系统的安装、调试和PLC编程能力为核心，以工作任务为导向，以目前我国广泛应用的德国西门子公司S7－200系列PLC作为样机，系统地介绍了电动机基本控制电路，小型PLC的功能结构、工作原理，指令系统的使用，PLC控制系统设计方法和案例等内容。

全书共有6个项目，23个工作任务，按照"任务描述→任务目标→相关知识→任务实施→知识拓展"这一思路进行编排，力求把理论知识和实践技能有机结合在一起，学生通过完成工作任务达到学习知识、掌握技能的目的；在内容编写方面，注意难点分散，按照学生的认知规律（由浅入深、由简单到复杂）科学合理安排教材内容；在任务选取方面，充分考虑了技能的实用性和针对性，所选取的工作任务兼顾学生知识、技能和素养等全面发展。项目六的工作任务到知识拓展，层层递进，有利于拓展学生的思路、让学生由模仿到创新，循序渐进地提高能力。本书配有大量例题、训练习题，附录提供了常用电气设备图形和文字符号、S7－200系列PLC的特殊存储器、错误代码、产品故障检查与处理和S7－200系列PLC指令集。

本书的参考学时为90～110，其中实践环节为38～44学时，各项目的学时参见下面的学时分配表。

项　目	课程内容	学　时	
		理　论	实　训
项目一	三相异步电动机基本电气控制电路	10～12	8～10
项目二	S7-200 系列 PLC 的认识基础	6～8	2～4
项目三	PLC 基本逻辑指令及应用	12～16	8～10
项目四	PLC 顺序控制指令及应用	6～8	6～8
项目五	PLC 功能指令及应用	12～14	10～12
项目六	PLC 控制系统设计及应用实例	6～8	4
学时总计		52～66	38～44

本书由甘肃工业职业技术学院杨铁霞担任主编并统稿，甘肃工业职业技术学院陈浩龙和杨虎担任副主编。具体分工如下：陈浩龙编写项目一、项目四、附录 B；杨虎编写项目二、项目六；杨铁霞编写项目三、项目五；兰州市轨道交通有限公司的张鑫编写附录 A、C；国网平凉供电公司杨明皓编写附录 D、E，并在交流电机检修和 PLC 控制系统设计及应用实例等内容的编写上，提出了许多宝贵的意见和建议。另外，在编写过程中，编者参阅了大量的相关文献资料，在此向参考文献的作者们表示衷心的感谢！

由于编者水平有限，书中难免存在不足之处，恳请读者批评指正。

编　者

2023 年 5 月

目 CONTENTS 录

项目一　三相异步电动机基本电气控制电路 …… 1

任务一　三相异步电动机单向直接起动控制电路安装与调试 …… 1

任务二　三相异步电动机正反转控制电路安装与调试 …… 23

任务三　三相异步电动机顺序控制电路安装与调试 …… 35

任务四　三相异步电动机降压起动控制电路安装与调试 …… 45

项目二　S7-200 系列 PLC 的认识基础 …… 55

任务一　认识 PLC …… 55

任务二　S7-200 系列 PLC 的硬件与编程元件的认识 …… 67

任务三　STEP7-Micro/WIN 编程软件的使用 …… 83

项目三　PLC 基本逻辑指令及应用 …… 97

任务一　三相异步电动机的点动与长动 PLC 控制 …… 97

任务二　三相异步电动机正反转 PLC 控制 …… 105

任务三　三相异步电动机 Y-Δ 降压起动 PLC 控制 …… 120

任务四　啤酒灌装生产线的 PLC 控制 …… 128

任务五　密码锁的 PLC 控制 …… 136

项目四　PLC 顺序控制指令及应用 …… 143

任务一　自动运料小车的 PLC 控制 …… 143

任务二　自动门 PLC 控制 …… 153

任务三　彩灯与数码同时显示的 PLC 控制 …… 163

项目五　PLC 功能指令及应用 ………… 174

任务一　灯光喷泉显示 PLC 控制 ………… 174
任务二　多台电动机自动和手动运行的 PLC 控制 ………… 185
任务三　自动售饮机的 PLC 控制 ………… 197
任务四　水箱水位的 PLC 控制 ………… 213
任务五　三相异步电动机的转速测量 PLC 控制 ………… 223

项目六　PLC 控制系统设计及应用实例 ………… 244

任务一　十字路口交通信号灯的 PLC 控制系统设计 ………… 244
任务二　机械手的 PLC 控制系统设计 ………… 259
任务三　光伏电池组件跟踪光源的 PLC 控制系统设计 ………… 272

附录 A　常用电气图形、文字符号新旧对照表 ………… 283

附录 B　S7－200 系列 PLC 特殊存储器(SM) ………… 286

附录 C　S7－200 系列 PLC 错误代码 ………… 294

附录 D　S7－200 系列 PLC 产品故障检查与处理 ………… 297

附录 E　S7－200 系列 PLC 指令表 ………… 302

参考文献 ………… 305

项目一 三相异步电动机基本电气控制电路

教学目标

(1)熟悉常用低压电器的结构、工作原理、型号规格、符号、使用方法和作用。

(2)能正确选择和使用开关、熔断器、接触器、继电器、按钮等元器件。

(3)掌握电气控制线路国家统一的绘图原则和相应的国家标准。

(4)掌握三相异步电动机直接起动控制、限位控制、顺序控制、降压起动等控制电路的工作原理及安装接线方法。

(5)能根据控制要求,熟练画出典型控制电路原理图,并进行器件布局、电气接线和功能调试。

任务一 三相异步电动机单向直接起动控制电路安装与调试

任务描述

现代化工业生产中的大多数机械设备都是通过电动机进行拖动的,要使工业实际中的机械设备的各部件按设定的要求进行运动,保证满足生产加工过程和工艺的需要,就必须对电动机进行自动控制,即控制电动机的起动和停止、单向旋转、双向旋转、调速和制动等。到目前为止,继电器、按钮、接触器等低压电器构成的继电器-接触器控制线路仍然是应用极为广泛的控制方式。电动机点动和自锁电路是组成其他电路的基础,本任务就是学习如何对三相异步电动机进行点动和连续运行的控制,并完成三相异步电动机单向直接起动控制电路的安装与调试。

任务目标

熟悉低压开关、熔断器、交流接触器、热继电器、按钮的基本结构;理解它们的动作原理和用途;掌握其图形符号与文字符号,会选用常用低压电器。了解电气图的作用、分类和绘制原则;掌握三相异步电动机的点动、连续运行控制电路的工作原理及安装接线调试的方法。

相关知识

低压电器是指工作在交流 1 200 V、直流 1 500 V 及以下的电路中起通断、保护、控制或调节作用的电器产品。它是电力拖动自动控制系统的基本组成元件。低压电器种类繁多，用途广泛，工作原理各不相同。

一、刀开关的认识与使用

刀开关是结构最简单且应用最广泛的手动控制电器，主要类型有负荷开关、板形刀开关。在低压电路中，刀开关常用作电源引入开关，也可以用在不频繁起动的动力控制电路中，常见刀开关实物外形、图形符号及文字符号如图 1-1 所示。

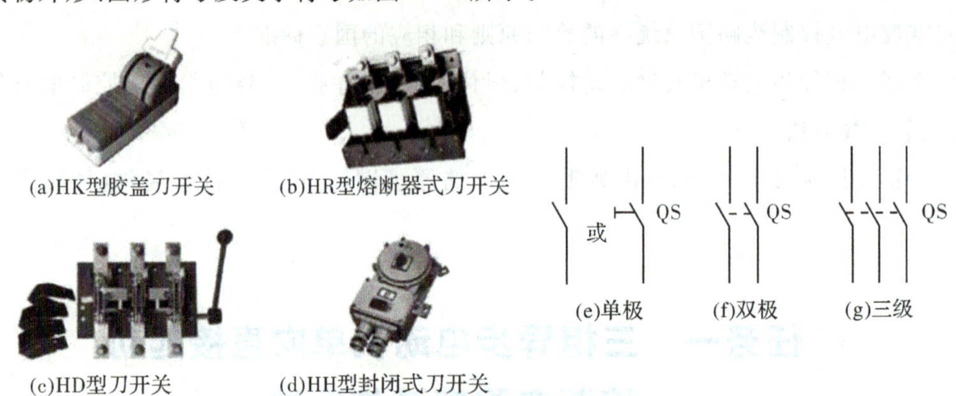

图 1-1 常见刀开关的实物外形、图形符号及文字符号

刀开关主要由手柄、刀片(触点)、接线座等部分组成，其主要结构如图 1-2 所示。

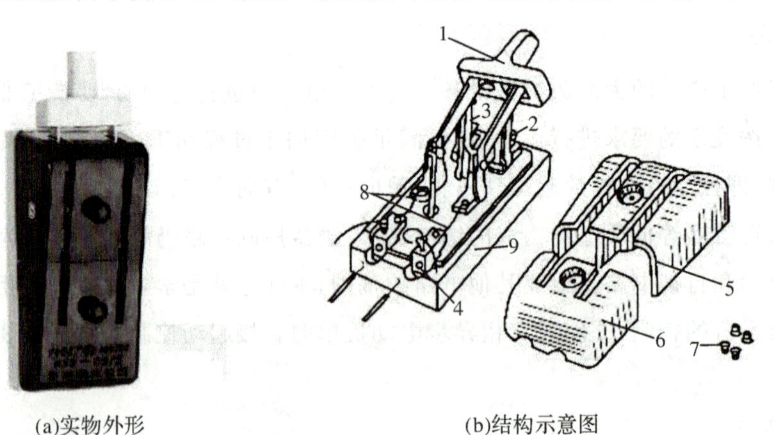

1—瓷质手柄；2—进线座；3—静夹座；4—出线座；5—上胶盖；
6—下胶盖；7—胶盖固定螺母；8—熔体；9—瓷质底座。

图 1-2 刀开关的实物外形与结构示意图

刀开关按刀片的数目可分为单极、双极和三极刀开关。在安装刀开关时，手柄要向上装，易于灭弧，不得倒装或者平装，否则手柄可能因自动下落而引起误合闸，危及人身和设备安全。接线时，电源线接在上端，下端接用电器，这样拉闸后刀片与电源隔离，用电器件不带电，保证安全。

刀开关常用的产品有 HD 11－HD 14和 HS 11－HS 13系列刀开关；HK1、HK2 系列开启式负荷开关；HH3、HH4 系列封闭式负荷开关；HR3 系列熔断器刀开关等。

二、熔断器的认识与使用

熔断器在电路中主要起短路保护作用，用于保护线路。熔断器具有结构简单、体积小、重量轻、使用维护方便、价格低廉、分断能力较好、限流能力良好等优点，因此在电路中得到广泛应用。熔断器实物外形、图形及文字符号如图 1-3 所示。

(a)RC型瓷插式熔断器

(b)NT型低压高分断能力熔断器

(c)RS型快速熔断器

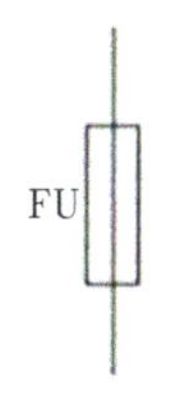

(d)图形及文字符号

图 1-3　常见熔断器实物图、图形及文字符号

1. 熔断器的结构和工作原理

熔断器主要是由熔体(俗称保险丝)和安装熔体的熔管(或熔座)组成。熔体是熔断器的主要部分，其材料一般由熔点较低、电阻率较高的金属材料(如铝锑合金丝、铅锡合金丝和铜丝等)制成。熔管是装熔体的外壳，由陶瓷、绝缘钢纸或玻璃纤维制成，在熔体熔断时兼有灭弧作用。

熔断器的熔体与被保护的电路串联，当电路正常工作时，熔体允许通过一定大小的电流而不熔断；当电路发生短路或严重过载时，熔体中流过很大的故障电流，当电流产生的热量达到熔体的熔点时，熔体熔断切断电路，从而达到保护电路的目的。

电流流过熔体时产生的热量与电流的平方和电流通过的时间成正比，因此，电流越大，熔体熔断的时间越短。这一特性称为熔断器的保护特性(或安-秒特性)，如图 1-4 所示。

熔断器的安-秒特性为反时限特性，即短路电流越大，熔断时间越短，这样就能满足短路保护的要求。由于熔断器对过载反应不灵敏，不宜用于过载保护，主要用于短路保护。

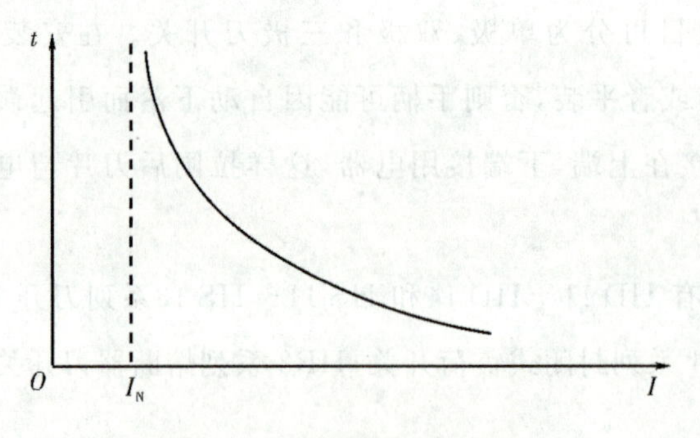

图 1-4 熔断器的保护特性

2.熔断器的分类

熔断器的类型很多,按结构形式可分为瓷插式熔断器、螺旋式熔断器、封闭管式熔断器、快速式熔断器和自复式熔断器。下面介绍两种最常见的熔断器,瓷插式熔断器和螺旋式熔断器。

1)瓷插式熔断器

瓷插式熔断器的结构示意图,如图 1-5 所示。由于瓷插式熔断器的结构简单、价格便宜且更换熔体方便,因此广泛应用于 380 V 及以下的配电线路末端,作为电力、照明负荷的短路保护。

2)螺旋式熔断器

螺旋式熔断器的结构示意图,如图 1-6 所示。熔管上有一个标有颜色的熔断指示器,当熔体熔断时熔断指示器会自动脱落,显示熔丝已熔断。

在装接使用时,电源线应接在下接线座,负载线应接在上接线座,这样在更换熔管时(旋出瓷帽),金属螺纹壳的上接线座便不会带电,保证维修者安全。它多用于机床配线中作短路保护。

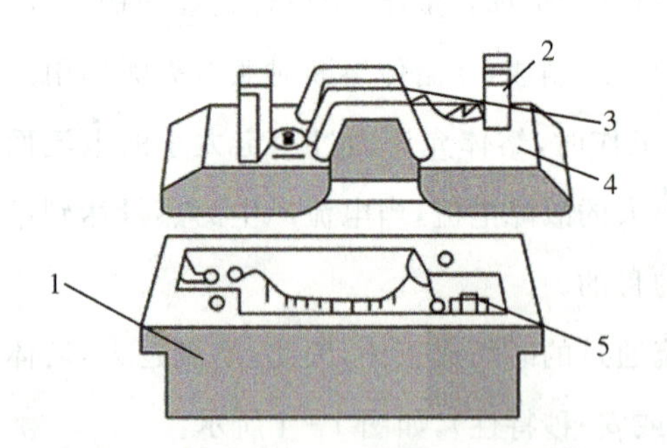

1—瓷底座；2—动触点；3—熔锡；4—瓷插件；5—静触点。

图 1-5 瓷插式熔断器

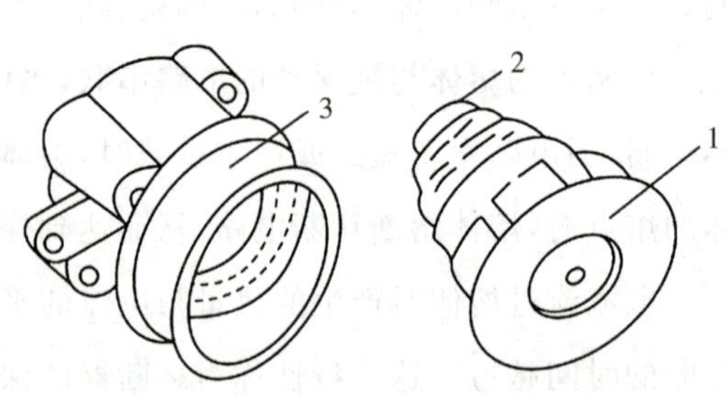

1—瓷帽；2—熔体；3—底座。

图 1-6 螺旋式熔断器

3.熔断器的选择

在选用熔断器时,应根据被保护电路的需要,首先确定熔断器的类型,然后选择熔体的规格，再根据熔体确定熔断器的规格。

1）熔断器类型的选择

选择熔断器的类型要根据线路要求、使用场合、安装条件、负载要求的保护特性和短路电流的大小等来进行。电网配电一般用管式熔断器；电动机保护一般用螺旋式熔断器；照明电路一般用瓷插式熔断器；保护晶闸管则应选择快速式熔断器。

2）熔断器额定电压的选择

熔断器的额定电压大于或等于线路的工作电压。

3）熔断器熔体额定电流的选择

对于变压器、电炉和照明等负载，熔体的额定电流应略大于或等于负载电流。

对于单台电动机，熔体的额定电流应大于或等于 1.5～2.5 倍的电动机额定电流。

对于多台电动机，熔体的额定电流应大于或等于其中最大一台电动机额定电流的 1.5～2.5 倍，再加上其余电动机额定电流的总和。

4）熔断器额定电流的选择

熔断器的额定电流必须大于或等于所装熔体的额定电流。

三、接触器的认识与使用

接触器是一种受控、可以频繁地接通或断开交、直流主电路及大容量控制电路的控制电器，其主要控制对象是电动机，也可以用于控制其他电力负荷、电热设备、电焊机与电容器组等。接触器不仅能够实现远距离自动控制，还具有低电压释放保护功能，操作频率高、工作可靠、性能稳定、使用寿命长、维护方便等优点，在电力拖动自动控制线路中得到了广泛应用。由于它只能接通和分断负荷电流，不具备短路和过载保护作用，故必须与熔断器、热继电器等保护电器配合使用。接触器按主触点通过的电流种类的不同分为交流接触器和直流接触器。

1. 交流接触器

交流接触器常用于远距离接通和分断电压在 660 V 以内、电流在 600 A 以内的交流电路，以及频繁起动和控制交流电动机。其实物如图 1－7 所示。

(a)CJ20系列

(b)B370-30-22系列

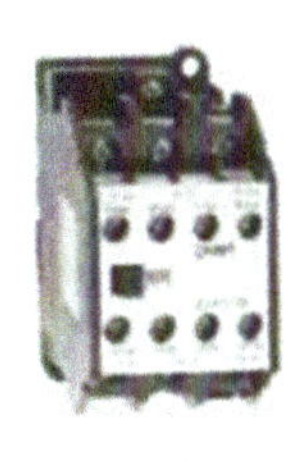

(c)CJX1系列

(d)CJ10系列

图 1－7　交流接触器实物图

它主要由触点系统、电磁机构和灭弧装置等部分组成。其结构示意图、图形及文字符号如图 1-8 所示。

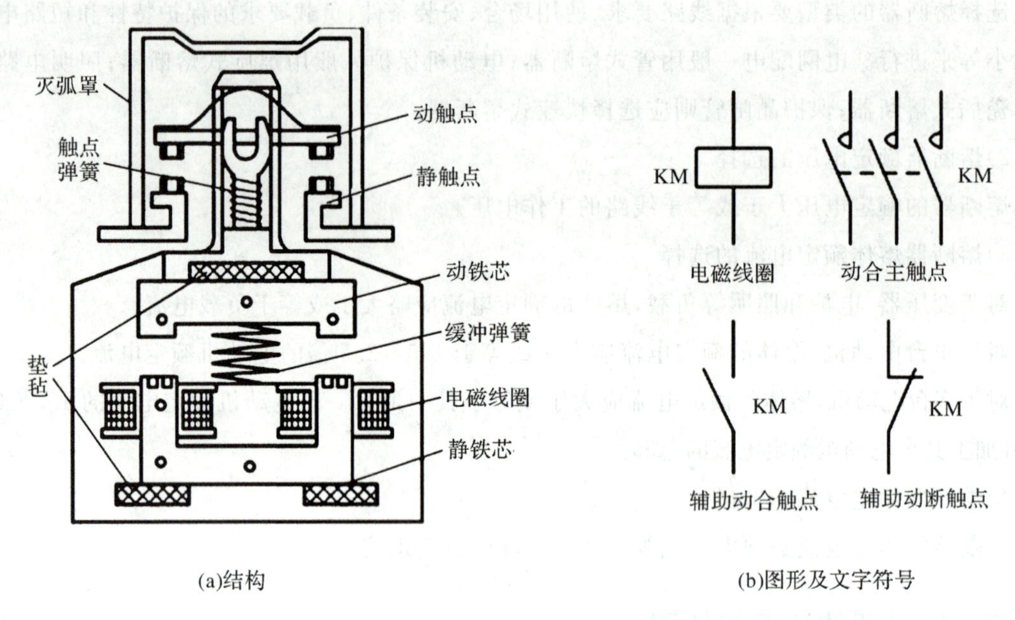

(a)结构　　(b)图形及文字符号

图 1-8　交流接触器的结构、图形及文字符号

1)触点系统

触点系统是交流接触器的执行元件,用来接通或分断所控制的电路,触点系统必须工作可靠,接触良好。

交流接触器的触点有主触点和辅助触点之分,主触点一般由三对接触面积较大的常开触点组成,用以通断电流较大的主电路,当主电路电流较大时,主触点要安装在灭弧罩内。辅助触点用以通断电流较小的控制回路,由常开触点和常闭触点组成。特别要说明的是接触器在通电吸合和断电释放的过程中,触点动作是有先有后的,当电磁线圈通电衔铁吸合时,常闭触点首先断开,继而常开触点闭合;电磁线圈断电衔铁释放时,常开触点首先恢复断开,继而常闭触点恢复闭合。两种触点在改变工作状态时,先后有个时间差,尽管这个时间差很短,但对分析电路的控制原理是很重要的。

2)电磁机构

交流接触器电磁机构由电磁线圈、静铁芯和动铁芯(衔铁)组成。铁芯上装有短路铜环,以减少衔铁吸合后的振动和噪声。线圈一般采用电压线圈(线径较小,匝数较多,与电源并联)。交流接触器线圈在其额定电压的 85%～105%时,能可靠地工作。电压过高,则磁路趋于饱和,线圈电流将显著增大,线圈有被烧坏的危险;电压过低,则吸不牢衔铁,触点跳动,会影响电路正常工作,而且线圈电流会达到额定电流的十几倍,使线圈过热而被烧坏,因此电压过高或过低都会造成线圈发热而被烧毁。

3)灭弧装置

交流接触器分断大电流电路时，会在动、静触点之间产生很强的电弧，因此，灭弧是接触器的主要任务之一。容量较小(10 A 以下)的交流接触器一般采用双断触点电动力灭弧。容量较大(20 A 以上)的交流接触器一般采用灭弧栅灭弧。

4)其他部分

交流接触器的其他部分有底座、反力弹簧、缓冲弹簧、触点压力弹簧、传动机构和接线柱等。反力弹簧的作用是当吸引线圈断电时，迅速使所有触点复位；缓冲弹簧的作用是缓冲衔铁在吸合时对静铁芯和外壳的冲击力；触点压力弹簧的作用是增加动、静触点之间的压力，增大接触面积以降低接触电阻，避免触点由于接触不良而过热灼伤，并有减振作用。

交流接触器的工作原理：当给交流接触器的电磁线圈通入交流电时，在铁芯上会产生电磁吸力，克服弹簧的反作用力，将衔铁吸合，衔铁的动作带动动触点的运动，使常开主触点和常开辅助触点闭合，常闭辅助触点断开。当电磁线圈失电后，铁芯上的电磁吸力消失，衔铁在弹簧的作用下回到原位，各触点也随之回到原始状态。

常用的交流接触器有 CJ10、CJ20、CJ40 等系列产品。CJ20 系列交流接触器的结构优点是体积小，重量轻，易于维护。CJ20 系列产品型号的含义如下：

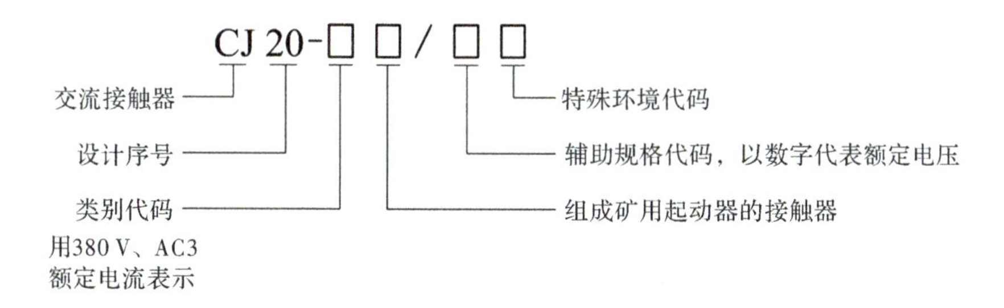

2. 直流接触器

直流接触器主要用于远距离接通与分断额定电压在 440 V 以内、额定电流在 630 A 以内的直流电路。直流接触器的结构和工作原理与交流接触器类似。在结构上也是由触点系统、电磁机构和灭弧装置等部分组成。只不过是铁芯的结构、线圈形状、触点形状和数量、灭弧方式等方面有所不同而已。

3. 接触器的主要技术参数

(1)额定电压。接触器铭牌上标注的额定电压是指主触点正常工作的额定电压。交流接触器常用的额定电压等级有：127 V、220 V、380 V、660 V。

(2)额定电流。接触器铭牌上标注的额定电流是指主触点的额定电流，它是在规定条件下(额定工作电压、使用类别、额定工作制和操作频率等)，保证电器正常工作的电流值。交、直流接触器常用的额定电流的等级有：10 A、20 A、40 A、60 A、100 A、150 A、250 A、400 A、600 A。

(3)线圈的额定电压。线圈的额定电压指接触器吸引线圈正常工作的电压值。交流线圈常用的电压等级为:36 V、110 V、127 V、220 V、380 V。

(4)主触点的接通和分断能力。主触点的接通和分断能力指主触点在规定的条件下能可靠地接通和分断的电流值。在此电流值下,接通时主触点不发生熔焊,分断时不应产生长时间的燃弧。

(5)额定操作频率。额定操作频率是指每小时允许的最高操作次数。操作频率直接影响接触器的电耐久性及灭弧室的工作条件,对于交流接触器还影响线圈的温升,是一个重要的技术指标。

(6)机械耐久性与电耐久性。机械耐久性是指接触器所能承受的无载操作的次数,电耐久性是指在规定的正常工作条件下,接触器带负载操作的次数。接触器是频繁操作的电器,应有较长的机械耐久性和电耐久性,目前有些接触器的机械耐久性已达 1 000 万次以上,电耐久性已达 100 万次以上。

4. 交流接触器的选用

1)使用类别的选用

交流接触器控制的负载有电动机负载和非电动机负载(如电热、照明及电焊机等)两类。如果是电动机负载,就应该根据电动机负载的轻重程度来选择交流接触器。

2)接触器主触点的额定电压选择

接触器主触点的额定电压应大于或等于负载的额定电压。

3)接触器主触点额定电流的选择

主触点的额定电流应大于负载电路的额定电流。对于电动机负载,接触器主触点额定电流按下式计算:

$$I_N = \frac{P_N \times 10^3}{\sqrt{3}U_N \cos\varphi \cdot \eta} \text{(A)} \tag{1-1}$$

式中,P_N ——电动机功率(kW);

U_N ——电动机额定线电压(V);

$\cos\varphi$ ——电动机功率因数,其值一般在 0.85~0.9;

η ——电动机的效率,其值一般在 0.8~0.9。

4)接触器吸引线圈电压的选择

交流接触器采用交流电磁机构时,吸引线圈的额定电压一般直接选用 380 V 或 220 V。如遇特殊情况,也可选用 127 V 或 36 V,这时接触器线圈额定电压与主电路电压不同,需要附加一个控制变压器。

5. 交流接触器的常见故障和排除方法

交流接触器是电力系统中最常用的控制电器,若交流接触器发生故障,则容易造成设备和人身事故,必须设法排除。下面对交流接触器常见的几种故障现象加以分析,并给出相应的处理方法。

1)交流接触器不吸合或吸合不足

主要故障原因:电源电压过低,线圈断线,铁芯机械卡阻,触头压力弹簧压力过大。

处理方法:提高电源电压,更换线圈,排除卡阻物,调整触头参数。

2)线圈断电后交流接触器不释放或释放缓慢

主要故障原因:触点被电弧熔焊在一起、触头压力弹簧弹力不足、铁芯剩磁太大、铁芯表面有油污。

处理方法:修理或更换触头,调整触头压力弹簧的压力或更换反力弹簧,更换铁芯,清理铁芯表面。

3)触头熔焊

主要故障原因:操作频率过高或过载使用,负荷侧短路,触头压力弹簧压力过小。

处理方法:调整更换交流接触器或减小负载;排除短路故障,更换触头;调整触头压力弹簧压力。

4)铁芯噪声过大

主要故障原因:短路环损坏或脱落;复位弹簧弹力等。

处理方法:调整铁芯或短路环,减小触头压力弹簧压力。

5)线圈过热或烧毁

主要故障原因:线圈匝间短路、操作频率过高,线圈参数与实际使用不符,铁芯机械卡阻。

处理方法:排除故障或更换线圈,更换合适的交流接触器,调整线圈或更换合适的交流接触器,排除卡阻物。

四、热继电器的认识与使用

继电器是根据电流、电压、时间、温度和速度等信号来接通或分断小电流电路和电器的控制元件。常用的继电器有热继电器、过电流继电器、欠电压继电器、时间继电器、速度继电器、中间继电器等。

热继电器是利用电流通过发热元件产生热量,使检测元件的物理量发生变化,推动执行机构动作的一种保护电器。主要与接触器配合使用,用来对连续运行的三相异步电动机进行长期过载和断相保护,以防止电动机过热而烧毁的保护电器。由于发热元件具有热惯性,所以热继电器不能对电路做瞬时过载和短路保护,图 1-9 为热继电器实物图。

常用的热继电器有 JR2、JR20 等系列,每一系列的热继电器一般只能和相应系列的接触器配套使用,如 JR20 热继电器和 CJ20 接触器配套使用,T 系列热继电器常与 B 系列交流接触器组合成电磁起动器等。

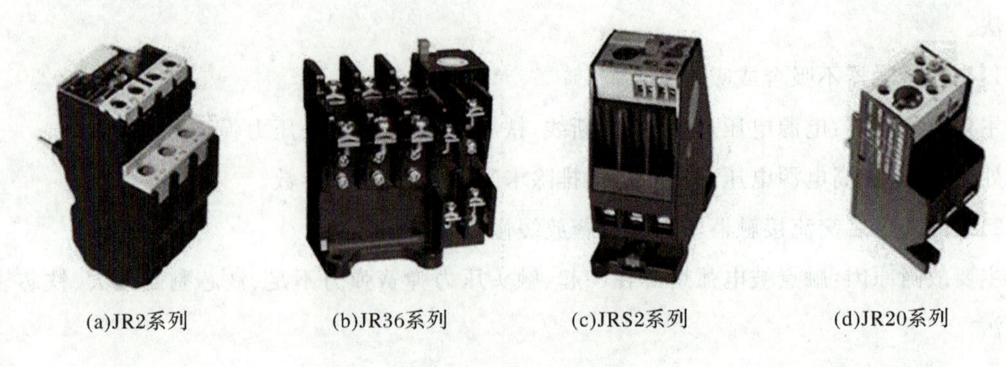

(a)JR2系列　(b)JR36系列　(c)JRS2系列　(d)JR20系列

图 1-9　热继电器实物图

JR 系列热继电器的型号含义如下：

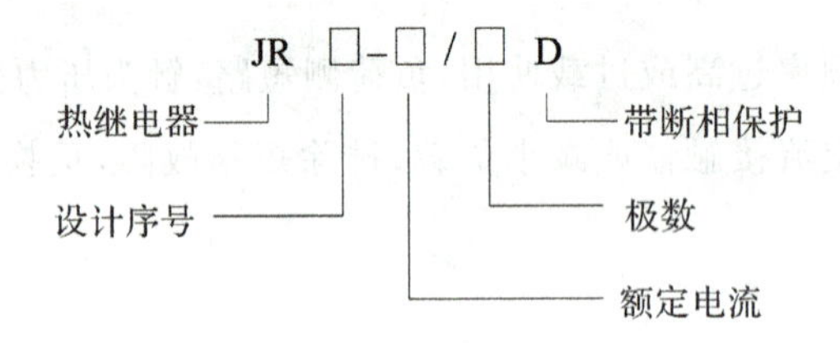

1. 热继电器的结构

热继电器是一种利用电流通过热元件时产生热效应来切断电路的保护电器。按其动作方式分为双金属片式、易熔合金式等。由于双金属片式结构简单、体积较小、成本较低，同时选择适当的热元件可以得到良好的反时限特性(即电流越大越容易动作)，所以应用最广泛。

热继电器主要由发热元件、双金属片、触点系统、动作机构等元件组成，其结构、图形及文字符号如图 1-10 所示。

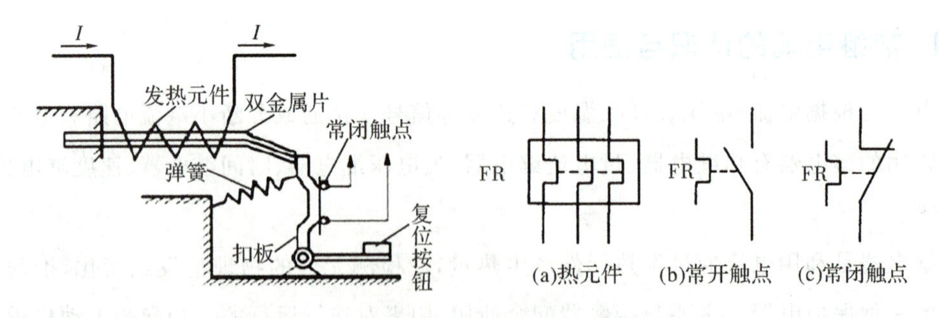

图 1-10　热继电器结构示意图、图形及文字符号

2. 热继电器的工作原理

热继电器的发热元件(电阻丝)绕在具有不同热膨胀系数的双金属片上，下层金属的热膨胀系数大，上层金属的热膨胀系数小。当电路正常工作时，对应的负载电流流过发热元件产生的热量不足以使双金属片产生明显的变形；当设备过载时，负载电流增大，与它串联的发热元件产

生的热量使双金属片的自由端便向上弯曲与扣板脱离接触，扣板在弹簧的拉力下使热继电器的触点动作，其常闭触点断开，常开触点闭合。触点是接在电动机的控制电路中的，控制电路断开便使接触器的线圈失电，从而断开电动机的主电路，达到保护的目的。

3. 热继电器的选用

(1)热继电器有两相式、三相式和三相带断相保护等形式。星形联结的电动机及电源对称性较好的情况可选用两相结构的热继电器；对于电网均衡性差的电动机，宜选用三相结构的热继电器。三角形联结的电动机应选用带断相保护装置的三相结构热继电器。

(2)热元件的额定电流等级一般应等于电动机额定电流的 0.95～1.05 倍，热元件选定后，再根据电动机的额定电流调整热继电器的整定电流，使整定电流与电动机的额定电流相等。

(3)对于工作时间短、间歇时间长的电动机，以及虽长期工作，但过载可能性小的(如风机电动机)，可不装设过载保护。

(4)双金属片式热继电器一般用于轻载、不频繁起动的电动机的过载保护。对于重载、频繁起动的电动机，则可用过电流继电器(延时动作型)作它的过载保护和短路保护。因为热元件受热变形需要时间，故热继电器不能用作短路保护。

(5)热继电器有手动复位和自动复位两种方式。对于重要设备，宜采用手动复位方式；如果热继电器和接触器的安装地点远离操作地点，且从工艺上又易于看清过载情况，宜采用自动复位方式。

另外，热继电器必须按照产品说明书规定的方式安装。当与其他电器安装在一起时，应将热继电器安装在其他电器的下方，以免其动作受其他电器发热的影响。

4. 热继电器的常见故障和排除方法

热继电器的故障主要有热元件烧断、误动作、不动作、接触不良四种情况。

1)热元件烧断

当热继电器负荷侧出现短路或电流过大时，会使热元件烧断。这时应切断电源检查线路，排除电路故障，重新选用合适的热继电器。更换后应重新调整整定电流值。

2)热继电器误动作

误动作的原因有：整定值偏小，以致未出现过载就动作；电动机起动时间过长，使热继电器在起动过程中产生误动作；设备操作频率过高，使热继电器经常受到起动电流的冲击而误动作；使用场合有强烈的冲击及振动，使热继电器操作机构松动而使常闭触点断开；环境温度过高或过低，使热继电器出现未过载而误动作，或出现过载而不动作，这时应改善使用环境条件，使环境温度不高于 40 ℃且不低于－30 ℃。

3)热继电器不动作

整定值调整得过大或动作机构卡死、推杆脱出等原因均会导致过载，使热继电器不动作。

4)接触不良

热继电器常闭触点接触不良，将会使整个电路不工作。使用中应定期除去尘埃和污垢。若双金属片出现锈斑，可用棉布蘸上汽油轻轻揩拭，切忌用砂纸打磨。

五、按钮的认识与使用

按钮又称控制按钮或按钮开关。它通常用来接通或分断控制电路，以控制接触器、继电器等电器，从而控制电动机和生产设备运行，或用于信号电路和电气联锁电路，其外形示意图如图1-11所示。

图1-11　按钮外形示意图

按钮主要由按钮帽、复位弹簧、常闭触点、常开触点、接线柱及外壳等组成，其结构示意图、图形符号及文字符号如图1-12所示。操作时，当按钮帽的动触点向下运动时，先与常闭静触点分开，再与常开静触点闭合；当操作人员将手指放开后，在复位弹簧的作用下，动触点向上运动，恢复初始位置。在复位的过程中，先是常开触点分断，然后是常闭触点闭合。

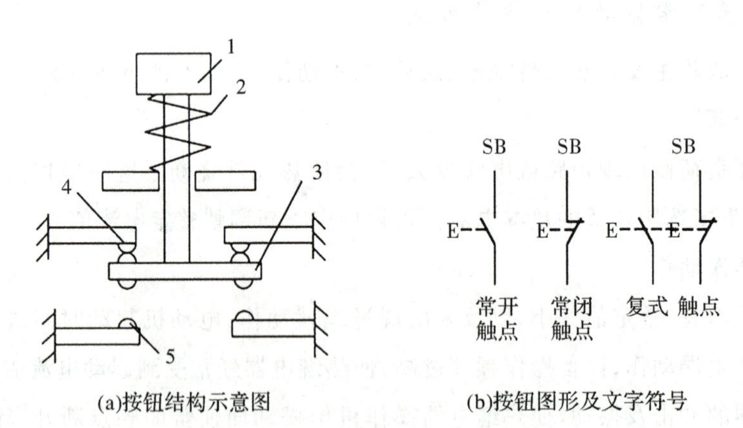

(a)按钮结构示意图　(b)按钮图形及文字符号

1—按钮帽；2—复位弹簧；3—动触点；4—常闭静触点；5—常开静触点。

图1-12　按钮结构示意图、图形符号及文字符号

为了标明各种按钮的作用，避免误动作，通常将按钮帽做成不同的颜色，以示区别。

按钮的颜色有红、绿、黑、黄、蓝，以及白、灰等多种，供不同场合选用。GB 5226.1—2019对

按钮的颜色做了如下规定："停止"和"急停"按钮的颜色必须是红色，当按下红色按钮时，必须使设备停止工作或断电；"起动"按钮的颜色是绿色；"起动"与"停止"交替动作的按钮的颜色必须是黑白、白色或灰色，不得用红色和绿色；"点动"按钮的颜色必须是黑色；复位按钮的颜色（如保护继电器的复位按钮）必须是蓝色，当复位按钮还具有停止的作用时，则必须是红色。

常用的按钮种类有 LA2、LA18、LA19 和 LA20 等。

六、电气控制系统图的识图

电气控制系统是由许多电气元器件按照一定要求连接而成的。为了清晰地表达生产机械电气控制系统的结构、组成、工作原理和设计意图，同时也为了便于电气系统的安装、调试、使用和维修，需要将电气控制系统中各电气元器件及其连接关系用一定的图形符号、文字符号和连接线表示出来，这种图被称为电气控制系统图。

常用电气控制系统图有 3 种：电气原理图、电气元器件布置图和电气安装接线图。

1. 电气原理图

如图 1－13 所示，电气原理图是用图形和文字符号表示电路中各电气元器件导电部件的连接关系和工作原理的图样，为了便于阅读与分析控制线路，电气原理图不按照电气元器件的实际布置位置来绘制，也不反映电气元器件的实际大小和安装位置。

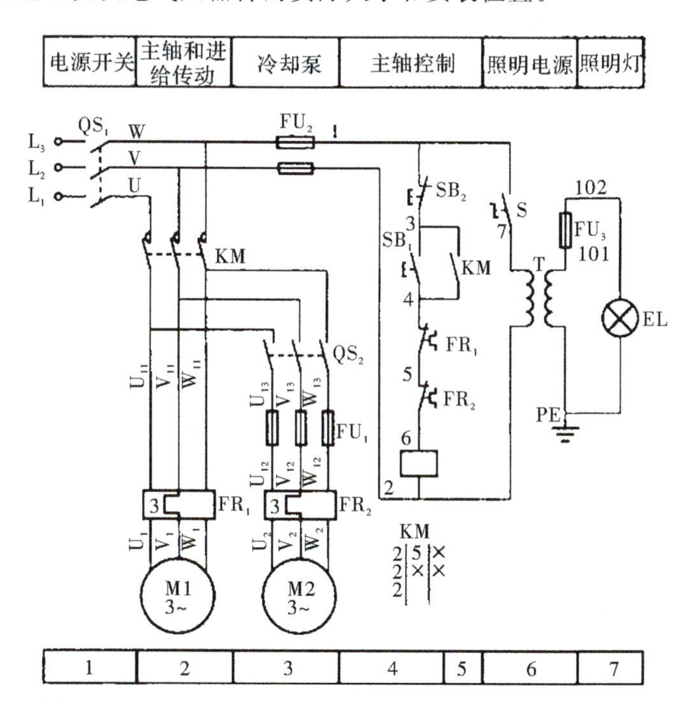

图 1－13　C620－1 型车床电气原理图

下面以图 1-13 所示的电气原理图为例介绍电气原理图的绘制原则、方法，以及注意事项。

1)电气原理图的绘制标准

电气原理图中，应包含电气控制系统内的全部电机、电器和其他器械的带电部件，所有电气元器件的图形符号和文字符号都必须符合国家的最新制图标准。

2)电气原理图的组成

电气原理图一般分为主电路和辅助电路两部分。主电路就是从电源到电动机大电流通过的路径。辅助电路包括控制电路、照明电路、信号电路及保护电路等，由继电器和接触器的线圈、继电器的触点、接触器的辅助触点、按钮、照明灯、信号灯、控制变压器等电气元器件组成。主电路用粗线绘制在图面的左侧或上方；辅助电路用细实线绘制在图面的右侧或下方。

3)电气原理图中电气元器件的画法

电气原理图中，各电气元器件不画实际的外形图，而是采用图形符号和文字符号来表示，并采用电气元器件分开表示的画法。即在电气原理图中，各个电气元器件和部件在控制线路中的位置，应根据便于阅读的原则安排。同一电气元器件的各个部件可以不画在一起。例如，接触器、继电器的线圈和触点可以不画在一起。

4)电气原理图中电气触点的画法

在原理图中，元件、器件和设备的触点(包括可动部分)，都按没有通电和没有外力作用时的开闭状态画出。例如，电磁式继电器和接触器的触点，按电磁线圈不通电的状态画；主令控制器、万能转换开关的触点按手柄处于零位时的状态画；按钮、行程开关的触点按不受外力作用时的状态画；断路器和开关电器的触点按断开状态画。

当电气触点的符号垂直放置时，以“左常开，右常闭”原则绘制，即垂线左侧的触点为常开触点，垂线右侧的触点为常闭触点；当触点的符号水平放置时，以“上常闭，下常开”原则绘制，即水平线上方的触点为常闭触点，水平线下方的触点为常开触点。

5)电气原理图的布局

原理图的绘制应布局合理、排列均匀，为了便于看图，可以水平布置，也可以垂直布置。电气元器件应按功能布置，并尽可能按工作顺序排列，其布局顺序应该是从上到下，从左到右。电路垂直布置时，类似项目宜横向对齐；水平布置时，类似项目应纵向对齐。

6)线路连接点、交叉点的绘制

电气原理图中，需要测试和拆接的外部引线端子，用“空心圆”表示；有直接联系的交叉导线连接点，要用“黑圆点”表示；无直接联系的交叉导线连接点不画黑圆点。

7)在阅读电气原理图时，如果能准确知道电气元器件各个导电部分在图中的位置，将便于对原理的理解，为此在绘制原理图时，往往需要在图中加入元器件符号位置索引。

有了符号位置索引，电气原理图中接触器和继电器线圈与触点的从属关系就可用如下方法表示：在原理图中相应线圈的下方，给出触点的文字符号，并在其下方注明相应触点的索引代号，对未使用的触点用“×”表明，“×”有时也可省略。

对接触器，上述表示法中各栏的含义如下：

左栏——主触点所在图区代号；

中栏——辅助动合触点所在图区代号；

右栏——辅助动断触点所在图区代号。

对继电器，这种表示方法中各栏的含义如下：

左栏——动合触点所在图区代号；

右栏——动断触点所在图区代号。

2. 电气元器件布置图

电气元器件布置图主要是用来表明电气设备上所有电器元件的实际位置，是生产机械电气控制设备制造、安装和维修必不可少的技术文件。通常电气元器件布置图与电气安装接线图组合在一起，既起到电气安装接线图的作用，又能清晰表示出电器的布置情况。C620－1 型车床的电气元器件布置图如图 1－14 所示。

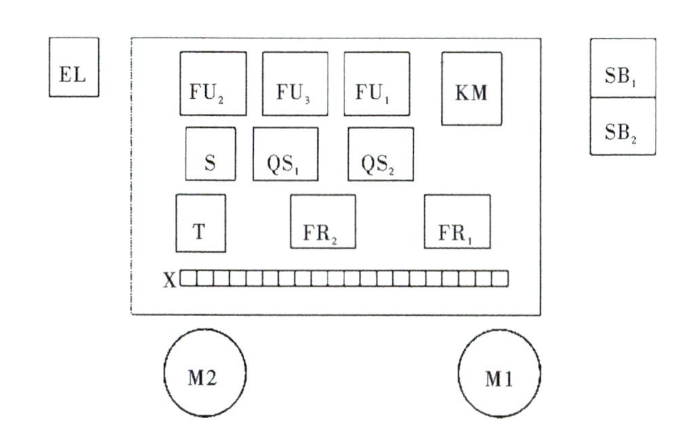

图 1－14　C620－1 型车床电器布置图

3. 电气安装接线图

电气安装接线图是根据电气原理图和电气元器件布置图进行绘制的技术文件，是为安装电气设备，进行施工配线、敷线，以及检修电气故障等服务的重要技术资料。

电气安装接线图是用规定的图形符号，按各电气元器件相对位置绘制的实际接线图，它清楚地表示了各电气元器件的相对位置和它们之间的电路连接，所以安装接线图不仅要把同一电器的各个部件画在一起，而且各个部件的布置要尽可能符合这个电器的实际情况，不但要画出控制柜内部之间的电器连接，还要画出柜外电器的连接。但对比例和尺寸没有严格要求。电气安装接线图中的回路标号是电器设备之间、电气元器件之间、导线与导线之间的连接标记，它的文字符号和数字符号必须与原理图中的标号一致。如图 1－15 所示为 C620－1 型车床的电气安装接线图。

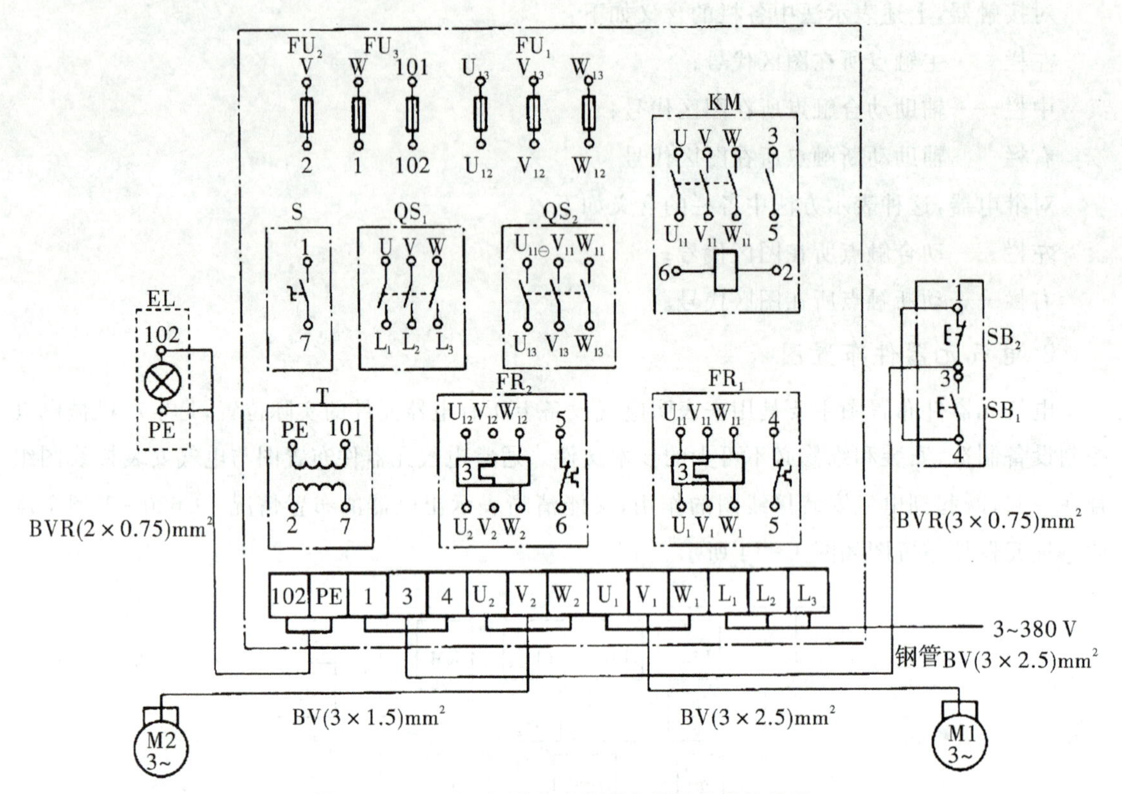

图 1-15　C620-1 型车床电器布置及安装接线图

七、电动机单向运行控制线路

1. 负荷开关控制的直接起动控制

铁壳开关起动控制线路如图 1-16 所示，图中开关 QS 可以采用胶盖瓷底开关、转换开关或铁壳开关，用以控制电动机的起动和停止。熔断器 FU 用作短路保护。

这种线路比较简单，对容量较小、起动不频繁的电动机来说，是经济方便的起动控制方法。但在容量较大、起动频繁的场合，使用这种方法既不方便，也不安全，更不能进行自动控制。因此，目前广泛采用按钮与接触器来控制电动机的运转。

2. 点动控制线路

点动控制线路是一种“一按(点)就动，一松(放)就停”的控制电路，它是用按钮、接触器来控制电动机的最简单的控制线路，电动机单向旋转控制线路图如图 1-17 所示。

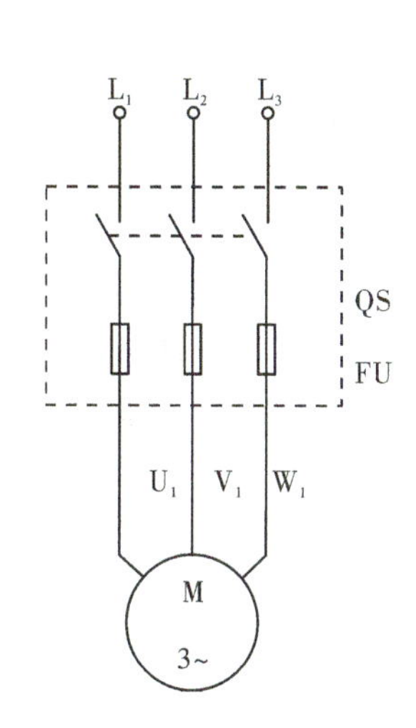

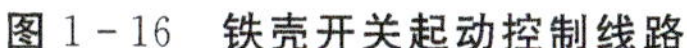
图 1-16 铁壳开关起动控制线路

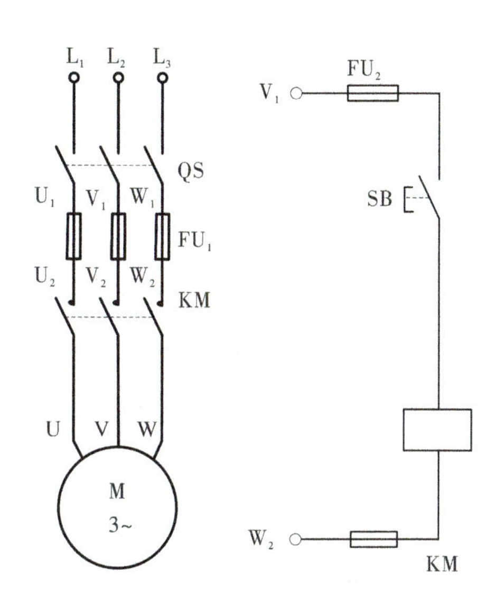

图 1-17 电动机单向旋转控制线路

点动控制线路原理图可分成主电路和控制电路两大部分。主电路由电源开关 QS、熔断器 FU_1、接触器 KM 的主触点和电动机 M 组成，其中 QS 作隔离开关、FU_1 用作对电动机进行短路保护、KM 的主触点充当负荷开关，它们和电动机 M 组成的通过大电流的电路，其作用是将三相交流电送入电动机中使其旋转。控制电路由熔断器 FU_2、按钮 SB 和接触器 KM 的线圈组成，流过的电流小，其作用是通过按动按钮 SB 控制接触器 KM 线圈通电或断电，使主电路中的接触器 KM 的主触点闭合或断开，达到控制电动机通电或断电的目的，其工作原理如下：

合上电源开关 QS，按下点动按钮 SB，接触器线圈 KM 通电，产生的电磁吸力大于弹簧的反力使衔铁吸合，带动它的三对主触点 KM 闭合，电动机 M 便接通电源起动运转。松开按钮 SB 后，接触器线圈断电，电磁吸力消失，衔铁在弹簧力的作用下复位，带动它的三对主触点断开，电动机断电停转。

这种按下按钮，电动机转动，松开按钮，电动机停转的控制，称为点动控制。相应的电路称为点动控制电路，它能实现电动机的短时转动，常用于机床的工位、刀具的调整。

为了简单起见，在分析各种控制线路原理图时，可用符号和箭头配以少量文字说明来表示工作原理。箭头前后的符号和文字表示具有因果关系的两个相关联的事件，箭头表示其前因后果的控制关系，如点动控制关系中，按下按钮 SB 是线圈 KM 得电的条件，线圈 KM 得电是按下按钮 SB 的结果；而线圈 KM 得电又是 KM 主触点闭合的条件，用箭头将这些因果关系联系起来，就构成了一个完整的因果链条，这一因果链条反映了这个控制电路的控制关系。这种描述控制电路工作原理的方法称为控制流程图表示法。用控制流程图描述点动控制线路的工作原理可表示如下：

合上电源开关 QS 后，

起动：按下 SB→KM 因线圈通电而吸合→KM 主触点闭合→电动机 M 运转。

停止：松开 SB→KM 因线圈断电而释放→KM 主触点断开→电动机 M 停转。

3. 具有自锁的控制线路

如果要使上述点动控制线路中的电动机长期运行，就必须用手始终按住起动按钮 SB，这显然是不行的。为了实现电动机的连续运行，需要将接触器的一个辅助常开触点并联在起动按钮的两端，同时为了可以让电动机停止，在控制电路中再串联一个停止按钮，如图 1－18 所示，这就构成了电动机连续运行控制电路，又称具有自锁控制的电动机连续运行控制电路。

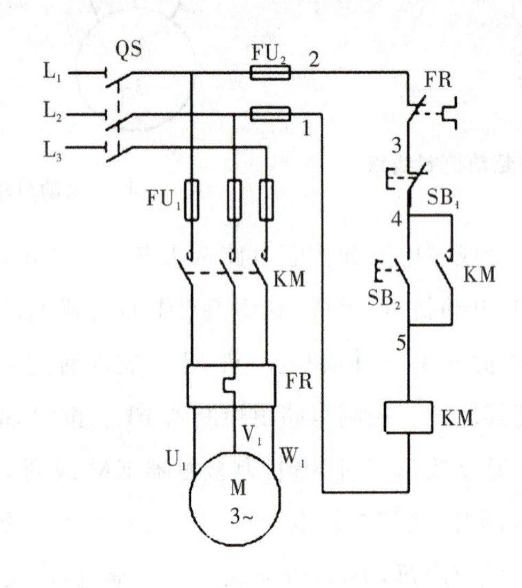

图 1－18　三相异步电动机自锁控制线路

图中，刀开关 QS 起隔离作用，熔断器 FU 对主电路进行短路保护，接触器 KM 的主触点控制电动机起动、运行和停车，热继电器 FR 用作过载保护。控制电路中的 FU_1 作短路保护，SB_2 为起动按钮，SB_1 为停止按钮。电路的工作原理如下：

1）起动

起动时，合上刀开关 QS 引入三相电源。按下起动按钮 SB_2，KM 的吸引线圈通电，KM 的衔铁吸合，KM 的主触点闭合使电动机接通电源起动运转；同时，与 SB_2 并联的 KM 辅助常开触点闭合，使接触器的吸引线圈经两条线路供电。一条线路是经 SB_1 和 SB_2，另一条线路是经 SB_1 和接触器 KM 已经闭合的辅助常开触点。这样，即使把手松开，SB_2 自动复位时，接触器 KM 的吸引线圈仍可通过其辅助常开触点继续供电，从而保证电动机的连续运行。这种依靠接触器自身辅助触点而使其线圈保持通电的现象，称为自锁或自保持。这个起自锁作用的辅助触点，称为自锁触点。

上述起动过程用控制流程图表示为

按一下 SB_2→KM 线圈得电→{→KM 主触点闭合→M 得电起动并运行；→KM 辅助常开触点闭合→建立自锁}

2)停车

停车时,按下停止按钮 SB_1,这时接触器 KM 线圈断电,主触点和自锁触点均恢复到断开状态,电动机脱离电源停止运转。松开停止按钮 SB_1 后,SB_1 在复位弹簧的作用下恢复闭合状态,此时控制电路已经断开,只有再按下起动按钮 SB_2,电动机才能重新起动运转。用控制流程图表示为

按下 SB_1→KM 线圈断电→{→KM 辅助常开触点断开→解除自锁；→KM 主触点断开→M 断电停转}

3)过载保护

电路中的热继电器 FR 用于对电动机进行过载保护。在电动机运行过程中,当电动机出现长期过载而使热继电器 FR 动作时,其常闭触点断开,KM 线圈断电,电动机停止运转,从而实现了对电动机的过载保护。

4)欠压和失压保护

自锁控制的另一个作用是能实现失压和欠压保护。在图 1-18 中,如果电网断电或电网电压低于接触器的释放电压,接触器将因吸力小于反力而使衔铁释放,主触点和自锁触点均断开,电动机断电的同时也断开了接触器线圈的供电电路。此后即使电网供电恢复正常,电动机及其拖动的机构也不会自行起动。这种保护一方面可防止在电源电压恢复时,电动机突然起动而造成设备和人身事故,实现失压保护;另一方面又可防止电动机在低压下运行,实现欠压保护。

任务实施

一、任务实施的内容

三相异步电动机单向直接起动控制电路安装与调试。

二、任务实施的要求

1. 元器件安装工艺要求

(1)自动空气开关、熔断器的受电端子安装在网孔板的外侧,便于手动操作。

(2)各元器件间距合理,便于元器件的检修和更换。

2. 布线工艺要求

(1)布线通道要尽可能减少。同时并行导线按主、控电路分类集中,单层平行密排,紧贴敷设面。

(2)同一平面上的导线要尽量避免交叉。当必须交叉时，布线线路要清晰，便于识别。

(3)布线一般按照先主电路，后控制电路的顺序。主电路和控制电路要尽量分开。

(4)导线与接线端子或接线柱连接时，应不压绝缘层及不露铜过长，并做到同一元件、同一回路的不同接点的导线距离保持一致。

(5)一个电气元器件接线端子上的连接导线不得超过两根。每节接线端子板上的连接导线一般只允许连接一根。

(6)布线时严禁损伤线芯。不在网孔板上的电气元器件，要从端子排上引出。布线时，要确保连接牢靠，用手轻拉不会脱落或断开。

三、工具、仪表和器材

工具：测电笔、螺钉旋具、尖嘴钳、斜口钳、剥线钳、电工刀等常用电工工具。

仪表：兆欧表、钳形电流表、万用表等。

器材：网孔板、三相异步电动机、自动空气开关、熔断器、热继电器、交流接触器、控制按钮、接线端子排、塑料线槽、导线和号码管等。

四、操作步骤

(1)电气元器件检查。按原理图 1-18 所示配齐所用电气元器件，并进行校验。

(2)安装电器与线槽。画出电气元器件布置图。在网孔板上按照所画的电气元器件布置图安装电气元器件，并给每个电气元器件贴上醒目的文字符号。

(3)电路接线。画出安装接线图。接线时应先接主电路，后接控制电路。板前明线布线工艺要求如上所述。

(4)电路检查。安装完毕的控制电路板必须经过认真检查后，方可通电试车，以防止接错、漏接造成不能正常运转和短路事故。检查方法如下：

①对照电路图或接线图进行粗查。从电路图的电源端开始，逐段核对连线是否正确，检查导线接点是否牢固，否则，带负载运行时会产生闪弧现象。

②用万用表进行通断检查时，应选用电阻挡的适当倍率，以防错漏短路故障。先查主电路，此时断开控制电路，用万用表笔分别放在 U_1 和 U_2、V_1 和 V_2、W_1 和 W_2 之间的线端上，读数应接近零。

③用兆欧表检查电路的绝缘电阻应不小于 1 MΩ。

(5)通电试车。完成检查后，清理好工具和安装板，在指导教师的监护下试车。

①不带电动机试验。

拆下电动机接线，合上电源开关 QS。

按下 SB_2，接触器 KM 应立即得电动作；松开 SB_2，KM 能保持吸合状态。按下 SB_1，KM 应立即释放，反复操作几次，以检查线路动作的可靠性。

②带电动机试验。

切断电源后，接好电动机，再合上电源开关，按下 SB_2，电动机应立即得电动作；松开 SB_2，电动机保持连续运转。按下 SB_1，电动机停转。

(6)通电试车完毕，停转，切断电源。

知识拓展

点动与连续运行混合控制电路

在生产实际中，经常要求控制线路既能点动控制又能连续运行。如图 1-19 所示为三种既能连续运行又能实现点动操作的控制线路，它们的主电路相同，控制电路不同。电路的工作原理如下：

(1)图 1-19(a)是在自锁电路中串联一个开关 S。控制过程如下：

合上电源开关 QS，需要点动工作时，断开开关 S，通过按动 SB_2，实现点动控制；需要连续运行时，合上开关 S，按一下 SB_2，接触器 KM 得电并自锁，电动机得电连续运行，需要停车时，断开开关 S，断开自锁支路，KM 失电，电动机停车。

(2)图 1-19(b)是采用复合按钮实现点动的线路，图中 SB_1 为停车按钮，SB_2 为连续运行起动按钮，复合按钮 SB_3 作点动按钮，将 SB_3 的动断触点作为联锁触点串联在接触器 KM 的自锁触点支路中。

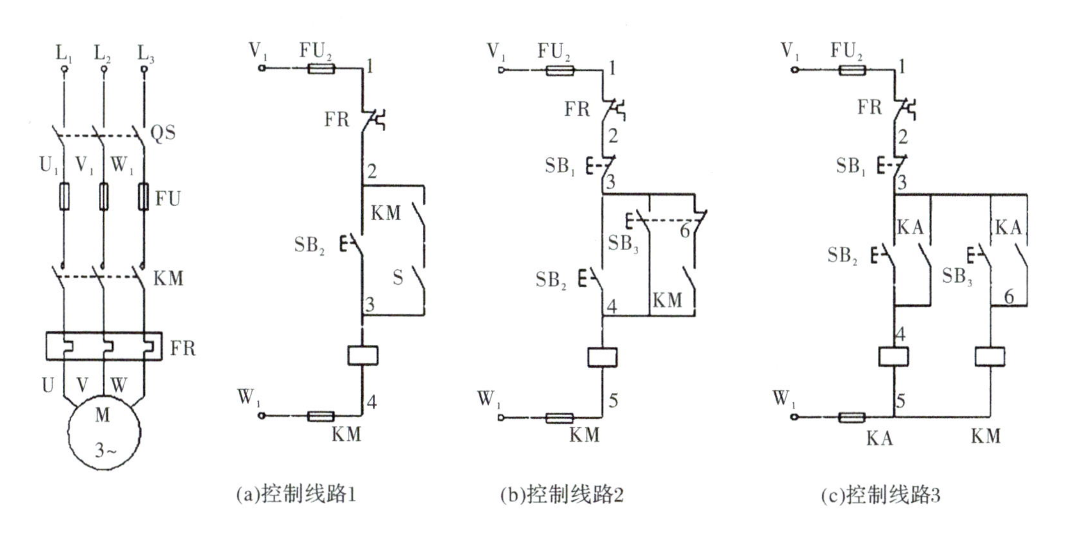

图 1-19　连续与点动控制线路

当需要电动机连续运行时，起动按下 SB_2，停车按下 SB_1。其控制过程如下：

起动：

按一下 SB_2→KM 得电→{→KM 辅助动合触点闭合→建立自锁；→KM 主触点闭合→电动机 M 启动连续运转}

停车：

按一下 SB_1→KM 断电→{→KM 自锁触点断开→解除自锁；→KM 主触点断开→电动机 M 断电停转}

当需要点动运行时，按动 SB_3，在按下 SB_3 的过程中，SB_3 的动断触点先断开，切断接触器的自锁支路，然后 SB_3 的动合触点才闭合，接触器 KM 得电，KM 主触点闭合，电动机得电运行；手一松开 SB_3，SB_3 的动合触点先断开，使接触器 KM 断电，电动机断电，而后 SB_3 的动断触点才复位闭合，由于此时 KM 已断电复位，自锁触点已经断开，所以 SB_3 的动断触点闭合时，电动机不会得电，从而实现了点动控制。其控制过程如下。

起动：

按住 SB_3 {先→ SB_3 动断触点断开→KM 自锁支路断开→封锁自锁电路；后→ SB_3 动合触点闭合→KM 线圈得电→{KM 自锁触点闭合(但不起作用)；KM 主触点闭合→电动机 M 得电运转}}

停车：

松开 SB_3 {先→ SB_3 动合触点断开→KM 线圈断电→{KM 主触点断开→电动机 M 断电停车；KM 自锁触点断开}；后→ SB_3 动断触点闭合→电动机保持停车状态}

这里巧妙地运用了复合按钮按下时动断触点先断，动合触点后合；松开时动合触点先断，动断触点后合的特点实现了点动控制。复合触点的这种特性在控制系统中应用十分广泛。

(3)图 1-19(c)是通过中间继电器实现点动的线路，图中控制电路中增加了一个点动按钮 SB_3 和一个中间继电器 KA。连续运行用 SB_2、KA 控制，点动运行用 SB_3 控制，停车用 SB_1 控制。其控制原理如下：

先合上电源开关 QS，在连续运行停止后，才能用 SB_3 实施点动控制。

◆连续控制。

起动：

按住 SB_2 →KA 线圈得电→{→KA(3－4)触点闭合→建立自锁；→KA(3－6)触点闭合→KM 线圈得电→KM 主触点闭合→电动机 M 得电运行}

停止：

按下 SB_1 {→KA 线圈断电→{→KA(3－4)触点断开→解除自锁；→KA(3－6)触点断开→断开 KM 供电支路}；→KM 线圈断电→KM 主触点断开→电动机 M 断电停转}

◆点动控制。

起动：

按住 SB_3 →KM 线圈得电→KM 主触点闭合→电动机 M 得电运行停止

松开 SB_3 →KM 线圈断电→KM 主触点断开→电动机 M 断电停转

以上三种控制线路各有优缺点，(a)图比较简单，由于连续与点动都是用同一按钮 SB_2 控制，所以如果疏忽了开关 S 的操作，就会引起混淆。(b)图虽然将连续与点动按钮分开了，但是当接触器铁芯因剩磁而发生缓慢释放时，就会使点动控制变成连续控制。例如，在松开 SB_3 时，它的常闭触点应该是在 KM 自锁触点断开后才闭合，如果接触器发生缓慢释放，KM 自锁触点还未断开，SB_3 的常闭触点已经闭合，KM 线圈就不再断电而变成连续控制了。在某些运用中，这是十分危险的。所以这种控制线路虽然简单却并不可靠。(c)图多用了一个中间继电器 K，相比之下虽不够经济，然而可靠性却大大提高了。

思考与练习

(1)为什么要在电路中安装熔断器？电路中的电流达到熔断器的额定电流时，熔断器是否动作？

(2)交流接触器主要由哪几部分组成？它们各自的特点和作用是什么？

(3)交流接触器在运行中。有时线圈断电后衔铁仍不能释放，电动机不能停止，这时应如何处理？故障原因在哪里？应如何排除？

(4)热继电器的作用及工作原理是什么？它的主要技术参数有哪些？各有何含义？

(5)既然在电动机的主电路中装有熔断器，为什么还要装热继电器？装有热继电器是否就可以不装熔断器？为什么？

(6)电动机点动控制与连续运转控制电路的关键环节是什么？试画出几种既可点动又可连续运转的电气控制电路图。

任务二　三相异步电动机正反转控制电路安装与调试

任务描述

在生产加工过程中，除了要求电动机实现单相运行外，往往还需要电动机能够实现正、反向运转，以拖动生产机械实现上下、左右、前后等相反方向的运动。如机床工作台的前进和后退，电梯的上升和下降等。由三相异步电动机的工作原理可知，如果将接至电动机的三相电源线中的任意两相对调，就可以改变电动机的旋转方向。本任务就是学习如何对三相异步电动机进行正反转控制，并完成三相异步电动机正反转控制电路的安装和调试。

任务目标

熟悉行程开关的基本结构；理解它们的动作原理和用途；掌握其图形符号与文字符号。掌握三相异步电动机的正反转控制电路的工作原理及安装接线调试的方法。

相关知识

一、行程开关的认识和使用

行程开关又称限位开关或位置开关，是一种根据生产机械的行程发出指令的主令电器。主要用于改变运动机构的运动方向或速度、限制行程或进行限位保护，广泛用于各类机床和起重机械中以控制这些机械的行程。行程开关实物外形、图形及文字符号如图 1-20 所示。

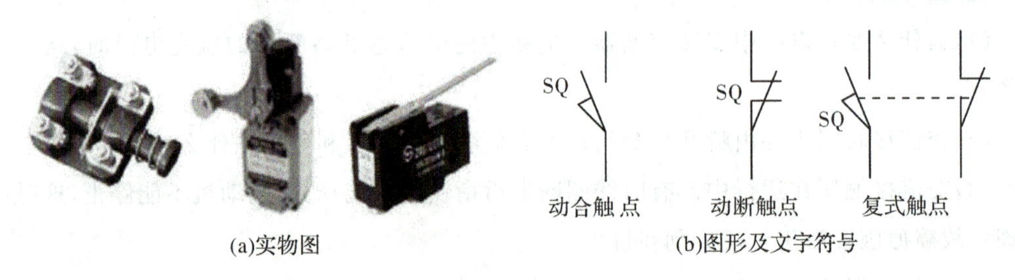

图 1-20 行程开关实物图、图形及文字符号

常用的行程开关有 JLXK1、LX19、LX32、LX33 和微动开关 LXW-11、JLXK1-11、LXK3 等系列，使用时可查阅相应手册。行程开关的型号及其含义如下：

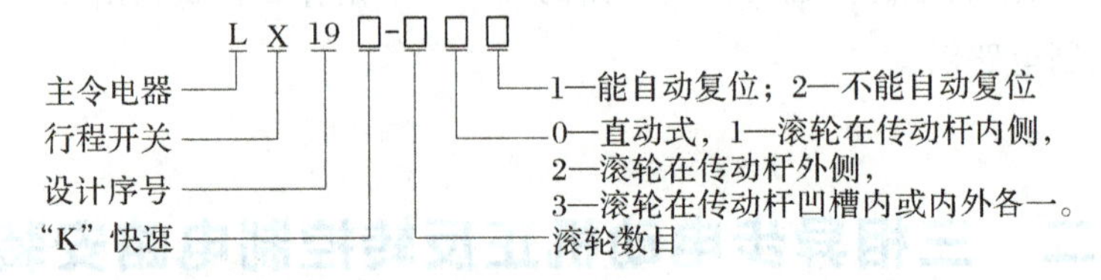

行程开关的工作原理和按钮相同，区别在于它不是靠手的按压，而是利用生产机械运动的部件使触点动作来发出控制指令的主令电器。行程开关的种类很多，按结构可分为直动式、滚轮式和微动式行程开关；按触点的性质可分为有触点式和无触点式行程开关。

1. 有触点式行程开关

1）直动式行程开关

如图 1-21 所示为直动式行程开关的内部结构示意图。直动式行程开关的动作原理为：用运动部件上的撞块来推动行程开关的推杆，经传动机构使推杆向下移动，到达一定行程时，改变了弹簧力的方向，其垂直方向的力由向下变为向上，则动触点向上跳动，使常闭触点分断，常开触点闭合；当外力去掉后，在复位弹簧的作用下顶杆上升，动触点又向下跳动，恢复初始状态。

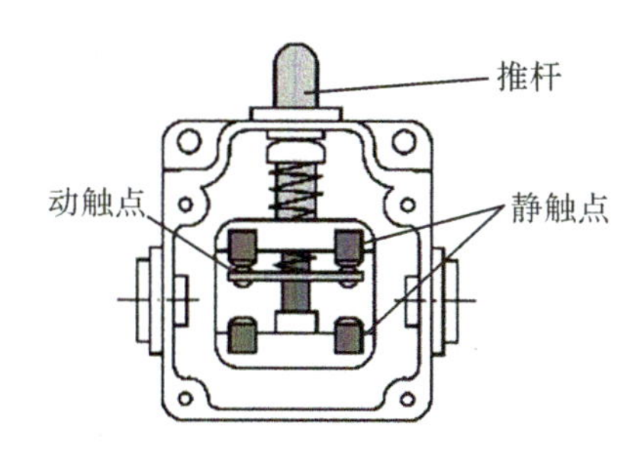

图 1－21　直动式行程开关的结构

直动式行程开关的优点是结构简单，成本较低；缺点是触点的分合速度取决于撞块移动的速度，若撞块移动的速度太慢，触点就不能瞬时切断电路，使电弧在触点上停留的时间过长，易烧蚀触点，因此，这种开关不宜用在撞块移动速度小于 0.4 m/min 的场合。

2)滚轮式行程开关

滚轮式行程开关分为单轮旋转式和双轮旋转式两种。如图 1－22 所示为单滚轮行程开关的结构及动作原理图，其工作原理为当生产机械挡铁压到滚轮上时，传动杠杆连同转轴一起转动，使凸轮推动撞块，当撞块被推到一定位置时，推动微动开关快速动作，接通常开触点，分断常闭触点；当滚轮上的挡铁移开后，复位弹簧使行程开关各部件恢复到动作前的位置，为下一次动作做好准备。

对于双滚轮行程开关，在生产机械挡铁碰撞第一只滚轮时，内部微动开关动作；当挡铁离开滚轮后不能自动复位时，必须通过挡铁碰撞第二个滚轮，才能将其复位。

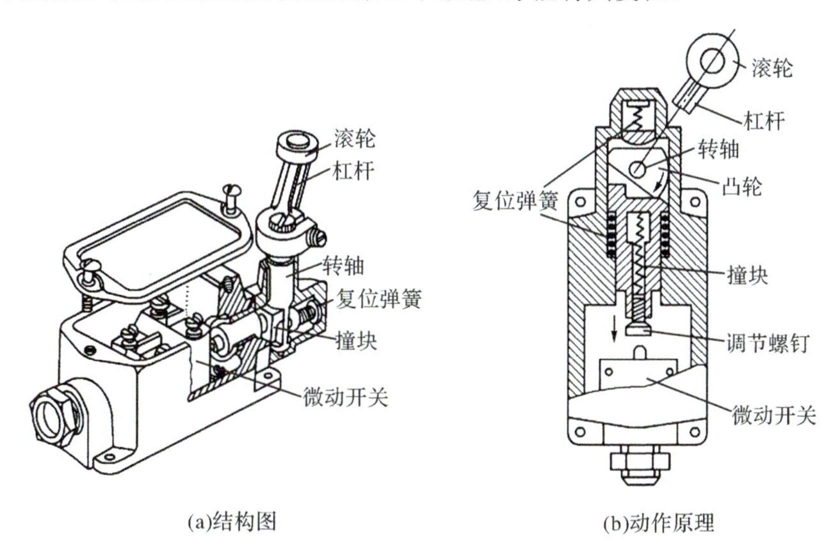

图 1－22　单滚轮式行程开关的结构及动作原理图

3)有触点行程开关的选用

有触点行程开关触点允许通过的电流较小,一般不超过 5 A。选用行程开关时可根据应用场合及控制对象选择种类;根据安装环境选择防护形式;根据电路的额定电压和电流选择系列;根据机械与位置开关的传动与位移关系选择合适的操作头。

4)行程开关常见故障及处理方法

◆挡铁碰撞位置开关后,触点不动作。

故障原因:安装位置不准确;触点接触不良或接线松脱;触点弹簧失效。

处理方法:调整安装位置;清刷触点或紧固接线;更换弹簧。

◆杠杆已经偏转或无外界机械力作用,但触点不复位。

故障原因:复位弹簧失效;内部撞块卡阻;调节螺钉太长,顶住开关按钮。

处理方法:更换弹簧;清扫内部杂物;检查调节螺钉。

2. 无触点行程开关

无触点行程开关又称接近开关,是一种无接触式的电子开关,所谓"无接触"是指当有被检测物体与之接近到一定距离时,接近开关就会自动地发出"动作"的信号,无须像机械式行程开关那样需要接触并施以机械力。所以接近开关又称为无触点行程开关。

接近开关不仅具有行程开关的作用,还可用于高频计数、测速、液位控制、零件尺寸检测、加工程序的自动衔接等。由于它具有非接触式触发、动作速度快、可在不同的检测距离内动作、发出的信号稳定无脉动、工作稳定可靠、寿命长、重复定位精度高,以及能适应恶劣的工作环境等特点,所以在机床、纺织、印刷、塑料等工业生产中应用广泛。

1)接近开关的组成和工作原理

接近开关的种类很多,但不论何种类型的接近开关,其基本组成都是由信号发生机构(感测机构)、振荡器、检波器、鉴幅器和输出电路组成。感测机构的作用是将物理量变换成电量,实现由非电量向电量的转换。

接近开关按检测元件原理可分为高频振荡型、超声波型、电容型、电磁感应型、永磁型、霍尔元件型与磁敏元件型等。不同型式的接近开关所检测的被检测体不同。

电容式接近开关可以检测各种固体、液体或粉状物体,其主要由电容式振荡器及电子电路组成,它的电容位于传感界面,当物体接近时,将因改变了电容值而振荡,从而产生输出信号。

霍尔接近开关用于检测磁场,一般用磁钢作为被检测体。其内部的磁敏感器件仅对垂直于传感器端面的磁场敏感,当 S 极正对接近开关时,接近开关的输出产生正跳变,输出为高电平,若 N 极正对接近开关时,输出为低电平。

超声波接近开关适于检测不能或不可触及的目标,其控制功能不受声、电、光等因素干扰,检测物体可以是固体、液体或粉末状态的物体,只要能反射超声波即可。其主要由压电陶瓷传感器、发射超声波和接收反射波用的电子装置及调节检测范围用的程控桥式开关等几个部分组成。

高频振荡式接近开关用于检测各种金属，主要由高频振荡器、集成电路或晶体管放大器和输出器三部分组成，图 1-23 为高频振荡式接近开关结构工作原理图。其基本工作原理是振荡器振荡后，在感应头的感应面上产生交变磁场，当金属物体进入高频振荡器的线圈磁场（感应头）时，金属体内部产生涡流损耗，吸收了振荡器的能量，使振荡减弱以致停振。振荡与停振两种不同的状态，由整形放大器转换成二进制的开关信号，从而达到检测有无金属物的目的。

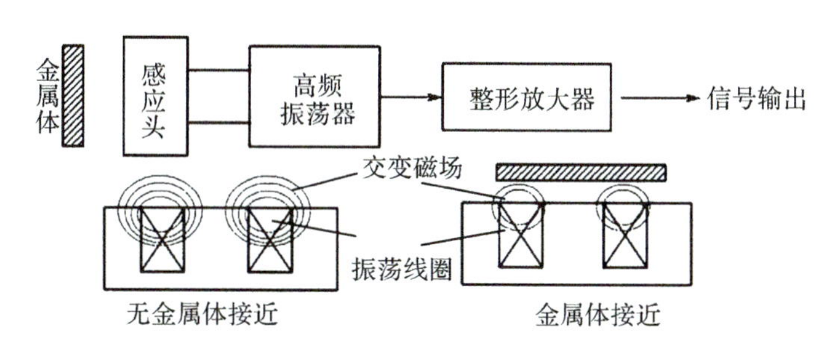

图 1-23　高频振荡式接近开关结构工作原理图

接近开关的主要参数有形式、动作距离范围、动作频率、响应时间、重复精度、输出形式、工作电压及输出触点的容量等。目前市场上接近开关的产品很多，型号各异，但功能基本相同，常用的型号有 LJ5、LXJ13、LXJ6、LXJ7 等。接近开关的图形符号和文字符号如图 1-24 所示。

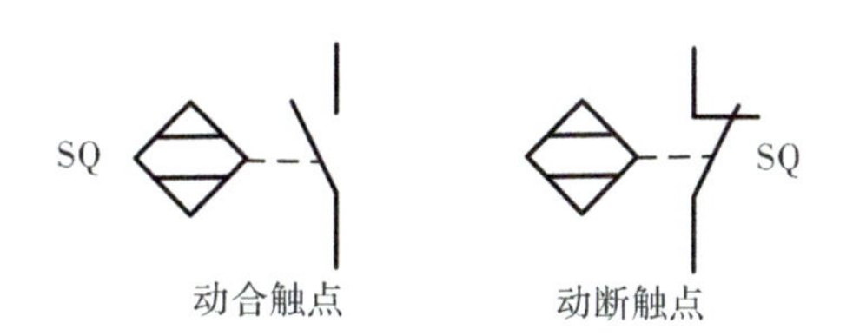

图 1-24　接近开关的图形符号和文字符号

2）接近开关型号及使用

接近开关适用于工作频率高、高可靠及精度要求高的场合，应按应答距离的要求来选择接近开关的型号和规格；按输出要求选择触点的形式，按所需触点的数量选择合适的输出方式。

二、电动机正反转控制线路

1. 开关控制的正、反转控制线路

利用倒顺开关可以手动控制电动机的正、反转。倒顺开关也叫作可逆转换开关，属于组合开关。它有三个操作位置：正转、停止和反转，其原理如图 1-25 所示。从图中可以看出，倒顺开关置于正转和反转位置时，对电动机 M 来说差别是两相电源线（L_1、L_2）交换，改变了电源相序，从而改变了电动机的转向。

应该注意的是，当电动机处于正转状态时，欲使它反转，必须先把手柄扳到“停止”位置，使电动机先停转，然后再把手柄扳至“反转”位置。若直接由“正转”扳至“反转”，因电源突然反接，会产生很大的冲击电流，易使电动机的定子绕组受到损坏。

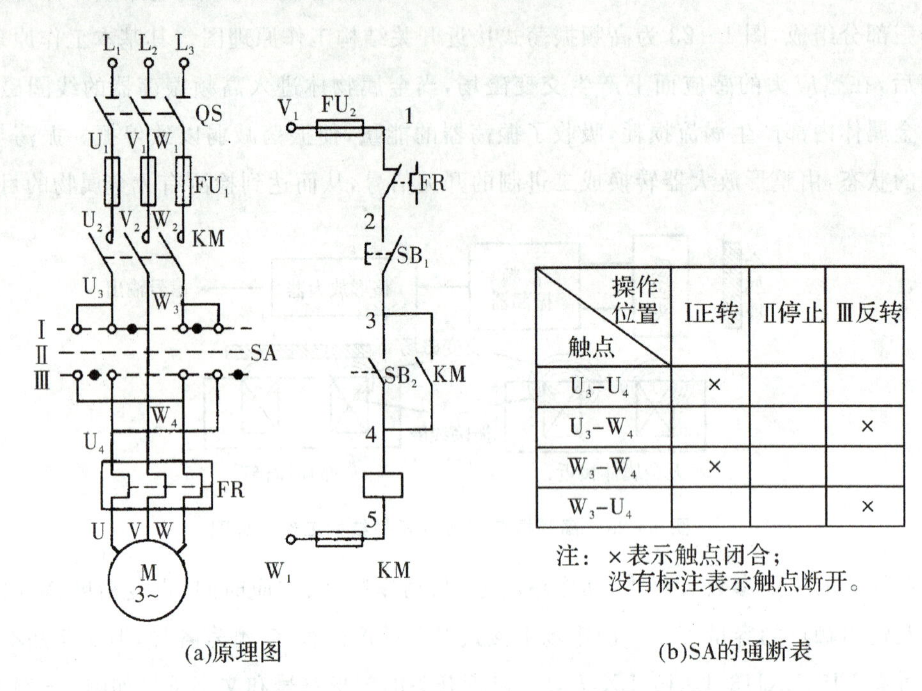

操作位置 / 触点	Ⅰ正转	Ⅱ停止	Ⅲ反转
U_3-U_4	×		
U_3-W_4			×
W_3-W_4	×		
W_3-U_4			×

注：×表示触点闭合；
没有标注表示触点断开。

(a)原理图　　(b)SA的通断表

图 1-25　倒顺开关正反转控制线路

手动正转控制线路的优点是：所用电器少，线路简单；缺点是在频繁换向时，劳动强度大，不方便，且没有欠压和零压保护。因此这种方式只在被控电动机的容量小于 3 kW 的场合使用。在生产实际中更常用的是接触器正反转控制线路。

2. 用接触器实现正反转控制的控制线路

用接触器实现正、反转控制的主电路如图 1-26(a)所示。图中 KM_1、KM_2 分别为正、反转接触器，它们的主触点接线的相序不同，KM_1 通电时相序为 L_1—U、L_2—V、L_3—W；KM_2 通电时相序为 L_1—W、L_2—V、L_3—U，即将 U、W 两相对调，所以两个接触器分别工作时，电动机的旋转方向不一样，实现电动机的可逆运转。但应特别注意，在任何时刻绝不允许正、反转接触器同时得电，否则在主电路中将发生 L_1、L_3 两相电源短路事故。

1)接触器控制的基本正反转控制电路

用接触器实现正反转的基本控制电路如图 1-26(b)所示。其工作原理如下：

合上 QS。

◆正转控制。

按下 SB_2→KM_1 线圈得电→
- →KM_1 的辅助动合触点闭合→建立自锁
- →KM_1 的主触点闭合→电动机 M 得电正转

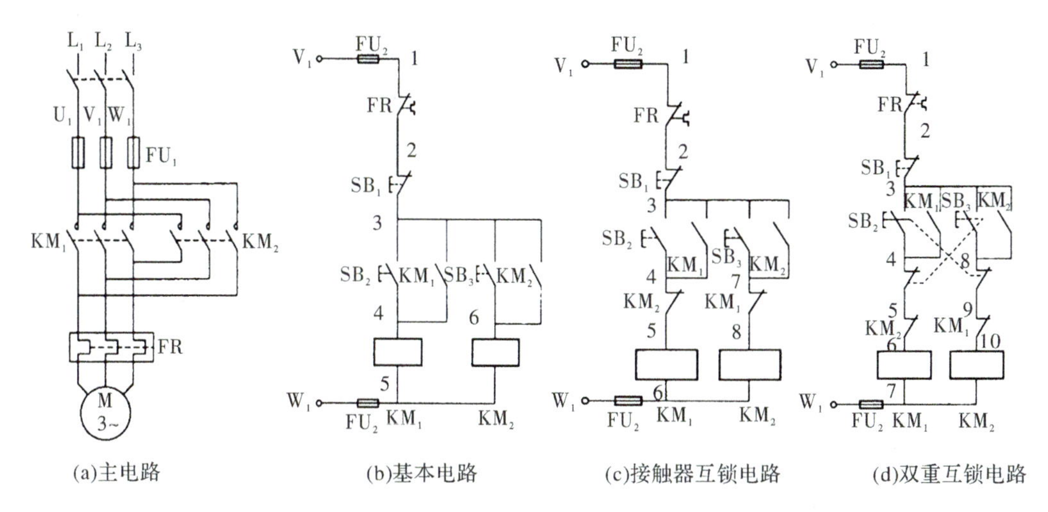

(a)主电路　(b)基本电路　(c)接触器互锁电路　(d)双重互锁电路

图 1-26　用接触器控制的正、反转控制线路

◆反转控制。

先按 SB_1→KM_1 线圈断电—
- →KM_1 的主触点断开→电动机断电停转
- →KM_1 的辅助动合触点断→解除自锁

后按 SB_3→KM_2 线圈得电—
- →KM_2 的辅助动合触点闭合→建立自锁
- →KM_2 的主触点闭合→电动机 M 得电反转

如图 1-26(b)所示的控制线路虽然可以完成正反转的控制任务，但电路存在两个缺点，一是工作不可靠。在按下正转按钮 SB_2，KM_1 线圈通电并且自锁，接通正序电源，电动机正转的情况下，若要求电动机从正转变为反转时，必须先按下停车按钮 SB_1，再按下反转起动按钮 SB_3。如果按动按钮的顺序错了，就会出现了 KM_1、KM_2 同时得电的情况，此时 KM_1、KM_2 的主触点同时闭合，在主电路中将发生 L_1、L_3 两相电源短路事故。二是操作不方便。在正反向转换过程中一定要按照正转→停车→反转或反转→停车→正转的程序操作按钮。即电动机要实现反转，必须先停车，再按反向起动按钮，所以该电路又称为“正—停—反”控制电路。

2)带接触器互锁保护的正、反转控制电路

为了避免基本正反转电路转向变换时发生短路事故，就必须保证正、反向接触器 KM_1 和 KM_2 不能同时工作。这就需要在电路中引入一种制约关系，即在任一接触器得电，其主触点闭合前，先封锁另一个接触器，使另一个接触器也无法得电。这种制约关系称为互锁或联锁。在电气控制电路中引入互锁的方法有两种，一种是将一个接触器的辅助动断触点(常闭触点)串入另一个接触器线圈电路中引入的互锁，称为电气互锁；另一种是用复合按钮引入的互锁，称为机械互锁。

如图 1-26(c)所示为带接触器互锁保护的正、反转控制电路，图中接触器 KM_1 和 KM_2 线圈各自的支路中串联了对方的一个辅助动断触点，以保证接触器 KM_1 和 KM_2 不会同时通电。KM_1 与 KM_2 的这两个动断触点在线路中所起的作用称为电气互锁，这两个动断触点叫作互锁触点。

当按下正转起动按钮 SB_2 时，正转接触器 KM_1 线圈通电，在主触点闭合前，KM_1 的动断触点先断开，从而先切断反转接触器 KM_2 线圈的得电路径，然后 KM_1 的动合触点闭合，建立自锁、电动机正转。此时，即使按下反转起动按钮 SB_3，也不会使反转接触器的线圈通电工作。同理，在反转接触器 KM_2 动作后，也保证了正转接触器 KM_1 的线圈电路不能再工作。其工作原理如下：

合上电源开关 QS。

◆正转控制。

按下 SB_2 →KM_1 线圈得电→
- 先→KM_1 的辅助动断触点断开→建立对 KM_2 的电气互锁
- 后→
  - KM_1 的辅助动合触点闭合→建立自锁
  - KM_1 的主触点闭合→电动机 M 得电正转

◆反转控制。

先按下 SB_1 →KM_1 线圈得电→
- 先→
  - KM_1 主触点断开→电动机 M 断电停转
  - KM_1 辅助动合触点断开→解除自锁
- 后→KM_1 辅助动断触点闭合→解除对 KM_2 的电气互锁

后按下 SB_3 →KM_2 线圈得电→
- 先→KM_2 的辅助动断触点断开→建立对 KM_1 的电气互锁
- 后→
  - KM_2 的辅助动合触点闭合→建立自锁
  - KM_2 的主触点闭合→电动机 M 得电反转

可见，这种电气互锁控制是利用电磁式电器通电时动断触点先断开动合触点后闭合，而断电时动合触点先断开动断触点后闭合的特点，保证了在任何时刻 KM_1 和 KM_2 不可能同时工作。

◆停止。

按停止按钮 SB_1→控制电路失电→KM_1（或 KM_2）主触点断开→电动机 M 断电停转

由以上的分析可以得出如下的规律：当要求甲接触器工作时，乙接触器不能工作，此时应在乙接触器的线圈电路中串入甲接触器的动断触点；当要求甲接触器工作时乙接触器不能工作，且乙接触器工作时甲接触器也不能工作，此时要在两个接触器线圈电路中互串对方的动断触点。

3）带复合联锁的正反转控制电路

带复合联锁的正反转控制电路又称按钮和接触器双重互锁的正、反转控制电路，如图 1－26(d)所示。该电路在保留了由接触器动断触点引入的电气互锁的基础上，又添加了由复合按钮 SB_2 和 SB_3 的动断触点组成的机械互锁。

由于有了 SB_2、SB_3 两个动断触点，当电动机由正转变为反转时，只需按下反转按钮 SB_3，便会先通过 SB_3 的动断触点断开 KM_1 线圈的得电支路，使 KM_1 断电，KM_1 主触点断开电动机正相序电源；再通过 SB_3 的动合触点接通 KM_2 线圈控制电路，实现电动机反转。其工作原理如下：

合上电源开关 QS。

◆正转控制。

按下SB_2：
- 先→SB_2 动断触点断开→建立对 KM_2 的机械互锁
- 后→SB_2 动合触点闭合：
  - 先→KM_1 线圈得电→KM_1(9—10)触点断开→建立对 KM_2 的电气互锁
  - 后→
    - KM_1(3—4)触点闭合→建立自锁
    - KM_1 主触点闭合→电动机 M 得电正转

◆反转控制。

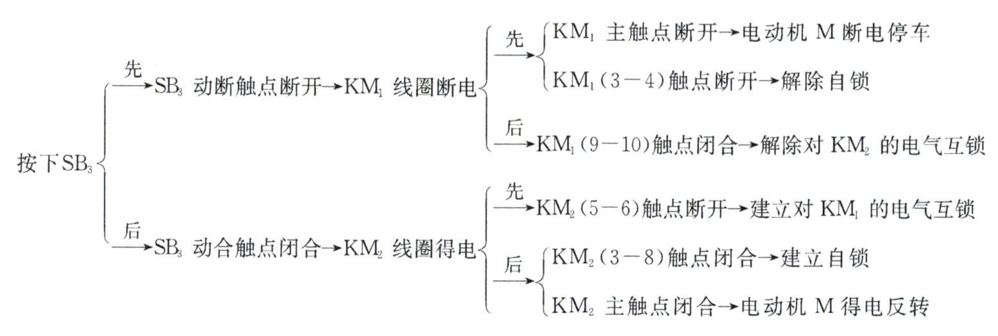

◆停止。

按下 SB_1 →整个控制电路断电→主触点分断→电动机 M 断电停转

由以上分析可见，机械互锁和电气互锁的作用不同，复式按钮引入的机械互锁作用是在甲接触器得电之前先将乙接触器断电，以确保甲接触器得电时乙接触器已断电；接触器引入的电气互锁的作用是在甲接触器得电后乙接触器不能得电，以确保甲接触器得电期间乙接触器不得电。同时还需指出，复式按钮不能代替接触器互锁触点的作用。例如，当主电路中正转接触器 KM_1 的触点发生熔焊(即静触点和动触点烧蚀在一起)现象时，由于相同的机械连接，KM_1 的触点在线圈断电时不复位，KM_1 的动断触点处于断开状态，可防止反转接触器 KM_2 通电使主触点闭合而造成电源短路故障，这种保护作用复式按钮是做不到的。

带复合联锁的正反转控制电路可以实现不按停车按钮，直接按反向起动按钮就能使电动机从正转变为反转的要求，又保证了电路可靠地工作，所以该电路又称为“正—反”控制电路，常用在电力拖动控制系统中。

任务实施

一、任务实施的内容

三相异步电动机双重互锁正反转控制电路的安装与调试。

二、任务实施的要求

元器件安装工艺要求及布线工艺要求见项目一任务一。

三、工具、仪表和器材

工具：测电笔、螺钉旋具、尖嘴钳、斜口钳、剥线钳、电工刀等常用电工工具。

仪表：兆欧表、钳形电流表、万用表等。

器材：网孔板、三相异步电动机、自动空气开关、熔断器、热继电器、交流接触器、控制按钮、接线端子排、塑料线槽、导线和号码管等。

四、操作步骤

(1)电气元器件检查。按图 1-26 所示配齐所用电气元器件，并进行校验。

(2)安装电器与线槽。画出电气元器件布置图。在网孔板上按照所画的电气元器件布置图安装电气元器件。

(3)电路接线。画出安装接线图。按照所画接线图进行板前明线布线和套编码套管。

(4)电路检查。安装完毕的控制电路板必须经过认真检查后，方可通电试车，以防止接错、漏接造成不能正常运转和短路事故。

(5)通电试车。完成检查后，清理好工具和安装板，在指导教师的监护下试车。

◆不带电动机试验。

拆下电动机接线，合上电源开关 QS。

检查"正—反—停"和"反—正—停"的操作。按一下 SB_2，接触器 KM_1 应立即得电动作并能保持吸合状态；按下 SB_3，KM_1 应立即释放，将 SB_3 按到底后松开，KM_2 动作并保持吸合状态；按下 SB_2，KM_2 应立即释放，将 SB_2 按到底后松开，KM_1 动作并保持吸合状态；观察接触器是否吸合，电动机是否运转。观察中若遇到异常现象应立即停车，检查故障。按下 SB_1，接触器释放，操作时注意听接触器动作的声音，检查互锁按钮的动作是否可靠，操作按钮时，速度放慢一点。

◆带电动机试验。

切断电源后，接好电动机，再合上电源开关试验。操作方法同不带电动机试验。注意观察电动机启动时的转向和运行声音，如有异常立即停车检查。

(6)通电试车完毕，停转，切除电源。

知识拓展

一、自动往返控制电路

在实际生产中，常常要求生产机械或生产机械的运动部件能实现自动往复运动，例如钻床的刀架、万能铣床的工作台等。为了实现对这些生产机械或生产机械的运动部件的自动控制，就要确定运动过程中的变化参量，一般情况下选行程或者时间，最常用的是采用行程控制。

如图 1－27 所示为最基本的自动往返运动的工作示意图，当工作台运行到图中 A、B 两点时，要自动实现运动方向的转换，使工作台始终在 A、B 两点间自动往返运行。这里是利用行程开关来实现的。SQ_1、SQ_2 为行程开关，将 SQ_1 安装在左端位置 A 处，SQ_2 安装在右端位置 B 处，机械挡铁安装在工作台等运动部件上，运动部件由电动机拖动进行运动。

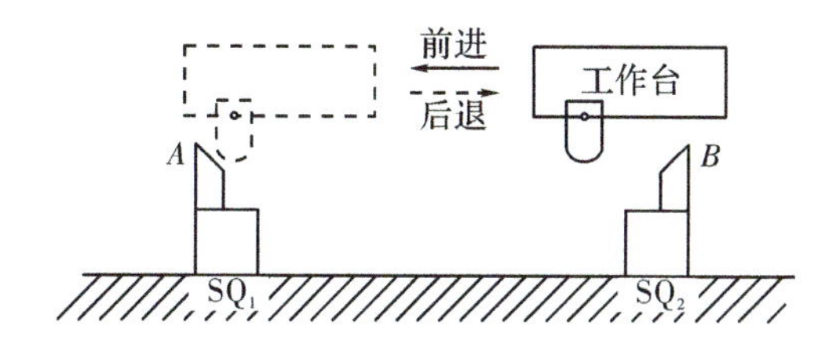

图 1－27　自动往返工作示意图

如图 1－28 所示为实现上述自动往复循环的控制线路，KM_1、KM_2 分别为电动机正、反转接触器。工作原理如下：

设起动时工作台处于 A、B 两点之间，SQ_1、SQ_2 处于未受压的状态，且起动时先让工作台向 A 点运动。合上 QS，接通系统电源，起动。

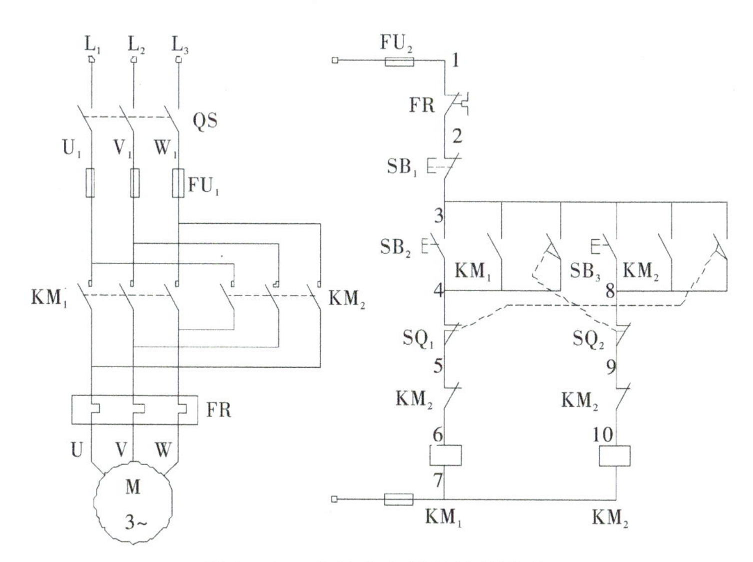

图 1－28　自动往复循环控制线路

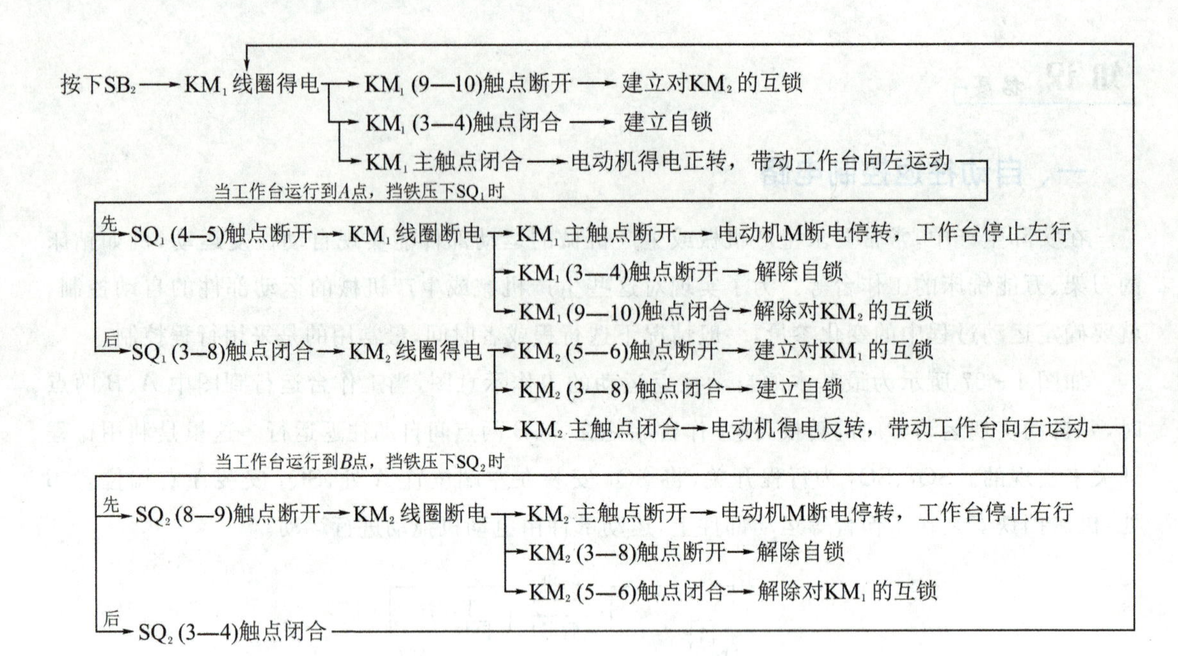

这样，工作台自动进行往复运动。当按下停止按钮 SB_1 时，电动机停车。

思考与练习

(1)行程开关与控制按钮的作用有什么不同？

(2)什么是自锁、电气互锁和机械互锁？它们在控制电路中起什么作用？怎样施加这些控制？

(3)图 1 - 29 中的电路各有什么错误？工作时会出现什么现象？应如何改正这些错误？

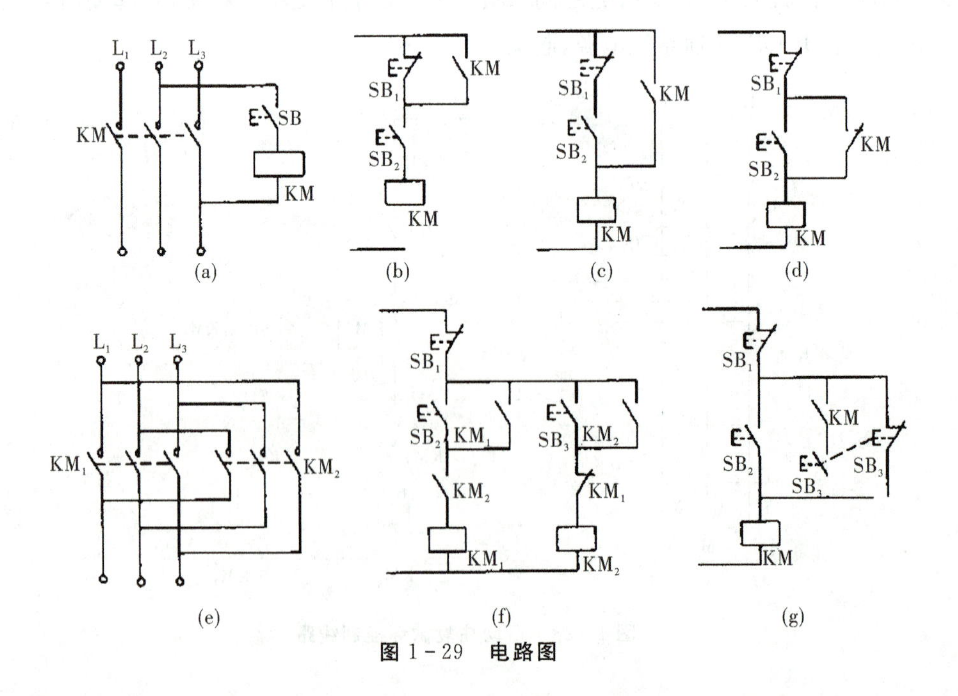

图 1 - 29 电路图

(4)在双重互锁正、反转控制电路中,已采用按钮动断触点的机械互锁,为什么还要采用接触器动断触点的电气互锁?

(5)试设计一个工作台"前进—退回"的控制线路。工作台由电动机 M 拖动,行程开关 SQ_1、SQ_2 分别装在工作台的原位和终点。

要求:①能自动实现"前进—后退—停止"到原位;②工作台前进到达终点后停一下再后退;③工作台在前进中可以立即后退到原位;④有终端保护。

任务三　三相异步电动机顺序控制电路安装与调试

任务描述

在多台电动机拖动的生产设备中,有时需要按一定的顺序控制电动机的起动和停止,以满足各种运动部件之间或生产机械之间按顺序工作的联锁要求。例如车床主轴转动时,要求油泵先输出润滑油,主轴停止后,油泵方可停止输出润滑油,即要求油泵电动机先起动,主轴电动机后起动,主轴电动机停止后,才允许油泵电动机停止。这就对电动机起动和停止过程提出了顺序控制的要求,实现顺序控制要求的电路称为顺序控制电路。本任务就是学习如何对多台电动机的起动和停止进行控制。

任务目标

熟悉低压断路器、时间继电器的基本结构;理解它们的动作原理和用途;掌握其图形符号与文字符号,能正确选用低压断路器和时间继电器。掌握三相异步电动机顺序控制电路的工作原理及安装接线调试的方法。

相关知识

一、低压断路器的认识与使用

低压断路器又称自动开关或空气开关,是一种既有手动开关作用又能自动进行欠电压、失电压、过载和短路保护的电器,用于不频繁接通和分断电路。低压断路器的实物图、图形符号及文字符号如图 1-30 所示。

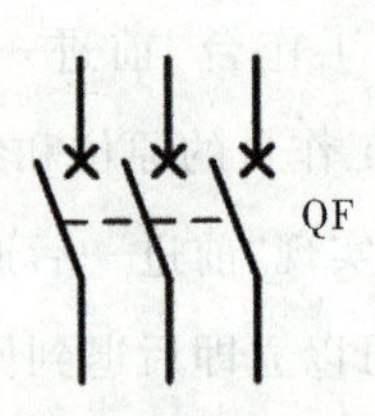

图 1－30　断路器实物图、图形符号及文字符号

1. 低压断路器的结构和工作原理

低压断路器主要由触点系统、操作机构和脱扣机构三部分组成。主触点由耐电弧烧蚀性能的合金制成，采用灭弧栅片灭弧；操作机构通过手动或电动的方式完成对电路的通、断操作。脱扣机构在电路出现故障时能自动断开电路，起到各种保护作用。低压断路器触点通断是瞬时完成的，与手柄操作速度无关。其工作原理如图 1－31 所示。

正常工作时，低压断路器的主触点是靠手动操作或电动合闸的，主触点闭合后，锁扣将主触点锁在合闸位置上。过电流脱扣器的线圈和热脱扣器的热元件与主电路串联，欠电压脱扣器和分励脱扣器的线圈与电源并联。当电路发生短路或严重过载时，过电流继电器的衔铁闭合，使脱扣器机构动作，主触点断开主电路。当电路过载时，热脱扣器的热元件发热使双金属片向上弯曲，推动脱扣机构动作。当电路欠电压时，欠电压脱扣器的衔铁释放，也使脱扣器机构动作。分励脱扣器则作为远距离控制用，在正常工作时，其线圈是断电的，当需要远距离控制时，通过 SB，使线圈得电，衔铁带动脱扣器机构动作，使主触点断开。

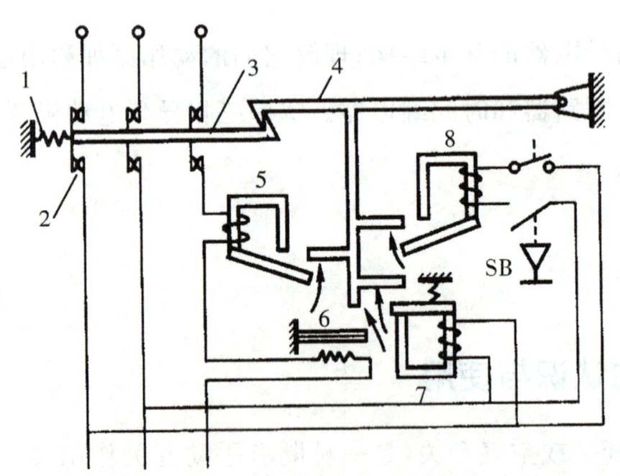

1—分闸弹簧；2—主触点；3—传动杆；4—锁扣；5—过电流脱扣器；
6—过载脱扣器；7—欠压脱扣器；8—分励脱扣器。

图 1－31 低压断路器原理图

在低压断路器的产品中，根据用途的不同，常配有不同的脱扣器。

2. 低压断路器的主要技术参数

(1)额定电压。额定电压分额定工作电压、额定绝缘电压和额定脉冲电压。

额定工作电压是低压断路器长期工作时的允许电压值,在数值上等于电网的额定电压等级。额定绝缘电压是低压断路器所能承受的最大工作电压。额定脉冲电压是断路器所能承受的最大过电压峰值。额定绝缘电压和额定脉冲电压共同决定了开关电器的绝缘水平。

(2)额定电流。断路器的额定电流就是过电流脱扣器的额定电流,一般指断路器的额定持续电流。

(3)通断能力。开关电器在规定的条件下(电压、频率及交流电路的功率因数和直流电路的时间常数),能在给定的电压下接通和分断的最大电流值,也称为额定短路通断能力。

(4)分断时间。指切断故障电流所需的时间,它包括固有的断开时间和燃弧时间。

3. 低压断路器的选用与维护

1)断路器的选用

◆断路器的额定工作电压应大于或等于线路或设备的额定工作电压。

◆断路器主电路额定工作电流大于或等于负载工作电流。

◆断路器过载脱扣器的额定电流不得小于所控制的电动机额定电流或其他负载的额定电流。

◆断路器的额定通断能力大于或等于电路的最大短路电流。

◆断路器的欠压脱扣器额定电压等于电路额定电压。

◆断路器类型的选择,应根据电路的额定电流及保护的要求来选用。

2)断路器的维护

◆低压断路器再投入使用前应按要求整定过载脱扣器和过流电磁脱扣器的动作电流,维护时,不能随意变动。

◆使用前应将脱扣器电磁铁工作面的防锈油脂抹去,以免影响电磁机构的动作值。

◆在使用一定次数后(一般为 1/4 机械寿命),转动部分应加润滑油。

◆要定期检查各脱扣器的整定值,定期清除断路器上的灰尘以保持绝缘良好。

◆断路器的触点使用一定次数后,如果表面有毛刺和颗粒等应及时清理修整,以保证接触良好。

◆灭弧室在分断短路电流或较长时间使用后,应清除其内壁和栅片上的金属颗粒和黑烟。

二、时间继电器的认识与使用

时间继电器是一种利用电磁原理或机械原理来延迟触点闭合或分断的自动控制电器。对于电磁式时间继电器,当电磁线圈通电或断电后,经过一段时间,延时触头才动作。时间继电器种类很多,常用的有电磁式、空气阻尼式、电动式和电子式等时间继电器;按延时方式可分为通电延时型和断电延时型两种。图 1 - 32 为时间继电器的实物图。

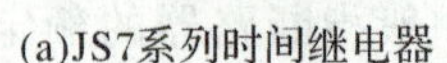

(a)JS7系列时间继电器 (b)电子式时间继电器 (c)数显时间继电器 (d) JS14A系列时间继电器

图 1-32 时间继电器实物图

1. 空气阻尼式时间继电器

(1)结构阻尼式时间继电器是利用空气阻尼作用获得延时的。它分为通电延时和断电延时两种类型。如图 1-33 所示为 JS7-2A 系列空气阻尼式时间继电器的结构图,它由交流并联电磁机构、触点系统(由两个微动开关构成,包括两对瞬动触点和两对延时触点)、空气室及传动机构等组成。

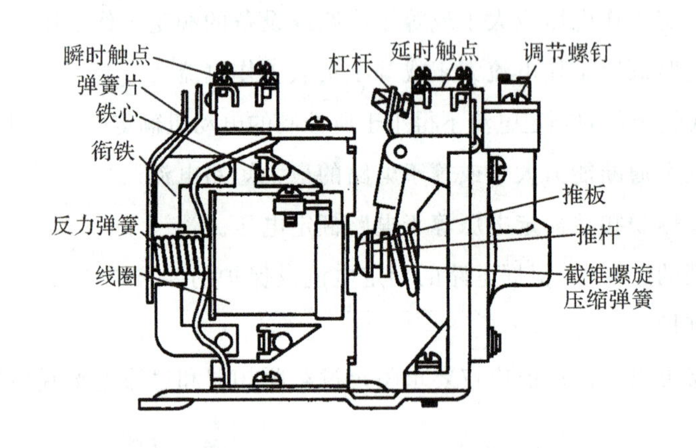

图 1-33 JS7-2A 系列时间继电器的结构图

(2)JS7-2A 系列空气阻尼式时间继电器的工作原理用图 1-34 来说明。

图 1-34(a)为通电延时型时间继电器,当线圈 1 通电后,铁心 17 将衔铁 2 吸合,同时推板 10 使微动开关 15 立即动作。活塞杆 14 在塔形弹簧 4 的作用下,带动活塞 13 及橡皮膜 6 向上移动,由于橡皮膜下方气室空气稀薄,形成负压,因此活塞杆 14 不能迅速上移。当空气由进气孔 8 进入时,活塞杆才逐渐上移。移到最上端时,杠杆 9 才使微动开关 16 动作。延时时间即为自电磁铁吸引线圈通电时刻起到微动开关 16 动作为止这段时间。通过调节螺杆 12 来改变进气孔的大小,就可以调节延时时间。

当线圈 1 断电时,衔铁 2 在复位弹簧 3 的作用下将活塞 14 推向最下端。因活塞被往下推时,橡皮膜下方气室内的空气,都通过橡皮膜 6、弱弹簧 5 和活塞 13 肩部所形成的单向阀,经上气室缝隙顺利排掉,因此不延时与延时的微动开关 15 与 16 都能迅速复位。

可见，通电时，微动开关 15 立即动作，微动开关 16 延时动作。因此，微动开关 15 是瞬动开关，微动开关 16 是延时开关。断电时，微动开关 15 与 16 都能迅速复位。

如图 1-34(b)所示是断电延时型时间继电器，它的结构与通电延时型的类似，只是将电磁机构翻转 180°安装了，它的工作原理也与通电延时型相似，即当衔铁吸合时推动活塞复位，排出空气，当衔铁释放时活塞杆在弹簧作用下使活塞向下移动，实现断电延时。

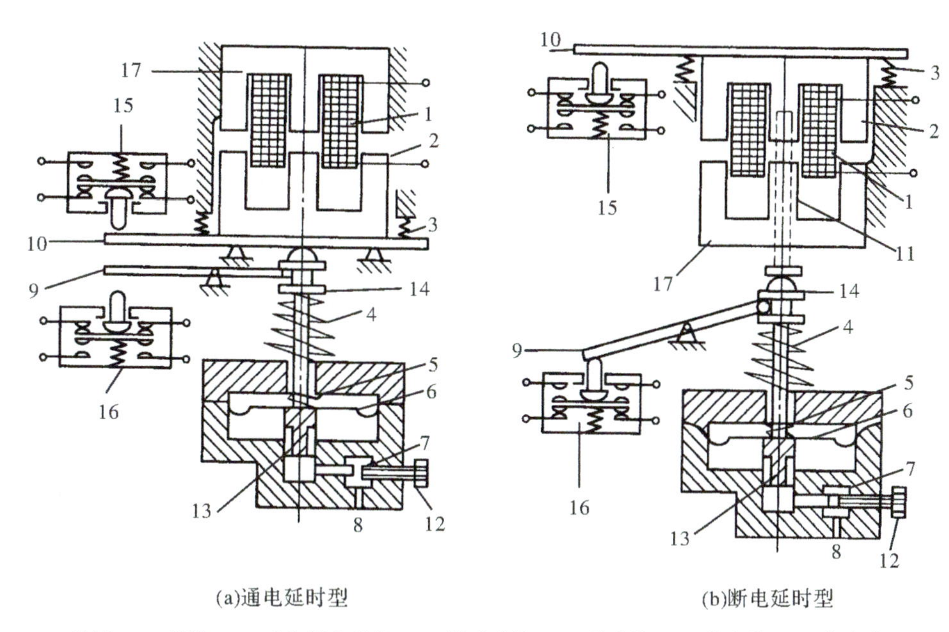

1—线圈；2—衔铁；3—反作用力弹簧；4—塔形弹簧；5—弱弹簧；6—橡皮膜；7—节流孔；
8—进气孔；9—杠杆；10—推板；11—推杆；12—调节螺钉；13—活塞；14—活塞杆；
15—瞬动微动开关；16—延时微动开关；17—铁心。

图 1-34 JS7-2A 系列空气阻尼式时间继电器的工作原理图

时间继电器的图形符号和文字符号如图 1-35 所示。

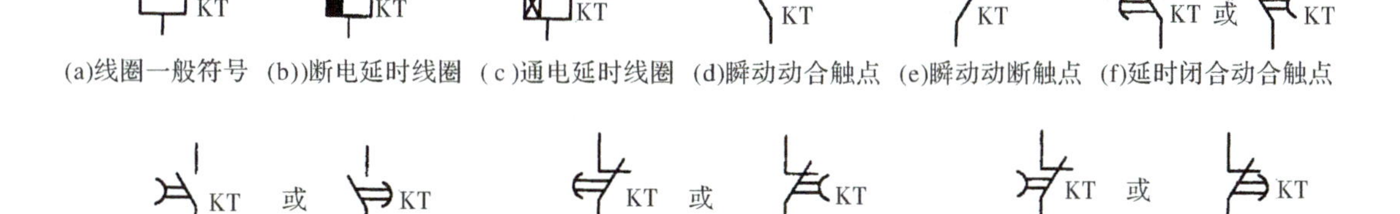

图 1-35 时间继电器的图形符号和文字符号

时间继电器的延时方式有两种，一种是通电延时型，即收到输入信号后，延时一段时间执行机构才动作；当输入信号消失时，执行机构瞬时复原。通电延时型时间继电器的线圈、延时闭合动合触点和延时断开动断触点分别用图 1-35(c)、(f)和(h)表示。另一种是断电延时型，即收到输入信号,执行机构立即动作;当输入信号消失时,延时一段时间执行机构才复原。断电延时时间继电器的线圈、延时断开动合触点、延时闭合动断触点分别用图 1－35(b)(g)和(i)表示。有的时间继电器还有瞬动动合触点[图 1－35(d)]和瞬动动断触点[图 1－35(e)]。

时间继电器的型号及其含义如下:

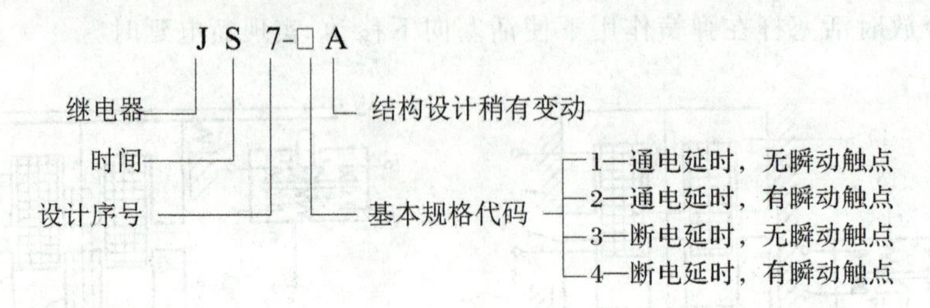

2. 电动式时间继电器

电动式时间继电器是由微型同步电动机拖动减速机构,经机械机构获得触点延时动作的时间继电器。电动式时间继电器由微型同步电动机、电磁离合器、减速齿轮、触点系统、脱扣机构和延时调整机构等组成。电动式时间继电器有通电延时和断电延时两种。延时的长短可通过改变整定装置中定位指针的位置实现,但定位指针的调整对于通电延时型时间继电器应在电磁离合器线圈断电的情况下进行,对于断电延时型时间继电器应在电磁离合器线圈通电的情况下进行。

3. 时间继电器的选用

(1)应根据被控制线路的实际要求选择不同延时方式及延时时间、精度的时间继电器。

(2)应根据被控制电路的电压等级选择电磁线圈的电压,使两者电压相符。

4. 时间继电器的常见故障及排除方法

1)开机不工作

主要故障原因:电源线接线不正确或断线。

处理方法:检查接线是否正确、可靠。

2)延时时间到继电器不转换

主要故障原因:继电器接线有误,电源电压过低,触点接触不良,继电器损坏。

处理方法:检查接线,调高电源电压,检查触点接触是否良好,更换继电器。

3)烧坏产品

主要故障原因:电源电压过高,接线错误。

处理方法:调低电源电压,检查接线。

三、三相异步电动机顺序工作联锁控制电路

1. 用按钮实现的顺序工作控制线路

如图 1－36 所示为“顺序起动，逆序停车”的顺序控制线路，M_1 由 KM_1 控制，SB_1、SB_2 为 M_1 的停止、起动按钮；M_2 由 KM_2 控制，SB_3、SB_4 为 M_2 的停止、起动按钮。由图可见，将接触器 KM_1 的常开辅助触点串入接触器 KM_2 的线圈电路中，只有当接触器 KM_1 线圈通电，常开触点闭合后，才允许 KM_2 线圈通电，即电动机 M_1 先起动后才允许电动机 M_2 起动。将接触器 KM_2 的常开触点并联接在 KM_1 的停止按钮 SB_1 两端，即当 M_2 起动后，SB_1 被 KM_2 的常开触点短路，不起作用，只有当接触器 KM_2 断电，即 M_2 断电后，停止按钮 SB_1 才能起到断开 KM_1 线圈电路的作用，电动机 M_1 才能停止。这样就实现了按顺序起动、按逆序停止的联锁控制。其控制原理如下：

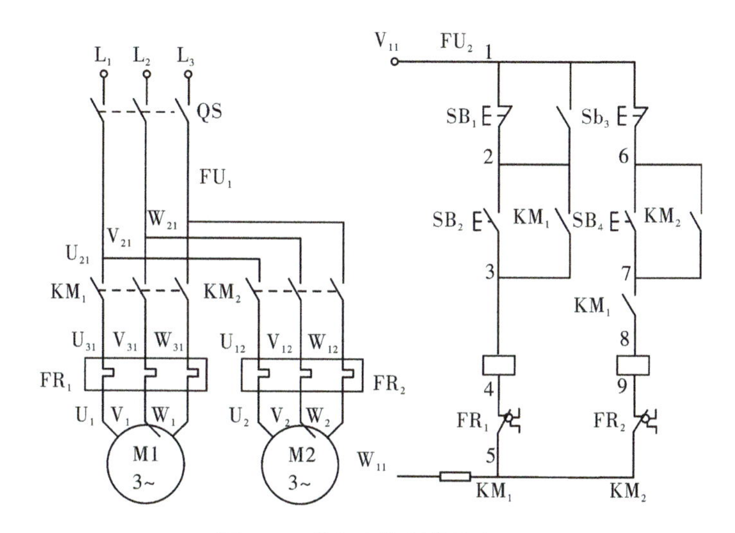

图 1－36 按顺序控制的线路

合上 QS。

◆顺序起动

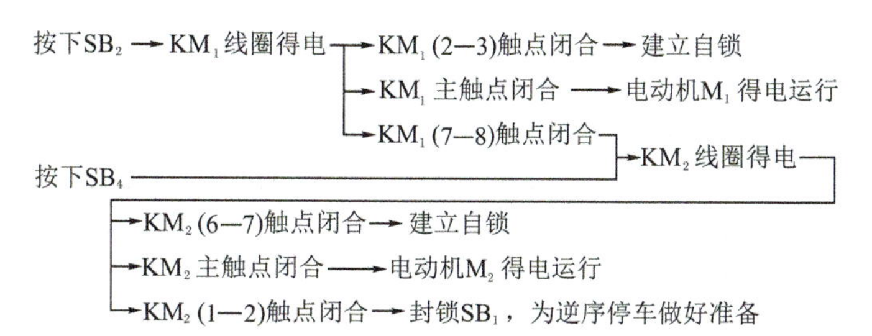

◆逆序停止

按下SB_3→KM_2线圈断电→KM_2主触点断开→电动机M_2断电停车
→KM_2(6–7)触点断开→解除自锁
→KM_2(1–2)触点断开→解除对SB_1的封锁

按下SB_1→KM_1线圈断电→KM_1(2–3)触点断开→解除自锁
→KM_1主触点断开→电动机M_1断电停车
→KM_1(7–8)触点断开→封锁SB_4，为顺序起动做好准备

综上所述,可以得到如下的控制规律:当要求甲接触器工作后方允许乙接触器工作,则在乙接触器线圈电路中串入甲接触器的常开触点;当要求乙接触器线圈断电后方允许甲接触器线圈断电,则将乙接触器的常开触点并联在甲接触器的停止按钮两端。

2.用时间继电器控制的顺序工作控制线路

在电气控制系统中常用时间继电器来完成对电动机的顺序控制,如图 1－37 所示就是这样一个例子。图中有两台电动机 M_1、M_2,要求 M_1 起动后,经过 5 s后 M_2 自行起动,M_1 和 M_2 同时停止。这里用时间继电器实现延时,时间继电器的延时时间可根据需要人为设置为 5 s。其控制原理如下。

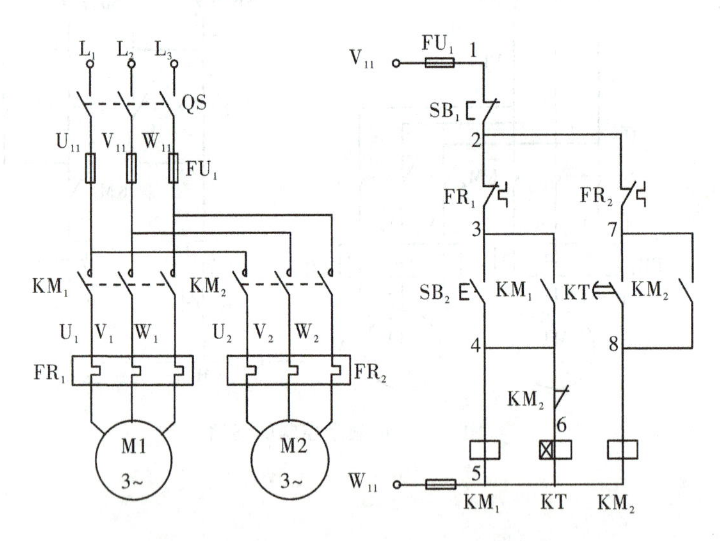

图 1－37　时间继电器控制的顺序控制电路

◆起动。

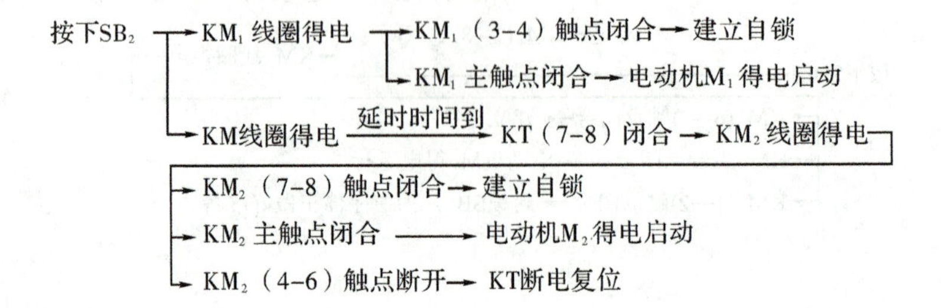

◆停车。

按下 SB_1 →KM_1、KM_2 线圈断电→KM_1、KM_2 所有触点复位→电动机 M_1、M_2 同时断电停车

任务实施

一、任务实施的内容

三相异步电动机顺序控制电路的安装与调试。

二、任务实施的要求

元器件安装工艺要求及布线工艺要求见项目一任务一。

三、工具、仪表和器材

工具：测电笔、螺钉旋具、尖嘴钳、斜口钳、剥线钳、电工刀等常用电工工具。

仪表：兆欧表、钳形电流表、万用表等。

器材：网孔板、三相异步电动机、自动空气开关、熔断器、热继电器、交流接触器、控制按钮、接线端子排、塑料线槽、导线和号码管等。

四、操作步骤

(1)电气元器件检查。配齐所用电气元器件，并进行校验。

(2)安装电器与线槽。画出电气元器件布置图。在网孔板上按照所画的电气元器件布置图安装电气元器件。

(3)电路接线。根据电气原理图 1－36 画出两台电机顺序起动，逆序停车的安装接线图。然后进行网孔板配线，配线时特别注意区别多个复合按钮开关的常开、常闭触点端子，防止接错。

(4)电路检查。安装完毕的控制电路板必须经过认真检查后，方可通电试车，以防接错、漏接造成不能正常运转或短路事故。

(5)通电试车。完成检查后，清理好工具和安装板，在指导教师的监护下试车。

◆不带电动机试验。

拆下电动机接线，合上电源开关 QS。

检查起动的顺序操作。先按一下 SB_2，接触器 KM_1 应立即得电动作并能保持吸合状态，再按一下 SB_4，接触器 KM_2 应立即得电动作并能保持吸合状态；如果先按 SB_4，接触器 KM_2 不得电。

调试逆序停车的功能，接触器 KM_1 和 KM_2 都吸合后，先按下 SB_3，KM_2 应立即释放，电动机停止运转，再按一下 SB_1，KM_1 应立即释放。观察中若遇到异常现象应立即停车，检查故障。

◆带电动机试验。

切断电源后，接好电动机，再合上电源开关试验。操作方法同不带电动机试验。注意观察两台电动机顺序起动和停止运行的先后次序。如有异常立即停车检查。

(6)通电试车完毕，停转，切断电源。

知识拓展

有些生产机械，特别是大型机械，为了操作方便，常常希望可以在两个地点(或多个地点)进行同样的控制操作，即所谓多地控制。为了达到从多个地点同时控制一台电动机的目的，必须在每个地点都设置起动和停止按钮。如图 1－38 所示为两地控制的控制线路，它可以分别在甲、乙两地控制接触器 KM 的通断，其中甲地的起、停按钮为 SB_{11} 和 SB_{12}，乙地为 SB_{21} 和 SB_{22}，实现了两地控制同一台电动机。其连接特点是各起动按钮是并联的，即当任一处按下起动按钮，接触器线圈都能通电并自锁；各停止按钮是串联的，即当任一处按下停止按钮后，都能使接触器线圈断电，电动机停转。

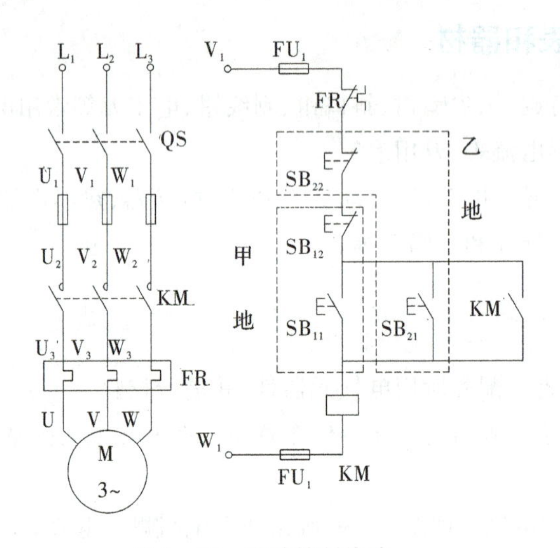

图 1－38 两地控制线路

由此可以得出普遍结论：欲使几个电器都能控制甲接触器通电，则几个电器的常开触点应并联接到甲接触器的线圈电路中；欲使几个电器都能控制甲接触器断电，则几个电器的常闭触点应串联接到甲接触器的线圈电路中。

思考与练习

(1)低压断路器是一种什么电器？它在电路中起什么作用？

(2)空气阻尼式的时间继电器按其控制原理可分为哪两种类型？每种类型的时间继电器有哪几类触头？画出它们的图形符号。

(3)画出三相异步电动机三地控制(即三地均可启动、停止)的电气控制线路。

(4)设计一个控制电路，三台笼型感应电动机起动时，M_1 先起动，经 10 s 后 M_2 自行起动，运行 30 s 后 M_1 停止并同时使 M_3 自行起动，再运行 30 s 后电动机全部停止。

任务四　三相异步电动机降压起动控制电路安装与调试

任务描述

在生产加工过程中，除了要求电动机实现单相运行外，往往还需要电动机能够实现正、反向运转，以拖动生产机械实现上下、左右、前后等相反方向的运动。如机床工作台的前进和后退，电梯的上升和下降等。由三相异步电动机的工作原理可知，如果将接至电动机的三相电源线中的任意两相对调，就可以改变电动机的旋转方向。本任务就是学习如何对三相异步电动机进行正反转控制，并完成三相异步电动机正反转控制电路的安装和调试。

任务目标

熟悉电流继电器、电压继电器的基本结构；理解它们的动作原理和用途；掌握其图形符号与文字符号。了解交流电动机起动的几种电路；掌握三相异步电动机 Y-Δ 降压起动电路的工作原理及安装接线调试的方法。

相关知识

一、电流、电压继电器的认识与使用

1. 电流继电器

根据线圈中的电流大小而动作的继电器称为电流继电器。这种继电器的导线粗、匝数少，串联在被测电路中，以反映被测电路电流的大小。电流继电器的触头接在控制电路中，其作用是根据电流的大小来控制电路的接通和分断。电流继电器有过电流继电器和欠电流继电器。其实物如图 1－39 所示。

(a)电子式欠电流继电器

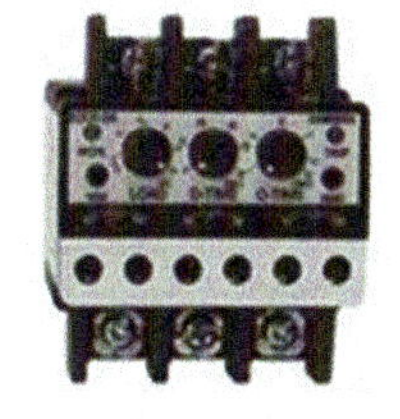

(b)电子式过电流继电器

图 1－39　电子式电流继电器实物图

1)欠电流继电器

欠电流继电器线圈中通过30%~65%的额定电流时继电器吸合，当线圈中的电流降至额定电流的10%~20%时继电器释放。所以，欠电流继电器在电路正常工作时，流过线圈的负载电流大于继电器的吸合电流，欠电流继电器始终是处于吸合状态，即常开触点处于闭合状态，常闭触点处于断开状态。当电路由于某种原因使电流降至额定电流的20%以下时，欠电流继电器释放，发出信号，使接在控制电路中的动合触点断开，控制接触器失电，从而控制设备脱离电源。可见，这种继电器主要用于对负载进行欠电流保护，如用于直流电动机和电磁吸盘的失磁保护。

2)过电流继电器

交流过电流继电器的吸合值为110%~400%额定电流。过电流继电器在电路正常工作时不动，当电路发生过载或短路故障时，电流超过动作电流额定值时才动作，分断常闭触点。切断控制回路，保护了电路和负载。过电流继电器主要用于频繁、重载启动的场合作为电动机的过载和短路保护。电流继电器的文字符号和图形符号如图1-40所示。

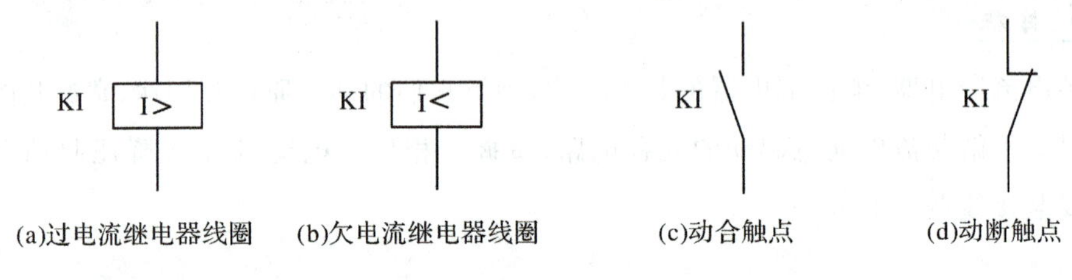

图1-40 电流继电器的文字符号和图形符号

常用的电流继电器型号有JT4、JL12及JL14等。在选用过电流继电器用于保护小容量直流电动机和绕线式异步电动机时，其线圈的额定电流一般可按电动机长期工作额定电流来选择；对于频繁启动的电动机的保护，继电器线圈的额定电流可选大一些。考虑到动作误差，并加上一定余量，过电流继电器的整定电流值可按电动机最大工作电流值来整定。

2. 电压继电器

根据线圈电压的大小而动作的继电器称为电压继电器。这种继电器的导线细、匝数多，并串联在被测电路两端，以反映被测电路电压的大小。电压继电器有过电压、欠电压和零电压继电器之分，电压继电器的实物图、文字符号及图形符号如图1-41所示。

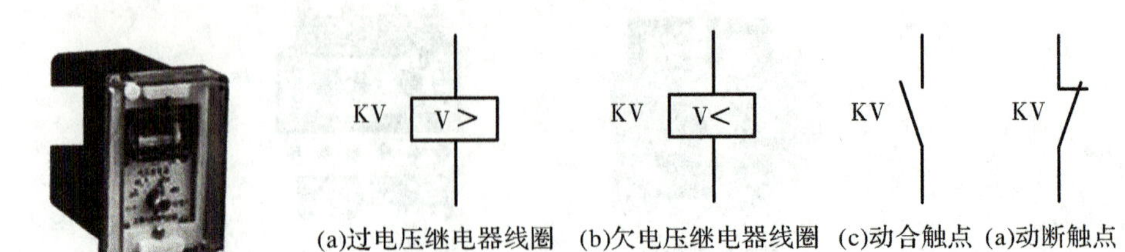

图1-41 电压继电器实物图、文字符号及图形符号

一般来说，过电压继电器在电路电压高于额定电压的 120%以上时，对电路进行过压保护，其工作原理与过电流继电器相似；欠电压继电器在电路电压低于额定电压的 40%～70%时，对电路进行欠电压保护，其工作原理与欠电流继电器相似；零压继电器在电路电压降至额定电压的 5%～25%时，对电路进行零压保护。

选择欠电压继电器时，主要根据电源电压、控制线路所需触点的种类和数量来选择。

二、三相笼型异步电动机降压起动控制电路

1. 定子电路串电阻（或电抗器）的降压起动

如图 1－42 所示的异步电动机以时间为变化参量控制启动的线路。该线路是根据启动过程中时间的变化，利用时间继电器控制降压电阻的切除。时间继电器的延时时间按启动过程所需时间整定。图中电阻 R 为降压电阻，KM_1 为启动接触器，KM_2 为全压运行接触器，KT 为通电延时时间继电器，SB_2 是启动按钮，SB_1 是停车按钮。图 1－42(a)中线路的工作过程可表示为

合上电源开关 QS。

◆启动。

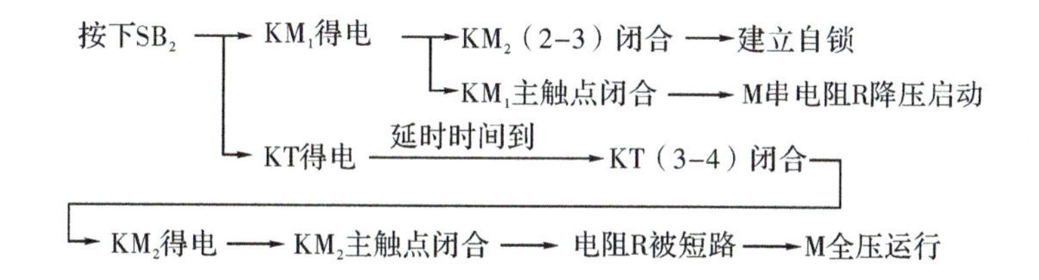

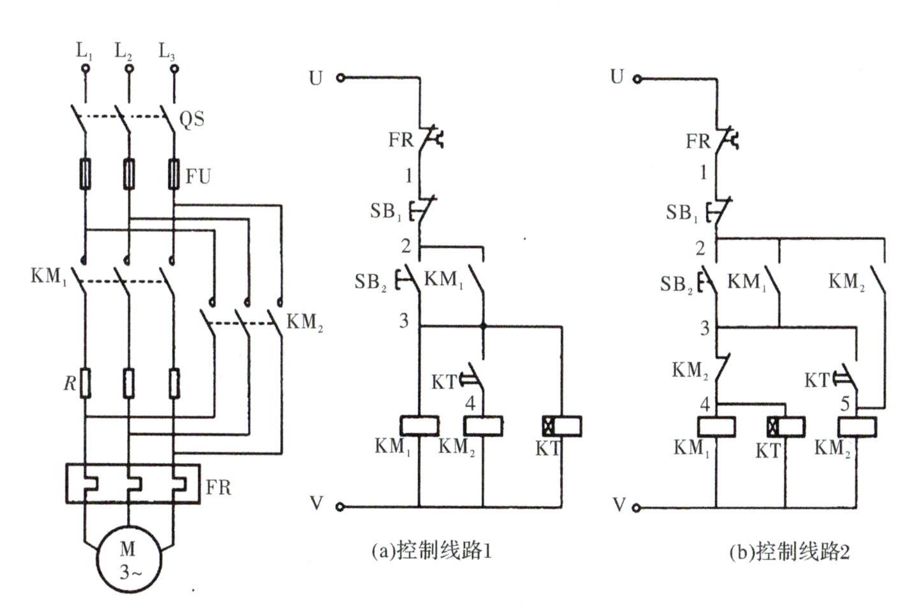

图 1－42　串电阻降压起动控制线路

◆停车：按下停止按钮 SB_1，KM_1、KM_2 和 KT 断电，电动机 M 断电停车。

◆存在的问题和解决的方法。

由图 1-42(a)可以看出，本线路在起动结束后，KM_1、KT 一直得电动作，造成了电能的浪费，也缩短了接触器、继电器的使用寿命，这是不必要的。应想办法使 KM_1、KT 在电动机起动结束后断电。解决方法是在接触器 KM_1 和时间继电器 KT 的线圈电路中串入 KM_2 的动断触点，同时给 KM_2 加上自锁，如图 1-42(b)所示。这样当 KM_2 线圈通电时，其动断触点断开使 KM_1、KT 线圈断电。其工作原理如下：

合上电源开关 QS。

起动。

按下SB_2 → KM_1得电 → KM_1（2-3）闭合 → 建立自锁
　　　　　　　　　　 → KM_1主触点闭合 → M串电阻R降压启动
　　　　 → KT得电 —延时时间到→ KT（3-5）闭合 →
→ KM_2得电 → KM_2（3-4）断开 → KM_1、KT断电，触电复位
　　　　　　 → KM_2（2-5）闭合 → 建立自锁
　　　　　　 → KM_2主触点闭合 → 电阻R被短路 → M全压运行

2. 星三角降压起动控制电路

如图 1-43 所示为按时间原则控制的 Y-Δ 降压起动控制线路。在图 1-43 的主电路中，UU′、VV′、WW′为电动机的三相绕组，当 KM_2 的主触点断开，KM_3 的主触点闭合时，相当于 U′、V′、W′连在一起，为 Y 形(星形)接法；当 KM_3 的主触点断开，KM_2 的主触点闭合时，相当于 U 与 W′、V 与 U′、W 与 V′连在一起，三相绕组头尾相连，为△形(三角形)接法。值得注意的是，在该电路中绝不允许 KM_2 和 KM_3 的主触点同时闭合，否则将发生短路故障，所以在控制电路中，KM_2 与 KM_3 之间要设置互锁。控制电路采用通电延时型时间继电器 KT 实现电动机从 Y 形向 Δ 形的转换，线路的工作原理如下。

合上刀开关 QS。

起动。

按下SB_2 → KM_3得电 —先→ KM_3（3-6）断开 → 建立对KM_2的互锁
　　　　　　　　　　 —后→ KM_3的主触点闭合 → 将M接成Y形 ┐
　　　　 → KM_1得电 → KM_1（2-3）闭合 → 建立自锁　　　　 ├→ M接成Y形起动
　　　　　　　　　　 → KM_1主触点闭合 ──────────────┘
　　　　 → KT得电 —延时时间到 先→ KT（4-5）断开 → KM_3断电 —先→ KM_3主触点断开 → 解除M的Y形接法
　　　　　　　　　　　　　　　　　　　　　　　　　　　　 —后→ KM_3（3-6）闭合 → 解除对KM_2的互锁
　　　　　　　　　　　　　　 —后→ KT（6-7）断开
→ KM_2得电 —先→ KM_2（3-4）断开 → 建立对KM_3的互锁，并使KT断电复位
　　　　　　 —后→ KM_2（6-7）闭合 → 建立自锁
　　　　　　 → KM_2主触点闭合 → M接成Δ形正常运行

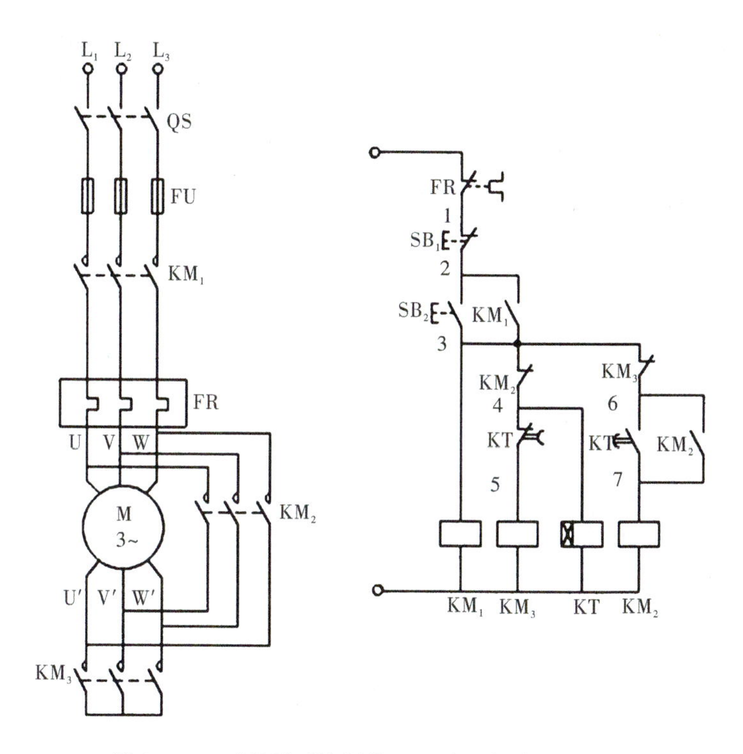

图 1-43　时间原则控制的 Y-Δ 降压起动控制线路

由分析可见，当合上刀开关 QS，按下起动按钮 SB_2 以后，接触器 KM_1 线圈、KM_3 线圈通电，它们的主触点闭合，将电动机接成星形起动，同时通电延时型时间继电器 KT 线圈通电，时间继电器开始定时。当电动机接近于额定转速，即时间继电器 KT 延时时间已到，KT 的延时断开动断触点先断开，KM_3 断电释放，其主触点和辅助触点复位，解除了电动机的星形接法；然后 KT 的延时闭合动合触点才闭合，使 KM_2 线圈通电自锁，主触点闭合，电动机接成三角形运行。时间继电器 KT 线圈也因 KM_2 动断触点断开而失电，时间继电器的触点复位，为下一次起动做好准备。图中的 KM_2(3－4)、KM_3(3－6)两个辅助动断触点建立互锁控制、防止 KM_2、KM_3 线圈同时得电而造成电源短路。

由于图 1-43 所示的主电路中所用的触点都是接触器的主触点，容量大且有灭弧装置，因此这种控制线路适用于电动机容量较大(一般为 13 kW 以上)的场合。

3. 自耦变压器降压起动控制线路

在自耦变压器降压起动电路中，自耦变压器按星形接线，起动时将电动机定子绕组接到自耦变压器二次侧。这样，电动机定子绕组得到的电压即为自耦变压器的二次电压，改变自耦变压器抽头的位置可以获得不同的启动电压。在实际应用中，自耦变压器一般有 65%、85%等抽头。当起动完毕时，自耦变压器被切除，额定电压(即自耦变压器的一次电压)直接加到电动机定子绕组上，电动机进入全压正常运行。

XJ01 型补偿降压起动器适用于 14～28 kW 的电动机，其控制线路如图 1-44 所示。电路由自耦变压器、交流接触器、热继电器、时间继电器、按钮等元器件组成，图中 KM_1 为降压起动接触器，KM_2 为全压运行接触器，KA 为中间继电器，KT 为降压起动时间继电器，HL_1 为电动机正常运行指示灯，HL_2 为降压起动指示灯，HL_3 为待机指示灯。线路的工作过程如下。

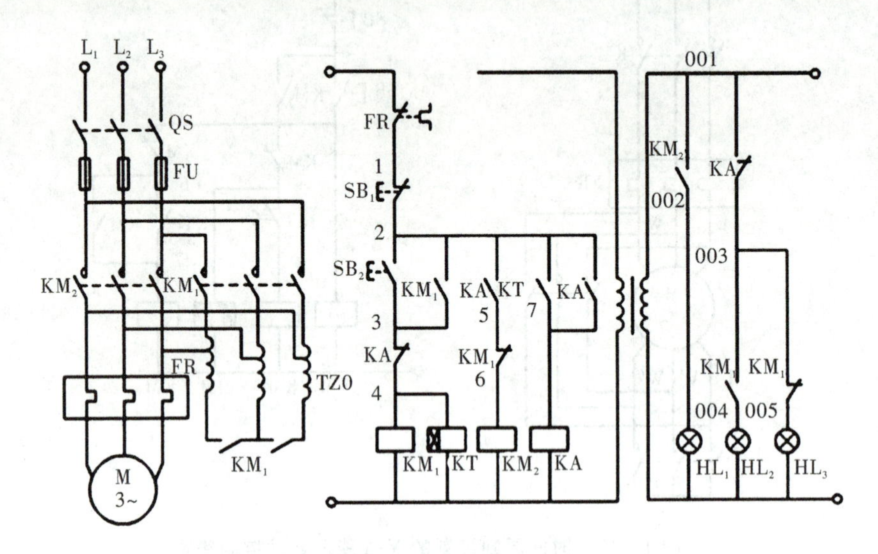

图 1-44 XJ01 型补偿器降压起动控制线路

合上 QS，HL_3 灯亮，表明电源接入，电路处于待机状态，等待起动。

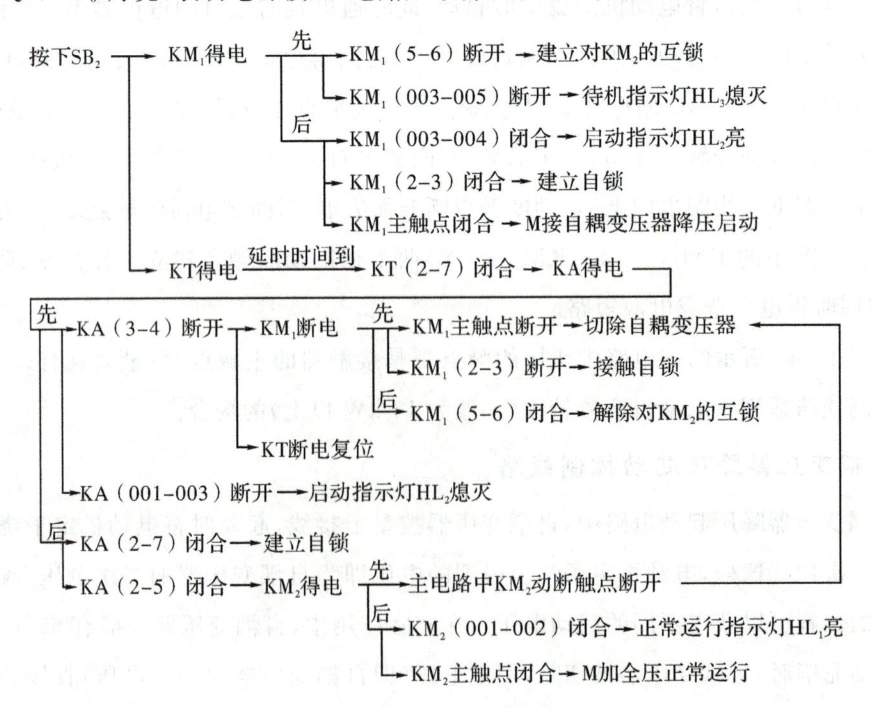

由以上分析可以看出，按下起动按钮 SB_2 后，接触器 KM_1、时间继电器 KT 线圈通电，KM_1 的动合主触点闭合将自耦变压器接入电路，电动机降压起动，指示灯 HL_3 熄灭，HL_2 亮，表示线路从“待机”状态进入“降压启动”状态。当电动机转速上升到接近额定转速时，通电延时时间继电器 KT 动作，中间继电器 KA 得电后，先使 KM_1 线圈断电，KM_1 的主触点断开，切除自耦变压器，再使 KM_2 的线圈得电，KM_2 的主触点接通电动机主电路，电动机在全压下运行，此时指示灯 HL_2 熄灭，HL_1 亮，表示线路从“降压起动”状态进入到全压运行的“正常运行”状态。

自耦变压器减压起动方法适用于电动机容量较大，正常工作时接成星形或三角形的电动机，启动转矩可以通过改变抽头的连接位置得到改变。它的缺点是自耦变压器价格较贵，而且不允许频繁启动。

任务实施

一、任务实施的内容

时间继电器控制三相异步电动机星三角降压起动控制电路的安装与调试。

二、任务实施的要求

元器件安装工艺要求及布线工艺要求见项目一任务一。

三、工具、仪表和器材

工具：测电笔、螺钉旋具、尖嘴钳、斜口钳、剥线钳、电工刀等常用电工工具。

仪表：兆欧表、钳形电流表、万用表等。

器材：网孔板、三相异步电动机、自动空气开关、熔断器、热继电器、交流接触器、控制按钮、接线端子排、塑料线槽、导线和号码管等。

四、操作步骤

(1)电气元器件检查。配齐所用电气元器件，并进行校验。

(2)安装电器与线槽。在网孔板上按照所画的电气元器件布置图安装电气元器件。

(3)电路接线。画出安装接线图。根据电气原理图画出时间继电器控制三相异步电动机星/三角降压起动控制电路的安装接线图，然后进行网孔板配线。

(4)电路检查。安装完毕的控制电路板必须经过认真检查后，方可通电试车，以防止错接、漏接造成不能正常运转和短路事故。

(5)通电试车。完成检查后，清理好工具和安装板，在指导教师的监护下试车。

◆不带电动机试验。

拆下电动机接线，合上电源开关 QS。

按一下 SB_2，KM_1、KM_3 和 KT 应立即得电动作，延时时间到后，KT 和 KM_3 断电释放，同时 KM_2 得电动作；按下 SB_1，则 KM_1 和 KM_3 释放，反复操作几次，检查线路动作的可靠性和延时时间，调节 KT 的延时旋钮，使其延时更精确。

◆带电动机试验。

切断电源后，接好电动机，再合上电源开关试验。按下 SB_2，电动机应得电起动转速上升，此时应注意电动机运转的声音，延时时间到后线路转换，电动机转速再次上升，进入全压运行。

(6)通电试车完毕，停转，切除电源。

知识拓展

一、三相绕线式异步电动机降压起动控制电路

有些生产机械要求电动机具有较大的起动转矩和较小的起动电流，笼型电动机不能满足这种起动性能的要求，这时可采用绕线式异步电动机。它可以通过滑环在转子绕组中串接外电阻或电抗，从而减小起动电流，提高起动转矩，适用于重载起动的场合。

转子绕组串电阻起动控制线路绕线式异步电动机起动时，串接在三相转子绕组中的启动电阻，一般都连成星形。刚启动时，将起动电阻全部接入，随着起动的进行，电动机转速的上升，起动电阻被依次短接，最终，转子电阻被全部短接，启动结束。绕线式异步电动机的起动控制，根据转子电流变化及所需起动时间，可有时间原则控制和电流原则控制两种线路。下面介绍按时间原则控制的转子串电阻起动控制线路。

如图 1-45(a)所示为按时间原则控制的转子串电阻启动控制线路，图中 KM 为线路接触器，KM_1、KM_2、KM_3 为短接电阻启动接触器，KT_1、KT_2、KT_3 为短接电阻时间继电器。在起动过程中，通过三个时间继电器 KT_1、KT_2 和 KT_3 与三个接触器 KM_1、KM_2 和 KM_3 的相互配合来依次自动切除转子绕组中的三级电阻，限制了启动电流，使转速逐级上升直至到达额定转速，完成起动。电动机进入正常运行后，只有 KM、KM_3 两个接触器处于长期通电状态，而 KT_1、KT_2、KT_3 与 KM_1、KM_2 线圈的通电时间，均压缩到最低限度，节省电能，延长电器使用寿命，更为重要的是减少电路故障，保证电路安全可靠地工作。起动过程的机械特性如图 1-45(b)所示，其工作原理如下：

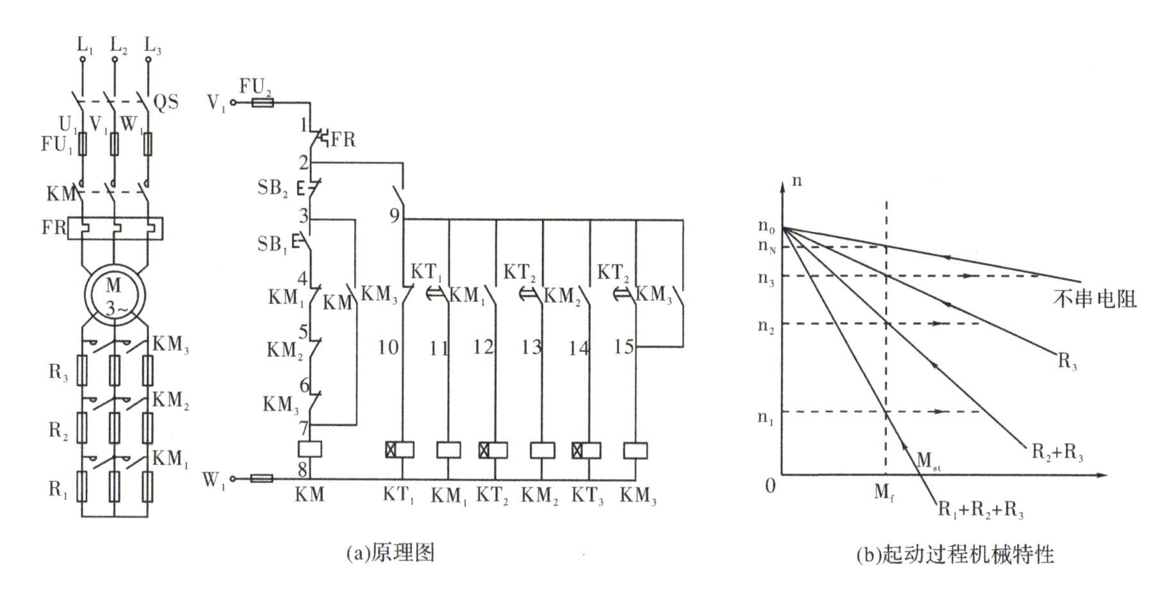

(a)原理图

(b)起动过程机械特性

图 1-45 时间原则控制的转子串电阻起动控制线路

起动时，合上电源开关 QS。

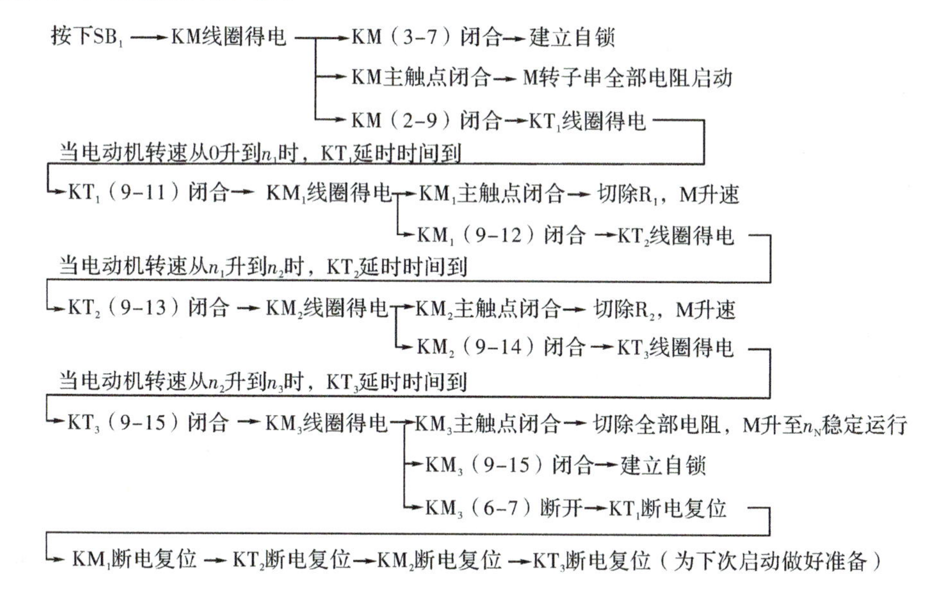

停车时，按下停止按钮 SB_2，接触器 KM、KM_3 释放，电动机停转。

值得注意的是接触器常闭辅助触点 KM_1(4—5)、KM_2(5—6)和 KM_3(6—7)的作用，它们与 SB_1 串联，保证电动机只有在转子绕组接入全部外加电阻的条件下才能起动。如果没有接触器常闭辅助触点 KM_1(4—5)、KM_2(5—6)和 KM_3(6—7)与起动按钮 SB_1 串联，则当接触器 KM_1、KM_2 和 KM_3 中任何一个触点因熔焊或机械故障而没有释放时，起动电阻就没有被全部接入转子绕组中，从而使起动电流超过规定的值。

思考与练习

(1)写出电流继电器、电压继电器的图形和文字符号。

(2)何谓三相异步电动机的降压起动？有几种减压起动方法？比较它们的优缺点。

(3)画出按钮控制的电动机星/三角降压起动的控制线路图。

(4)某机床主轴由一台鼠笼式电动机带动,润滑油泵由另一台鼠笼式电动机带动。

要求:①主轴必须在油泵开动后,才能开动;②主轴要求能用电器实现正反转,并能单独停车;③有短路、零压及过载保护。试绘出控制线路。

知识拓展

本项目通过四个典型任务重点介绍了两个方面的内容,一是电气控制线路中常用低压电器的主要结构、工作原理、型号及主要技术参数。二是电动机直接启动、正反转、顺序起动和降压起动电路的工作原理和各控制线路的安装和调试的方法和步骤。

常用低压电器种类繁多,可分为如下三类:

开关类:主要有闸刀开关、组合开关、行程开关、按钮开关等,其任务是接通或分断电路。

保护类:主要有熔断器、低压断路器、热继电器,其任务是保证电气控制电路正常工作,防止事故的发生。熔断器利用电流的热效应,使熔体发热熔断,从而断开电路,起到保护作用。低压断路器是一种既能接通和分断电路,又能实现欠压、失压、过载、过流、短路和漏电保护功能的开关电器。热继电器是利用电流通过发热元件产生的热量,使检测元件的物理量发生变化,从而使触头改变状态的一种继电器。

控制类:主要有接触器、时间继电器,其作用是按照开关和保护类电器发出的命令,控制电器设备正常工作。接触器主要用作频繁地接通或分断电动机等主电路,且可以远距离控制的开关电器。速度继电器是当转速达到规定值时动作的继电器。它常被用于电动机反接制动的控制电路中。

电气控制电路一般由主电路和控制电路组成,它们都是用电气元器件的图形和文字符号表示的。

任何一个复杂的控制系统都是由一些基本的控制电路组成再加上一些特殊要求的控制电路。常见的基本控制电路都有独立的功能,包括点动控制、连续运行控制(自锁)、正反转控制(互锁)、顺序控制、降压起动和行程控制等。

项目二

S7－200系列PLC的认识基础

教学目标

(1)掌握PLC的基本结构和工作原理。

(2)熟悉S7－200系列PLC的编程元件，掌握主要编程元件的功能和应用注意事项。

(3)熟悉并掌握S7－200系列PLC的外部接线和编程语言。

(4)掌握STEP7－Micro/WIN编程软件的基本操作，熟悉软件的主要功能。

任务一　认识PLC

任务描述

在项目一中，我们学习的是利用继电器和接触器实现三相异步电动机的起停控制。如图2－1所示，若改变电动机的控制要求，如按下起动按钮10 s后，再让电动机起动，这时就需要增加一个时间继电器，并且需要改变为如图2－1所示的控制电路的接线方式才可以实现。

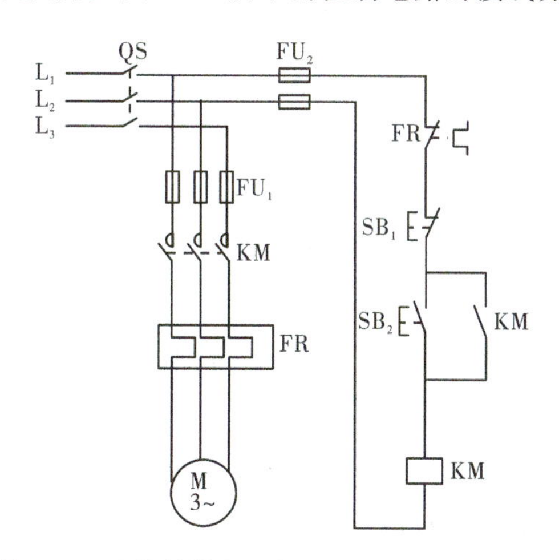

图2－1　用接触器实现电动机的起停控制电路

由此可以看出继电接触控制系统采用硬接线安装而成。一旦控制要求改变，控制系统就必须重新配线安装，对于复杂的控制系统，这种变动工作量大、周期长、再加上机械触点易损坏，因此系统的可靠性较差，检修工作相当困难。若 PLC 对电动机进行直接起动或延时起动控制，工作将变得简单、可靠。采用 PLC 控制，主电路仍然不变，用户只需要将输入设备（如起动按钮 SB_2、停止按钮 SB_1、热继电器触点 FR 等）接到 PLC 的输入端口，输出设备（如接触器线圈 KM 等）接到 PLC 的输出端口，再接上电源、输入程序就可以了。如图 2-2 所示为用 PLC 控制电动机起停的硬件接线图和软件程序。

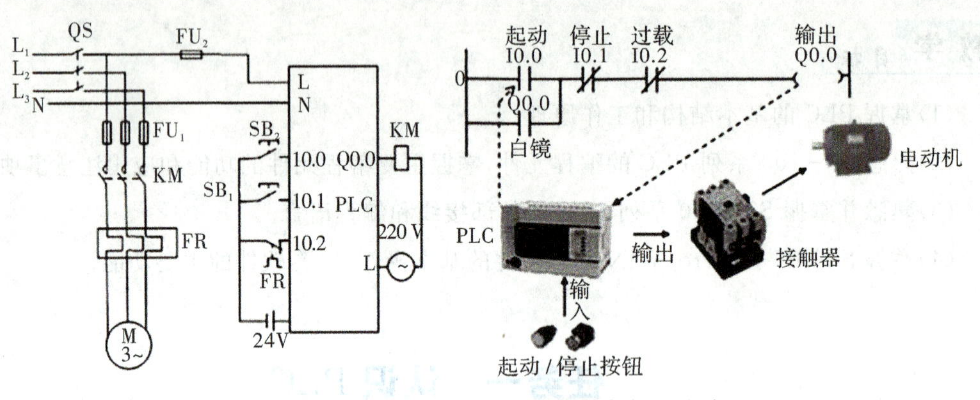

(a)电动机的PLC控制硬件接线图　　(b)电动机直接起动的PLC程序

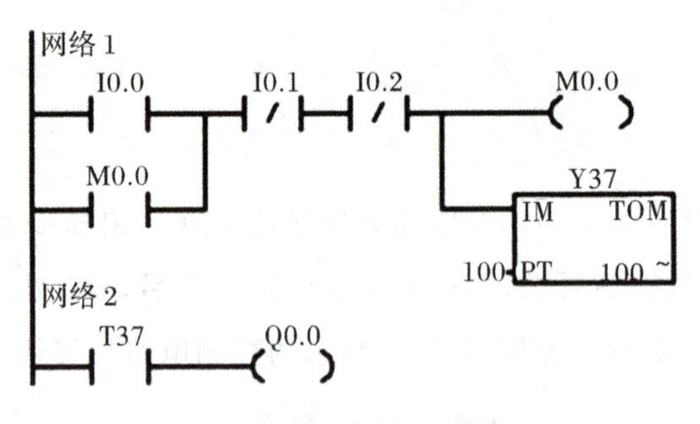

(c)电动机延时起动的PLC程序

图 2-2　用 PLC 实现电动机的起停控制电路

如图 2-2(b)所示，起动/停止按钮分别接 PLC 的输入端 I0.0 和 I0.1，交流接触器的线圈接 PLC 的输出端 Q0.0。PLC 程序对起动/停止按钮的状态进行逻辑运算，运算的结果决定了输出端 Q0.0 是否接通或断开接触器线圈的电源，从而控制电动机的工作状态。

比较图 2-1 和 2-2，可以看出，它们的控制方式不同。继电接触控制系统属于硬接线控制方式，按钮下达命令后，通过继电器连线控制逻辑决定接触器线圈是否得电，从而控制电动机的工作状态。PLC 控制属于存储程序控制方式，按钮下达命令后，通过 PLC 程序控制逻辑决定接触器线圈是否得电，从而控制电动机的工作状态。PLC 利用程序中的“软继电器”取代传统的物理继电器，使控制系统的硬件结构大大简化，具有体积小、价格便宜、维护方便、可靠性高等一系列优点。

目前 PLC 控制系统在各个行业机械设备的电气控制中得到非常广泛的应用。那么，PLC 是一个怎样的控制装置，它又是如何实现对机械设备的控制的？

任务目标

了解 PLC 的产生、特点、分类和应用。理解 PLC 的定义，掌握 PLC 的基本结构和工作原理。熟悉 PLC 的主要性能指标。

相关知识

一、PLC 的产生及定义

20 世纪 20 年代起，人们把各种继电器、定时器、接触器及其触点按一定的逻辑关系连接起来组成控制系统，控制各种机械设备，这就是传统的继电器控制系统。由于它结构简单、容易掌握，在一定的范围内能满足控制要求，因而在工业控制领域一直占有主导地位。

60 年代末，随着市场的转变，工业生产开始由大批量少品种的生产转变为小批量多品种的生产方式。以汽车制造为例，进入 20 世纪 60 年代，汽车生产流水线的自动控制系统基本上都是由继电器控制装置构成的，随着生产的发展，汽车型号更新的周期越来越短，而汽车的每一次改型都导致继电器控制装置的重新设计和安装。为了尽可能减少重新设计和安装电气控制系统的工作量，1968 年，美国最大的汽车制造商通用汽车公司(GM 公司)，进行公开招标，提出要用一种新型的控制装置取代继电器接触器控制装置，要把计算机的功能完善、灵活性强、通用性好等优点和继电器接触器控制的简单易懂、操作方便、价格低的优点融入新的控制装置中，且要求新的控制装置编程简单，使不熟悉计算机的人员也能尽快掌握它的使用方法。

1969 年，美国数字设备公司(DEC)研制出第一台可编程控制器，并在 GM 公司汽车自动装配线上试用，获得了成功。这种新型的工业控制装置以其简单易懂、操作方便、可靠性高、通用灵活、体积小、使用寿命长等一系列优点，很快在世界各国的工业领域得到推广应用。

可编程控制器一直在发展中，为使这一新型工业控制系统的生产和发展规范化，国际电工委员会(IEC)于 1987 年 2 月制定了 PLC 的标准，并给出了它的定义："可编程控制器是一种数字运算操作的电子系统，专为在工业环境下应用而设计，它采用可编程序的存储器，用来在其内部存储执行逻辑运算、顺序控制、定时、计数和算术运算等面向用户的指令，并通过数字式和模拟式的输入和输出，控制各种类型的机械或生产过程。可编程控制器及其有关外围设备，都应按易于与工业控制系统联成一个整体、易于扩充其功能的原则设计。"

IEC 的定义强调了可编程控制器是"数字运算操作的电子系统"，即它是一种计算机，是"专为在工业环境下应用而设计"的计算机，即为工业计算机。这种工业计算机采用"面向用户的指令"。因此编程方便，它能完成"逻辑运算、顺序控制、定时、计数和算术运算等操作"，具有"数字量和模拟量输入和输出控制”的能力，并且非常容易与“工业控制系统联成一体”，易于“扩充”。这就是新一代的、现场工人易于接受的“蓝领计算机”，是真正的工业控制计算机。

二、PLC的特点、应用和分类

1. PLC的特点

(1)抗干扰能力强，可靠性高。

PLC是专为工业控制设计的，在设计和制造过程中采用了多层次抗干扰和精选元件措施。PLC的输入、输出接口电路均采用光电耦合隔离方式，使工业现场的外电路与PLC内部电路之间电气上隔离；各输入端均采用R-C滤波器；各模块均采用屏蔽措施，以防止辐射干扰；采用性能优良的开关电源；对采用的器件进行严格的筛选；软件方面，设置故障检测与自诊断程序，一旦电源或其他软、硬件发生异常情况，PLC立即采取有效措施，以防故障扩大；由于采用了上述一系列措施，使PLC的平均无故障运行时间已经高达几十万小时。高可靠性是PLC成为通用自动控制设备的首要条件之一。

(2)编程方法简单，容易掌握。

PLC大多采用梯形图作为主要的编程语言。梯形图是一种面向用户的编程语言，它的表达方式类似于继电器控制系统的电路图，具有形象直观、易学易懂的特点。对于熟悉继电器控制电路图的电气人员来讲，很快就可以学会梯形图语言，并用来编制用户所需的程序。

(3)缩短设计、施工、投产试制周期，维修方便。

由于PLC已实现了产品系列化、标准化和通用化，用PLC组成的控制系统在设计、安装、调试和维修等方面，表现出了明显的优越性。PLC不需要专门的机房，可以在各种工业环境下直接运行。使用时只需将现场的各种设备与PLC相应的I/O端相连接，即可投入运行。PLC用软件功能取代了继电器控制系统中大量的中间继电器、时间继电器、计数器等器件，控制柜的设计、安装接线工作量大为减少。在用户的维修方面，由于PLC的故障率很低，并且PLC的各种模块上大多都有运行和故障指示装置，便于用户了解运行情况和查找故障。由于采用模块化结构，因此一旦某模块发生故障，用户可以通过更换模块的方法，使系统迅速恢复运行。

(4)通用性强，具有在线修改能力。

为了适应各种工业控制需要，除了一些小型PLC以外，绝大多数PLC均采用模块化结构。PLC的各个部件，包括CPU、电源、I/O等均采用模块化设计，由机架及电缆将各模块连接起来，系统的规模和功能可根据用户的需要自行组合。一个控制对象的硬件配置确定后，可通过修改用户程序，方便、快速地适应工艺条件的变化。因此PLC具有在线修改能力，功能易于扩展，给生产带来了“柔性”，具有广泛的工业通用性。

2. PLC的应用

经过20多年的工业运行，PLC迅速渗透到工业控制的各个领域，包括机械、冶金、化工、电力、运输、建筑等，它的应用可以归纳为以下几个方面：

(1)开关量的逻辑控制。

这是PLC最基本最广泛的应用。可取代传统的继电器控制系统，如机床电气控制、各种电机控制等，也可取代顺序控制，如高炉上料、电梯控制、货物存取、运输、检测等。开关量的逻辑控制可用于单机控制、多机群控及自动生产线的控制。如电镀生产线、啤酒灌装生产线、汽车装配线等。

(2)运动控制。

PLC使用专用的运动控制模块，可对直线运动或圆周运动的位置、速度和加速度进行控制，实现单轴、双轴和多轴位置控制，并使运动控制功能和顺序控制功能有机结合在一起。PLC的运动控制功能可用于对各种机械，如金属切削机床、机器人、机械手等设备的控制。

(3)数据处理。

许多PLC具有数学运算、数据的传输、排序及查表等功能；可以完成数据的采集、分析和处理任务。数据处理一般用于大、中型控制系统。

(4)过程控制。

PLC能控制许多过程参数，如速度、温度、压力、流量等。PID模块使得PLC具有闭环控制的功能，当过程控制中某个变量出现偏差时，PID控制算法会计算出正确的输出，使受控的物理量保持在给定值或给定的范围以内。在各种调速系统，加热炉，以及化工、建材等行业的生产过程中有着广泛的应用。

(5)通信网络。

PLC的通信包括多台PLC之间、主机与远程I/O之间、PLC和其他的智能设备(如计算机、数控装置)之间的通信。PLC和其他的智能设备可以组成“集中管理、分散控制”的分布式控制系统。

3. PLC的分类

PLC常见的分类方法有两种：一是按其结构形式分类，二是按I/O点数和内存容量分类。

(1)按结构形式分类，可分为整体式和机架模块式两种类型。

◆整体式整体结构的PLC是将CPU模块、输入输出模块、电源模块等基本模块紧凑地封装在一个机壳内，构成一个整体。整体式结构的PLC体积小，成本低，安装方便。微型和小型PLC常采用这种结构，适用于工业生产中的单机控制。

◆机架模块式PLC是将各部分单独的模块分开，如电源模块、CPU模块、输入输出模块等。使用时可将这些模块分别插入机架底板的插座上，配置灵活、方便，一般大中型PLC普遍采用这种结构。

(2)按I/O点数分类。

按PLC的I/O点数可分为小型、中型和大型。一般小于256点为小型，256～2048点为中型,2048点以上为大型。以上划分没有一个十分严格的界限,随着PLC技术的进步,这个分类标准也在改变。

三、PLC的基本结构

PLC专为工业场合设计,采用了典型的计算机结构,主要由中央处理器(CPU)、存储器、电源、输入输出接口电路、编程器、扩展接口和外部设备接口等几部分组成。PLC的结构框图如图2-3所示。

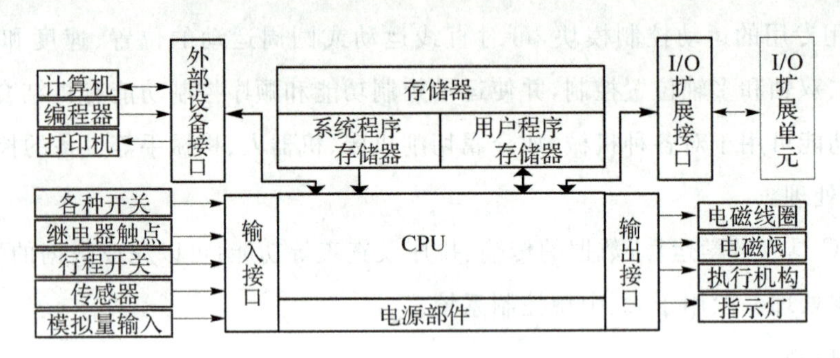

图2-3 PLC的结构图

1. 中央处理器(CPU)

中央处理器(CPU)作为整个PLC的核心起着总指挥的作用,是PLC的逻辑运算和控制中心。在PLC中CPU按系统程序赋予的功能,指挥PLC有条不紊地进行工作,以实现对现场各个设备的控制,其具体功能如下:

(1)接收并存储从编程器输入的用户程序和数据。

(2)诊断PLC电源和内部电路的工作状态及编程中的语法错误。

(3)用扫描的方式采集由现场输入装置送来的状态或数据,并存入输入映像寄存器或数据寄存器中。

(4)执行监控程序和用户程序,完成数据和信息的逻辑处理,产生相应的内部控制信号,完成用户指令规定的各种操作。

(5)响应外部信号的请求。

2. 存储器

存储器是具有记忆功能的半导体电路,用来存放系统程序、用户程序和逻辑变量和其他信息。PLC中使用的存储器有两种类型,它们是只读存储器ROM和随机存储器RAM。

只读存储器ROM(又称系统程序存储器)用来存放由PLC生产厂家编写的系统程序,并固化在ROM内,用户不能直接存取、更改。系统程序相当于个人计算机的操作系统,它使PLC具有基本的功能,能够完成PLC设计者规定的各种工作。ROM中的内容只能读出,不能写入。

它是非易失性的，断电后系统程序内容不变。

随机存储器 RAM（又称用户存储器）包括用户程序存储区和数据存储区。RAM 是可读可写存储器，读出时，RAM 中的内容不被破坏；写入时，刚写入的信息就会消除原来的信息。它是易失性的存储器，断电后存储的信息将会丢失。RAM 的工作速度高，价格便宜，改写方便。由锂电池支持。

RAM 中一般存放以下内容：用户程序存储区主要存放用户已编制好或正在调试的应用程序；数据存储区包括各输入端状态采样结果和各输出端状态运行结果的输入/输出映像寄存器区（或称为输入输出状态寄存器区）、定时器/计数器的设定值和现行值存储区、各种内部编程元件（内部辅助继电器、计数器、定时器等）状态及特殊标志位存储区、存放暂存数据和中间运算结果的数据寄存器区等。

3. 电源部件

PLC 一般使用 220V 的交流电源，电源模块将交流电源转换成 5 V、±12 V、24 V 等的直流电源，供 CPU、存储器等所有扩展模块使用。PLC 一般采用高质量的开关电源，工作稳定性好，抗干扰能力比较强。

4. 输入/输出接口电路

（1）输入接口电路是连接 PLC 与其他外设之间的桥梁。生产设备的控制信号通过输入接口传送给 CPU。

输入接口电路接收用户设备需输入 PLC 的各种控制信号（如限位开关、操作按钮、选择开关、行程开关和各类传感器传来的信号），通过输入接口电路将这些信号转换成中央处理器能够识别和处理的信号。PLC 的输入、输出接口电路均采用光电耦合电路，这可以有效地防止现场的各种干扰信号和高电压信号进入 PLC，影响其可靠性或造成设备损坏，保证 PLC 能在恶劣的工作环境下可靠地工作。

常用的开关量输入接口电路按其使用的电源不同有两种类型：直流输入接口电路、交流输入接口电路，其基本电路原理如图 2-4 所示。

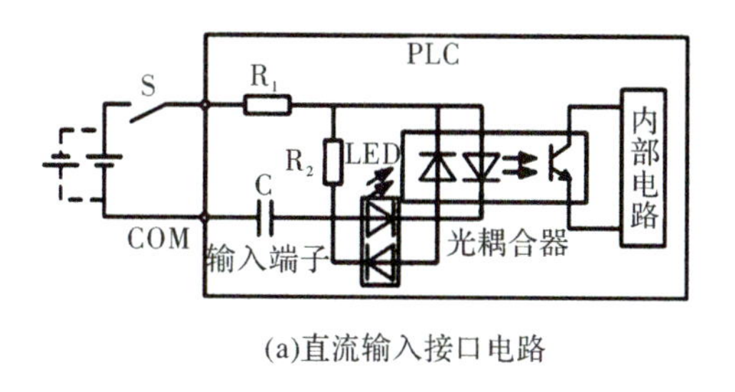

(a)直流输入接口电路

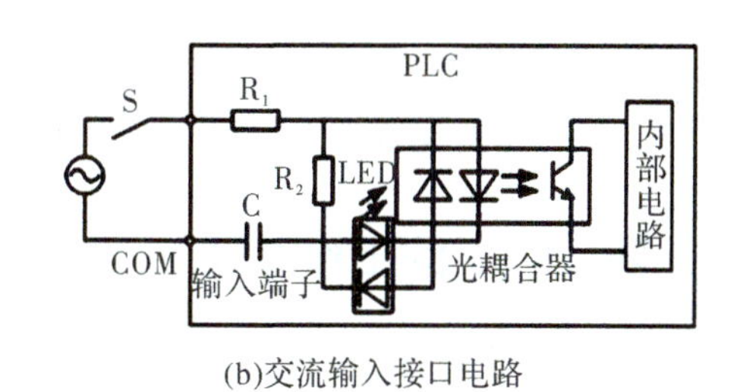

(b)交流输入接口电路

图 2-4　开关量输入接口电路

（2）输出接口电路用于连接继电器、接触器、电磁阀线圈，是 PLC 的主要输出口，是连接

PLC与外部执行元件的桥梁。输出接口电路将中央处理器送出的弱电控制信号转换成现场需要的强电信号输出，以驱动被控设备的执行元件(如电磁阀、接触器、继电器、指示灯等)。常用的开关量按输出开关器件不同有继电器、晶体管、晶闸管输出三种类型，其基本电路原理如图2-5所示。

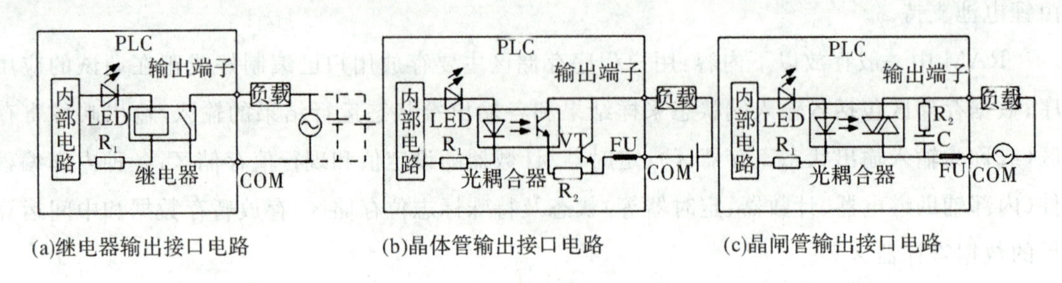

图2-5　开关量输出接口电路

这三种类型的输出接口电路可满足不同类型负载的控制要求。其中继电器输出型为有触点输出方式，可驱动交流或直流负载，但其响应时间长，工作频率低，一般适用于低速，大功率交、直流负载；晶体管、晶闸管输出型均为无触点输出方式，两种接口的响应速度快，动作频率高，但晶体管输出只能用于驱动直流负载，一般适用于高速、小功率直流负载；晶闸管输出只能用于驱动交流负载，一般适用于高速、大功率交流负载。

5. 编程器

编程器是PLC很重要的外部设备，其作用是编制用户程序并送入PLC程序存储器，同时可以检查、修改、调试用户程序和在线监视PLC工作状况。它主要由键盘和显示器组成。现在许多PLC采用和计算机连接的方式，并利用专用的工具软件进行编程或监控。

6. 输入/输出扩展接口

I/O扩展接口是用来扩展输入/输出端子数的。当用户输入、输出点数超过主机的范围时，可通过I/O扩展接口与I/O扩展单元相接，以扩充I/O点数。A/D和D/A单元，以及链接单元一般也通过该接口与基本单元(即主机)连接在一起。

7. 外部设备接口

此接口可将编程器、打印机、条形码扫描仪等外部设备与主机相连。

四、PLC的工作原理

PLC虽然有微机的许多特点，但其工作方式却与微机有所不同。微机一般采用等待命令的工作方式。如常见的键盘扫描方式或I/O扫描方式，若有键按下或I/O口变化，则转入程序执行相应的程序，若没有则继续扫描。而PLC则是采用循环扫描的工作方式。CPU从第一条指令执行开始，按顺序逐条地执行用户程序直到用户程序结束，然后返回第一条指令开始新的一轮扫描。这种周而复始的循环工作方式称为循环扫描。扫描工作一般包括五个过程：自诊断测试、与编程器等的通信处理、输入采样，执行用户程序、输出刷新。

执行用户程序只是扫描周期的一个组成部分，用户程序不运行时，PLC 也在扫描，只不过在一个周期中省略了执行用户程序和输入采样、输出刷新的内容。如图 2-6 所示，PLC 在一个扫描周期中完成以下五个过程。

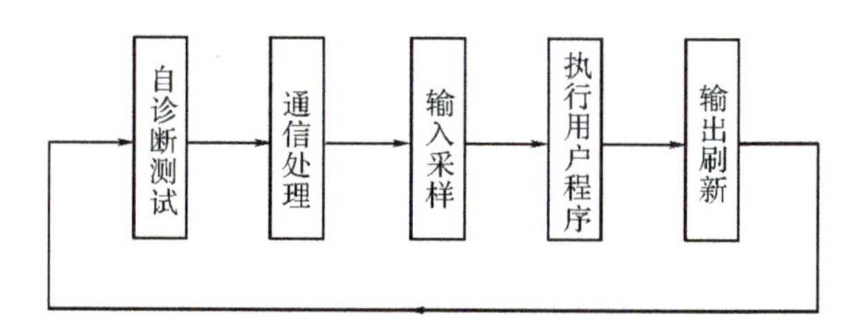

图 2-6　PLC 的扫描工作过程

1. CPU 自诊断测试

在这一阶段，CPU 检查主机硬件，同时也检查所有的 I/O 模块的状态。如果发现异常，则停机并显示出错。若自诊断正常，则继续向下扫描。

2. 与编程器等的通信处理

在 CPU 扫描周期的信息处理阶段，CPU 自动检测并处理各通信端口接收到的任何信息，即检查是否有编程器、计算机等的通信请求，若有则进行相应处理，在这一阶段完成数据通信任务。

PLC 工作过程的中心内容是后三个阶段，即：输入采样阶段、程序执行阶段和输出刷新阶段。如图 2-7 所示为信号从输入端子到输出端子的传递过程，反映了输入/输出处理过程的三个阶段。

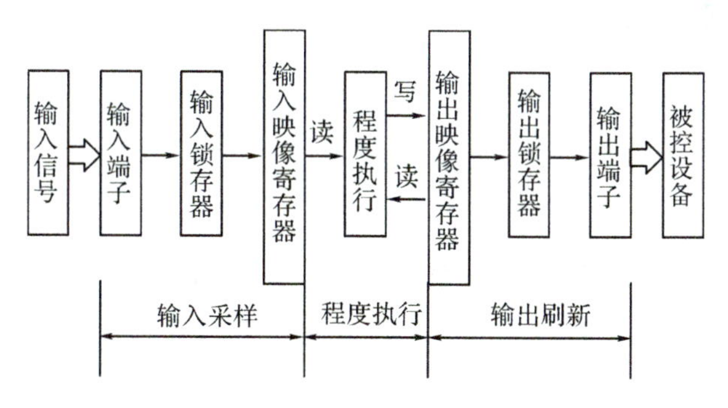

图 2-7　PLC 的工作过程

3. 输入采样阶段

在 PLC 的存储器中设置了一片区域来存放输入信号和输出信号的状态，它们分别称为输入映像寄存器和输出映像寄存器。CPU 以字节为单位来读写输入/输出映像寄存器。

在输入采样阶段,PLC 的 CPU 以扫描方式读取每个输入端口的状态(如开关的接通或断开),并写入相应的输入映像寄存器中,此时输入映像寄存器被刷新。接着进入程序执行阶段。在程序执行期间和输出刷新阶段,输入映像寄存器与外界隔离,即使输入信号发生变化,输入映像寄存器的内容也不会改变,直到下一个扫描周期的输入采样阶段才重新写入输入端的新内容。这种输入工作方式称为集中输入方式。

4. 程序执行阶段

PLC 对程序按顺序进行扫描执行。若程序用梯形图表示,则按从左到右,自上到下的步序,执行程序指令。当遇到程序跳转指令时,则根据跳转条件是否满足来决定程序是否跳转。当涉及输入、输出状态时,PLC 就从输入映像寄存器“读入”上一阶段采入的对应输入端子状态,从元件映像寄存器“读入”对应元件(软继电器)的状态,并根据用户程序进行逻辑运算,运算结果再存入输出映像寄存器中。对于元件映像寄存器来讲,其内容会随程序执行的过程而变化。

5. 输出刷新阶段

在所有指令执行完毕且已进入输出刷新阶段时,PLC 才将输出映像寄存器中所有输出继电器的通/断状态,转存到输出锁存器中,通过一定方式输出以驱动外部负载。这种输出工作方式称为集中输出。

整个过程扫描并执行一次所需的时间称为扫描周期。即一个扫描周期等于自诊断、通信、输入采样、用户程序执行和输出刷新等所有时间的总和。扫描周期与用户程序的长短、指令的种类和 CPU 的运算速度有很大关系。用户程序较长时指令执行的时间在扫描周期中占有相当大的比例。

五、PLC 的性能指标

性能指标是用户评价和选购机型的依据。目前市场销售的 PLC 机型种类繁多,各厂家的 PLC 产品技术性能各不相同,且各有特色,这里只介绍一些基本的、常见的技术性能指标。

1. 输入输出(I/O)点数

I/O 点数指 PLC 主机的输入、输出端子数。这是一项很重要的技术指标,因为在选用 PLC 时,要根据控制对象需要的 I/O 点数来选定 PLC 的机型。当主机的 I/O 点数不够时,可通过接扩展单元来扩展 I/O 点数。I/O 点数越多,外部可接的输入和输出元器件就越多,控制规模就越大。I/O 点数是衡量 PLC 性能的重要指标。

2. 存储容量

存储容量是指用户程序存储器的容量。一般以 PLC 所能存放用户程序的多少来衡量存储容量。在 PLC 中程序指令是按“步”存放的(一条指令往往不止一步),一“步”占用一个地址单元,一个地址单元占两个字节。例如,一个存储容量为 1 000 步的 PLC,可推知其内存为 2 KB 字节。PLC 的存储容量从几千字节到几兆字节,可以灵活选用。

3. 扫描速度

扫描速度是指 PLC 执行程序的速度。一般以扫描 1 KB 程序所用的时间来衡量扫描速度。PLC 用户手册一般给出执行各条指令所用的时间,可以通过比较各种 PLC 执行相同的操作所用的时间,来衡量扫描速度的快慢。

4. 指令种类和条数

编程指令的种类和条数是衡量 PLC 软件功能强弱的重要指标,指令种类和条数越多,软件功能也就越强。PLC 的处理能力和控制能力也越强。

5. 高功能模块

PLC 除了有主机外,还可以配接各种高功能模块。实现一些特殊的功能。例如:模拟量控制、模糊控制、定位控制、高速中断控制及通信联网等功能。因此,高功能模块是衡量 PLC 产品档次高低的一个重要标志。各生产厂家都非常重视高功能模块的开发,近年来高功能模块的种类日益增多,功能也越来越强。

6. 可扩展能力

PLC 的可扩展能力包括 I/O 点数的扩展、存储容量的扩展、联网功能的扩展等。在选择 PLC 时,经常需要考虑 PLC 的可扩展能力。

知识拓展

PLC 的主要产品

PLC 自问世以来,发展极为迅速,主要厂商集中在一些欧美国家和日本,我国从 1974 年开始研制,1977 年开始工业应用。

1. 美国的 PLC 产品

美国有 100 多家 PLC 厂商,著名的有 A-B 公司、通用电气(GE)公司等。其中 A-B 公司是美国最大的 PLC 制造商,产品约占美国 PLC 市场的一半。GE 公司的代表产品是小型机 GE-1、GE-1/J、GE-1/P 等,除 GE-1/J 外,其余均采用模块结构。中型机 GE-Ⅲ比 GE-1/P 增加了中断、故障诊断等功能,最多可配置到 400 个 I/O 点。大型机 GE-Ⅴ比 GE-Ⅲ增加了部分数据处理、表格处理、子程序控制等功能,并具有较强的通信功能,最多可配置到 2048 个 I/O 点。GE-Ⅵ/P 最多可配置到 4 000 个 I/O 点。

2. 欧洲的 PLC 产品

德国的西门子公司、AEG 公司和法国的 TE 公司是欧洲著名的 PLC 制造商。德国西门子公司生产的可编程控制器在我国的应用相当广泛，在冶金、化工、印刷生产线等领域都有应用。西门子有S7-200，S7-300，S7-400系列。其中S7-200PLC是超小型化的PLC，它适用于各行各业的自动检测、监测及控制等；S7-300PLC是模块化中小型PLC系统，能满足中等性能要求的应用。S7-400PLC是用于中、高等性能范围的可编程控制器。

3. 日本的PLC产品

日本的PLC产品在小型机领域中颇具盛名。主要有三菱、欧姆龙、松下等。三菱公司的PLC是较早进入中国市场的产品，其小型机F1/F2系列是F系列的升级产品。FX2系列是在20世纪90年代开发的整体式小型机，它配有各种通信适配器和特殊功能单元。后来推出的FX2N是高功能整体式小型机，它是FX2的换代产品，各种功能都有了全面的提升。三菱公司近年来还不断推出满足不同需求的微型PLC，如FX0S、FX1S、FX0N、FX1N及α系列等产品。三菱公司的大中型机有A系列、QnA系列、Q系列等。

日本欧姆龙(OMRON)公司的PLC产品，分微型、小型、中型和大型四大类产品。微型PLC机中，整体式结构以C20P为代表机型；叠装式(或称紧凑型)结构以CJ型机最为典型，小型PLC机以P型机和CPM型机最为典型，OMRON中型机以C200H系列最为典型，主要有C200H、C200HS、C200HX、C200HG、C200HE等型号产品。

松下公司的PLC产品中，FP0为微型机，FP1为整体式小型机，FP3为中型机，FP5/FP10、FP10S(FP10的改进型)、FP20为大型机，其中FP20是最新产品。

4. 国产的PLC

目前，有许多国内厂家、科研院所研制与开发的PLC产品，如中国科学院自动化研究所的PLC-0088，北京联想计算机集团公司的GK-40，上海机床电器厂的CKY-40，苏州电子计算机厂的YZ-PC-001A，天津中环自动化仪表公司的DJK-S-84/86/480，上海自力电子设备厂的KKI系列，上海香岛机电制造有限公司的ACMY-S80、ACMY-S256，无锡华光电子工业有限公司(合资)的SR-10、SR-20/21等。

思考与练习

1. 什么是可编程控制器？它有哪些主要特点？
2. PLC的基本结构要可分为哪几部分？各有什么作用？
3. 简述PLC的工作原理。

任务二 S7－200系列PLC的硬件与编程元件的认识

任务描述

S7－200系列PLC是西门子公司推出的一种小型PLC，它以紧凑的结构、灵活的配置和强大的指令功能成了当代各种小型控制工程的理想控制器。本任务从系统结构入手，分析S7－200系列PLC的外部接线和编程元件。

任务目标

掌握S7－200系列PLC的系统结构。熟悉并掌握S7－200系列PLC的外部接线和编程语言。熟悉S7－200系列PLC的编程元件和PLC的存储器的数据类型及寻址方式。

相关知识

一、S7－200系列PLC的主机结构及性能指标

西门子S7－200系列的PLC有CPU21X及CPU22X两种。其中CPU22X代PLC包括CPU221、CPU222、CPU224、CPU226四种基本型号。

1. 主机外形

CPU22X系列PLC主机（CPU模块）的外形结构如图2－8所示。S7－200的CPU模块包括一个中央处理单元、电源，以及数字I/O点，这些都被集成在一个紧凑、独立的设备中。CPU负责执行程序，输入部分从现场设备中采集信号，输出部分则输出控制信号，驱动外部负载。

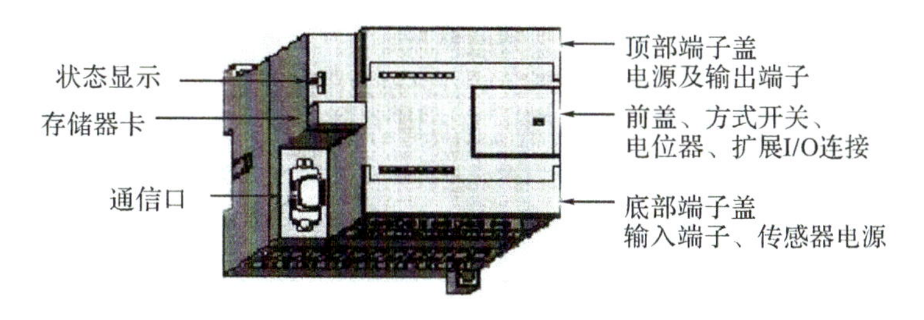

图2－8 S7－200PLC主机外观结构图

（1）状态指示灯（LED）。显示CPU所处的工作状态，分别为RUN（运行），STOP（停止），SF（系统故障），其作用如表2－1所示。

表 2-1　CPU 状态指示灯的作用

名称	状态及作用	
RUN	运行状态(亮)	执行用户程序
STOP	停止状态(亮)	不执行用户程序,可以通过编程装置对 PLC 装载程序或进行系统设置
SF	系统故障(亮)	严重出错或硬件故障

(2)存储卡接口。该卡位可以选择安装扩展卡。扩展卡有 EEPROM 存储卡、电池和时钟卡等模块。存储卡用于用户程序的复制。在 PLC 通电后插此卡,通过操作可将 PLC 中的程序装载到存储卡中。

(3)通信端口:支持 PPI、MPI 通信协议,有自由口通信能力,用以连接编程器(手持式或 PC)、文本/图形显示器,以及 PLC 网络等外围设备。

(4)顶部端子盖下面为输出端子运行状态显示和 PLC 供电电源端子。输出端子的运行状态可以由顶部端子盖下方一排指示灯显示,ON 状态时对应指示灯亮。

(5)前盖下面有运行、停止开关和接口模块插座。将开关拨向停止位置时,可用 PLC 编写程序,但不能运行;将开关拨向运行位置时,PLC 处于运行状态,此时不能对其编写程序;将开关拨向监控状态,可以运行程序,同时还可以监视程序的运行状态。接口插座用于连接扩展模块,实现 I/O 扩展。

(6)底部端子盖下面为输入端子运行状态显示和传感器电源端子。输入端子的运行状态可以由底部端子盖上方一排指示灯显示,ON 状态时对应指示灯亮。

2. 主机性能指标

可编程序控制器主机及其他模块的技术性能指标反映出其技术先进程度和性能,是设计应用系统时选择主机和相关设备的主要参考依据。CPU22X 系列的主要技术性能指标见表 2-2。

表 2-2　CPU22X 系列的主要技术性能指标

项目名称	CPU221	CPU222	CPU224	CPU226	CPU226XM
用户程序区	4KB	4KB	8KB	8KB	16KB
数据存储区	2KB	2KB	5KB	5KB	10KB
主机数字量输入/输出点数	6/4	8/6	14/10	24/16	24/16
模拟量输入/输出点数	无	16/16	32/32	32/32	32/32
扫描时间(1 条指令)	0.37 μs	0.37 μs	0.37 μs	0.37 μs	0.37 μs
最大输入/输出点数	256	256	256	256	256
位存储区	256	256	256	256	256
定时器	256	256	256	256	256
计数器	256	256	256	256	256

续表

项目名称	CPU221	CPU222	CPU224	CPU226	CPU226XM
允许最大的扩展模块	无	2 模块	7 模块	7 模块	7 模块
允许最大的智能模块	无	2 模块	7 模块	7 模块	7 模块
时钟功能	可选	可选	内置	内置	内置
数字量输入滤波	标准	标准	标准	标准	标准
模拟量输入滤波	无	标准	标准	标准	标准
高速计数器	4 个 30 kHz	4 个 30 kHz	6 个 30 kHz	6 个 30 kHz	6 个 30 kHz
脉冲输出	2 个 20 kHz	2 个 20 kHz	2 个 20 kHz	2 个 20 kHZ	2 个 20 kHz
通信口	1×RS485	1×RS485	1×RS485	2×RS485	2×RS485

二、S7－200 系列 PLC 的扩展

当 CPU 的 I/O 点数不够用或所控参数不是数字量的情况下，就要进行 I/O 的扩展。I/O 扩展模块的数量受三个条件约束：一是 CPU 主机模块能带扩展模块的数量；二是 CPU 主机模块在 DC 5V 下所能提供的最大扩展电流；三是 CPU 主机模块的映像寄存器的数量。

1. 数字量扩展模块

数字量扩展模块是为解决本机集成的数字量输入/输出点不能满足需要而使用的扩展模块。S7－200 系列 PLC 目前共有数字量输入、数字量输出、数字量混合三大类数字扩展模块。典型的数字量输入/输出扩展模块见表 2－3。

表 2－3　S7－200 系列 PLC 数字量 I/O 扩展模块

类型	型号	输入点数/类型	输出点数/类型
输入扩展模块	EM221	8 输入/24VDC 光电隔离	—
	EM221	8 输入/(120/230)VAC	
输出扩展模块	EM222	—	8 输出/24VDC 晶体管型
	EM222		8 输出/继电器型
	EM222		8 输出/(120/230)VAC 晶闸管型
输入/输出扩展模块	EM223	4 输入/24VDC 光电隔离	4 输出/24VDC 晶体管型
	EM223	4 输入/24VDC 光电隔离	4 输出/继电器型
	EM223	8 输入/24VDC 光电隔离	8 输出/24VDC 晶体管型
	EM223	8 输入/24VDC 光电隔离	8 输出/继电器型
	EM223	16 输入/24VDC 光电隔离	16 输出/24VDC 晶体管型
	EM223	16 输入/24VDC 光电隔离	16 输出/继电器型

2. 模拟量扩展模块

在工业控制中，某些输入量(如温度、压力、流量、液位、转速等)是模拟量，而 PLC 的 CPU 只能处理数字量。因此需要先把模拟量通过传感器和变送器转换为标准的电压或电流信号(如 4～20 mA、1～5 V、0～10 V)，然后再经过 PLC 的 A/D 转换器将其转换成数字输出量方可接收处理。D/A 转换器将 PLC 处理后的数字输出量转换成模拟电压或电流，再去控制执行机构。模拟量模块的主要任务就是实现 A/D 转换(模拟量输入)和 D/A 转换(模拟量输出)。模拟量输入/输出扩展模块见表 2-4。

表 2-4　模拟量扩展模块型号及用途

分类	型号	I/O 规格	功能及用途
模拟量输入扩展模块	EM231	AI4×12 位	4 路模拟输入，12 位 A/D 转换
		AI4×热电偶	4 路热电偶模拟输入
		AI4×RTD	4 路热电阻模拟输入
模拟量输出扩展模块	EM232	AQ2×12 位	2 路模拟输出，12 位 D/A 转换
模拟量输入/输出扩展模块	EM235	AI4/AQ1×12	4 路模拟输入，1 路模拟输出，12 位转换

3. 通信模块

S7-200 系列 PLC 除了 CPU226 本机集成了两个通信口以外，其他均在其内部集成了一个通信接口，通信接口采用了 RS-485 总线。此外，各 PLC 还可以扩展通信模块，以扩大其接口的数量和联网能力。常用的通信模块有以下几个：

(1)EM277 模块。EM277 是 PROFIBUS-DP 从站模块，同时也支持 MPI 从站通信。

(2)EM241。EM241 是调制解调器(Modem)通信模块。

(3)CP243-1。CP243-1 是工业以太网通信模块。

(4)CP243-1IT。CP243-1IT 是工业以太网通信模块，同时提供 Web/E-mail 等 IT 应用。

(5)CP243-2。CP243-2 是 AS-I 主站模块，可连接最多 62 个 AS-I 从站模块。

4. 系统 I/O 地址分配

S7-200 系列 PLC 地址分配原则有两点：一是数字量和模拟量分别编址，数字量输入地址前加字母“I”，数字量输出地址前加字母“Q”，输入/输出字节可以重号。模拟量输入地址前加字母“AI”，模拟量输出地址前加字母“AQ”，输出/输入字可以重号；二是数字量模块的编址是以字节为单位，模拟量模块的编址是以字为单位。

S7-200 系列 PLC 系统扩展的地址分配规则如下：

(1)数字量扩展模块的地址分配是从靠近 CPU 模块的数字量模块开始，在本机数字量地址的基础上从左到右按字节(8 位)连续递增，本模块高位实际位数未满 8 位的，未用位不能分配给 I/O 链的后续模块。

(2)模拟量扩展模块的地址分配是从靠近 CPU 模块的模拟量模块开始，在本机模拟量地址的基础上从左到右按字(16 位)递增。

(3)同类型输入或输出点的模块进行顺序编址。

例如：某一控制系统选用 CPU224，系统所需的输入输出点数各为：数字量输入 24 点、数字量输出 20 点、模拟量输入 6 点和模拟量输出 2 点。

本系统可有多种不同模块的选取组合，并且各模块在 I/O 链中的位置排列方式也可能有多种，如图 2-9 所示为其中的一种模块连接形式。表 2-5 所列为其对应的各模块的编址情况。

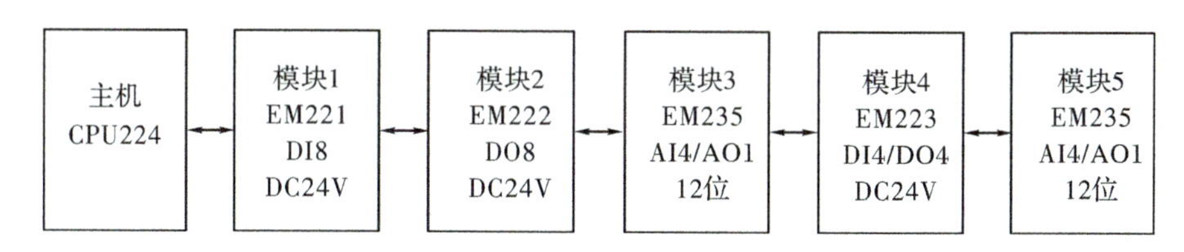

图 2-9 模块连接方式

表 2-5 各模块编址

主机 I/O	模块 1 I/O	模块 2 I/O	模块 3 I/O	模块 4 I/O	模块 5 I/O
I0.0 Q0.0	I2.0	Q2.0	AIW0 AQW0	I3.0 Q3.0	AIW8 AQW2
I0.1 Q0.1	I2.1	Q2.1	AIW2	I3.1 Q3.1	AIW10
I0.2 Q0.2	I2.2	Q2.2	AIW4	I3.2 Q3.2	AIW12
I0.3 Q0.3	I2.3	Q2.3	AIW6	I3.3 Q3.3	AIW14
I0.4 Q0.4	I2.4	Q2.4	—	—	—
I0.5 Q0.5	I2.5	Q2.5	—	—	—
I0.6 Q0.6	I2.6	Q2.6	—	—	—
I0.7 Q0.7	I2.7	Q2.7	—	—	—
I1.0 Q1.0	—	—	—	—	—
I1.1 Q1.1	—	—	—	—	—
I1.2	—	—	—	—	—
I1.3	—	—	—	—	—
I1.4	—	—	—	—	—
I1.5	—	—	—	—	—

三、S7－200 系列 PLC 的 I/O 接线

输入/输出接口电路是 PLC 与被控对象间传递输入/输出信号的接口部件。各输入/输出点的通、断状态用发光二极管(LED)显示，外部接线一般在 PLC 的接线端子上。

CPU22X 模块的 I/O 接线方式各不相同，下面以 CPU224 为例来介绍 CPU 模块 I/O 接线图及有关外部接线端子的功能。CPU224 的 DC 输入/DC 输出的接线图如图 2－10 所示。

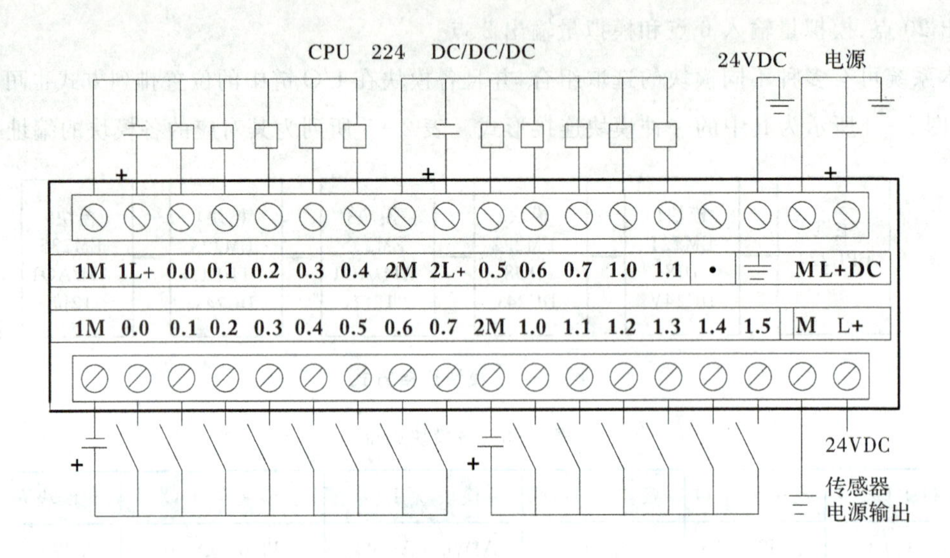

图 2－10 CPU224 的 DC 输入/DC 输出外部接线图

1. 基本输入端子

CPU224 的主机共有 14 个输入点(I0.0～I0.7、I1.0～I1.5)和 10 个输出点(Q0.0～Q0.7，Q1.0～Q1.1)，在编写端子代码时采用八进制，没有 0.8 和 0.9。CPU224 的输入电路采用了双向光耦合器，24 V 直流电压极性可以任意选择，DC 输入端中，1M、I0.0～I0.7 为第 1 组，2M、I1.0～I1.5 为第 2 组，1M、2M 分别为各组的公共端。

2. 基本输出端子

CPU224 有 10 个输出端子，DC 输出端中，1M、1L＋、Q0.0～Q0.4 为第 1 组，2M、2L＋、Q0.5～Q1.1 为第 2 组。1L＋、2L＋为公共端，在公共端上需要用户连接适当的电源，为 PLC 的负载服务。

CPU224 还有 DC 输入/继电器输出方式，在继电器输出电路中，PLC 由 220V 交流电源供电，负载采用继电器驱动，所以既可以选用直流电源为负载供电，也可以采用交流电源为负载供电。在继电器输出电路中，数字量输出分为三组，每组的公共端为本组电源的供给端，Q0.1～Q0.3 公用 1 L，Q0.4～Q0.6 公用 2 L，Q0.7～Q1.1 公用 3 L，各组之间可接入不同电压等级和不同电压性质的负载电源，如图 2－11 所示。

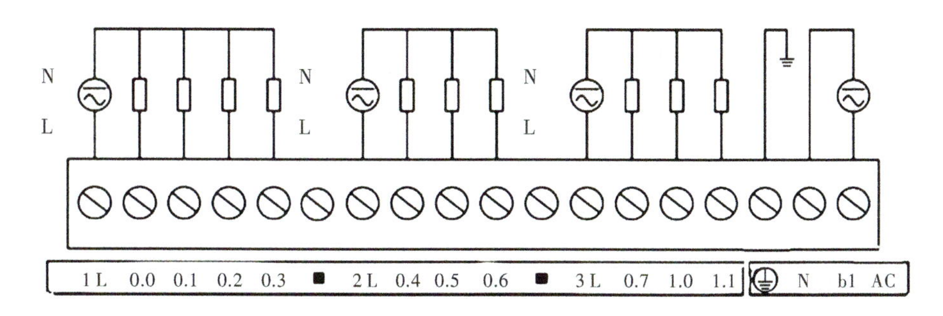

图 2-11　CPU224 继电器输出电路接线图

四、S7-200 系列 PLC 存储器的数据类型与寻址方式

PLC 的内存分为程序存储区和数据存储区两大部分。程序存储区用于存放用户程序，由机器自动按顺序存储程序，用户不必为哪条程序存放在哪个存储器地址而费心。数据存储区用于存放输入/输出状态及各种的中间运行结果，是用户实现各种控制任务所必须了解的内部资源。

1. 数据存储器的分配

S7-200 系列 PLC 按内部元器件的种类将数据存储器分成若干个存储区域，每个区域的存储单元按字节编址，可以进行字节、字、双字和位操作。每个字节由 8 个存储位组成，对存储单元进行位操作时，每一位都可以看成是有 0、1 状态的位逻辑器件。

2. 数据类型

(1)数据类型及范围。S7-200 系列 PLC 在存储单元所存放的数据类型有布尔型(BOOL)、整数型(INT)和实数型(REAL)三种。S7-200 系列 PLC 的数据类型、长度及范围见表 2-6。

表 2-6　数据类型、长度及范围

基本数据类型	无符号整数表示范围		基本数据类型	有符号整数表示范围	
	十进制表示	十六进制表示		十进制表示	十六进制表示
字节 B(8 位)	0～255	0～FF	字节(8 位)只用于 SHRB 指令	-128～127	80～7F
字 W(16 位)	0～65535	0～FFFF	(16 位)	-32768～32767	8 000～7FFF
双字 D(32 位)	0～4294967295	0～FFFFFFFF	(32 位)	-2147483648～2147483647	80 000 000～7FFFFFFF

(2)常数：S7-200 系列 PLC 的许多指令在编程中会用到常数。常数的数据长度可以是字节、字和双字。CPU 以二进制的形式存储常数，但常数的书写可以用二进制、十进制、十六进制、ASCII 码或浮点数(实数)等多种形式。书写格式举例如下：

十进制常数:2345

十六进制常数:16 # 7AC3

二进制常数:2 # 1010001111101100

ASCII 码:"Show"

实数(浮点数):+1.175 495E-38(正数)-1.175 495E-38(负数)

3. PLC 的寻址方式

S7-200 系列 PLC 将信息存放于不同的存储单元,每个单元都有一个唯一的地址,系统允许用户以字节、字、双字为单位存取信息。提供参与操作的数据地址的方法称为寻址方式。S7-200系列 PLC 的数据寻址方式有立即数寻址、直接寻址和间接寻址三大类。立即数寻址的数据在指令中以常数形式出现,直接寻址和间接寻址方式有位、字节、字和双字四种寻址格式。

(1)直接寻址:直接寻址是指在指令中直接使用存储器或寄存器的元件名称和地址编号,直接查找数据。S7-200 系列 PLC 元件的直接寻址的符号见表 2-7。

表 2-7　S7-200 系列 PLC 元件名称及直接编址格式

元件符号	所在数据区域	位寻址格式	其他寻址格式
I(输入继电器)	数字量输入映像区	Ax.y	ATx
Q(输出继电器)	数字量输出映像区	Ax.y	ATx
M(内部存储器)	内部存储器区	Ax.y	ATx
SM(特殊存储器)	特殊存储器区	Ax.y	ATx
S(顺序控制状态寄存器)	顺序控制继电器存储器区	Ax.y	ATx
V(变量存储器)	变量存储器区	Ax.y	ATx
L(局部变量存储器)	局部存储器区	Ax.y	ATx
T(定时器)	定时器存储器区	Ax	Ax(仅字)
C(计数器)	计数器存储器区	Ax	Ax(仅字)
AI(模拟量输入映像寄存器)	模拟量输入存储器区	无	Ax(仅字)
AQ(模拟量输出映像寄存器)	模拟量输出存储器区	无	Ax(仅字)
AC(累加器)	累加器区	无	Ax(任双字)
HC(高速计数器)	高速计数器区	无	Ax(仅字)

◆数据地址的基本格式为:ATx.y

A:元件名称,即该数据在数据存储器中的区域地址,可以是表 6-5 中的元件符号;

T:数据类型,若为位寻址,则无该项;若为字节、字、双字寻址,则 T 的取值应分别为 B、W、D;

x:字节地址;

y:字节内的位地址,只有位寻址才有该项。

如 I0.5 表示输入继电器的 0 字节的第 5 位。

位寻址的格式为：Ax.y。

使用时必须指定元件名称、字节地址和位号。如图 2-12 所示是输入继电器(I)的位寻址格式举例。

可以进行位寻址的编程元件有：输入继电器(I)、输出继电器(Q)、通用辅助继电器(M)、特殊继电器(SM)、局部变量存储器(L)、变量存储器(V)和顺序控制继电器(S)。

◆特殊器件的寻址格式存储区内还有一些元件是具有一定功能的器件，由于元件数量少，所以不用指出元件所在存储区域的字节，而是直接写出其编号。其寻址格式为 Ax。

CPU 存储器中位数据表示方法举例见图 2-12。

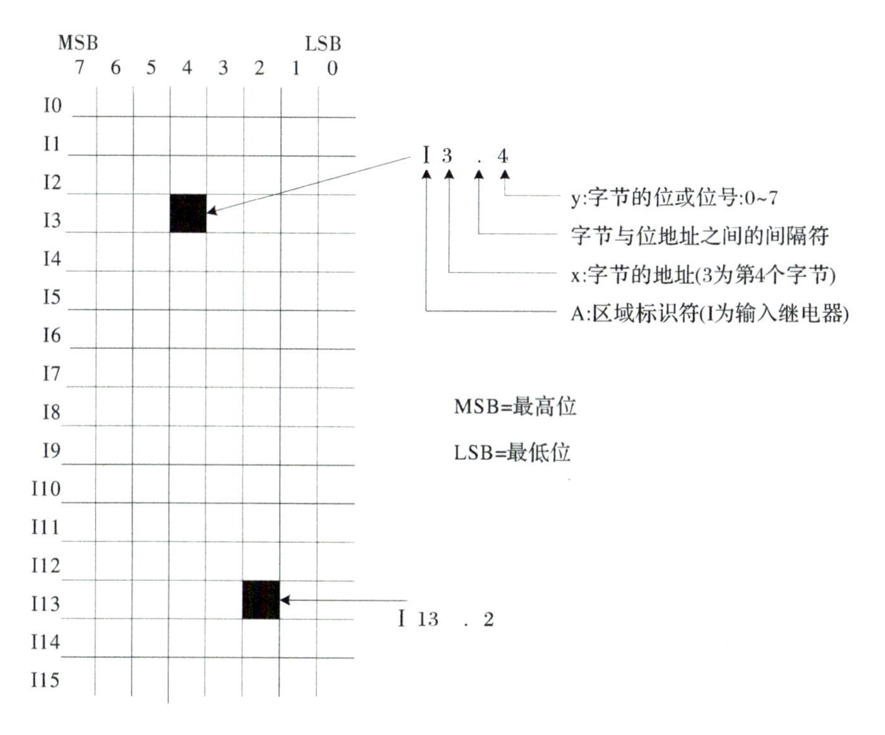

图 2-12　CPU 存储器中位数据表示方法举例(位寻址)

这类元件包括定时器(T)、计数器(C)、高速计数器(HC)和累加器(AC)。

其中 T 和 C 的地址编号中均包含两个含义，如 T10，既表示 T10 的定时器位状态信息，又表示该定时器的当前值。

累加器(AC)的数据长度可以是字节、字或双字。使用时只表示出累加器的地址编号，如 AC2，数据长度取决于进出 AC2 的数据类型。

◆字节、字和双字的寻址格式直接访问字节(8 位)、字(16 位)和双字(32 位)数据时，直接寻址时需指明元件名称、数据类型和存储区域的首字节地址。其寻址格式为：ATx。其中：

T：数据类型，若为位寻址，则无该项，若为字节、字和双字寻址，则 T 的取值应分别为 B、W

和 D;

下面是以变量存储器(V)为例分别存取 3 种长度数据的比较。

字节:VB100。

V:元件名称,B:数据长度为字节型,100:字节地址。

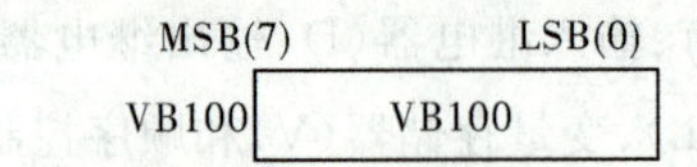

字:VW100。

V:元件名称,W:数据长度为字类型(16 位),100:起始字节地址,包括字节地址 VB100 和 VB101。

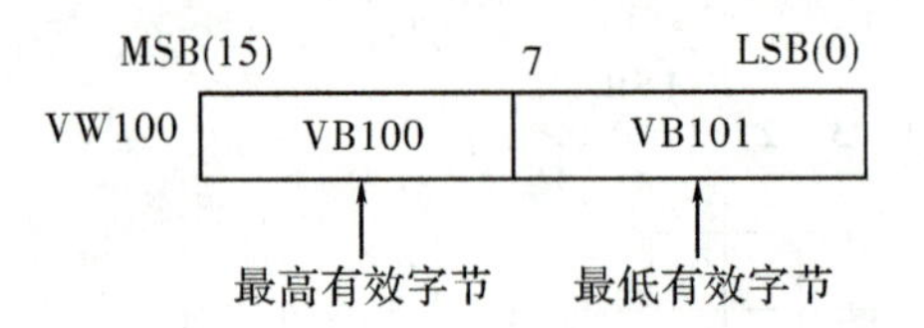

双字:VD100

V:元件名称,D:数据长度为双字类型(32 位),100:起始字节地址,包括字节地址 VW100 和 VW103。

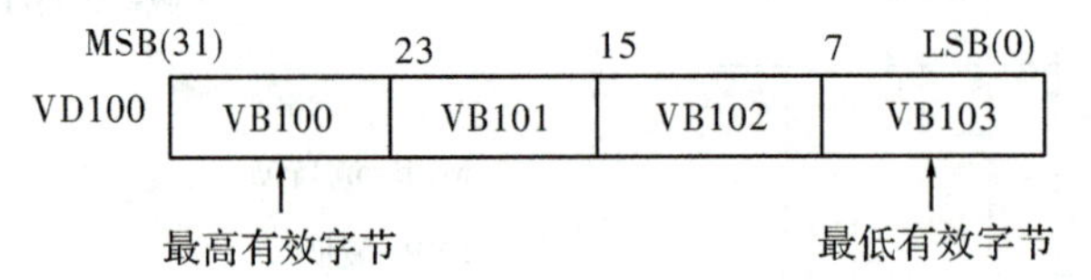

可以用此方式进行寻址的元件有输入继电器(I)、输出继电器(Q)、通用辅助继电器(M)、特殊标志继电器(SM)、局部变量存储器(L)、变量存储器(V)、顺序控制继电器(S)、模拟量输入映像寄存器(AI)和模拟量输出映像寄存器(AQ)。

(2)间接寻址:间接寻址方式是指数据存放在存储器或寄存器中,在指令中只出现所需数据所在单元的内存地址的地址。存储单元地址的地址又称为地址指针。间接寻址是指使用地址指针来存取存储器中的数据。间接寻址在处理内存连续地址中的数据时非常方便,而且可以缩短程序所生成的代码长度,使编程更加灵活。

允许使用指针进行间接寻址的存储区有输入继电器(I)、输出继电器(Q)、通用辅助继电器(M)、变量存储器(V)、顺序控制继电器(S)、定时器(T)和计数器(C)。其中 T 和 C 仅指当前值。间接寻址不能用于位地址、HC 或 L 存储区。

◆建立指针使用间接寻址对某个存储器单元读、写时,首先要建立地址指针。指针为双字长,是所要访问的存储单元的 32 位的物理地址。可作为指针的存储区有变量存储器(V)、局部变量存储器(L)和累加器(AC1、AC2、AC3)。建立指针时必须采用双字传送指令(MOVD)将存储器所要访问单元的地址移入指针当中,以生成地址指针。

例如“MOVD&VB200,AC1”,其中“&”为地址符号,&VB200 表示 VB200 的地址,而不是 VB200 中的值。

◆用指针来存取数据在操作数的前面加“*”表示该操作数为一个指针。如图 2-13 所示,*AC1 表示 AC1 是一个指针,*AC1 是 AC1 所指的地址中的数据。在这个例子中,存于 VB200、VB201 中的数据被传送到 AC0 的低 16 位。

◆修改指针连续存储数据时,可以通过修改指针很容易存取其紧接的数据。由于地址指针是 32 位,所以必须用双字指令来修改指针。如双字加法(ADDD)或双字加 1(INCD)指令。

在修改指针时,要记住访问数据的长度:存取字节时,指针加 1;存取字时,指针加 2;存取双字时,指针加 4。图 2-13 说明如何建立指针,如何存取数据及修改指针。

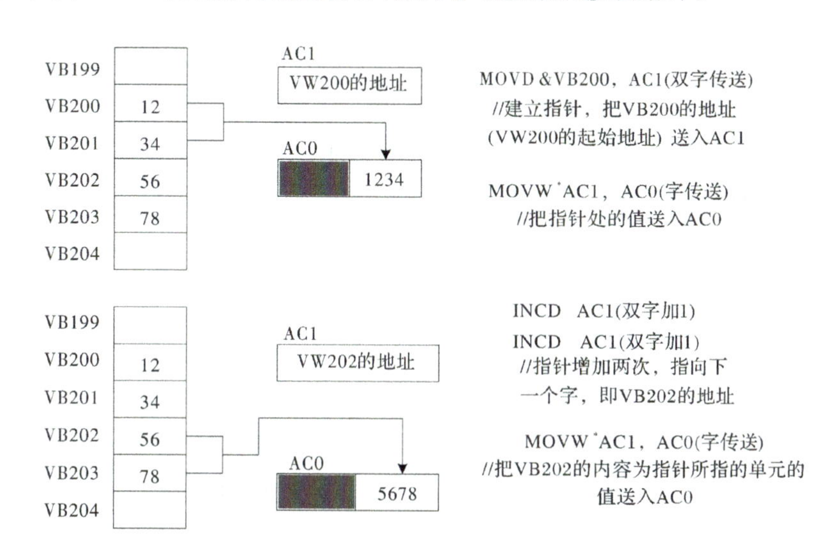

图 2-13　建立指针、存取数据和修改指针

五、S7-200 系列 PLC 的编程元件

S7-200 系列 PLC 的数据存储区根据编程元件的功能不同,分成了许多区域,如图 2-14 所示。

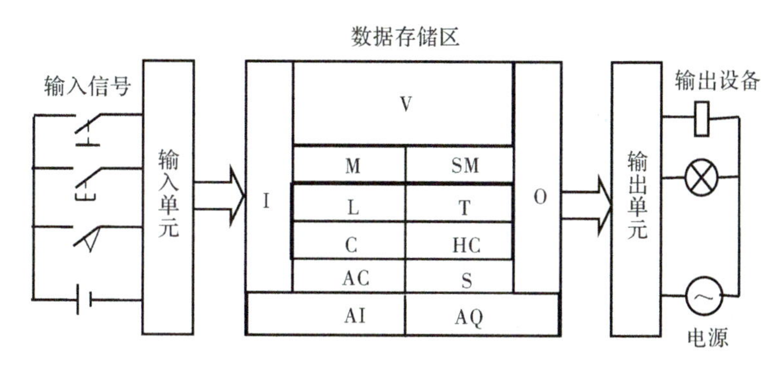

图 2-14　S7-200 系列 PLC 的数据存储区

按存储器存储数据的长短可划分为字节存储器、字存储器和双字存储器3类。字节存储器有7个，分别是输入映像寄存器I、输出映像寄存器Q、变量存储器V、内部位存储器M、特殊存储器SM、顺序控制状态寄存器S和局部变量存储器L；字存储器有4个，分别是定时器T、计数器C、模拟量输入寄存器AI和模拟量输出寄存器AQ；双字存储器有2个，分别是累加器AC和高速计数器HC。

1. 输入映像寄存器I(输入继电器)

输入映像寄存器用于存放CPU在输入扫描阶段采样输入接线端子的结果。通常工程技术人员把输入映像寄存器I称为输入继电器，它由输入接线端子接入的控制信号驱动，当控制信号接通时，输入继电器得电，即对应的输入映像寄存器的位为“1”态；当控制信号断开时，输入继电器失电，对应的输入映像寄存器的位为“0”态。

由于存储单元可以无限次的读取，所以输入继电器有无数对常开、常闭触点供编程时使用。编程时应注意，“输入继电器”的线圈只能由外部信号来驱动，不能在程序内部用指令来驱动，因此，在用户编制的梯形图中只应出现“输入继电器”的触点，而不应出现“输入继电器”的线圈。

输入映像寄存器的地址分配：输入继电器可采用位、字节、字或双字来存取。

(1)按“位”方式，从I0.0～I15.7，共有128点。

(2)按“字节”方式，从IB0～IB15，共有16个字节。

(3)按“字”方式，从IW0～IW14，共有8个字。

(4)按“双字”方式，从ID0～ID12，共有4个双字。

注：输入端实际没有使用的位可在用户程序中作为通用辅助继电器使用。

2. 输出映像寄存器Q(输出继电器)

输出映像寄存器用于存放CPU执行程序的结果，并在输出扫描阶段将其复制到输出接线端子上。在工程实践中，常把输出映像寄存器Q称为输出继电器，它通过PLC的输出接线端子控制执行电器完成规定的控制任务。

输出映像寄存器的地址分配：但整个字节未使用的输出继电器可采用位、字节、字或双字来存取。

(1)按“位”方式，从Q0.0～Q15.7，共有128点。

(2)按“字节”方式，从QB0～QB15，共有16个字节。

(3)按“字”方式，从QW0～QW14，共有8个字。

(4)按“双字”方式，从QD0～QD12，共有4个双字。

注：输出端实际没有使用的位可在用户程序中作为通用辅助继电器使用。

3. 内部存储器M(中间继电器)

内部存储器的作用和继电接触器控制系统中的中间继电器相同，内部存储器与外部没有任何联系，它在 PLC 中没有输入/输出端与之对应，其线圈的通断状态只能在程序内部用指令驱动，它的触点不能直接驱动外部负载，只能在程序内部驱动输出继电器的线圈，再用输出继电器的触点去驱动外部负载。借助于内部存储器的编程，可使输入/输出之间建立复杂的逻辑关系和联锁关系，以满足不同的控制要求。内部存储器可以按位、字节、字或双字来存取。

(1)按“位”方式，从 M0.0～M31.7，共有 256 点。

(2)按“字节”方式，从 MB0～MB31，共有 32 个字节。

(3)按“字”方式，从 MW0～MW30，共有 16 个字。

(4)按“双字”方式，从 MD0～MD28，共有 8 个双字。

4. 特殊存储器 SM

特殊存储器具有特殊功能或用来存储系统的状态变量、有关的控制参数和信息。用户可以通过特殊标志来沟通 PLC 与被控对象之间的信息，如可以读取程序运行过程中的设备状态和运算结果信息，利用这些信息实现一定的控制动作。用户也可通过直接设置某些特殊存储器位来使设备实现某种功能。特殊存储器能以位、字节、字或双字来存取.

(1)按“位”方式，从 SM0.0～SM179.7，共有 1 440 点。

(2)按“字节”方式，从 SMB0～SMB179，共有 180 个字节。

(3)按“字”方式，从 SMW0～SMW178，共有 90 个字。

(4)按“双字”方式，从 SMD0～SMD176，共有 45 个双字。

其中 SMB0.0～SMB29.7 的 30 个字节为只读型区域。常用特殊存储器的用途如下：

SM0.1 首次扫描为 1，以后为 0，常用来对程序进行初始化，属只读型；

SM0.2 当 RAM 中数据丢失时，接通(ON)1 个扫描周期，用于出错处理；

SM0.3 开机进入 RUN 方式时，接通(ON)1 个扫描周期，可用在启动操作之前，给设备提前预热；

SM0.4 占空比为 50%的分脉冲；

SM0.5 占空比为 50%的秒脉冲；

SM0.6 扫描时钟，1 个扫描周期闭合，另一个为 OFF，循环交替；

SM0.7 工作方式开关位置指示，开关放置在 RUN 位置时为 1；

SM1.0 零标志位，运算结果为 0 时，该位置 1；

SM1.1 溢出标志位，结果溢出或非法值时，该位置 1；

SM1.2 负数标志位，运算结果为负数时，该位置 1，属只读型；

SM1.3 被 0 除标志位，当除数为 0 时，该位置 1；

其他特殊继电器的用途可查阅 S7－200 系统手册。

5. 变量存储器 V

变量存储器主要用于存储变量的数值，可以存放数据运算的中间运算结果或者设置参数。

变量存储器可以按位寻址,也可以字节、字、双字为单位寻址。

(1)按“位”方式,按位存取的编号范围根据 CPU 的型号有所不同,CPU221/222 为 V0.0～V2 040.7 共 2 KB 存储容量,CPU224/226 为 V0.0～V5 119.7 共 5 KB 存储容量。

(2)按“字节”方式,从 VB0～VB5 119,共有 5 120 个字节。

(3)按“字”方式,从 VW0～VW5 118,共有 2 560 个字。

(4)按“双字”方式,从 VD0～VD5 116,共有 1 280 个双字。

6. 局部变量存储器 L

局部变量存储器用来存放局部变量。局部变量与变量存储器所存储的全局变量十分相似,主要区别在于全局变量是全局有效的,而局部变量是局部有效的。全局有效是指同一个变量可以被任何程序(包括主程序、子程序和中断程序)访问;而局部有效是指变量只和特定的程序相关联。几种程序之间不能互访。

S7-200 系列 PLC 提供 64 个字节的局部存储器,其中 60 个可以做暂时存储器或给子程序传递参数,最后 4 个字节作为系统的保留字节。局部存储器可以按位、字节、字或双字直接寻址。

(1)按“位”方式,从 L0.0～L63.7,共有 512 点。

(2)按“字节”方式,从 LB0～LB63,共有 64 个字节。

(3)按“字”方式,从 LW0～LW62,共有 32 个字。

(4)按“双字”方式,从 LD0～LD28,共有 16 个双字。

7. 顺序控制状态寄存器 S

顺序控制状态寄存器又称状态元件,与顺序控制继电器指令配合使用,用于组织设备的顺序操作。顺序控制继电器可以按位、字节、字或双字来存取。

(1)按“位”方式,从 S0.0～S31.7,共有 256 点。

(2)按“字节”方式,从 SB0～SB31,共有 32 个字节。

(3)按“字”方式,从 SW0～SW30,共有 16 个字。

(4)按“双字”方式,从 SD0～SD28,共有 8 个双字。

8. 定时器 T

PLC 中的定时器相当于继电接触式控制系统的时间继电器,用于延时控制,但它没有瞬动触点。S7-200 有 3 种定时器,它们的时基增量分别为 1 ms、10 ms 和 100 ms。定时器的地址编号范围为 T0～T255,它们的分辨率和定时范围各不相同,用户应根据所用 CPU 型号及时、正确选用定时器编号。

9. 计数器 C

计数器用来累计输入脉冲的个数,经常用来对产品进行计数或进行特定功能的编程。其结构与定时器相似。S7-200 有增计数、减计数、增/减计数 3 种类型的计数器。计数器地址编号范围为 C0～C255。

10. 模拟量输入映像寄存器 AI

模拟量输入寄存器用于接收模拟量输入模块转换后的 16 位数字量。模拟量输入映像寄存器用标识符(AI)、数据长度(W)及字节的起始地址表示。在模拟量输入映像寄存器中，数字量的长度为 1 个字长(16 位)，其地址以偶数表示，如 AIW0、AIW2 等。模拟量输入地址编号范围根据 CPU 的型号有所不同，CPU222 的地址编号范围为 AIW0～AIW30；CPU224/226 的地址编号范围为 AIW0～AIW62。

11. 模拟量输出映像寄存器 AQ

模拟量输出寄存器用于暂存模拟量输出模块的输入值，该值经过模拟量输出模块(D/A)转换为现场所需要的标准电压或电流信号。模拟量输出映像寄存器用标识符(AQ)、数据长度(W)及字节的起始地址表示。在模拟量输出映像寄存器中，数字量的长度为 1 个字长(16 位)，其地址以偶数表示，如 AQW0、AQW2 等。模拟量输出地址编号范围根据 CPU 的型号有所不同，CPU222 的地址编号范围为 AQW0～AQW30；CPU224/226 的地址编号范围为 AQW0～AQW62。

12. 高速计数器 HC

高速计数器的工作原理与普通计数器基本相同，它用来累计比主机扫描速率更快的高速脉冲。高速计数器的当前值是一个双字长(32 位)的整数，且为只读值。高速计数器的地址编号范围根据 CPU 的型号有所不同，CPU221/222 各有 4 个高速计数器，编号为 HC0、HC3、HC4、HC5；CPU224/226 各有 6 个高速计数器，编号为 HC0～HC5。

13. 累加器 AC

累加器是用来暂存数据的寄存器。它可以用来存放运算数据、中间数据和运算结果。S7－200 系列 PLC 提供 4 个 32 位累加器，其地址编号为 AC0～AC3。累加器的可用长度为 32 位，可采用字节、字或双字的存取方式，按字节、字只能存取累加器的低 8 位或低 16 位，双字可以存取累加器的全部 32 位内容。

六、S7－200 系列 PLC 的编程语言

S7－200 系列 PLC 支持 SIMATIC 和 IEC1131－3 两种基本类型的指令集，编程时任意选择。SIMATIC 指令集是西门子公司 PLC 专用的指令集，具有专用性强、执行速度快等优点，可提供 LAD、STL、FBD 等多种编程语言。

IEC1131－3 指令集是按国际电工委员会(IEC)PLC 编程标准提供的指令系统，该编程语言可以适用于不同厂家的 PLC 产品，有 LAD 和 FBD 两种编辑器。SIMATIC 和 IEC1131－3 指令系统并不兼容。本教材以 SIMATIC 指令系统为例进行重点介绍。

1. 梯形图(LAD)编辑器

利用 LAD 编辑器可以建立与电气原理图相类似的梯形图程序。梯形图是 PLC 编程的高级语言，很容易被 PLC 编程人员和维护人员接受和掌握，所有 PLC 厂商均支持梯形图语言编程。

梯形图按逻辑关系可分为梯级或网络段，简称段。程序执行时按段扫描，清晰的段结构有利于程序的阅读理解和运行调试。同时，软件的编译功能可以直接指出错误指令所在段的段标号，有利于用户程序的修正。

图 2-15 给出了梯形图应用实例。LAD 图例指令有三种基本形式：触点、线圈、指令盒。触点表示输入条件，例如开关、按钮控制的输入映像寄存器状态和内部寄存器状态等。线圈表示输出结果，利用 PLC 输出点可直接驱动照明灯、指示灯、继电器、接触器和电磁阀等负载。指令盒代表一些功能较复杂的指令，例如定时器、计数器和数学运算指令等。

2. 语句表(STL)编辑器

语句表(STL)编辑器使用指令助记符创建控制程序，提供了不同于梯形图或功能块图编程器的编程途径。语句表类似于计算机的汇编语言，适合熟悉 PLC 并且有逻辑编程经验的程序员使用，并且是手持式编程器唯一能够使用的编程语言。语句表(STL)编程语言是一种面向机器的语言，具有指令简单、执行速度快等优点。STEP7 - Micro/WIN32 编程软件具有梯形图程序和语句表指令的相互转换功能，为 STL 程序的编制提供了方便。例如，由图 2-15 中的梯形图程序转换的语句表程序如图 2-16 所示。

3. 功能块图(FBD)编辑器

STEP7 - Micro/WIN32 功能块图(FBD)编辑器是利用逻辑门图形组成功能块图指令系统。功能块图指令由输入、输出端及逻辑关系函数组成。用 STEP7 - Micro/WIN32 软件 LAD、STL 和 FBD 编辑器的自动转换功能，可得到与图 2-16 相对应的功能块图，如图 2-17 所示。

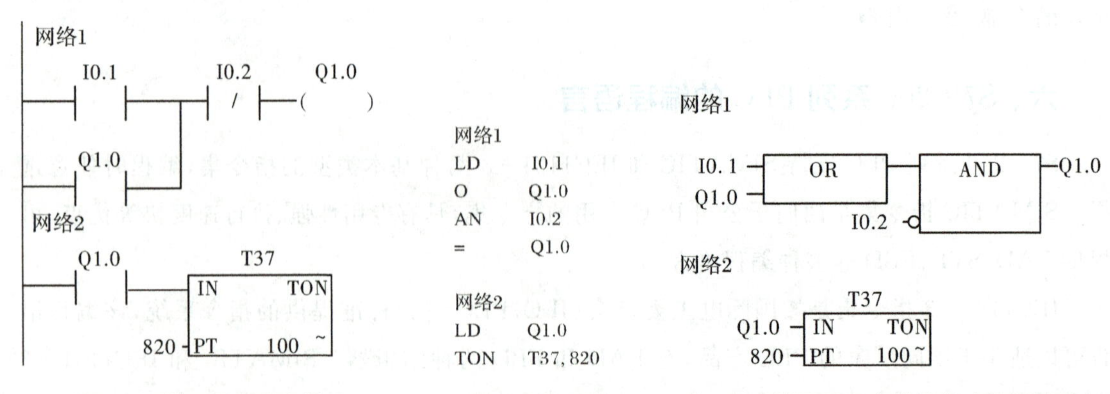

图 2-15 梯形图应用实例　　图 2-16 语句表　　图 2-17 梯形图程序转换的功能块图程序

思考与练习

1. 简述 S7 - 200 系列 PLC 的系统基本构成。

2. 一个 PLC 控制系统需要：数字量输入 12 点、数字量输出 30 点、模拟量输入 7 点和模拟量输出 2 点。请给出 2 种配置方案：

(1)CPU 主机型号。(2)扩展模块型号和数量。(3)画出各模块与主机的连接图并进行地址分配。

3. S7 - 200 系列 PLC 有哪些软继电器，各软继电器如何寻址？

任务三　STEP7-Micro/WIN 编程软件的使用

任务描述

如何使用 S7 - 200PLC 的编程软件实现任务一中所提出的电动机延时 10 s 起动的控制呢？本任务学习编程软件的安装、程序编辑、下载和调试的方法。

任务目标

了解 S7 - 200 PLC 编程软件的安装。熟悉 STEP7 - Micro/WIN 编程软件的窗口组件与基本功能；初步掌握用 STEP7 - Micro/WIN 编程软件进行程序编辑、下载和调试的方法。

相关知识

S7 - 200 系列 PLC 使用 STEP7 - Micro/WIN 编程软件编程，它功能强大，主要为用户开发控制程序使用，同时也可以实时在线监控用户程序的执行状态。它是西门子 S7 - 200 用户不可缺少的开发工具。

一、编程软件的安装

1. 系统要求

操作系统：Windows 2000 SP3 以上；Windows XP Home；Windows XP Professional。

硬件设备要求：350 MB 以上硬盘空间、光驱、鼠标。

通信电缆：使用 PC/PPI 电缆或 PPI 多主站电缆将计算机与 PLC 连接。

2. 软件安装

英文版本的编程软件安装 STEP7 - Micro/WIN32 编程软件安装步骤如下：

◆将光盘插入光盘驱动器，系统自动进行安装向导，或在光盘目录双击 Setup. exe，则进入安装向导。

◆依据安装向导完成软件的安装。软件程序安装路径可以使用默认子目录，也可以用“浏览”按钮弹出的对话框中任意选择或新建一个子目录。

◆安装过程中，会出现“SetPG/PCInterface”窗口，决定通信方式后，确认“PC/PPIcable(PPI)”，单击“OK”按钮，程序继续安装。

◆在安装结束时，会出现下面的选项：

是，我现在要重新启动计算机(默认选项)；

否，我以后再启动计算机。

如果出现该选项，则建议用户选择默认选项，单击“完成”按钮，完成安装。

说明：在开始安装 Micro/WIN 时选择的是安装程序的界面语言，选择“English”进行安装。安装完成后，可以打开 Tools(工具)菜单的 Options(选项)，在 General(常规)分支中的语言选择栏中选择“Chinese”，确定并关闭软件，然后重新打开后系统即变为中文界面。

3. 硬件连接

个人计算机与 PLC 之间的通信可以采用 PC/PPI 电缆建立，不需要调制解调器和编程设备等其他硬件。典型的单主机及 CPU 连接组态只需把 PC/PPI 电缆的 PC 端连接到计算机的 RS-232 通信口(一般是 COM1)，把 PC/PPI 电缆的 PPI 端连接到 PLC 的 RS-485 通信口即可。如图 2-18 所示。

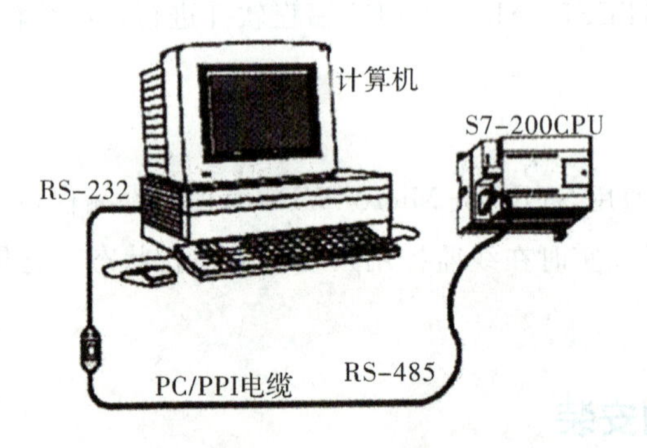

图 2-18 个人电脑与 S7-200 的连接示意图

4. 参数设置

安装完软件并且硬件连接设置好之后，可以按下面的步骤进行参数设置：

(1)在 STEP7-Micro/WIN32 运行时单击通信图标，或从“视图(View)”菜单中选择选项通信(Communications)，则会出现一个通信对话框。

(2)在对话框中双击 PC/PPI 电缆的图标，将出现 PG/PC 接口的设置对话框。

(3)单击“Properties”(属性)按钮,将出现 PG/PC 接口属性对话框,检查各参数的属性是否正确,其中通信波特率默认值为 9 600 b/s。

二、STEP7 - Micro/WIN 编程软件的功能介绍

1. 基本功能

STEP7 - Micro/WIN32 编程软件的基本功能是在 Windows 平台编制用户应用程序,它主要完成下列任务:

(1)离线方式创建、编辑和修改用户程序。

(2)在线方式下通过联机通信的方式上传(Upload)和下载(Download)用户程序及系统组态数据,编辑和修改用户程序。

(3)在编辑程序过程中进行语法检查。使用梯形图编程时,在出现错误的地方会自动加红色波浪线;使用语句表编程时,在出现错误的语句行前自动画上红色叉号,且在错误处加上红色波浪线。

(4)提供对用户程序进行文档管理、加密处理等工具功能。

(5)设置 PLC 的工作方式和运行参数,进行运行监控和强制操作等。例如创建用户程序、修改和编辑原有的用户程序,编辑过程中编辑器具有简单语法检查功能。同时它还有一些工具性的功能,例如用户程序的文档管理和加密等。此外,还可以直接用软件设置 PLC 的工作方式、参数和运行监控等。

2. STEP7 - Micro/WIN 主界面各部分的功能

启动 STEP7 - Micro/WIN32 编程软件,其界面外观如图 2 - 19 所示。

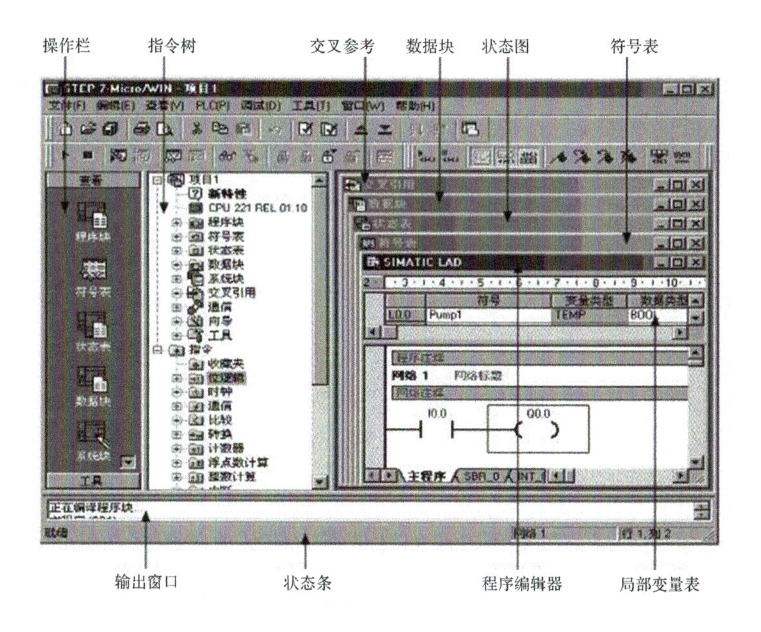

图 2 - 19 编程软件界面

界面一般可分为以下几个区:菜单条(包含8个主菜单项)、工具条(快捷按键)、引导条(快捷操作窗口)、指令树(快捷操作窗口)、输出窗口和用户窗口(可同时或分别打开图中的5个用户窗口)。

除菜单条外,用户可根据需要决定其他窗口的取舍和样式的设置。

编辑器窗口包含的各组件名称及功能如下:

(1)菜单条。

允许使用鼠标单击或对应热键的操作,这是必选区。各主要单项功能如下;

◆文件(File)

文件操作如新建、打开、关闭、保存和另存文件,上装和下载程序,还有文件的页面设计、打印预览、设置和操作等。

◆编辑(Edit)

程序编辑的工具,如选择、复制、剪切、粘贴程序块或数据块,同时提供查找、替换、插入、删除和快速光标定位等功能。

◆视图(View)

视图可以设置软件开发环境的风格,如决定其他辅助窗口(如引导窗口、指令树窗口、工具条按钮)的打开与关闭。

◆可编程控制器(PLC)

PLC可建立与PLC联机时的相关操作,如改变PLC的工作方式,在线编译、查看PLC的信息、清除程序和数据、时钟、存储卡操作、程序比较、PLC类型及通信设置等。在此还提供离线编译的功能。

◆调试(Debug)

调试用于联机调试。

◆工具(Tools)

工具可以调用复杂指令向导(包括PID指令、NETR/NETW指令和HSC指令),使复杂指令在编程时工作大大简化;安装文本显示器TD200向导;用户化界面风格(设置按钮及按钮样式,在此可添加菜单项);用选项子菜单也可以设置编辑的风格,如字体、指令盒的大小等。

◆窗口(Windows)

窗口可以一个或多个,并可进行窗口之间的切换;可以设置窗口的排放形式,如层叠、水平和垂直等。

◆帮助(Help)

通过帮助菜单上的目录和索引可以检阅几乎所有相关的使用帮助信息,帮助菜单提供网上查询功能。而且在软件操作过程中的任何步骤或任何位置,都可以按F1键来显示在线帮助,大大方便了用户的使用。

(2)工具条。

工具条提供简便的鼠标操作,将最常用的 STEP7 - Micro/WIN 操作以按钮形式设定到工具条。可以用“视图(View)”菜单中的“工具(Toolbars)”选项来显示或隐藏 3 种工具条:标准(Standard)、调试(Debug)和指令(Instuctions)工具条。

(3)引导条。

该条可用“视图(View)”菜单中的“引导条(NavigationBar)”选项来选择是否打开。

它为编辑提供按钮控制的快速窗口切换功能,包括程序块(ProgramBlock)、符号表(SymbolTable)、状态图(StatusChart)、标数据块(DataBlock)、系统块(SystemBlock)、交叉索引(CrossReference)和通信(Communication)。

单击任何一个按钮,则主窗口切换成此按钮对应的窗口。

引导条中的所有操作都可以用“指令树(InstructionTree)”窗口或“视图(View)”菜单来完成,可根据个人的爱好来选择使用引导条或指令树。

(4)指令树。

可用“视图(View)”菜单中“指令树(InstructionTree)”的选项来选择是否打开,并提供编程时用到的所有可快捷操作命令和 PLC 指令。

(5)交叉索引。

它提供 3 个方面的索引信息,即交叉索引信息、字节使用情况信息和位使用情况信息。使编程所用的 PLC 资源一目了然。

(6)数据块。

该窗口可以设置和修改变量存储区内各种内型存储区的一个或多个变量值,并加注必要的注释说明。

(7)状态图表。

该图表可以在联机调试时监视各变量的值和状态。

(8)符号表。

实际编程时为了增加程序的可读性,常用带有实际含义的符号作为编程元件代号,而不是直接使用元件在主机中的直接地址。例如编程中的 Start 作为编程元件代号,而不是用 I0.3。符号表可用来建立自定义符号与直接地址之间的对应关系,并可附加注释,可以使程序清晰易读。

(9)输出窗口。

该窗口用来显示程序编译的结果信息,如各编程块(主程序、子程序的数量及子程序号、中断程序的数量及中断程序号)及各块的大小,编译结果有无错误,错误编码和位置等。

(10)状态条。

状态条也称任务栏,与一般的任务栏功能相同。

(11)程序编程器。

该编程器可用梯形图、语句表或功能图表编程器编写用户程序，或在联机状态下从PLC上装用户程序进行读程序或修改程序。

(12)局部变量表。

每个程序块都对应一个局部变量表，在带参数的子程序调用中，参数的传递就是通过局部变量表进行的。

三、程序编制及运行

1.用户程序创建

(1)新建文件。

创建一个新程序文件的方法有三种：

◆用“文件(File)”菜单中的“新建(New)”命令，在主窗口将显示新建的程序文件主程序区；

◆用工具条中的 按钮来完成；

◆点击浏览条中的“程序块”图标，新建一个STEP7 - Micro/WIN32项目。

用户可以根据实际编程需要做以下操作：

◆确定主机型号。首先要根据实际应用情况选择PLC型号，右击“项目1(CPU221)”图标，在弹出的菜单中单击“类型(Type)”，或用“PLC”菜单中的“类型(Type)”命令。然后在弹出的对话框中选择所用的PLC的型号。

◆程序更名。项目文件更名：如果新建了一个程序文件，可用“文件(File)”菜单中“另存为(SaveAs)”命令，然后在弹出的对话框中键入希望的名称。

子程序和中断程序更名：在指令树窗口中，右击要更名的子程序或中断程序名称，在弹出的选择按钮中单击“重命名(Rename)”，然后键入名称。

主程序的名称一般用默认的MAIN，任何项目文件的主程序只有一个。

◆添加一个子程序或一个中断程序。

方法1：在指令树窗口中，右击“程序块(ProgramBlock)”图标，在弹出的选择按钮中单击“插入子程序(InsertSubroutine)”或“插入中断程序(InsertInterrupt)”项。

方法2：用“编辑(Edit)”菜单中的“插入(Insert)”命令。

方法3：在编辑窗口中单击编辑区，在弹出的菜单选项中选择“插入(Insert)”命令。

新生成的子程序和中断程序根据已有的子程序和中断程序的数目，默认名称分别为SBR_n和INT_n，用户可以自行更名。

◆编辑程序。编辑程序块中的任何一个程序，只要在指令树窗口中双击该程序的图标即可。

(2)打开已有文件。

打开一个磁盘中已有的程序指令,可用“文件(File)”菜单中的“打开(Open)”命令,在弹出的对话框中选择打开的程序文件,也可用工具条中的按钮来完成。

(3)上载。

在已经与PLC建立通信的前提下,如果要上传PLC存储器中的项目文件,可单击“文件”菜单中的“上载”选项,也可单击工具条中的按钮来完成。

2. 编辑程序

编辑和修改控制程序是程序员利用STEP7-Micro/WIN32编程软件要做的最基本的工作,本软件有较强的编辑功能,下面以如图2-20所示的梯形图程序为例,介绍程序的编辑过程中的各种操作。

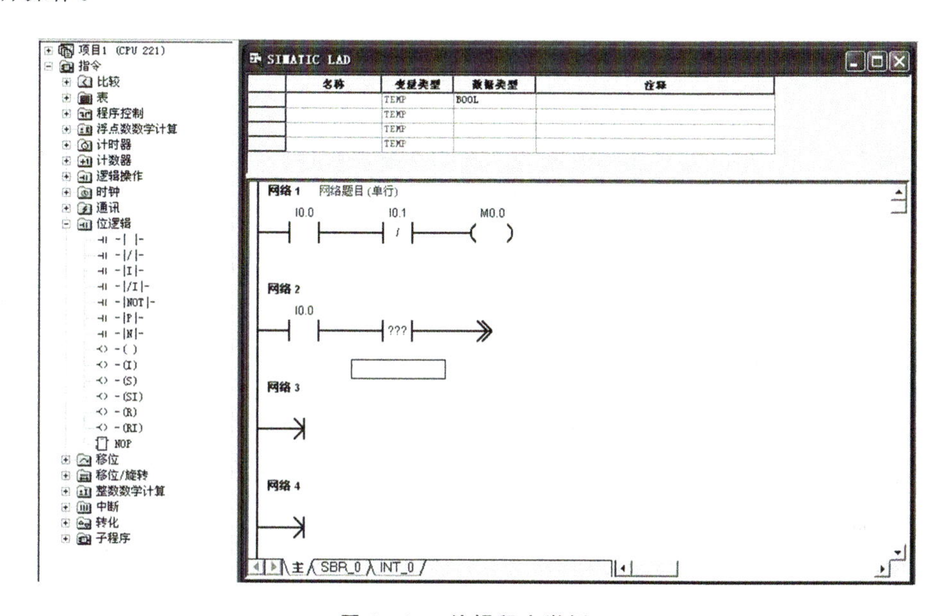

图2-20　编辑程序举例

1)输入程序

梯形图的编程元件主要有线圈、触点、指令盒、标号及连接线。输入方法有以下两种。

方法1:用指令树窗口中的“指令(Instructions)”所列的一系列指令,按类别分别编排在不同的子目录中,找到要输入的指令并双击,如图2-20所示。

方法2:用指令工具条上的一组编程按钮,单击触点、线圈和指令盒按钮,从弹出的窗口中下拉菜单所列出的指令中选择要输入的指令单击即可。工具按钮和弹出的窗口下拉菜单如图2-21和2-22所示。

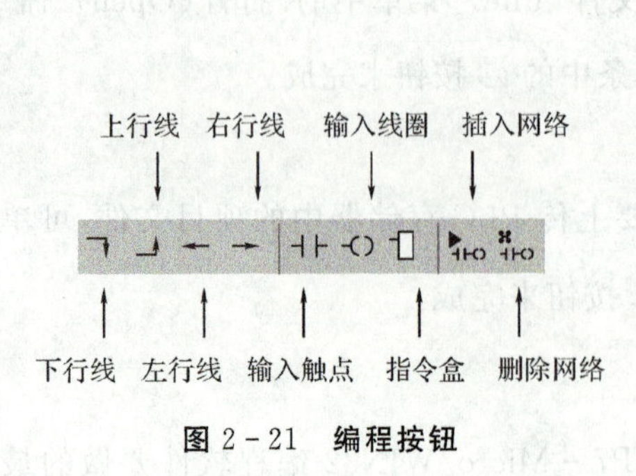

图 2-21 编程按钮

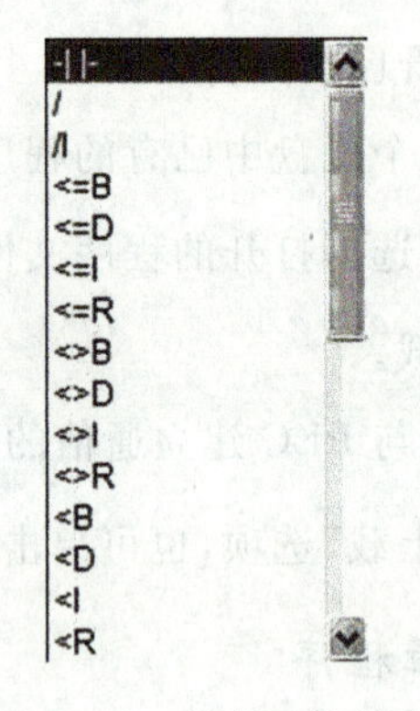

图 2-22 编程下拉菜单

在指令工具条上，编程元件的输入有 7 个按钮，下行线、上行线、左行线和右行线按钮，用于输入连接线，由此可形成复杂梯形图结构。输入触点、输入线圈和输入指令按钮用于输入编程元件，图 2-22 为单击输入触点按钮时弹出的下拉菜单。插入网络和删除网络按钮，在编辑程序时使用。

顺序输入在一个网络中，如果只有编程元件的串联连接，输入和输出都无分叉，则视作顺序输入。方法非常简单，只需从网络的开始依次输入各编程元件即可，每输入一个元件，光标自动向后移动到下一列。在图 2-20 中，网络 2 所示为一个顺序输入的例子。

而网络 2 已经连接在一行上输入了两个触点，若想再输入一个线圈，可以直接在指令树中双击线圈图标。图中的方框为光标(大光标)，编程元件就是在光标处被输入。

图 2-20 中网络 3 中的图形就是一个网络的开始，此图形表示可在此继续输入元件。

输入操作数图 2-20 中的“???”表示此处必须有操作数，此处的操作数为触点的名称，可单击“???”，然后输入编程元件即可。

2)复杂结构

如图 2-22 所示，为指令工具条的编辑按钮，其可编辑复杂的梯形图，如图 2-23 所示，方法是单击图中第一行下方的编辑区域，则在本行下一行的开始处显示光标(图中方框)，然后输入触点，生成新的一行。

如果要在一行的某个元件后下分支，即将光标移动该元件，单击按钮 ↴，然后便可在生成的分支顺序输入各元件。

输入完成后出现图 2-24 所示界面，将光标移动到要合并的触点处，单击按钮 ↲ 即可。

3)插入和删除操作

编程中经常用到插入和删除一行、一列、一个网络、一个子程序和一个中断程序等。方法有两种：

(1)在程序编辑区单击右键,弹出下拉菜单,选择“插入(Insert)”或“删除(Delete)”选项,再弹出子菜单,单击要插入或删除的选项,然后进行编辑。

(2)用“编辑(Edit)”菜单中的命令进行上述相同的操作。

对于元件剪切、复制和粘贴等操作方法也与上述类似。

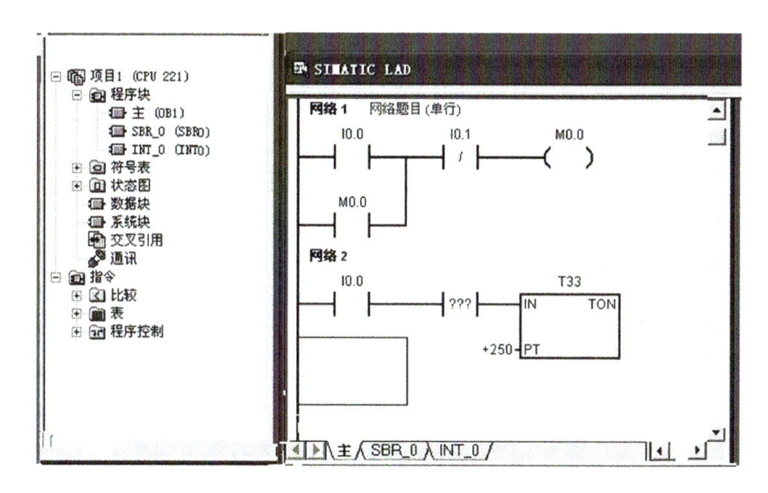

图 2-23　新生成行

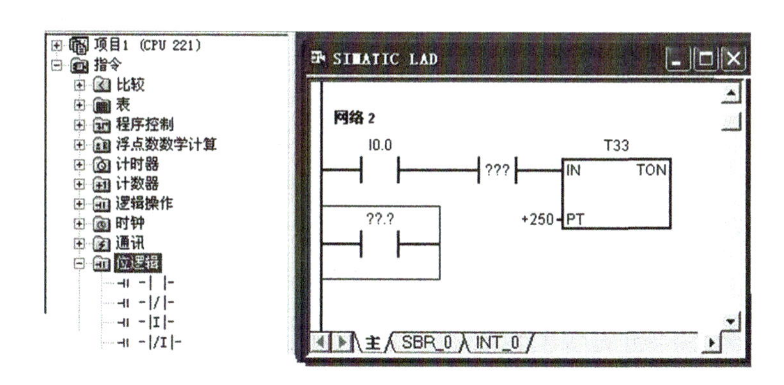

图 2-24　向上合并

4)程序注释

梯形图编程器中的“网络 n”标志每个梯级,同时又是标题栏,可在此为本梯级加标题或必要的注释说明,使程序清晰易读。方法:双击“网络 n”区域,弹出对话框,此时可以在“题目(Title)”文本框中键入标题,在“注释(Comment)”文本框键入注释。

5)编辑语言转换

软件可实现三种编程语言(编辑器)之间的任意切换,选择“视图(View)”菜单,然后单击STL(语句表)、LAD(梯形图)或FBD(功能块图)便可进入对应的编程环境,使用最多的是STL和LAD之间的相互切换,STL的编程可以按或不按网络块的结构顺序编程,但STL只有在严格按照网络块编程的格式下编程才可切换到LAD,不然无法实现转换。

6)程序的编译

程序必须经过编译后，方可下载到PLC，编译完成后会在输出窗口显示编译结果。

①单击“编译”按钮或选择菜单命令“PLC”→“编译”，编译当前活动窗口中的程序块。

②单击“全部编译”按钮或选择菜单命令“PLC”→“全部编译”，编译全部项目元件(程序块、数据块、系统块)，“全部编译”与窗口是否活动无关。

7)程序的下载与上传

下载程序前的条件如下：

◆计算机和PLC直接通过PC/PPI电缆连接好并能进行通信；

◆程序写好并经过编译确认没有错误；

◆PLC置于“停止”模式。

单击“下载”按钮或选择菜单命令“文件”→“下载”，在“下载”对话框中单击“确定”按钮，开始下载程序。下载成功后，在PLC运行程序之前，必须将PLC从STOP模式转换回RUN模式。单击工具条中的“运行”按钮，或选择菜单命令“PLC”→“运行”，使PLC进入RUN模式。

上传是指将PLC中的项目元件上传到STEP7 - Micro/WIN32程序编辑器。单击“上传”按钮或选择菜单命令“文件”→“上传”，即可完成该操作。

四、程序的调试及运行监控

STEP7 - Micro/WIN32编程软件提供了一系列工具，可使用直接在软件环境下调试并监控用户程序的执行。

1. 选择扫描次数

选择单次或多次扫描来监视用户程序，可以指定主机以有限的扫描次数执行用户程序。通过选择主机扫描次数，当过程变量改变时，可以监视用户程序的执行。

1)多次扫描

方法：将PLC置于STOP模式。

使用“调试(Debug)”菜单中的“多次扫描(MultipleScans)”命令，来指定执行的扫描次数，然后单击“确认(OK)”按钮进行监视。

2)初次扫描

将PLC置于STOP模式，使用“调试(Debug)”菜单中的“初次扫描(FirstScan)”命令。

2. 状态图表监控

可使用状态图表来监视用户程序，并可以用强制表操作修改程序中的变量。

1)使用状态图表

在引导条窗口中单击“状态图(StatusChart)”或用“视图(View)”菜单中的“状态图”命令。

当程序运行时，可使用状态图来读、写、监视和强制其中的变量，如图 2 - 25 所示。

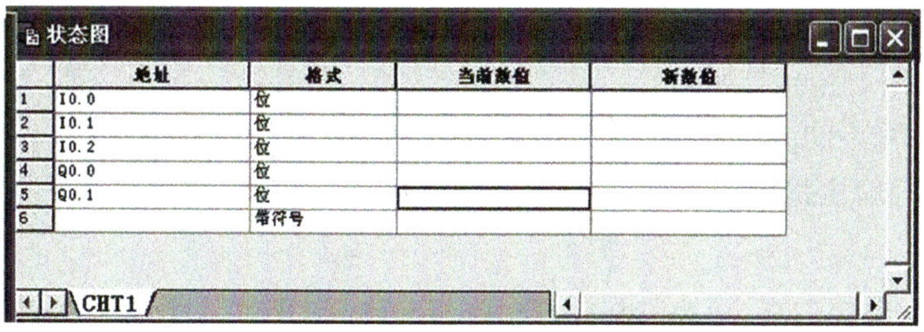

状态图

	地址	格式	当前数值	新数值
1	I0.0	位		
2	I0.1	位		
3	I0.2	位		
4	Q0.0	位		
5	Q0.1	位		
6		带符号		

CHT1

图 2 - 25 状态图表的监视

当用状态图表时，可将光移到某一个单元格，在弹出的下拉菜单中单击一项，可实现相应的编辑操作。

根据需要，可建立多个状态图表。

状态图表的工具图表在编程软件的工具条区内。单击可激活这些工具图标，如顺序排序、逆序排序、全部写、单独写、读所有强制、强制和解除强制等。

2)强制指定值

用户可以用状态图表来强制用指定值对变量赋值，所有强制改变的值都存到主机固定 EEPROM 存储器中。

◆强制范围。强制制订一个或所有的 Q 位；强制改变最多 16 个 V 或 M 存储器的数据，变量可以是字节、字或双字类型；强制改变模拟量映像存储器 AQ、变量类型为偶字节开始的字类型。

用强制功能取代了一般形式的读与写。同时采用输出强制时，以某一个指定值输出，当主机变为 STOP 方式后输出将变为强制值，而不是设定值。

◆强制一个值。若强制一个新值，可在状态图表的“新数值(NewValue)”栏输入新值，然后单击工具栏中的 按钮。一旦使用了强制功能，每次扫描都会将修改的新值用于该操作数，直至取消对它的强制。

若强制一个已存在的值，可在“当前值(CurrentValue)”栏单击并点亮这个值，然后单击强制按钮。

◆读取所有强制操作。打开状态图表窗口，单击工具条中的 按钮，执行强制功能，则状态图表中所有被强制的当前值将会在曾经被显示强制、隐式强制或部分隐式强制的地址处显示强制符号。

◆解除一个强制操作。在当前值栏单击点亮这个值，然后单击工具条中的解除强制按钮，被选择的地址的强制图标将会消失。也可以用鼠标右键点击该地址后再进行操作。

◆解除所有强制操作。如果需要取消所有强制操作，可以打开状态图表，打击工具条中的 按钮，使用该功能之前不必选择某个地址。

3. 运行模式下的编辑

在 RUN(运行)模式下的编辑，可以对程序做少量的修改。修改后的程序下载时，将立即影响系统的控制运行，所以使用时应特别注意。可进行这种的 PLC 有 CPU224、CPU226、CPU226XM 等。

操作步骤：

(1)选择“调试(Debug)”菜单中的“在运行状态编辑程序(ProgramEditinRUN)”命令，因为在 RUN 下只能编辑主机中的程序，如果主机中的程序与编程软件窗口中的程序不同，系统会提示用户存盘。

(2)屏幕弹出警告信息：单击“继续(Continue)”按钮，所连接主机中的程序将被上装到编程主窗口，便可以在运行模式下进行编辑。

(3)在运行模式下进行下载：编译成功后，可用“文件(File)”菜单中“下载(Download)”命令，或单击工具条中的下载按钮，将程序下载到 PLC 主机。

(4)退出运行模式编辑：使用“调试(Debug)”菜单中的“在运行状态编辑程序(ProgramEditinRUN)”命令，然后根据需要选择“选项(Checkmark)”中的内容。

4. 程序监视

利用三种程序编辑器(梯形图、语句表和功能块图)都可在 PLC 运行时，监视程序的执行对各元件的执行结果，并可监视操作数的数值。

1)梯形图监视

利用梯形图编辑器可以监视在线程序状态，如图 2-26 所示，图中被点亮的元件表示其正处于接通状态。

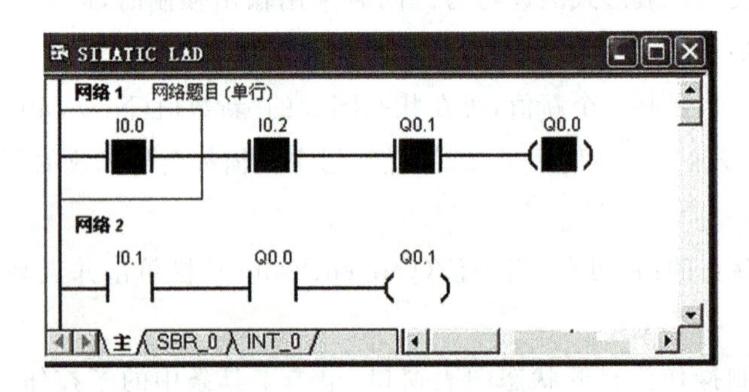

图 2-26 梯形图监视

梯形图中显示所有操作数的值，所有这些操作数的状态都是 PLC 在周期扫描完成时的结果。在使用梯形图监控时，STEP7-Micro/WIN32 编程软件不是在每个扫描周期都采集状态值在屏幕上的梯形图中显示。而是要间隔多个扫描周期采集一次状态值，然后刷新梯形图中各值的状态显示。在通常情况下，梯形图中的状态显示不反映程序执行时的每个编程元素的实际状态。但这并不影响使用梯形图来监控程序状态，而且在大多数情况下，使用梯形图也是编程人员的首选。

实现方法：用“工具(Tools)”菜单中“选项(Options)”命令，打开选项对话框，选择“LAD 状态(LADstatus)"选项卡,然后选择一种梯形图的样式。梯形图可选择的样式有 3 种:指令内部显示地址和外部显示值;指令外部显示地址和外部显示值;只显示状态值。然后打开梯形图窗口,在工具栏中单击程序状态按钮,即可进行梯形图监视。

2)语句表监视

用户可利用语句表编辑器监视在线程序状态。语句表程序状态按钮连续不断地更新屏幕上的数值,操作数按顺序显示在屏幕上,这个顺序与它们出现在指令中的顺序一致,当指令执行时,这些数值将被捕捉,它可以反映指令的实际运行状态。

实现方法是:单击工具栏上的程序状态按钮,出现图 2-27 所示的显示界面。其中,语句表的程序代码出现左侧的 STL 状态窗口里,包含操作数的状态区显示在右侧。间接寻址的操作数将同时显示存储单元的值和它的指针。

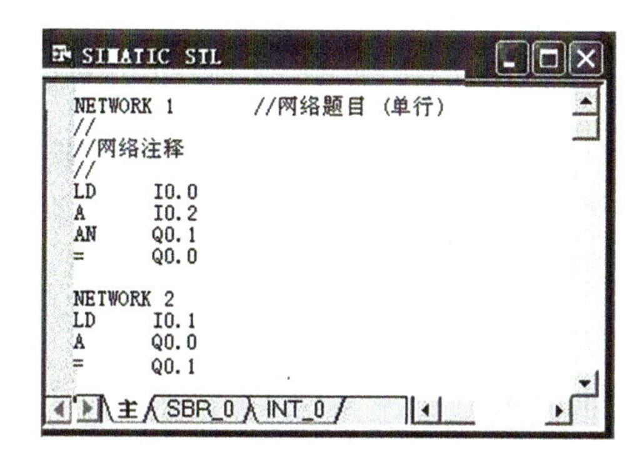

图 2-27 语句表监视

状态信息从位于编辑窗口顶端的第一条 STL 语句开始显示。当向下滚动编辑窗口时,将从 CPU 获取新的信息。可以用工具栏中的按钮暂停,则当前的暂停数据将保留在屏幕上,直到再次单击这个按钮。

任务实施

在老师的现场监护下进行通电调试,验证是否符合控制要求。

(1)按图 2-2 连接 PLC 控制电路,并连接好电源,检查电路的正确性,确保无误。

(2)打开计算机上的编程软件,并创建一个项目。

(3)检查 PLC 与计算机的通信连接。

(4)输入、编辑图 2-2(c)的梯形图,并转换成语句表。

(5)编译程序,并观察编译结果,若提示错误,则修改程序。

(6)下载程序到 CPU224 主机中,并进行状态监控,熟悉 PLC 系统执行的原理与过程。

思考与练习

(1)简述 STEP7 - Micro/Win32 编程软件窗口的组件。

(2)如何在 LAD 中输入程序注释?

(3)如何下载程序?

项目小结

本项目分三个任务,认识 PLC、S7 - 200 系列 PLC 的硬件与编程元件的认识和 STEP7 - Micro/WIN 编程软件的使用。

可编程序控制器作为一种工业标准设备,虽然生产厂家众多,产品种类层出不穷,但它们都具有相同的工作原理,使用方法也大同小异。

任务一介绍了以下内容:PLC 是计算机技术与继电一接触器控制技术相结合的产物。PLC 的分类有整体式和机架模块式;从 I/O 点数分,可分为大型、中型、小型 PLC。PLC 的硬件构成:主机部分(CPU 和存储器)、I/O 接口、电源、扩展接口和外部设备。I/O 接口采用光电隔离措施,有效地提高了 PLC 工作的可靠性。

任务二以西门子公司生产的 S7 - 200 系列小型机为例,对 PLC 的硬件系统及内部资源做一介绍,重点介绍 S7 - 200 系列 PLC 的硬件系统构成、S7 - 200 系列 PLC 的编程元件、S7 - 200 系列 PLC 的寻址方式和 S7 - 200 系列 PLC 的程序知识。

S7 - 200 系列 PLC 有四种主机 CPU 型号,它们都是整体机,除 CPU221 外,都可以进行 I/O 模块的扩展,进行 I/O 扩展时必须遵循一定的原则。S7 - 200 系列 PLC 的一个扫描周期包括 5 项内容:CPU 自诊断、写输出、读输入、执行程序、处理通信请求。

PLC 编程时用到的数据,数据类型可以是字符串、布尔型、整型和实型;指令中的常数可用二进制、十进制、十六进制、ASCII 码或浮点数据来表示。

S7 - 200 系列 PLC 可进行直接寻址和间接寻址两种寻址方式。S7 - 200 系列 PLC 提供了包括梯形图、语句表、顺序功能图和功能块图四种常用的编程语言。

任务三介绍编程软件的安装、软件界面组成及程序编辑、调试的步骤与方法。

程序编辑是学习编程软件的重点,可以用打开、新建、或从 PLC 上装程序文件,并对其编辑修改。编辑中应熟练使用菜单、常用按钮及各个功能窗口。符号表的应用可以使程序可读性大大提高,好的程序应加注必要的标题和注释。同一程序可以用梯形图、语句表和功能块图三种编辑器进行显示和编辑,并可直接切换。

项目三

PLC 基本逻辑指令及应用

教学目标

(1)掌握 S7-200 系列 PLC 的基本逻辑指令系统。

(2)掌握梯形图程序设计的基本方法。

(3)掌握梯形图编程规则和编程技巧。

(4)能熟练运用 PLC 的基本逻辑指令编写简单的 PLC 程序。

(5)能根据控制系统输入/输出信号的要求,设计出 PLC 的硬件接线图,熟练完成 PLC 的外部接线操作。

(6)熟练操作 STEP 7-Micro/WIN 编程软件,完成程序的编写、下载、监控等操作,并对 PLC 程序进行调试、运行。

任务一　三相异步电动机的点动与长动 PLC 控制

任务描述

电动机的点动与长动控制在机电设备控制中很常见,传统的继电-接触器控制系统如图 3-1所示,现要改用 PLC 来控制电动机的起停。

当采用 PLC 控制电动机的点动与长动运行时,必须将按钮的控制指令送到 PLC 的输入端,经过程序运行,再将 PLC 的输出去驱动接触器 KM 线圈得电,电动机才能运行,那么,如何将输入、输出器件与 PLC 连接,PLC 又是如何编写控制程序的呢?

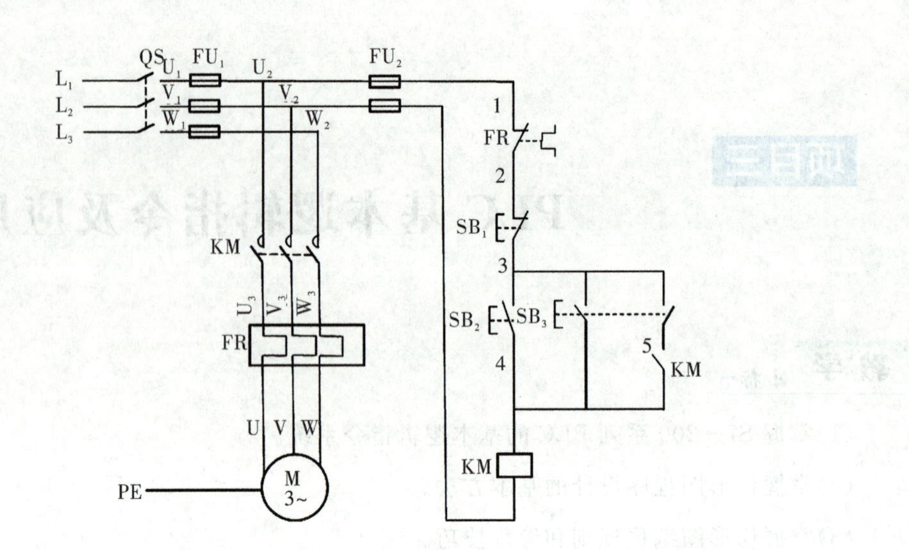

图 3-1 传统的继电-接触器控制系统

任务目标

初步掌握基本位逻辑指令的功能及应用编程，熟悉 S7-200 系列 PLC 的结构和外部接线方法。掌握 STEP 7-Micro/WIN 编程软件的使用。熟悉电动机点动与长动 PLC 控制的原理和程序设计、安装调试的流程及方法。

相关知识

一、逻辑取 LD、逻辑取反 LDN 与线圈驱动指令

1. 指令格式及功能（见表 3-1）

表 3-1 逻辑取与线圈驱动指令的格式及功能

梯形图 LAD	语句表 STL	功 能
bit ─┤ ├─	LD bit	将常开触点 bit 与母线相连接，表示开始一个逻辑运算
bit ─┤/├─	LDN bit	将常闭触点 bit 与母线相连接，表示开始一个逻辑运算
bit ─( )	= bit	当能流流进线圈时，线圈所对应的操作数 bit 置“1”

2. 指令使用说明

(1)每一个逻辑行的开始都必须使用 LD 或 LDN 指令。

(2)LD、LDN 指令的操作数为 I、Q、M、SM、T、C、V、S 和 L。=指令的操作数为 Q、M、SM、T、C、V、S 和 L。

(3)在同一程序中同一个操作数以=指令形式只能使用一次。即在同一程序中不能使用双线圈输出。

3. 指令用法示例

LD、LDN、=指令的应用如图 3-2 所示。

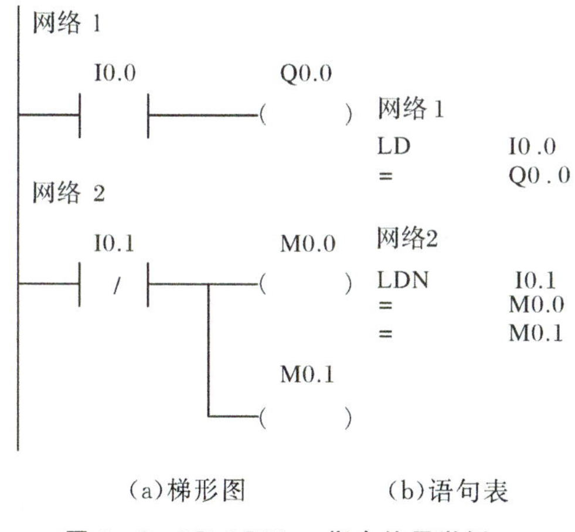

(a)梯形图　　(b)语句表

图 3-2　LD、LDN、=指令使用举例

二、触点串联指令 A 、AN 和触点并联指令 O 、ON

1. 指令格式及功能（见表 3-2）

表 3-2　触点串、并联指令的格式及功能

梯形图 LAD	语句表 STL	功　能
─┤ bit ├─	A bit	将一常开触点 bit 与上一触点串联，可连续使用
─┤ bit / ├─	AN bit	将一常闭触点 bit 与上一触点串联，可连续使用
└┤ bit ├┘	O bit	将一常开触点 bit 与上一触点并联，可连续使用
└┤ bit / ├┘	ON bit	将一常闭触点 bit 与上一触点并联，可串联使用

2. 指令使用说明

(1)A、AN 指令用于单个触点的串联(常开或常闭)，可连续使用。

(2)A、AN 指令的操作数为 I、Q、M、SM、T、C、V、S 和 L。

(3)O、ON 指令用于单个触点的并联(常开或常闭)，可连续使用。

(4)O、ON 指令的操作数为 I、Q、M、SM、T、C、V、S 和 L。

3. 指令用法示例

A、AN 指令的应用如图 3－3 所示。

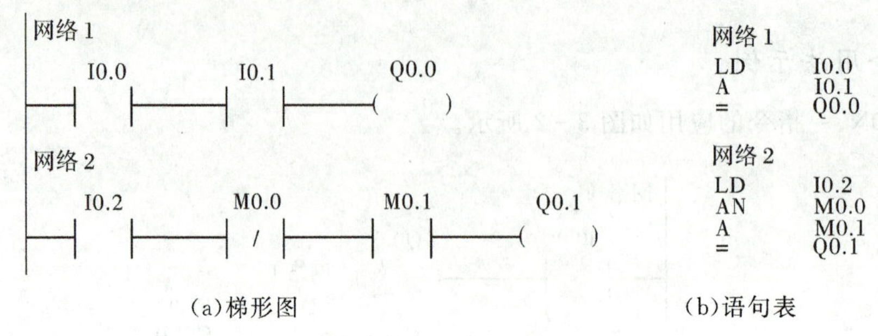

图 3－3　A、AN 指令使用举例

O、ON 指令的应用如图 3－4 所示。

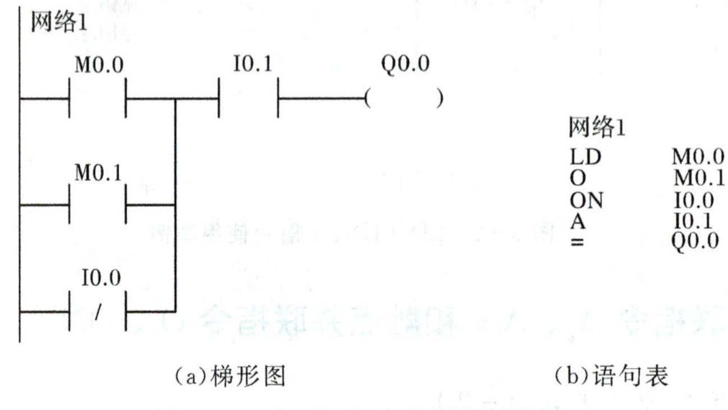

图 3－4　O、ON 指令使用举例指令

三、置位复位指令

置位复位指令可直接实现对指定的寄存器位进行置 1 或清 0 的操作。其格式及功能如表 3－3 所示。

表 3－3　置位复位指令的格式及功能

梯形图 LAD	语句表 STL	功　能
bit —(S) N	Sbit,N	条件满足时，将从操作数指定的位(bit)开始的 N (1～255)位置 1 并保持
bit —(R) N	Rbit,N	条件满足时，将从操作数指定的位(bit)开始的 N (1～255)位清 0 并保持

1. 指令使用说明

(1)操作数一旦被置位，就保持接通状态，除非对它复位；而一旦被复位就保持断开状态，除非再对它置位。

(2)当置位、复位输入同时有效时,复位优先。

(3)使用 S、R 指令时需指定操作性质(S/R)、开始位(bit)和位的数量(N)。S 或 R 指令可以多次使用同一个操作数。

(4)S、R 指令的操作数为 I、Q、M、SM、T、C、V、S 和 L。

2. 指令用法示例

S、R 指令的应用如图 3-5 所示。

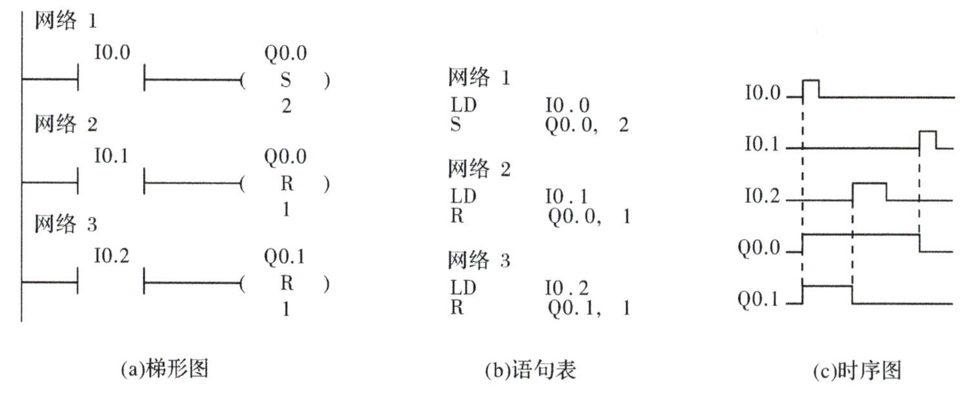

(a)梯形图 (b)语句表 (c)时序图

图 3-5 S、R 指令使用举例

任务实施

采用继电器-接触器的电动机点动与长动运行电路如图 3-1 所示,采用 PLC 进行电动机的点动与长动控制,主电路与传统继电接触器控制的主电路一样,不同的是其控制电路。首先对电路中用到的输入设备和输出负载进行分析,归纳出电路中的 4 个输入设备:长动起动按钮 SB_2、停止按钮 SB_1,点动按钮 SB_3、热继电器 FR;1 个输出负载:接触器线圈 KM。其次用户将输入设备(如长动起动按钮 SB_2、停止按钮 SB_1、点动按钮 SB_3、热继电器触点 FR)接到 PLC 的输入端口、输出设备(如接触器线圈 KM)接到 PLC 的输出端口,接上电源。最后输入软件程序调试即可。

一、分配 I/O 地址

下面所要进行的是将归纳出的输入/输出设备进行 I/O 地址分配。在进行接线与编程前,首先要确定输入/输出设备与 PLC 的 I/O 口的对应关系,即要进行 I/O 分配工作。如何进行 I/O分配?具体来说,就是将每一个输入设备对应一个 PLC 的输入点,将每一个输出设备对应一个 PLC 的输出点。注意应选择与需要的输入/输出点数相适应的 PLC。比如选用西门子 S7-200系列中的 CPU 222,有 8 个输入点和 6 个输出点,能满足此要求。电动机点动和长动的

I/O 分配表见表 3-4。

表 3-4　电动机点动与长动 I/O 分配表

输入设备	输入地址	输出设备	输出地址
停止按钮 SB_1	I0.0	接触器线圈 KM	Q0.0
长动按钮 SB_2	I0.1	—	—
点动按钮 SB_3	I0.2	—	—
热继电器 FR	I0.3	—	—

二、输入/输出接线

输入设备接入 PLC 的方法是将输入设备的一个输入点接到指定的 PLC 输入端口，另一个输入点通过电源接到 PLC 的公共端。输出设备的接线也相同，同时还应将合适的电源接入电路。输入设备、输出负载和 PLC 对应的 I/O 的接线关系如图 3-6 所示。

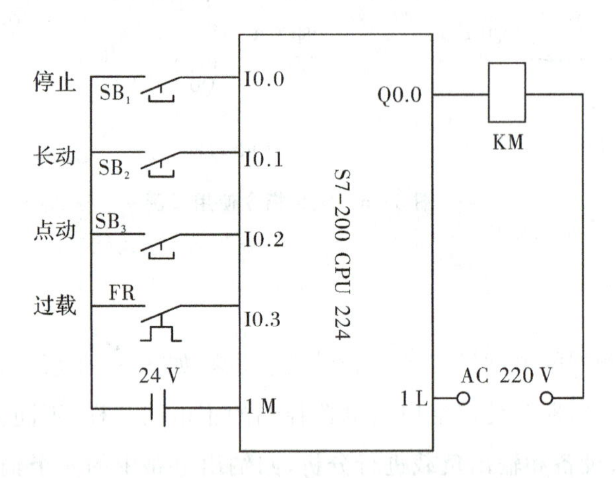

图 3-6　电动机点动与长动控制输入/输出接线图

三、程序设计

PLC 程序主要解决如何根据输入设备的信息（通断信号），按照控制要求形成驱动输出设备的信号，使输出满足控制要求。PLC 程序主要解决如何根据输入设备的信息（通断信号），按照控制要求形成驱动输出设备的信号，使输出满足控制要求。

编写 PLC 程序，作为初学者在控制系统设计方面只有继电接触器控制系统的初步设计经验，根据对继电接触器控制系统中常用基本控制电路的理解，结合 PLC 的基本指令，可设计梯形图程序。

点动控制实际上是利用输入触点来控制输出线圈，而长动控制则是典型的起-保-停控制电路，这两种基本控制电路控制的对象实际上是同一个线圈。如何使两者控制不发生冲突，最好的办法就是利用辅助继电器。将连续控制的对象改为一个辅助继电器，再利用这个辅助继电器的触点和点动控制按钮的触点相并联来控制输出继电器。这就是采用 PLC 实现点动、长动控制的基本思路，再加入热继电器保护的控制程序，就形成了 PLC 的控制程序。梯形图程序如图 3－7 所示。

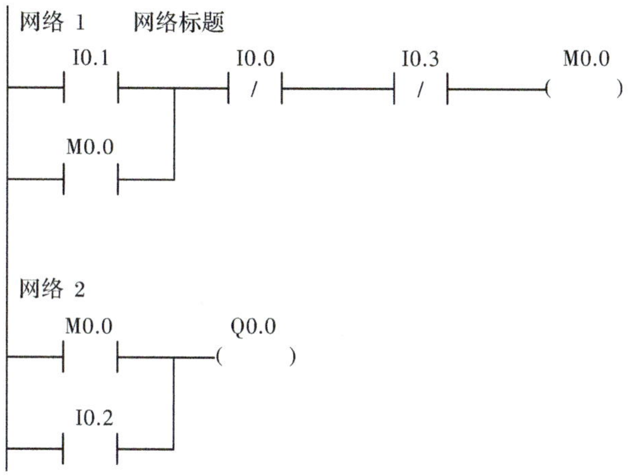

图 3－7　电动机点动与长动的梯形图程序

四、调试运行

（1）接好电动机主电路和 PLC 的 I/O 接线图。

（2）在断电状态下，用专用编程电缆将装有 SETP 7－Micro/WIN 编程软件的计算机与 PLC 连接起来。

（3）用编程软件将梯形图程序下载到 PLC 中。

（4）将 PLC 运行模式选择开关拨到 RUN 位置或使用编程软件中的遥控运行。

（5）按下长动按钮 SB_2，输入继电器 I0.1 通电，PLC 的输出指示灯 Q0.0 亮，接触器 KM 吸合，电动机旋转。按下停止按钮 SB_1，输入继电器 I0.0 通电，I0.0 的常闭触点断开，Q0.0 失电，接触器 KM 释放，电动机停止。

按下点动按钮 SB_3，输入继电器 I0.1 通电，PLC 的输出指示灯 Q0.0 亮，接触器 KM 吸合，电动机旋转。松开点动按钮 SB_3，输入继电器 I0.1 断电，Q0.0 失电，接触器 KM 释放，电动机停止。

（6）如果出现故障，学生应独立检修，直至排除故障，使系统能够正常工作。

知识拓展

起-保-停电路程序：有两种方案。方案一是由普通输入、输出触点与线圈完成，程序如图 3－8(a)所示；方案二是用 S、R 指令实现。若用 S、R 指令编程，起-保-停电路包含了梯形图程序的两个要素，一个是使线圈置位并保持的条件，本例设启动按钮 I0.0 为 ON；另一个是使线圈复位并保持的条件，本例设停止按钮 I0.1 为 ON。因此，梯形图中启动按钮 I0.0、停止按钮I0.1 分别驱动 S、R 指令。当要启动时，按启动按钮 I0.0，使输出线圈置位并保持；当要停止时，按停止按钮 I0.1，使输出线圈复位并保持，如图 3-8(b)所示。

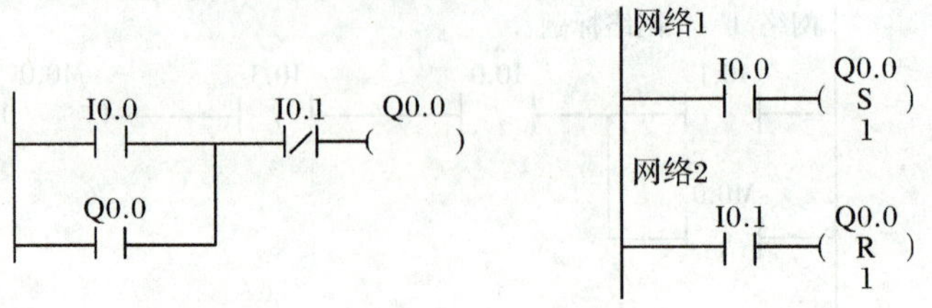

(a)方案一　　(b)方案二

图 3-8　电动机的起-保-停梯形图

1. 组成的器件不同

继电接触控制系统是用硬导线将许多继电器、接触器按照某种固定方式连接起来完成逻辑功能。而 PLC 控制系统则是由许多“软继电器”(编程元件)及软连线构成，通过存放在存储器中的用户逻辑控制程序来完成控制功能的。

传统的继电接触控制系统本来有很强的抗干扰能力，但其用了大量的机械触点，因物理性能疲劳、尘埃的隔离性及电弧的影响，系统可靠性大大降低。由于 PLC 采用软件实现控制功能，因此可以灵活、方便地通过改变用户逻辑控制程序以实现控制功能的改变，从根本上解决了电气控制系统控制电路难以改变逻辑关系的问题。PLC 采用无机械触点的逻辑运算微电子技术，复杂的控制由 PLC 内部运算器完成，故寿命长、可靠性高。

2. 触点的数量不同

继电器、接触器的触点数较少，一般只有 4～8 对，而“软继电器”可供编程的触点数有无限对。

3. 工作方式不同

继电器-接触器控制装置采用硬逻辑的并行工作方式，如果某个继电器的线圈通电或断电，那么该继电器的所有常开和常闭触点不论处在控制电路的哪个位置上，都会立即同时动作；而 PLC 采用串行工作方式，各“软继电器”都处于周期性循环扫描接通中，每个“软继电器”受制约接通的时间是短暂的。如果某个软继电器的线圈被接通或断开，其所有的触点不会立即动作，必须等扫描到该触点时才会动作。

思考与练习

设计电动机的两地控制程序。要求：按下 A 地或 B 地的起动按钮，电动机均可起动，按下

A 地或 *B* 地的停止按钮，电动机均可停止。任何时间若热继电器动作，则电动机停止运行。

(1)画出电动机的主电路图。

(2)写出 I/O 分配表。

(3)画出输入/输出接线图。

(4)写出梯形图程序。

任务二　三相异步电动机正反转 PLC 控制

任务描述

在日常生活和生产加工过程中，许多生产机械都有可逆运行的要求，如车库大门的升降、电梯轿厢的上下运行、起重机吊钩的上升与下降、机床工作台的前进与后退等，由电动机正反转来实现机械的可逆运行是很方便的。如图 3－9 所示为机床工作台自动往返示意图。图中 SQ_1 为右限位，SQ_2 为左限位，M 为电动机。正是由电动机的正反转拖动工作台从而实现其往返运动，即电动机正转拖动机床工作台前进，电动机反转机床工作台后退。

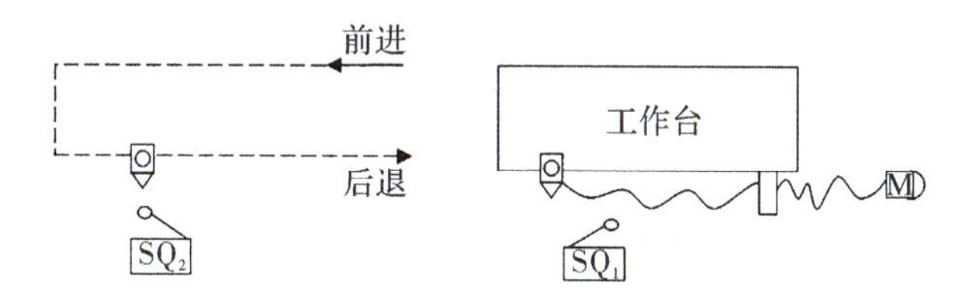

图 3－9　机床工作台示意图

双向限位的电动机正反转电气控制电路如图 3－10 所示，KM_1 为电动机正向运行交流接触器，KM_2 为电动机反向运行交流接触器，SB_2 为正转起动按钮，SB_3 为反转起动按钮，SB_1 为停止按钮，FR 为热保护继电器。SQ_1 为电动机正转行程开关，SQ_2 为电动机反转行程开关。当按下正转起动按钮 SB_2 时，KM_1 的线圈通电，KM_1 主触点闭合，电动机开始正转并拖动工作台前进，到达终端位置时，工作台上的撞块压下换向行程开关 SQ_2。按下反转起动按钮 SB_2 时，KM_2 的线圈通电，KM_2 主触点闭合，电动机反转并拖动工作台后退，当工作台上的撞块碰撞到行程开关 SQ_1 时，SQ_1 动断触点断开，反向接触器 KM_2 失电释放，电动机断电停转，运动部件停止运行。在电动机运行时，任何时刻按下停止按钮 SB_1，电动机停止旋转。本任务研究 PLC 如何控制电动机的正反转，从而带动机床工作台实现其往返运动的问题。

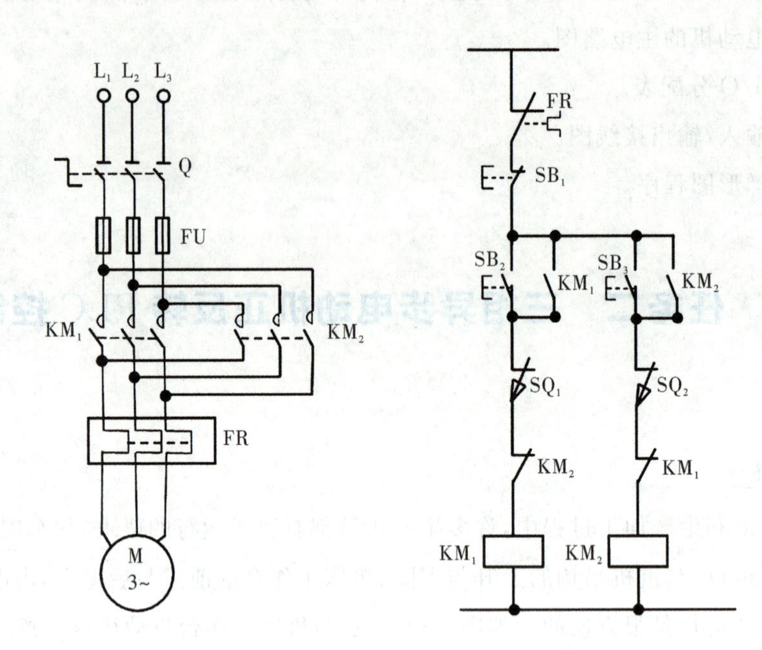

图 3-10　双向限位的电动机正反转电气控制电路图

任务目标

掌握梯形图的编程规则和使用技巧，掌握利用基本逻辑指令、置位/复位指令分别实现电动机正反转运行的编程及实施方法，进一步熟悉 S7-200 系列 PLC 的内部结构和外部接线方法。熟悉电动机正反转 PLC 控制的原理和程序设计、安装调试的流程及方法。

相关知识

一、堆栈操作指令

所谓“堆栈”是指一组能够存储和取出数据的暂存单元。在使用梯形图程序指令编写程序时，程序由一系列图形组合而成，用户可以方便地根据需要进行编程，但在使用语句表程序指令编程时，如遇复杂电路则将不能直接使用触点“与”或触点“或”指令进行描述，为此各种类型的 PLC 均有专门用于描述复杂电路的语句表指令，它们称为堆栈操作指令。S7-200 系列 PLC 中有一个 9 层堆栈，用于处理逻辑运算结果。堆栈操作指令的格式及功能见表3-5。

表 3-5 堆栈操作指令的格式及功能

指令名称	语句表 STL	功能
并联电路块串联指令	ALD	将堆栈中的第一层与第二层的值进行逻辑与操作,结果存入栈顶,堆栈深度减 1
串联电路块并联指令	OLD	将堆栈中的第一层与第二层的值进行逻辑或操作,结果存入栈顶,堆栈深度减 1
逻辑进栈指令	LPS	复制栈顶的值并将其推入栈,栈底的值被推出并丢失
逻辑读栈指令	LRD	复制堆栈中的第二个值到栈顶,堆栈没有推入栈或弹出栈操作,但旧的栈顶值被新的复制值取代
逻辑出栈指令	LPP	弹出栈顶的值,堆栈的第二个值成为栈顶的值

1. 并联电路块串联指令 ALD

电路块由两个以上的触点构成,电路块中的触点可以串联连接,也可以并联连接。两个以上的触点串联形成的支路称为串联电路块;两条以上支路并联形成的电路称为并联电路块。

ALD:逻辑块“与”指令。用于并联电路块的串联连接。

(1)指令使用说明:

◆并联电路块的开始用 LD 或 LDN 指令,每完成一次块电路的串联连接后要写上 ALD 指令。

◆ALD 指令无操作数。

(2)指令用法示例:ALD 指令的应用如图 3-11 所示。

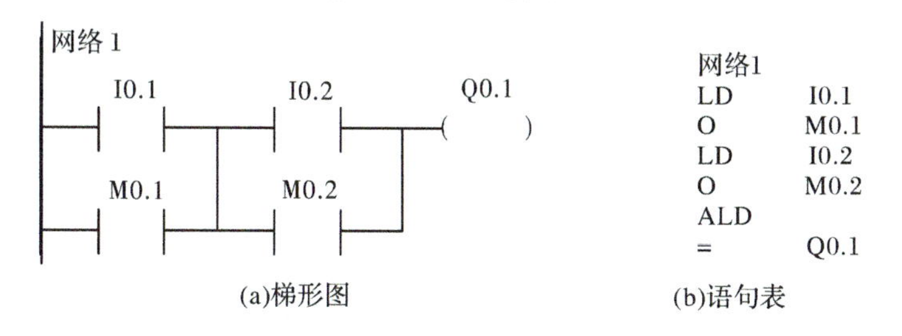

图 3-11 ALD 指令使用举例

2. 串联电路块并联指令 OLD

OLD:逻辑块“或”指令。用于串联电路块的并联连接。

(1)指令用法示例:OLD 指令的应用如图 3-12 所示。

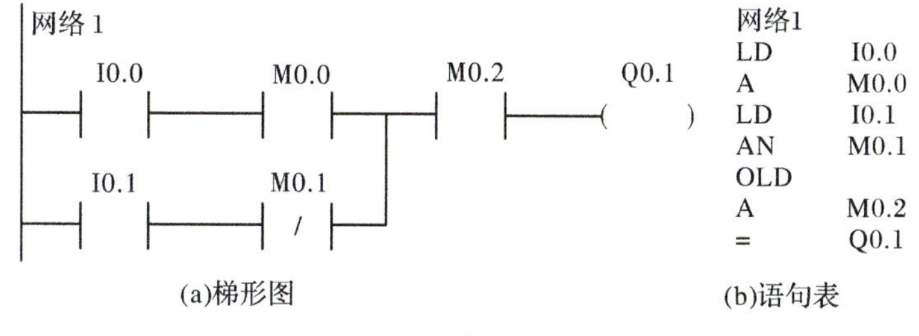

图 3-12 OLD 指令使用举例

【例 3-1】 将图 3-13(a)所示的梯形图转换成语句表。

解：分析图 3-13(a)的梯形图结构，可得相应的语句表如图 3-13(b)所示。

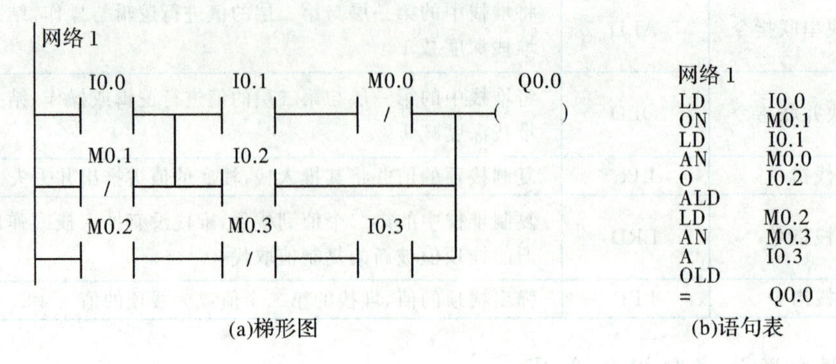

图 3-13 例 3-1 程序

3. LPS

入栈操作时，新值放入栈顶，把栈顶值复制后压入堆栈的下一层，栈区内容自动下移(原栈底内容推出丢失)。该指令也叫分支电路开始指令，在梯形图的分支结构中，它用于生成一条新的母线，其左侧为原来的主逻辑块，右侧从此开始一个完整的从逻辑行。

4. LRD

读取最近的 LPS 压入堆栈的内容。不执行进栈或出栈，原栈顶值丢失。在梯形图的分支结构中，当左侧为原来的主逻辑块时，LPS 开始右侧的第一个从逻辑块编程，LRD 开始第二个和后面的从逻辑块编程。

5. LPP

出栈操作时，栈的内容依次按照“后进先出”的原则弹出，堆栈内容依次上移。该指令也叫分支电路结束指令，在梯形图的分支结构中，用于将 LPS 指令生成的一条新母线复位。

(1)指令使用说明：

◆当程序中出现 2 个或 2 个以上分支时，需使用堆栈指令。

◆梯形图中如果有若干个分支，开始和结束分别使用 LPS、LPP 指令，中间可以使用 LRD 指令。LPS 与 LPP 指令必须成对出现。

◆LPS、LRD、LPP 指令无操作数。

◆程序中的堆栈可以嵌套使用，最多为 9 层。

(2)指令用法示例：

LPS、LRD、LPP 三条指令的格式及用法如图 3-14 所示。

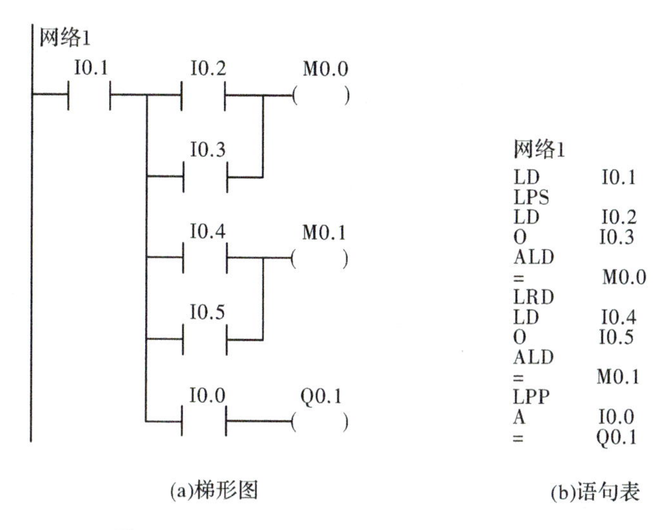

(a)梯形图　　(b)语句表

图 3-14　LPS、LRD、LPP 指令使用举例

二、触发器指令

触发器指令有复位优先 RS 触发器和置位优先 SR 触发器指令，它们没有对应的语句表程序指令。梯形图程序指令的格式及功能见表 3-6。

表 3-6　触发器指令的格式功能

梯形图 LAD	功　能
bit SI OUT SR R	置位优先(SR)触发器的当置位信号 SI 和复位信号 R 同时为 1 时，使 bit 位置 1
bit S OUT RS RI	复位优先(RS)触发器的当置位信号 S 和复位信号 RI 同时为 1 时，使 bit 位置 0

指令使用说明：

(1)bit 参数用于指定被置位或者被复位的 BOOL 参数。

(2)RS 触发器指令的输入、输出操作数为：I、Q、V、M、SM、S、T、C。bit 的操作数为：I、Q、V、M 和 S。这些操作数的数据类型均为 BOOL 型。

RS 触发器指令的真值表见表 3-7。

表 3-7 RS触发器指令的真值表

	SI	R	输出(bit)
置位优先触发器指令	0	0	保持前一状态
	0	1	0
	1	0	1
	1	1	1
	S	RI	输出(bit)
复位优先触发器指令	0	0	保持前一状态
	0	1	0
	1	0	1
	1	1	0

三、正负跳变指令 EU 和 ED

当信号从 0 变为 1 时，将产生一个上升沿(或正跳沿)，而从 1 变为 0 时，则产生一个下降沿(或负跳沿)。

正负跳变指令检测到信号的上升沿或下降沿时将使输出产生一个扫描周期宽度的脉冲，其指令格式及功能见表 3-8。

表 3-8 正负跳变指令的格式及功能

梯形图 LAD	语句表 STL	功能
─┤ P ├─	EU	正跳变指令检测到每一次输入的上升沿出现时，都将使得电路接通一个扫描周期
─┤ N ├─	ED	负跳变指令检测到每一次输入的下降沿出现时，都将使得电路接通一个扫描周期

1. 指令使用说明

EU、ED 指令后无操作数。

2. 指令用法示例

EU、ED 指令的应用如图 3-15 所示。

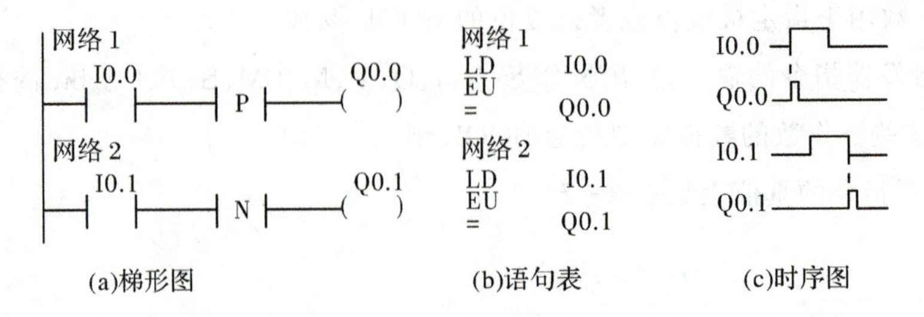

图 3-15 微分指令使用举例

【例 3-2】 分析图 3-16(a)(b)所示程序的功能，当输入信号 I0.0 变化时，输出 Q1.0 有什么变化？

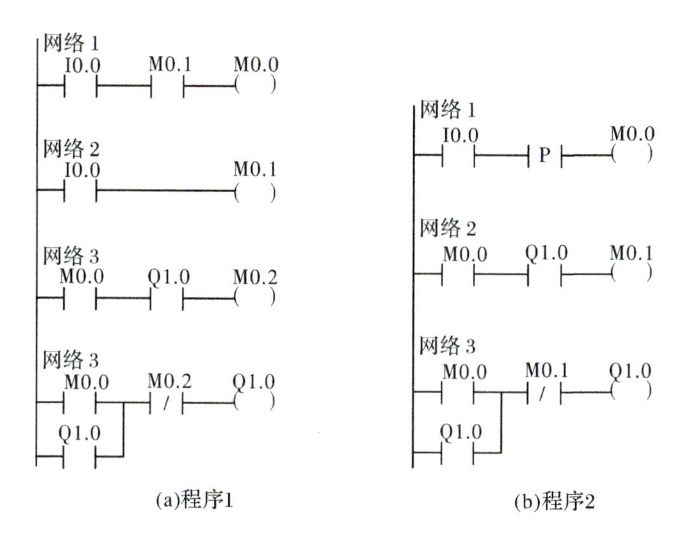

(a)程序1　　(b)程序2

图 3-16 梯形图程序

解：图 3-16(a)(b)梯形图程序的功能是相同的，即用单按钮实现起动、停止控制。I0.0 第一次闭合，Q1.0 立即接通，I0.0 第二次闭合，Q1.0 立即断开，输出 Q1.0 在 ON 和 OFF 之间不断翻转，实现了单按钮起动、停止控制。对应的波形图如图 3-17 所示。

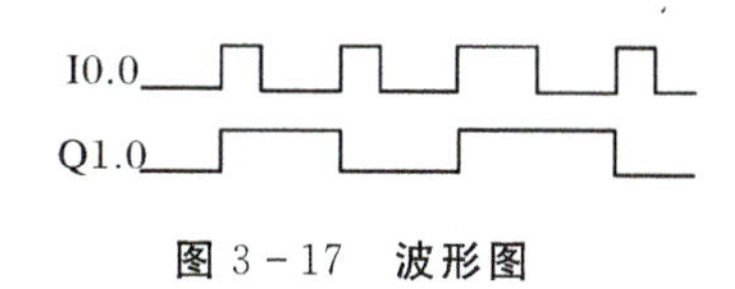

图 3-17 波形图

四、取反指令 NOT 和空操作指令 NOP

逻辑取反和空操作指令的格式及功能见表 3-9。

表 3-9 逻辑取反和空操作指令的格式及功能

梯形图 LAD	语句表 STL	功　能
NOT	NOT	取反指令：该指令前面的逻辑运算结果取反
N NOP	NOP　N	空操作指令：该指令对用户程序的执行没有影响。该指令一般在跳转指令的结束处，或在调试程序中使用

1. 指令使用说明

(1)NOT 指令无操作数。

(2)NOP 指令中的操作数 N 的范围：0～255。

2. 指令用法示例

NOT、NOP 指令的用法如图 3－18 所示。

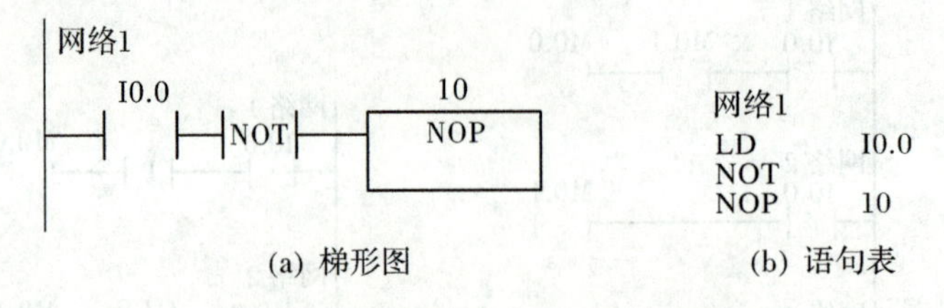

图 3－18　NOT、NOP 指令使用举例

五、转换设计法

转换设计法就是将继电器电路图转换成与原有功能相同的 PLC 内部的梯形图，这种等效转换是一种简便快捷的编程方法。继电器电路图与 PLC 的梯形图在表示方法和分析方法上有很多相似之处，因此根据继电器电路图来设计梯形图简便快捷。

1. 基本方法

根据继电接触器电路图来设计 PLC 的梯形图时，关键是要抓住它们的一一对应关系，即控制功能的对应、逻辑功能的对应，以及继电器硬件元件和 PLC 软件元件的对应。

2. 转换设计的步骤

(1)了解和熟悉被控设备的工艺过程和机械的动作情况，根据继电器电路图分析和掌握控制系统的工作原理，这样才能在设计和调试系统时心中有数。

(2)确定 PLC 的输入信号和输出信号，画出 PLC 的外部接线图。继电器电路图中的交流接触器和电磁阀等执行机构用 PLC 的输出继电器来替代，它们的硬件线圈接在 PLC 的输出端。按钮开关、限位开关、接近开关及控制开关等用 PLC 的输入继电器替代，用来给 PLC 提供控制命令和反馈信号，它们的触点接在 PLC 的输入端。在确定了 PLC 的各输入信号和输出信号对应的输入继电器和输出继电器的元件号后，画出 PLC 的外部接线图。

(3)确定 PLC 梯形图中的辅助继电器(M)和定时器(T)的元件号。继电器电路图中的中间继电器和时间继电器的功能用 PLC 内部的辅助继电器和定时器来替代，并确定其对应关系。

(4) 根据上述对应关系画出 PLC 的梯形图。(2)和(3)建立了继电器电路图中的硬件元件和梯形图中的软元件之间的对应关系，将继电器电路图转换成对应的梯形图。

(5) 根据被控设备的工艺过程和机械的动作情况及梯形图编程的基本规则，优化梯形图，使梯形图既符合控制要求，又具有合理性、条理性和可靠性。

(6) 根据梯形图写出其对应的语句表程序。

3. 转换设计法的应用

【例 3-3】如图 3-19 所示为三相异步电动机正反转控制的继电器电路图，试将该继电器电路图转换为功能相同的 PLC 的外部接线图和梯形图。

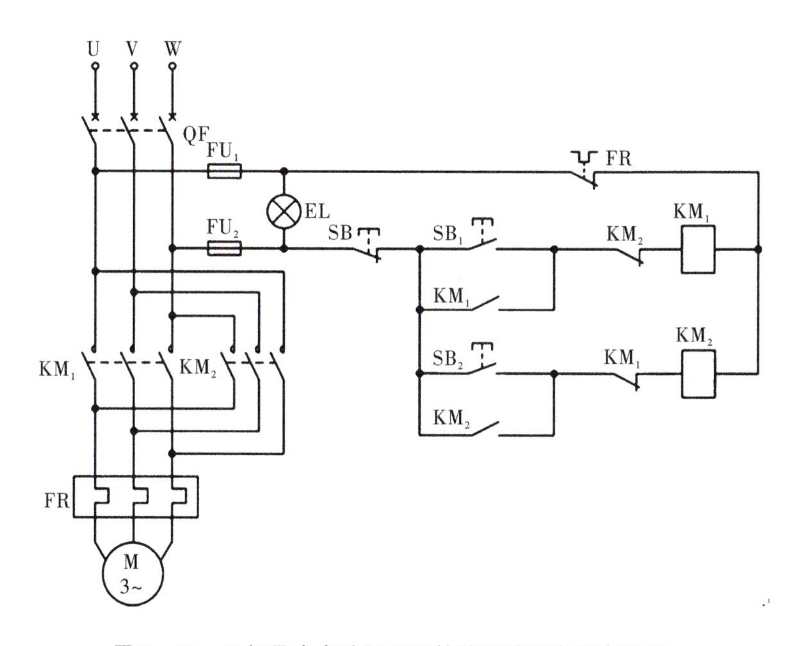

图 3-19 三相异步电动机正反转控制的继电器电路图

解：(1) 分析动作原理。如图 3-19 所示为三相异步电动机正反转控制的继电器电路图。其中，KM_1 是正转接触器，KM_2 是反转接触器，SB_1 是正转启动按钮，SB_2 是反转启动按钮，SB 是停止按钮。按 SB_1，KM_1 得电并自锁，电动机正转，按 SB 或 FR 动作，KM_1 失电，电动机停止；按 SB_2，KM_2 得电并自锁，电动机反转，按 SB 或 FR 动作，KM_2 失电，电动机停止；电动机正转运行时，按反转启动按钮 SB_2 不起作用；电动机反转运行时，按正转启动按钮 SB_1 不起作用。

(2)确定输入/输出信号。根据上述分析，输入信号有 SB_1、SB_2、SB、FR；输出信号有 KM_1、KM_2。并且，可设其对应关系为：SB(常开触点)用 PLC 中的输入继电器 I0.0 来代替，SB_1 用 PLC 中的输入继电器 I0.1 来代替，SB_2 用 PLC 中的输入继电器 I0.2 来代替，FR(常开触点)用 PLC 中的输入继电器 I0.3 来代替。正转接触器 KM_1 用 PLC 中输出继电器 Q0.1 来代替，反转接触器 KM_2 用 PLC 中的输出继电器 Q0.2 来代替。

(3)画出 PLC 的外部接线图。根据 I/O 信号，同时考虑 KM_1 或 KM_2 外部故障(KM_1 或 KM_2 主触点可能被断电时产生的电弧黏连而断不开)时，造成主电路短路，故在 PLC 输出的外部电路 KM_1、KM_2 的线圈前增加其常闭触点做硬件互锁，其 I/O 外部接线如图 3-20(a)所示(主电路图与原电路图相同)。

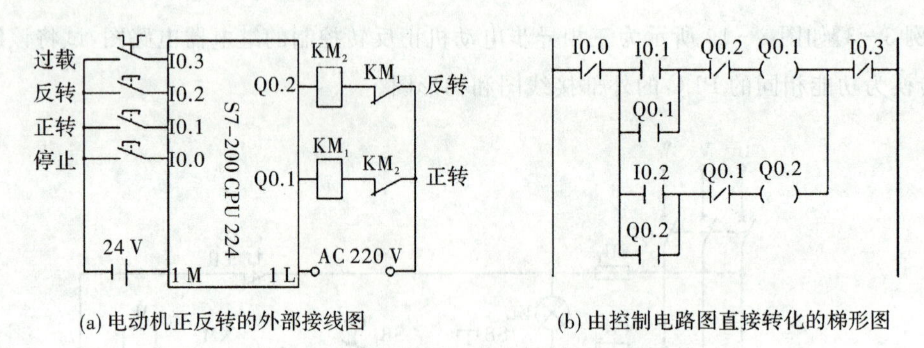

(a) 电动机正反转的外部接线图　　(b) 由控制电路图直接转化的梯形图

图 3-20　电动机正反转的外部接线图及所对应的梯形图

(4)画对应的梯形图。根据上述对应关系，可以画出图 3-20(a)所对应的梯形图，如图 3-20(b)所示。

(5)画优化的梯形图。根据电动机正反转的动作情况及梯形图编程的基本规则，对图 3-20 进行优化，其优化梯形图如图 3-21 所示。

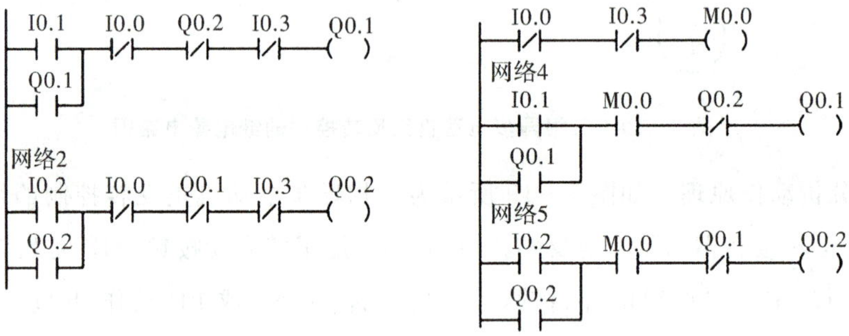

(a) 简单优化的梯形图　　(b) 用辅助继电器优化的梯形图

图 3-21　电动机正反转的优化梯形图

任务实施

一、分配 I/O 地址

对上述电气控制电路中用到的输入/输出设备和输出负载进行分析，归纳出应有 6 个输入设备，正转起动按钮 SB_2，反转起动按钮 SB_3，停止按钮 SB_1，热保护继电器 FR，电动机正转行程开关 SQ_1，电动机反转行程开关 SQ_2。两个输出负载，即正向接触器 KM_1 和反向接触器 KM_2。输入输出分配表见表 3-10。

表 3-10　双向限位电动机正反转 I/O 分配表

输入设备	输入地址	输出设备	输出地址
正向起动按钮 SB_1	I0.0	正向接触器线圈 KM_1	Q0.0
反向起动按钮 SB_2	I0.1	反向接触器线圈 KM_2	Q0.1
停止按钮 SB_3	I0.2		
热继电器 FR	I0.3		
正向限位开关 SQ_1	I0.4		
反向限位开关 SQ_2	I0.5		

二、输入/输出接线

对应的输入/输出设备与 PLC 输入/输出端口的接线如图 3-22 所示。

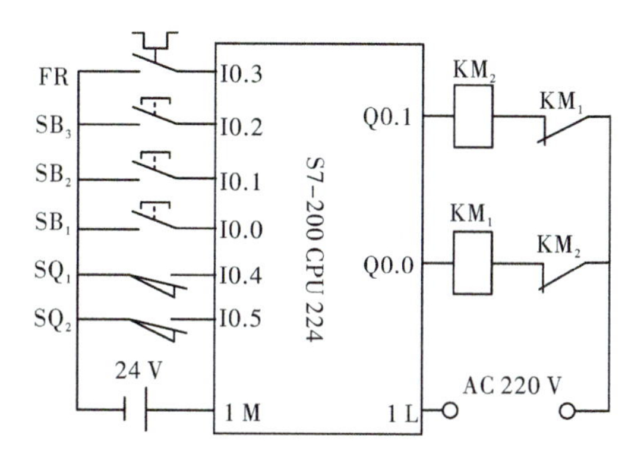

图 3-22　双向限位电动机正反转控制输入/输出接线图

三、程序设计

双向限位 PLC 控制的电动机正反转梯形图程序如图 3-23 所示。

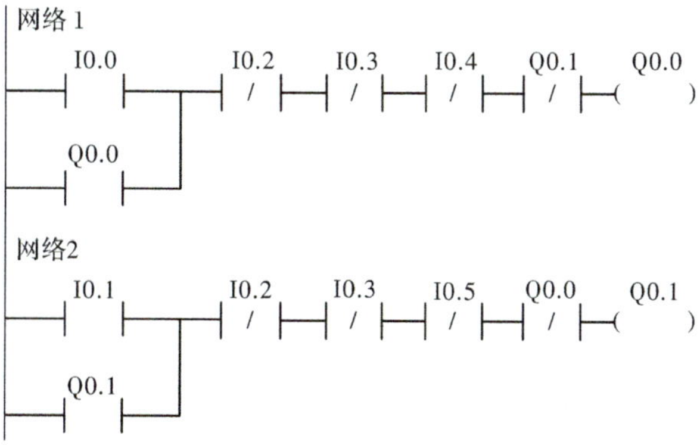

网络1
I0.0　I0.2　I0.3　I0.4　Q0.1　Q0.0
Q0.0

网络2
I0.1　I0.2　I0.3　I0.5　Q0.0　Q0.1
Q0.1

图 3-23　双向限位电动机正反转控制的梯形图程序

四、调试运行

(1)输入程序。按照前面介绍的程序输入方法,用计算机输入程序。

(2)按图 3-22 所示的 PLC 的 I/O 接线图正确连接好输入/输出设备,进行 PLC 的程序调试。按下正向起动按钮 SB_1 后,Q0.0 亮,电动机正转并拖动工作台前进到达终端位置时,工作台上的撞块压下换向行程开关 SQ_1,SQ_1 的常闭触点断开使 Q0.0 失电,电动机停转。按下反向起动按钮 SB_2 时,Q0.1 亮,电动机反转并拖动工作台后退到达终端位置时,工作台上的撞块压下换向行程开关 SQ_2,SQ_2 的常闭触点断开使 Q0.1 失电,电动机停转。无论电动机在正转还是反转,按下停止按钮 SB_3 时,电动机应立即停止运行。并通过计算机进行监视,观察其是否与动作一致,否则,检查电路接线或修改程序,直至交流接触器能按控制要求动作;最后按图 3-10 所示的主电路接好电动机,进行带载调试。

知识拓展

一、梯形图的特点及编程规则

梯形图是一种图形语言,沿用传统继电器电路图中的继电器触点、线圈、串联、并联等术语和一些图形符号构成,左右的竖线称为左右母线(S7-200 CPU 梯形图中省略了右侧的母线)。

(1)梯形图按自上而下、从左到右的顺序排列。程序按从上到下、从左到右的顺序执行。每一个继电器线圈为一个逻辑行,称为一个梯级。每一个逻辑行起始于左母线,然后是触点的各种连接,最后终止于继电器线圈,整个图形呈梯形。

(2)梯形图中的继电器不是物理的,每个继电器是 PLC 存储器中的一位,称"软继电器"(或软元件)。当存储器状态为"0",则梯形图中对应的软元件的线圈"断电",其常开触点断开,常闭触点闭合,称该软元件为 0 状态,或称该软元件为 OFF(断开);如果该存储位为 1 状态,则对应软元件的线圈"有电",其常开触点接通,常闭触点断开,称该软元件为 1 状态,或称该软元件为 ON(接通)。

(3)根据梯形图中各触点的状态和逻辑关系,求出图中各线圈对应的软元件的 ON/OFF 状态,称为梯形图的逻辑运算。逻辑运算是按梯形图从上到下、从左至右的顺序进行的,运算的结果可以马上被后面的逻辑运算所利用。逻辑运算是根据元件映像寄存器中的状态,而不是根据运算瞬时外部输入触点的状态来进行运算的。

(4)在梯形图中,同一编号继电器线圈只能出现一次(除跳转指令和顺序控制指令的程序段外),梯形图中各软元件的常开触点和常闭触点均可以无限、多次地被使用。

(5)输入继电器的状态唯一取决于对应的外部输入电路的通断状态,因此在梯形图中不能出现输入继电器的线圈。辅助继电器相当于继电控制系统中的中间继电器，用来保存运算的中间结果，不对外驱动负载，负载只能由输出继电器来驱动。

(6)梯形图中，信息流程从左到右，继电器线圈应与右边的母线直接相连，线圈的右边不能有触点，而左边必须有触点。

(7)用编程软件生成的梯形图和语句表程序中有网络编号，允许以网络为单位，给梯形图加注释。使用编程软件可以直接生成和编辑梯形图，并可将它下载到可编程控制器中。

二、梯形图的优化及禁忌

(1)触点不能接在线圈的右边；线圈也不能直接与左母线连接，必须通过触点才可连接，如图 3-24 所示。

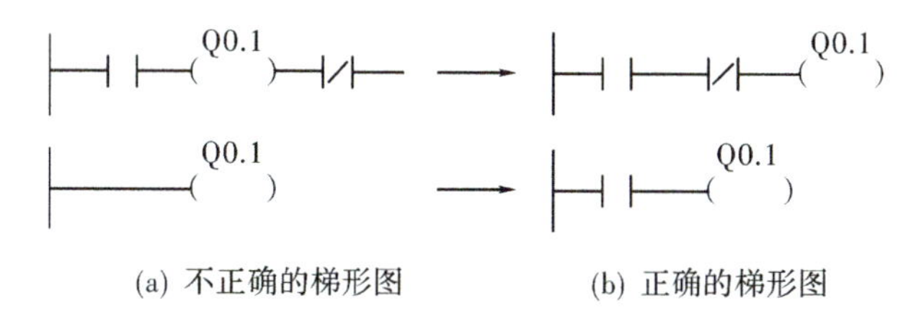

图 3-24 线圈右边无触点的梯形图

(2)在同一个梯形图中，如果同一元件的线圈被使用两次或多次，那么前面的输出线圈对外输出无效，只有最后一次的输出线圈有效，所以程序中一般不出现双线圈输出。如图 3-25(a)所示的梯形图必须改为如图 3-25(b)所示的梯形图。

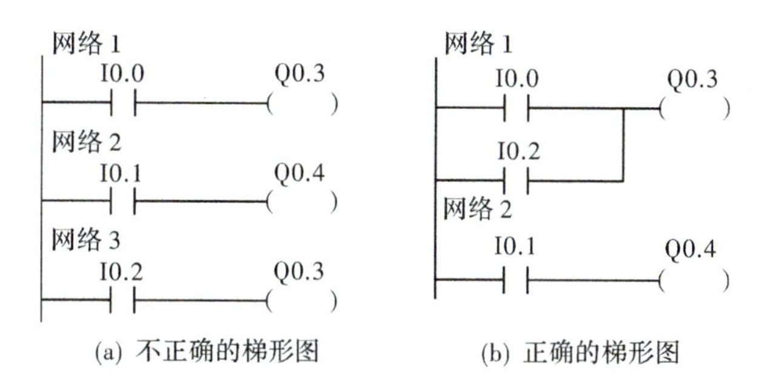

图 3-25 线圈不能重复使用的梯形图

(3)触点应画在水平线上，不能画在垂直线上。如图 3-26(a)所示的 C20 触点被画在垂直线上，所以很难正确识别它与其他触点的逻辑关系，因此这种十字连接支路应该按图 3-26(b)转化。

(4)梯形图应体现“左重右轻”“上重下轻”的原则。如果有串联电路块并联，应将串联触点多的电路块放在最上面；如果有并联电路块串联，将并联触点多的电路块移至左母线，这样可以使编制的程序简洁，指令语句少，如图 3-27 所示。

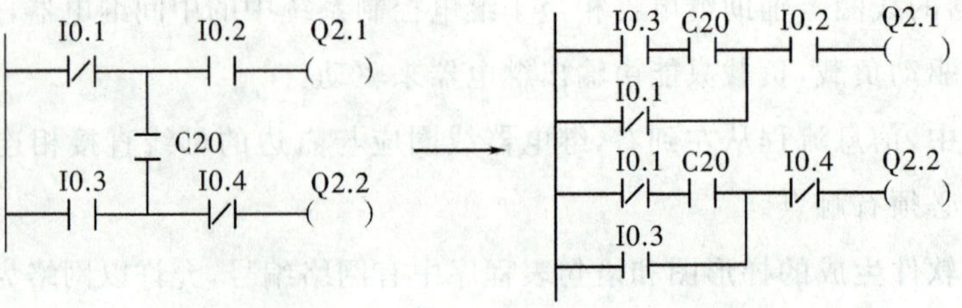

(a) 不正确的梯形图　　(b) 正确的梯形图

图 3-26　触点水平不垂直的梯形图

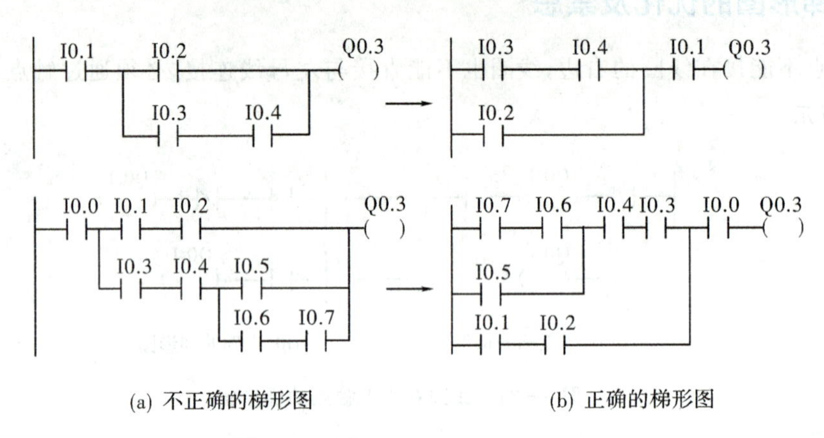

(a) 不正确的梯形图　　(b) 正确的梯形图

图 3-27　触点多上并左的梯形图

(5)程序的顺序不同,其执行结果也不同。PLC 的运行是按照从左到右、从上而下的顺序执行的,即串行工作;而继电器控制电路是并行工作的,电源一接通,并联支路都有相同电压。因此,在 PLC 的编程中应注意程序的顺序不同,其执行结果也不同,如图 3-28 所示。在图 3-28(a)图中,当 I0.0 为 ON 时,Q0.0、Q0.2 为 ON,Q0.1 为 OFF;在图 3-28(b)图中,当 I0.0 为 ON 时,Q0.1、Q0.2 为 ON,Q0.0 为 OFF。

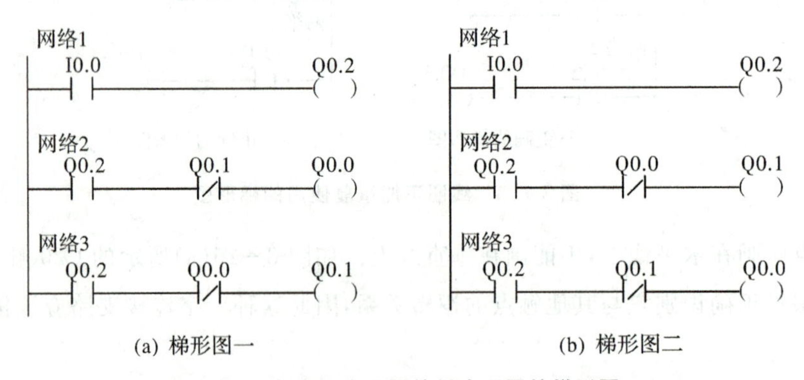

(a) 梯形图一　　(b) 梯形图二

图 3-28　程序顺序不同结果也不同的梯形图

三、简易抢答器的 PLC 控制

1. 控制要求

抢答器有总台和 3 个分台。总台上有复位按钮，分台上有抢答按钮和指示灯。当主持人说“开始”后，任一组抢先按下抢答按钮后，该组的指示灯点亮，同时锁住抢答器，使其他组按下无效，主持人按下复位按钮后，分台上的灯灭，才可进行下一轮抢答。

2. 分配 I/O 地址

从控制要求中可以看出，此控制系统有 4 个输入设备，其中 3 个为抢答按钮，1 个复位按钮，接在输入端子上。有 3 个输出设备，3 个灯，接在 PLC 输出端上。抢答器的输入/输出分配表见表3－11。

表 3－11　抢答器的 I/O 分配表

输入设备	输入地址	输出设备	输出地址
总台复位按钮 SB_1	I0. 0	1 台指示灯	Q0. 0
1 台抢答按钮 SB_2	I0. 1	2 台指示灯	Q0. 1
2 台抢答按钮 SB_3	I0. 2	3 台指示灯	Q0. 2
3 台抢答按钮 SB_4	10. 3		

3. 程序设计

如图 3－29 所示为抢答器梯形图。从图中可以看出，为了满足最先按下按钮的分台指示灯亮，其他分台按下按钮无效的要求。在程序设计中，我们应用了互锁的控制，即 Q0. 0、Q0. 1 和 Q0. 2 形成互锁。在输出继电器 Q0. 0、Q0. 1 和 Q0. 2 中，只要有一个线圈得电，其他两个线圈是不能得电的。

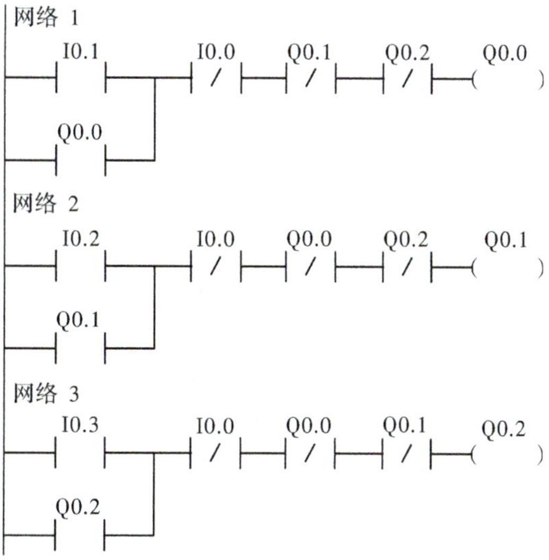

图 3－29　抢答器梯形图程序

思考与练习

(1)当汽车接近车库大门时，超声波开关检测到信号，车库大门自动升起，当上升到一定位置碰到上限位开关时，车库大门上升停止，待车驶入车库大门后，光电开关检测到信号，车库大门自动降下，碰到下限位开关时，车库大门停止下降。

①写出 I/O 分配表；

②写出梯形图程序。

(2)控制要求：有两台电动机，一台是车床主轴电机，另一台是车床油泵电机，要求主轴电机运转前，油泵电机已经运转，即油泵已经给齿轮箱提供润滑油。也就是说，主轴电机必须在油泵电机已经起动的情况下才能工作，这就给控制系统提供了两台电机要按顺序工作的要求。

①画出电动机的主电路图；

②写出 I/O 分配表；

③画出输入/输出接线图；

④写出梯形图程序。

任务三　三相异步电动机 Y－Δ 降压起动 PLC 控制

任务描述

试用 PLC 设计一个电动机 Y－Δ 降压起动的控制系统，主电路见图 1－43。当按下起动按钮 SB_2 后，KM_1 和 KM_2 线圈得电，电动机以 Y 型联结方式起动，开始运转 5 s 后，KM_3 断电，KM_2 得电，星型起动结束，电动机以 Δ 型联结方式进行运行，按下停止按钮 SB_1 时，电动机停止运行。

任务目标

掌握定时器指令的功能及应用编程；进一步熟悉 S7－200 系列 PLC 的内部结构和外部接线方法。掌握电动机 Y－Δ 降压起动 PLC 控制的原理和程序设计、安装调试的流程及方法。

相关知识

一、定时器指令

定时器是 PLC 中最常用的元器件之一。定时器是 PLC 实现定时功能的计时装置，相当于继电器控制电路中的时间继电器。

定时器对时间增量计数，单位时间的时间增量称为定时器的精度（分辨率或时间增量）。S7－200系列 PLC 定时器的精度分为 3 个等级：1 ms、10 ms 和 100 ms。时间间隔称为分辨率又称时基。

定时器指令有描述定时器的功能，S7－200 CPU 提供了 256 个定时器 T0～T255，分为 3 种类型：接通延时定时器（TON）、有记忆接通延时定时器（TONR）和断开延时定时器（TOF）。S7－200 系列 PLC 的定时器指令格式见表 3－12。

表 3－12 定时器指令格式

类型	指令名称		
	接通延时定时器（TON）	断开延时定时器（TOF）	有记忆接通延时定时器（TONR）
梯形图 LAD	T××× IN TON PT	T××× IN TOF PT	T××× IN TONR PT
语句表 STL	TON T×××，PT	TOF T×××，PT	TONR T×××，PT

定时器的指令需要 3 个操作数：编号、预设值和使能输入。

定时器的编号用定时器的名称和它的常数编号（1～255）来表示，即 T×××，如 T33。定时器的编号还包含两方面的变量信息：定时器位和定时器当前值。

定时器位：当定时器的当前值达到预设值 PT 时，该位被置为“1”，即定时器的触点动作。

定时器当前值即定时器当前所累计的时间值。最大计数值为 32 767 ms。

定时器的预设值 PT：数据类型为整数型，寻址范围可为 VW、IW 、QW、MW、SW 、SMW、LW 、AIW 、T、C 、AC 、* VD 、* AC、 * LD 和常数。

使能输入 LN：BOOL 型，可以接收来自 I、Q、M、SM、T、C、V、S、L 和能流信号。

定时器的定时时间为：$T=PT\times S$。（式中 T 为定时器的定时时间；PT 为预设值，范围：0～32767 ms；S 为定时器的精度。）

例如：TON 指令使用定时器 T97（精度等级为 10 ms），预设值为 125，则实际定时时间为 $T=125\times10$ ms$=1\ 250$ ms

分辨率和定时器编号的关系见表 3－13。

表 3－13 定时器分辨率和编号

定时器类型	分辨率/ms	最大当前值/ms	定时器编号
TON/TOF	1	32 767	T32，T96
	10	32 767	T33～T36，T97～T100
	100	32 767	T37～T63，T101～T255
TONR	1	32 767	T0，T64
	10	32 767	T1～T4，T65～T68
	100	32 767	T5～T31，T69～T95

1. 通电延时定时器 TON(On-Delay Timer)

通电延时定时器用于单一时间间隔的定时。上电周期或首次扫描时，定时器位为 OFF，当前值为 0。当使能输入端(IN)接通时，定时器开始计时，当前值从 0 开始递增，当前值达到预设值(PT)时，定时器位为 ON，梯形图中对应的定时器的常开触点闭合，常闭触点断开。如果使能输入端继续保持接通状态不变，则当前值继续增大直到最大值 32767 为止。当使能输入端断开时，定时器自动复位，即定时器位为 OFF，当前值为 0。

2. 断电延时定时器 TOF(Off-Delay Timer)

断开延时定时器用于断电后的单一间隔时间定时。上电周期或首次扫描时，定时器位为 OFF，当前值为 0。当使能输入端(IN)接通时，定时器位立即为 ON，当前值为 0。当使能输入端由接通变成断开时，定时器开始计时。当前值从 0 开始递增，当达到预设值(PT)时定时器位为 OFF，停止计时，当前值保持不变。输入端再次由 OFF 变为 ON 时，TOF 复位，这时 TOF 的位为 ON，当前值为 0。如果输入端再从 ON 变为 OFF，则 TOF 可实现再次启动。

3. 保持型通电延时定时器 TONR(Retentive On-Delay Timer)

保持型通电延时定时器具有记忆功能，它用于累计许多时间间隔的定时。上电周期或首次扫描时，定时器位为 OFF，当前值保持在掉电前的值。当使能输入端(IN)接通时，当前值从上次保持值开始递增；当前值达到预设值(PT)时，定时器位为 ON，当前值可继续计数到 32 767。当使能输入端由 ON 变为 OFF 时，当前值保持不变(被记忆)；当使能输入端再次接通有效时，定时器在原记忆值的基础上递增计时。需要注意的是，TONR 定时器只能用复位指令 R 对其进行复位操作。TONR 复位后，定时器位为 OFF，当前值为 0。

定时器指令的程序举例：

图 3-30、图 3-31、图 3-32 分别为三种类型定时器的基本使用举例，其中 T35 为 TON、T33 为 TOF、T2 为 TONR。

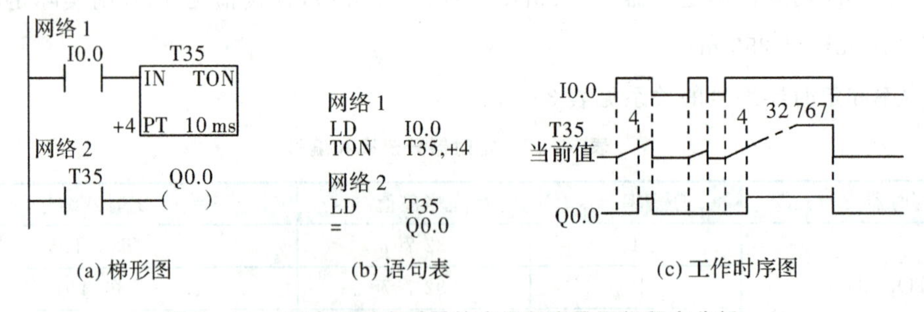

图 3-30 通电延时定时器的应用程序及运行程序分析

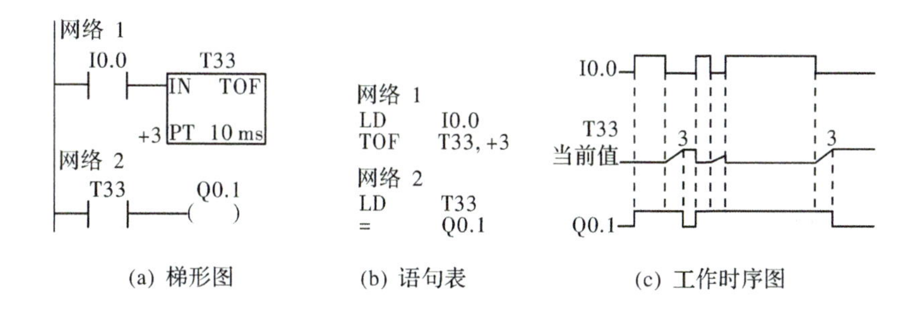

图 3-31 断电延时定时器的应用程序及运行程序分析

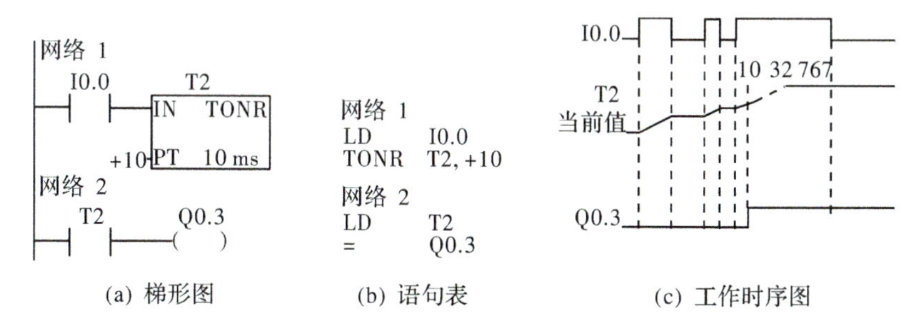

图 3-32 保持型通电延时定时器的应用程序及运行程序分析

指令使用说明：

在 S7-200 系列 PLC 的定时器中，1 ms、10 ms、100 ms 定时器的刷新方式是不同的，从而在使用方法上也有很大的不同。

(1)1 ms 定时器的刷新方式：1 ms 定时器采用的是中断刷新方式，由系统每隔 1 ms 刷新一次，与扫描周期及程序处理无关。因此，当扫描周期大于 1 ms 时，在一个周期中可能被多次刷新。其当前值在每个扫描周期内可能不一致。

(2)10 ms 定时器的刷新方式：10 ms 定时器由系统在每个扫描周期开始时自动刷新，由于是每个扫描周期只刷新一次，故在一个扫描周期内定时器位和定时器的当前值保持不变。

(3)100 ms 定时器的刷新方式：100 ms 定时器在定时器指令执行时被刷新。100 ms 定时器仅用在定时器指令在每个扫描周期执行一次的程序中。

二、定时器典型应用

1. 定时器组成的振荡电路（闪烁电路）

定时器组成的振荡电路如图 3-33 所示。

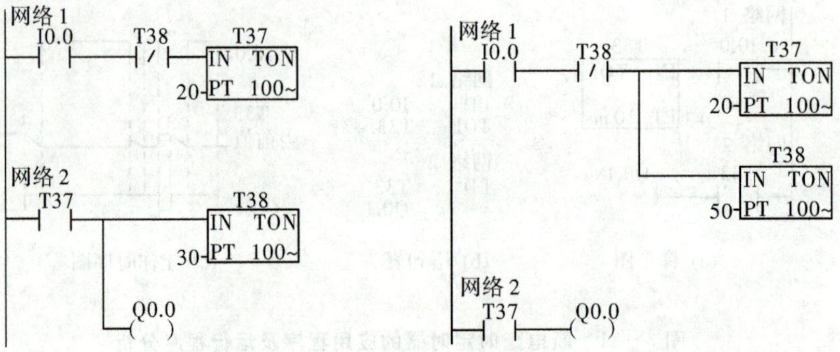

(a) 方案一 定时器分别计时　　(b) 方案二 定时器累计计时

图 3－33 定时器组成的振荡电路

2. 延时接通/延时断开电路

定时器组成延时接通/延时断开电路如图 3－34 所示。当输入信号 I0.0 有效时，延时 3 s 输出 Q0.0 变为 ON，而输入信号 I0.0 关断后，输出信号 Q0.0 延时 6 s 后才关断，完整的波形图如图 3－35 所示。

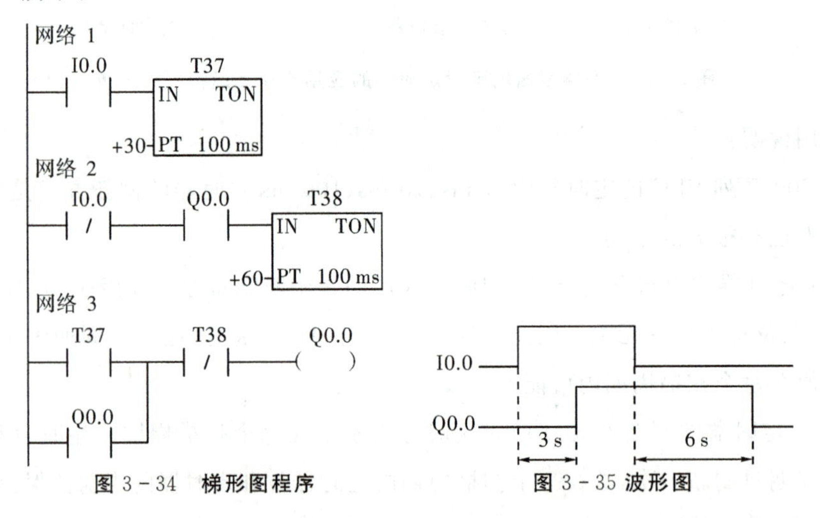

图 3－34 梯形图程序　　图 3－35 波形图

任务实施

一、分配 I/O 地址

通过分析控制要求知，该控制系统输入设备有起动按钮 SB_2，停止按钮 SB_1，热继电器 FR，共 3 个输入点；输出点有电源接触器 KM_1 线圈，Y 型接触器 KM_3 线圈，Δ 型接触器 KM_2 线圈，共 3 个输出点。其 I/O 分配表见表 3－14。

表 3-14 电动机 Y-△ 降压起动 I/O 分配表

输入设备	输入地址	输出设备	输出地址
停止按钮 SB_1	I0.0	电源接触器 KM_1 线圈	Q0.0
起动按钮 SB_2	I0.1	△ 型接触器 KM_2 线圈	Q0.1
热继电器 FR	I0.2	Y 型接触器 KM_3 线圈	Q0.2

二、输入/输出接线

对应的输入/输出设备与 PLC 输入/输出端口的接线如图 3-36 所示。

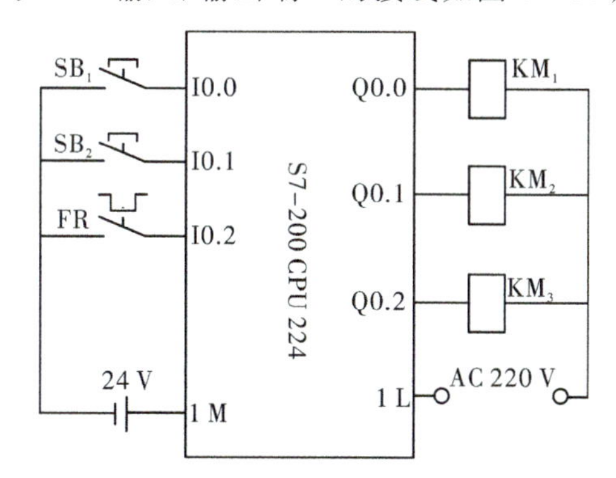

图 3-36 电动机 Y-△ 降压起动输入/输出接线图

三、程序设计

电动机 Y-△ 降压起动梯形图程序如图 3-37 所示。

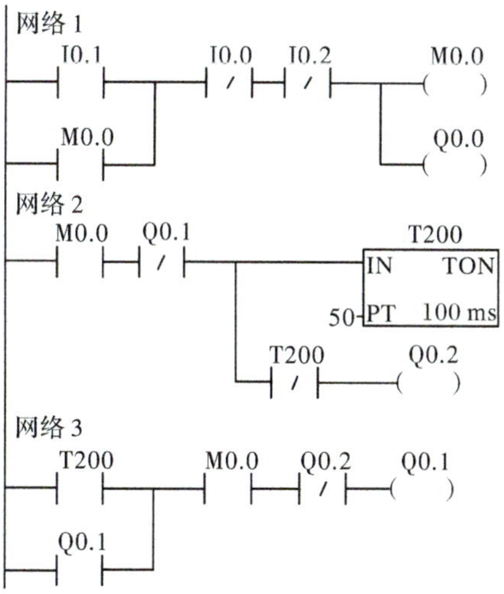

图 3-37 电动机 Y-△ 降压起动梯形图程序

四、调试运行

(1)输入程序。按照前面介绍的程序输入方法,用计算机输入程序。

(2)静态调试。按图 3 - 36 所示的 PLC 的 I/O 接线图正确连接好输入设备,进行 PLC 的模拟静态调试(按下起动按钮 SB_2 时,Q0.0 和 Q0.2 亮,5 s 后,Q0.2 灭,Q0.1 亮,运行过程中,随时按下停止按钮 SB_1,整个过程停止;任何时间使 FR 动作,整个过程也立即停止),并通过计算机监控,观察其是否与指示一致,若不一致,检查并修改程序,直至输出指示正确。

(3)动态调试。按图 3 - 36 所示的 PLC 的 I/O 接线图正确连接好输出设备,进行系统的空载调试,观察交流接触器能否按控制要求动作(按下起动按钮 SB_2 时,KM_1 和 KM_3 得电,5 s 后,KM_2 闭合,KM_3 断开,运行过程中,随时按下停止按钮 SB_1,整个过程就会停止;任何时间使 FR 动作,整个过程也立即停止),并通过计算机进行监控,观察其是否与动作一致,否则,检查电路接线或修改程序,直至交流接触器能按控制要求动作;按图 1 - 43 所示的主电路接好电动机,进行带载动态调试。

知识拓展

3 台电动机顺序启动

(1)控制要求。电动机 M_1 启动 5 s 后电动机 M_2 启动,电动机 M_2 启动 5 s 后电动机 M_3 启动;按下停止按钮,3 台电动机无条件全部停止运行。

(2)输入/输出分配。I0.1 表示启动按钮,I0.0 表示停止按钮,Q0.1 表示电动机 M_1,Q0.2 表示电动机 M_2,Q0.3 表示电动机 M_3。

(3)梯形图方案设计。该题涉及时间的问题,所以可以采用分段延时和累计延时的方法。3 台电动机顺序启动的梯形图如图 3 - 38 所示。

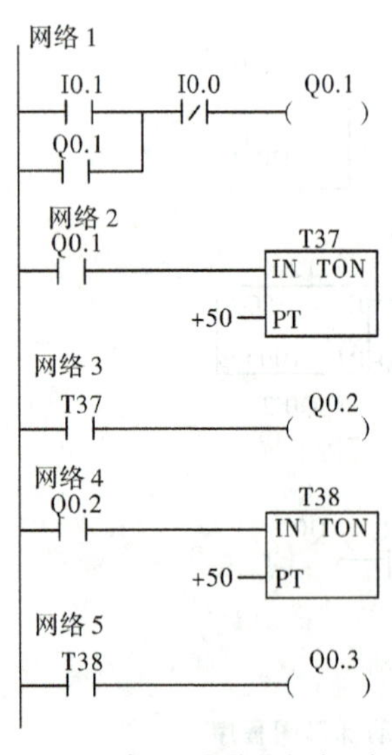

(a) 方案一:定时器分别计时

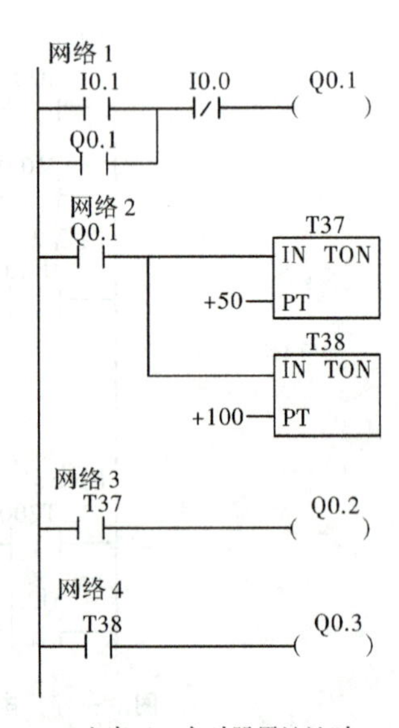

(b) 方案二:定时器累计计时

图 3 - 38　3 台电动机顺序起动梯形图

二、定时器的串级组合构成的延时电路

如图 3－39 所示为三个定时器，利用 T37 的常开触点控制 T38 定时器的起动，再用 T38 的常开触点控制 T39 的起动，输出线圈 Q0.0 的起动时间由三个定时器的设定值决定，从而实现长延时，即开关 I0.0 闭合后，延时 3 s＋5 s＋8 s＝16 s，输出线圈 Q0.0 才得电。

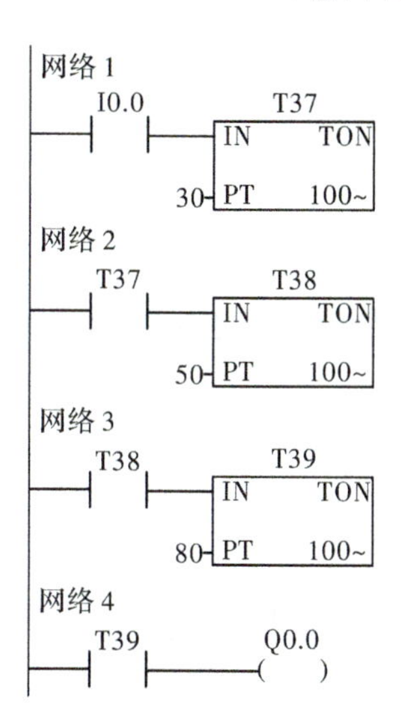

图 3－39 定时器的串级组合

思考与练习

(1)分析图 3－40 所示梯形图的功能。

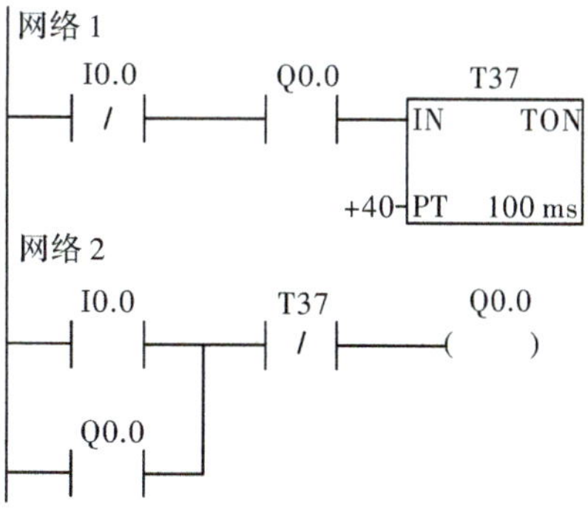

图 3－40 梯形图程序

(2)闪烁灯 PLC 控制：按起动按钮后，输出端口的指示灯以 0.5 s 时间间隔闪烁，10 s 后自动熄灭，也可以按下停止按钮随时熄灭指示灯。

(3)矩形波信号产生 PLC 控制：设计输出周期为 10 s、占空比为 70%的矩形波信号。

(4)某宾馆洗手间内控制水阀的控制要求为当有人进去时，光电开关使 I0.0 接通，3 s 后Q0.0

接通，使控制水阀打开，开始冲水，时间为 2 s；使用者离开后，再一次冲水，时间为 3 s。其控制要求可以用输入(I0.0)与输出(Q0.0)的时序图来表示，如图 3-41 所示。试编写梯形图程序。

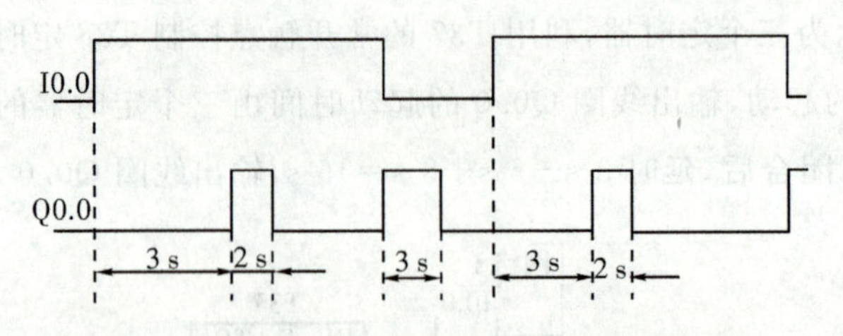

图 3-41　洗手间冲水控制的输入/输出时序图

任务四　啤酒灌装生产线的 PLC 控制

任务描述

工业生产中有许多液体灌装生产流水线，大多是用 PLC 控制的。我们以啤酒灌装生产系统为例，进行 PLC 设计。啤酒灌装生产线系统结构如图 3-42 所示。

系统启动后，电动机带动传送带运动，空啤酒瓶随传送带运动，当系统检测到空啤酒瓶到达设定位置后，装酒系统随传送带同速运动，同时开始装酒，在规定时间装酒结束，开始下一个酒瓶装酒过程。当装完规定数量时，开始装箱动作，在规定时间装箱结束。

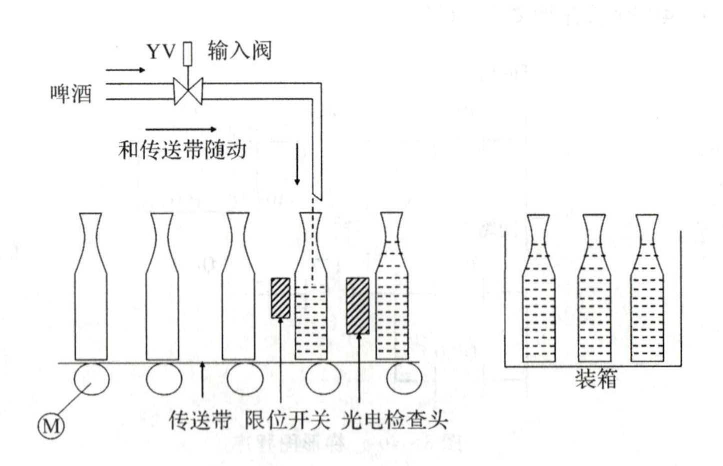

图 3-42　啤酒灌装生产系统结构示意图

任务目标

掌握计数器指令的功能及应用编程；进一步熟悉 S7-200 系列 PLC 的内部结构和外部接

线方法。掌握啤酒灌装生产系统 PLC 控制的原理和程序设计、调试的流程及方法。

相关知识

一、计数器指令

计数器用来累计输入脉冲(上升沿)的个数,当计数器达到预置值时,计数器发生动作,以完成计数控制任务。计数器在实际应用中常用来对产品进行计数或完成一些复杂的逻辑控制。

S7-200 系列 PLC 有三种类型的计数器:递增计数器 CTU、递减计数器 CTD 和增/减计数器 CTUD。共计 256 个,编号为 C0～C255。S7-200 系列 PLC 的计数器指令见表 3-15。

表 3-15　计数器指令格式

类型	指令名称		
	递增计数器(CTU)	递减计数器(CTD)	增/减计数器(CTUD)
梯形图 LAD	C××× CU　CTU R PV	C××× CD　CTD LD PV	C××× CU CTUD CD R PV
语句表 STL	CTU　C×××,PV	CTD　C×××,PV	CTUD　C×××,PV

计数器使用的基本要素(指令操作数)如下:

计数器指令操作数包括:编号、计数脉冲输入、预设值和复位输入。

计数器的编号用计数器名称和数字(0～255)组成,即 C×××,如:C3。计数器的编号还包含两方面的变量信息:计数器位和计数器当前值。

计数器位表示计数器是否发生动作的状态。当计数器的当前值达到预设值 PV 时,该位被置位为“1”。

计数器当前值被用来存储计数器当前所累计的脉冲个数,用 16 位符号整数来表示,最大数值为 32 767。

计数脉冲输入分脉冲递增计数输入端(CU)和脉冲递减计数输入端(CD)两种。数据类型为 BOOL 型。可以接收来自 I、Q、V、M、SM、S、T、C、L 和能流的信号。

预设值 PV 的数据类型为 INT 型。寻址范围:VW、IW、QW、MW、SW、SMW、LW、AIW、T、C、AC、* VD、* AC、* LD 和常数。一般情况下使用常数作为计数器的设定值。

复位输入 R/LD:与脉冲输入同类型和范围。

1. 递增计数器 CTU

首次扫描时，计数器位为 OFF，当前值为 0。在复位输入端(R)无效的情况下，计数脉冲输入端(CU)的每个上升沿，计数器计数 1 次，当前值增加一个单位。当前值达到预设值(PV)时，计数器位为 ON，当前值可继续计数到 32 767 后保持不变。复位输入端(R)有效或对计数器执行复位指令，计数器自动复位，即计数器位为 OFF，当前值为 0。

2. 递减计数器 CTD

首次扫描时，计数器位为 ON，当前值为预设定值(PV)。在复位输入端(LD)无效的情况下，计数脉冲输入端(CD)的每个上升沿，计数器计数 1 次，当前值减少一个单位，当前值减小到 0 时，计数器位为 ON，复位输入端(LD)有效或对计数器执行复位指令，计数器自动复位，即计数器位为 OFF，当前值等于预设值。

3. 增/减计数器 CTUD

增/减计数器有两个计数脉冲输入端：CU 输入端用于递增计数，CD 输入端用于递减计数。首次扫描时，计数器位为 OFF，当前值为 0。在复位输入端(R)无效的情况下，CU 输入的每个上升沿，计数器当前值增加 1 个单位；CD 输入的每个上升沿，计数器当前值减小 1 个单位，当前值达到预设值(PV)时，计数器位为 ON。

增/减计数器当前值达到最大值 32 767 后，下一个 CU 输入的上升沿将使当前值跳变为最小值(－32 768)；当前值达到最小值－32 768 后，下一个 CD 输入的上升沿将使当前值跳变为最大值 32 767。复位输入端(R)有效或使用复位指令对计数器执行复位操作后，计数器自动复位，即计数器位为 OFF，当前值为 0。

计数器指令的程序举例：

图 3－43、图 3－44、图 3－45 分别为三种类型计数器的基本使用举例，其中 C20 为 CTU、C40 为 CTD、C48 为 CTUD。

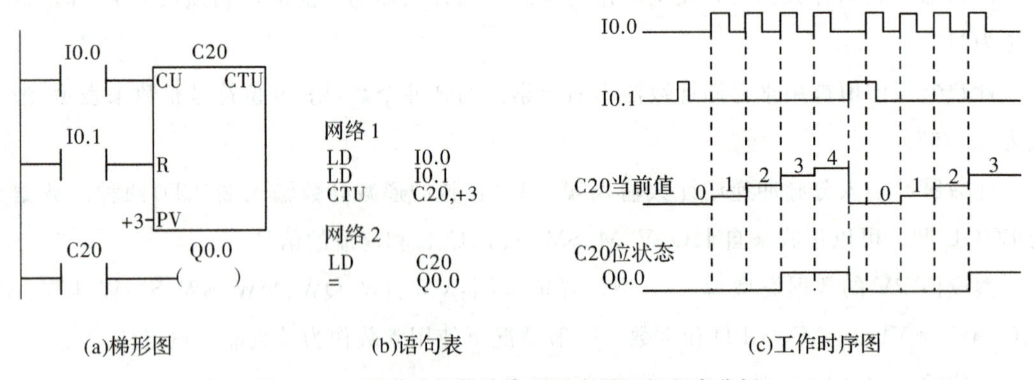

(a)梯形图　(b)语句表　(c)工作时序图

图 3－43　递增计数器的应用程序及运行程序分析

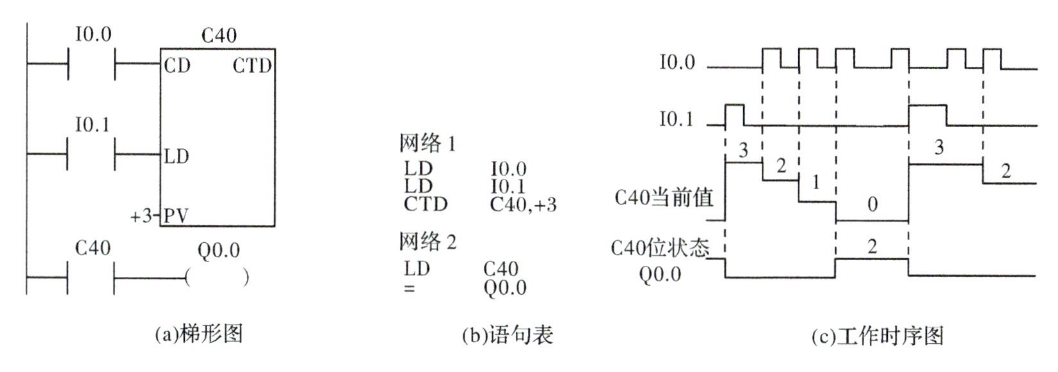

(a)梯形图 (b)语句表 (c)工作时序图

图 3-44 递减计数器的应用程序及运行程序分析

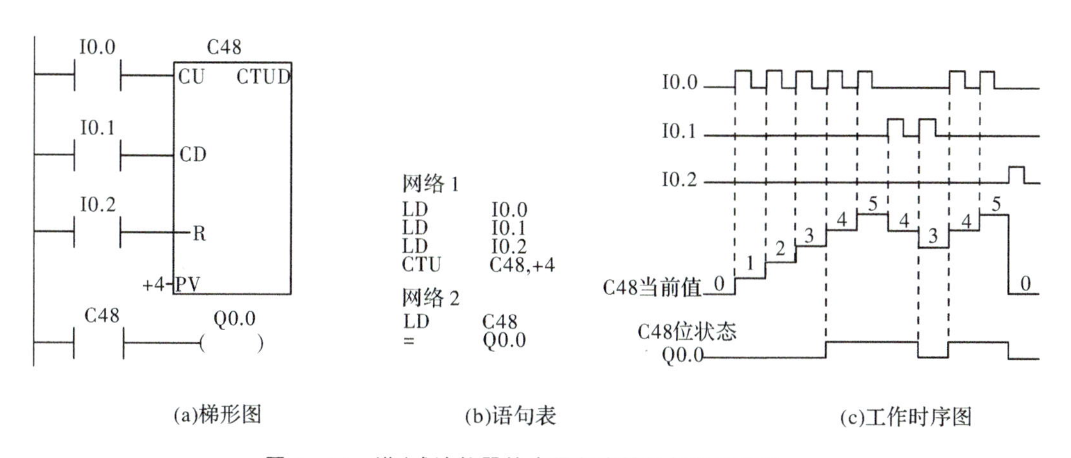

(a)梯形图 (b)语句表 (c)工作时序图

图 3-45 增/减计数器的应用程序及运行程序分析

二、定时器与计数器的应用与扩展

1. 定时范围的扩展。

在 S7-200 中，单个定时器的最大定时范围为 32 767×S(S 为定时精度)，最长定时时间不到 1 个小时，而在实际应用中，往往需要几个小时甚至更长时间的定时控制，此时可通过扩展的方法来扩大定时器的定时范围。

方法一：定时器的串级组合。

两个定时器的串级组合如图 3-46 所示。在图 3-46 中，T37 延时 $T_1=100$ s，T38 延时 $T_2=200$ s，总计 $T=T_1+T_2=300$ s。由此可见：

n 个定时器的串级组合，可扩大的延时范围为 $T=T_1+T_2+\cdots+T_n$。

方法二：定时器与计数器的串级组合。

定时器和计数器的串级组合如图 3-47 所示。在图 3-47 中，T37 为 10 s 自脉冲，即每 10 s接通一次，作为 C0 的计数脉冲，当达到 C0 的设定值 1 000 时，实现 1 000×10=10 000 s 的延时。

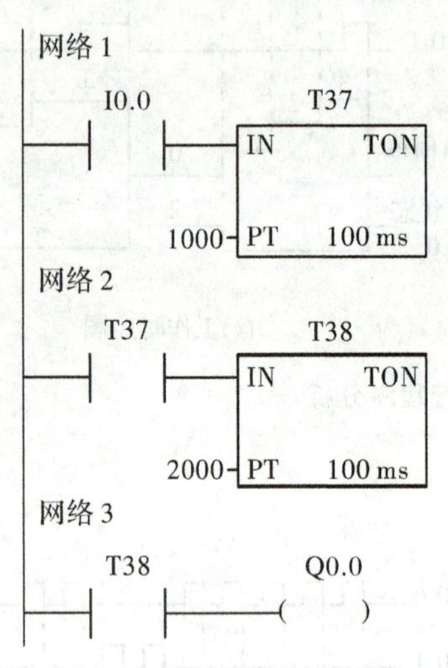

图 3-46 两个定时器的串级组合

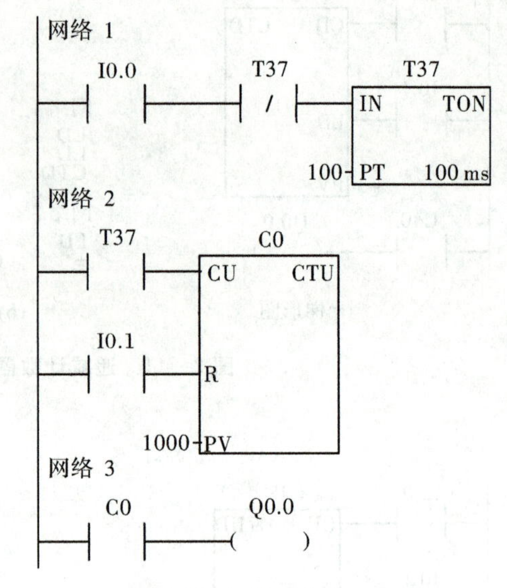

图 3-47 定时器与计数器的串级组合

2. PLC 计数次数的扩展。

在 S7-200 系列 PLC 中，单个计数器的最大计数值为 32 767，在实际应用中，如果需要的计数值超过这个最大值时，可通过计数器串级组合的方法来扩大计数器的计数范围。

两个计数器的串级组合如图 3-48 所示。

在图 3-48 中，C10 的设定值为 100，C20 的设定值为 200，当达到 C20 的设定值时，对输入脉冲 I0.0 的计数次数已达到 100×200=20 000 次。

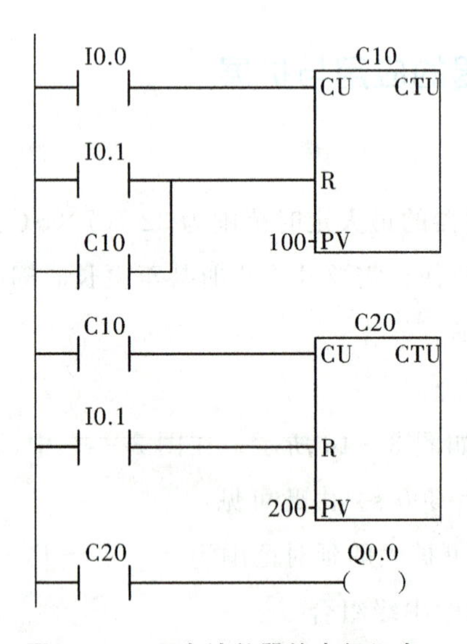

图 3-48 两个计数器的串级组合

任务实施

在熟悉计数器指令和编程，理解计数器指令的工作过程之后，我们就可以自己进行啤酒灌装生产线的系统设计了。

一、分配 I/O 地址

根据啤酒灌装生产线的控制系统要求，确定啤酒灌装生产线的系统 I/O 地址分配表，见表 3-16。

表 3-16 啤酒灌装生产线的控制系统 I/O 分配表

输入设备	输入地址	输出设备	输出地址
起动按钮 SB_1	I0.0	装酒电磁阀 KM_1	Q0.0
停止按钮 SB_2	I0.1	电动机接触器线圈 KM_2	Q0.1
光电开关	I0.2	包装执行机构 KM_3	Q0.2
限位开关	I0.3		

二、输入/输出接线

根据 I/O 分配表中所列的输入/输出设备，啤酒灌装 PLC 的接线如图 3-49 所示。

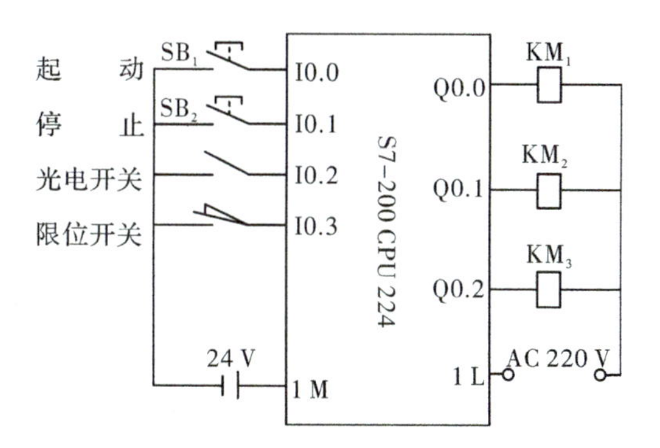

图 3-49 啤酒灌装 PLC 的输入/输出接线图

三、程序设计

根据控制要求编写梯形图，如图 3-50 所示。

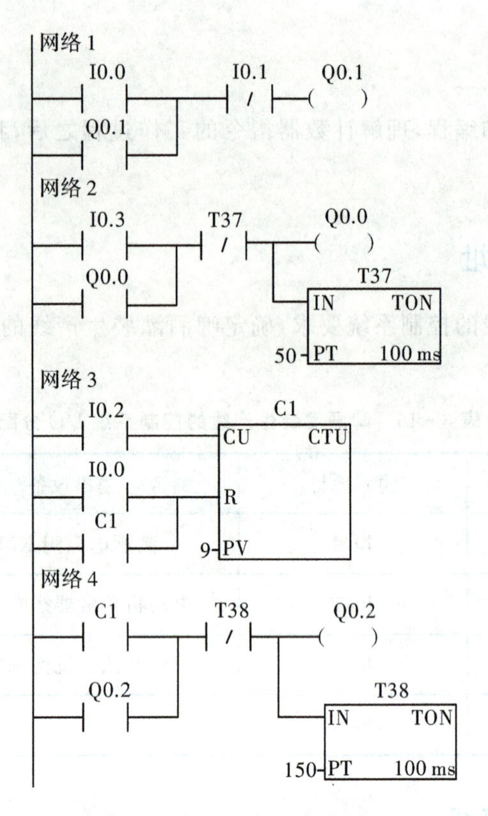

图 3-50 啤酒灌装控制梯形图

四、调试运行

按照如图 3-49 所示接线,输入程序并进行运行,直至满足控制要求。

知识拓展

电动葫芦升降机构运行 PLC 控制

1. 控制要求

某电动葫芦升降机构的动负荷试验控制要求如下:按下启动按钮 SB_1,升降电动机开始自动运行。上升 6 s→停止 9 s→下降 6 s→停止 9 s,反复运行 5 轮后,发出声光信号,并停止运行。升降机构可由停止按钮 SB_2 控制其在任意位停止,但不进行报警。试编制相应的梯形图程序。

2. 分配 I/O 地址

分析电动葫芦升降机构运行控制要求,PLC 的 I/O 分配表见表 3-17。

表 3-17　电动葫芦升降机构运行 I/O 分配表

输入设备	输入地址	输出设备	输出地址
起动按钮 SB_1	I0.0	上升接触器线圈 KM_1	Q0.0
停止按钮 SB_2	I0.1	下降接触器线圈 KM_2	Q0.1
		灯光报警 HL	Q0.2
		声光报警 HA	Q0.3

3. 输入/输出接线

PLC 控制的输入/输出接线图如图 3-51 所示。

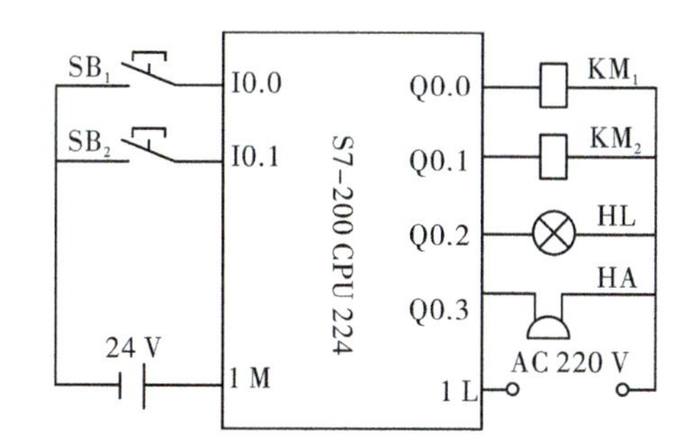

图 3-51　电动葫芦升降机构运行输入/输出接线图

4. 完成梯形图设计

根据控制要求，设计的梯形图如图 3-52 所示。

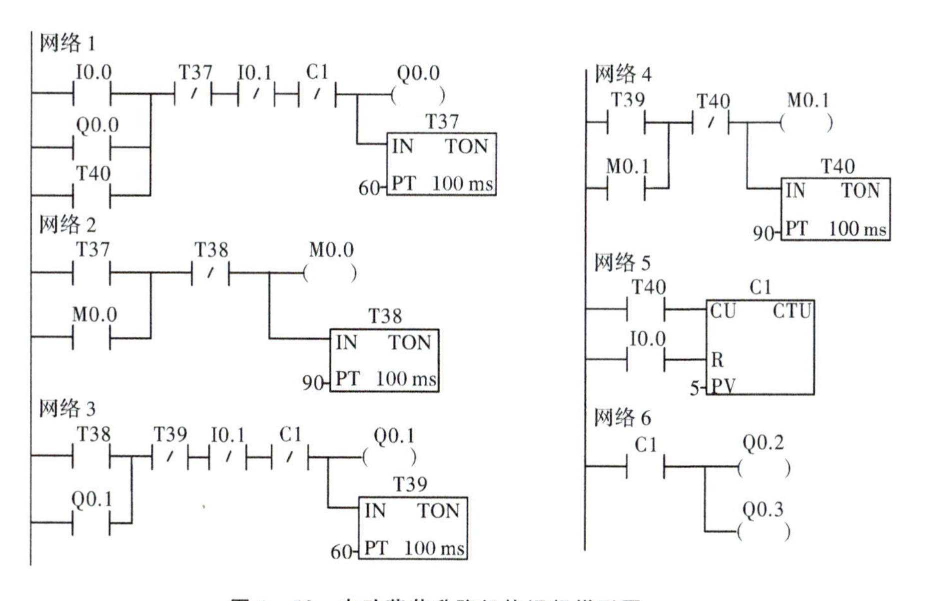

图 3-52　电动葫芦升降机构运行梯形图

思考与练习

(1)使用一个 10 s 定时器和一个计数器，实现 80 s 延时控制。

(2)超载报警的 PLC 控制系统设计：为了确保交通安全，客车不能超载，当乘客超过 20 人时，报警灯将闪烁 5 s，提示司机已超载。根据要求，可在前后车门处各设置一个光电开关，用来检测是否有乘客从前面上车或从后面下车，若有乘客上车或下车，则光电开关处于闭合状态，反之，光电开关处于断开状态。利用光电开关检测到的信号驱动计数器累计乘客人数，若有乘客上车，则计数器加 1 计数，若有乘客下车，则计数器减 1 计数，超载时，报警灯闪烁。

试写出 I/O 分配表，编写梯形图程序。

任务五　密码锁的 PLC 控制

任务描述

生活中很多地方要用到密码锁。某密码锁控制系统有 5 个按键 SB_1～SB_5，其控制要求如下：

(1)SB_1 为启动键，按下 SB_1 键，才可进行开锁工作。

(2)SB_2、SB_3 为可按压键。开锁条件为 SB_2 设定按压次数为 3 次，SB_3 设定按压次数为 2 次；同时，SB_2、SB_3 是有顺序的，先按 SB_2，后按 SB_3。如果按上述规定按压，密码锁自动打开。

(3)SB_4 为复位键，按下 SB_4 键后，可重新进行开锁作业。如果按错键，则必须进行复位操作，所有的计数器都被复位。

(4)SB_5 为不可按压键，一旦按压，警报器就发出警报。

任务目标

掌握比较指令的功能及应用编程；掌握 S7－200 系列 PLC 的内部结构和外部接线方法。理解密码锁的 PLC 控制的原理和程序设计、调试的流程及方法。

相关知识

一、数据比较指令

数据比较指令用于比较两个数据的大小，并根据比较的结果使触点闭合，进而实现某种控制要求。它包括字节比较、字整数比较、双字整数比较及实数比较指令 4 种。

1. 指令格式及功能

数据比较指令格式及功能见表 3－18。

表 3－18 数据比较指令的格式及功能

梯形图 LAD	语句表 STL	功　能
IN1 —|F X|— IN2	LDXF IN1，IN2AXF IN1,IN2OXF IN1,IN2	将两个相同数据类型数 IN_1 和 IN_2 按指定条件进行比较，条件成立时，比较触点闭合，后面的电路被接通。否则比较触点断开，后面的电路不接通。

说明：

（1）操作码中的 F 代表比较符号，可分为：等于（==）、大于等于（>=）、小于等于（<=）、大于（>）、小于（<）、不等于（<>），共 6 种比较形式。

（2）操作码中的 X 代表数据类型，分为：字节（B）比较、字整数（I）比较、双字（D）比较、实数（R）比较 4 种。

（3）操作数的寻址范围要与指令码中的 X 一致。比较指令的寻址范围见表 3－19。

表 3－19 比较指令的寻址范围

输入/输出	数据类型	寻　址　范　围
IN1、IN2	BYTE	IB、QB、VB、MB、SMB、SB、LB、AC、* VD、* LD、* AC、常数
	INT	IW、QW、VW、MW、SMW、SW、T、C、LW、AC、AIW、* VD、* AC、* LD、常数
	DINT	ID、QD、VD、MD、SMD、SD、LD、AC、HC、* VD、* LD、* AC、常数
	REAL	ID、QD、VD、MD、SMD、SD、LD、AC、* VD、* LD、* AC、常数
OUT	BOOL	I、Q、V、M、SM、S、T、C、L、能流信号

（4）字节比较用于两个无符号的整数字节 IN1 和 IN2 的比较；字整数比较、双字整数比较及实数比较用于两个有符号数 IN1 和 IN2 的比较。

2. 指令使用说明

（1）在梯形图中，比较指令是以常开触点的形式编程的，在常开触点的中间注明比较参数和比较运算符。当比较结果为真时，该常开触点闭合。

（2）在语句表中，比较指令与基本逻辑指令 LD、A、O 进行组合后编程；当比较结果为真时，将栈顶置 1。

（3）在比较指令应用时，被比较的两个数的数据类型必须相同。

3. 指令用法示例

比较指令的格式及用法如图 3－53 所示。

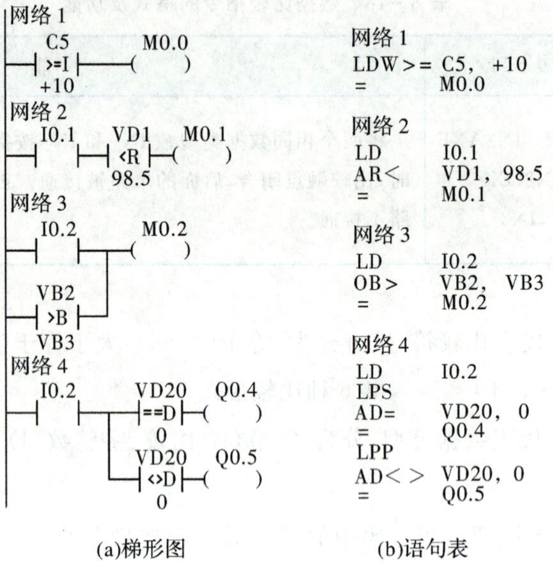

网络 1
C5
>=I
+10
M0.0
网络 2
I0.1
VD1
<R
98.5
M0.1
网络 3
I0.2
M0.2
VB2
>B
VB3
网络 4
I0.2
VD20
==D
0
Q0.4
VD20
<>D
0
Q0.5
(a)梯形图
网络 1
LDW >= C5, +10
= M0.0
网络 2
LD I0.1
AR< VD1, 98.5
= M0.1
网络 3
LD I0.2
OB > VB2, VB3
= M0.2
网络 4
LD I0.2
LPS
AD= VD20, 0
= Q0.4
LPP
AD< > VD20, 0
= Q0.5
(b)语句表

图 3－53　比较指令使用举例

【例 3－4】现有一自动仓库需对货物进出进行计数。货物多于 1 000 箱时，灯 L_1 亮；货物多于 5 000 箱时，灯 L_2 亮。L_1 和 L_2 分别受 Q0.0 和 Q0.1 控制，数值 1 000 和 5 000 分别存储在 VW20 和 VW30 字存储单元中。控制系统的梯形图和程序执行时序图如图 3－54 所示。

网络 1
I0.0
C30
CU CTUD
I0.1
CD
I0.2
R
10000-PV
网络 2
C30
>=I
VW20
Q0.0
网络 3
C30
>=I
VW30
Q0.1
(a) 梯形图
5 000
5 000
C30 当前值
1 000
1 000
Q0.0
Q0.1
(b) 时序图

图 3－54　比较指令应用实例

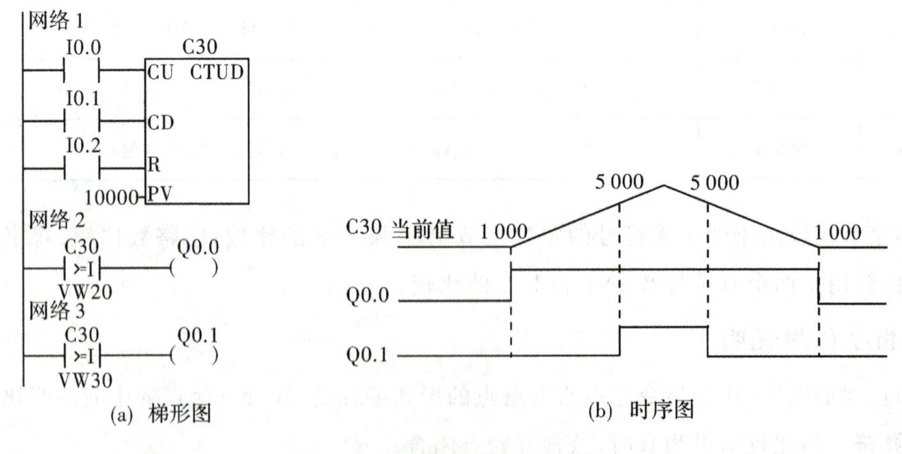

任务实施

一、分配 I/O 地址

根据控制要求，可确定 PLC 需要 5 个输入点、2 个输出点，其 I/O 分配表见表 3-20。

表 3-20 密码锁控制 I/O 分配表

输入设备	输入地址	输出设备	输出地址
开锁键 SB_1	I0.0	开锁 KM	Q0.0
可按压键 SB_2	I0.1	报警 HA	Q0.1
可按压键 SB_3	I0.2		
恢复键 SB_4	I0.3		
报警键 SB_5	I0.4		

二、输入/输出接线

根据 PLC 输入/输出地址分配，完成 PLC 输入/输出接线图，如图 3-55 所示。

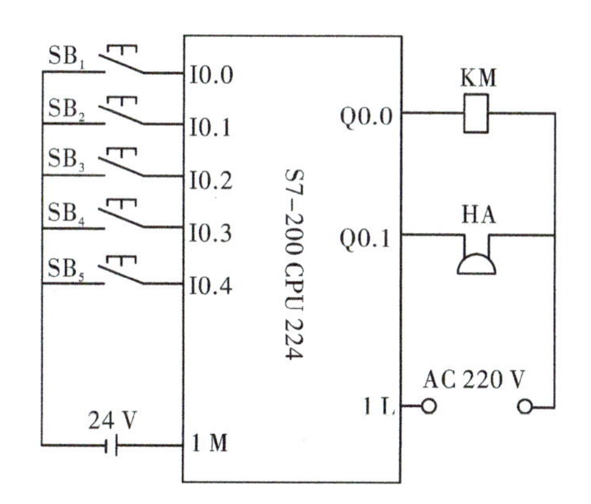

图 3-55 密码锁控制系统输入/输出接线图

三、程序设计

根据控制电路要求，密码锁控制程序如图 3-56 所示。

(1)正常开锁：按下可按压键 SB_2，输入继电器 I0.1 闭合，计数器 C20 加 1，按 SB_2 共 3 次，C20 计数 3 次，C20 的状态位置 1。C20 闭合，按下按压键 SB_3，I0.2 得电，I0.2 闭合，C21 开始计数，按 2 次，其状态位置 1。C20、C21 比较触点闭合，按下开锁键 SB_1，I0.0 闭合，Q0.0 得电，KM 闭合，开锁。

(2)不能开锁，报警：不是 3 次按下可按压按钮 SB_2，或者 2 次不是按压 SB_3，其比较触点 C20 或 C21 闭合，按下开锁键 SB_1，I0.0 闭合，Q0.1 得电，HA 得电，报警。

(3)复位:按下复位按钮 SB_4,I0.3 闭合,C20、C21 复位,Q0.1 复位并保持,HA 失电,解除报警。

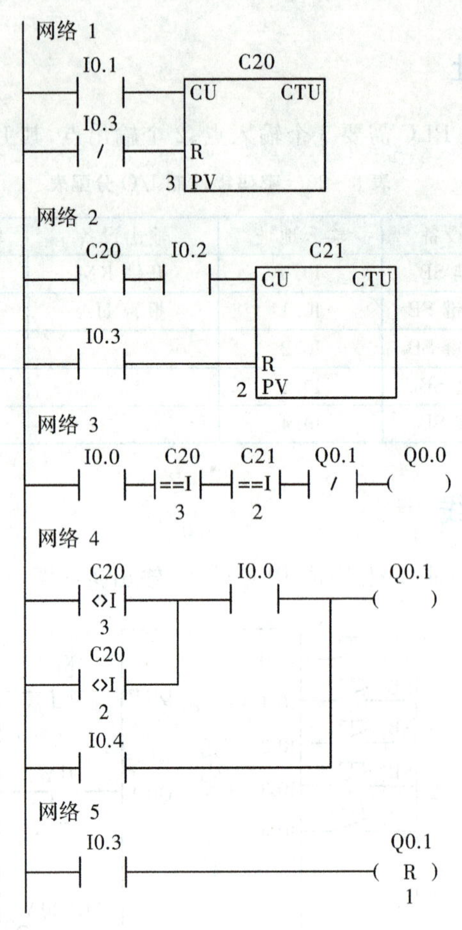

图 3-56 密码锁 PLC 控制梯形图程序

四、调试运行

按照如图 3-55 所示接线,输入程序并进行运行,直至满足控制要求。

知识拓展

物品寄存进出记录 PLC 控制

1. 控制要求

超市物品寄存柜最多可以存放 36 件物品,当物品数 $1\leqslant n<8$ 时,指示灯 L_1 点亮;当物品数 $8\leqslant n<12$ 时,指示灯 L_2 点亮;当物品数 $12\leqslant n<16$ 时,指示灯 L_3 点亮;当物品数 $16\leqslant n<24$ 时,指示灯 L_4 点亮;当物品数 $24\leqslant n<32$ 时,指示灯 L_5 点亮;当物品达到 32 件时,指示灯 L_6 点亮。利用比较指令设计梯形图程序。

2. 分配 I/O 地址

分析控制要求，物品寄存的 I/O 分配表见表 3－21。

表 3－21　物品寄存的 I/O 分配表

输入设备	输入地址	输出设备	输出地址
物品寄进检测	I0.0	指示灯 L_1	Q0.0
物品寄出检测	I0.1	指示灯 L_2	Q0.1
物品寄存进出记录复位	I0.2	指示灯 L_3	Q0.2
		指示灯 L_4	Q0.3
		指示灯 L_5	Q0.4

3. 程序设计

物品寄存进出记录 PLC 控制程序如图 3－57 所示。

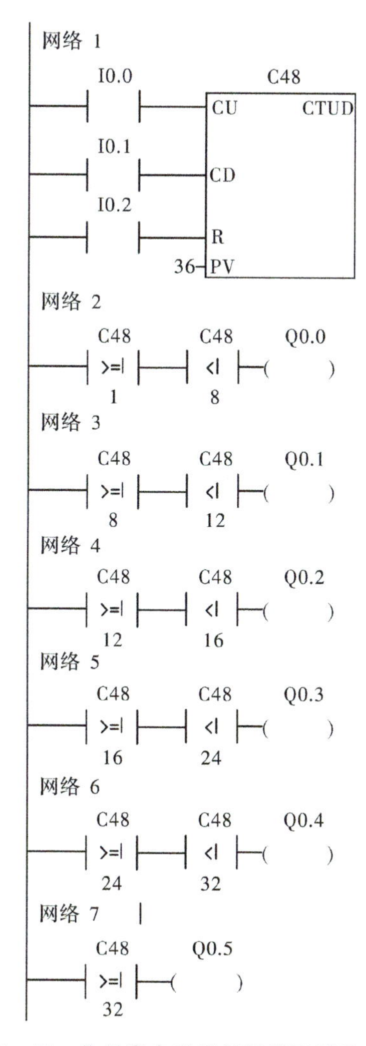

图 3－57　物品寄存进出记录梯形图程序

思考与练习

按下起动按钮后，3 台电动机每隔 3 s 分别依次起动，按下停止按钮，3 台电动机同时停止。用比较指令编写控制程序。

项目小结

本项目通过五个典型任务的学习及任务的实施，介绍了 S7 - 200 系列 PLC 基本逻辑指令功能及使用方法。S7 - 200 PLC 的基本逻辑指令是 PLC 编程的基础。基本逻辑指令可以实现传统的继电接触控制系统所能完成的控制任务。基本逻辑指令包括位逻辑指令、置位/复位指令、微分指令、定时器指令、计数器指令和比较指令。

任务一：以三相异步电动机点动与长动 PLC 控制系统设计为任务导向，重点讲述了 S7 - 200系列 PLC 的位逻辑指令的与、或及其串并联指令和置位、复位指令，在学习中可以结合任务实施的环节熟悉 PLC 系统设计过程，理解控制 PLC 运行的步骤，逐步熟悉编程软件的使用方法。

任务二：以三相异步电动机正反转控制系统设计为任务导向，重点讲述位逻辑指令的边沿脉冲指令和转换设计法的步骤和应用。

任务三：以三相异步电动机 Y - Δ 降压起动控制系统设计为任务导向，讲述了定时器指令的分类、工作原理和指令格式。在学习中要理解定时器的工作过程，掌握定时器的编程技巧。

任务四：以啤酒灌装生产线设计为导向，讲述了计数器指令的分类、工作原理和指令格式。学习时结合实操多练习编程，掌握计数器的使用方法，在实践中熟悉计数器的工作过程。

任务五：以密码锁的控制系统设计为例，讲述了比较指令的用法，通过例题和拓展实例，掌握比较指令在实际中的应用。

项目四 PLC 顺序控制指令及应用

教学目标

(1)掌握功能图的画法及使用。

(2)熟练掌握顺序控制继电器指令的功能和应用编程。

(3)掌握单一顺序结构、选择序列结构和并行序列结构的编程方法。

(4)能根据控制系统输入/输出信号的要求,设计出 PLC 的硬件接线图,熟练完成 PLC 的外部接线操作。

(5)能根据控制要求画出系统的功能图,熟练运用 PLC 的顺序控制继电器指令编写 PLC 程序。

(6)熟练操作 STEP 7 - Micro/WIN 编程软件,完成程序的编写、下载、监控等操作,并对 PLC 程序进行调试、运行。

任务一 自动运料小车的 PLC 控制

任务描述

如图 4 - 1 所示为自动运料小车运行控制系统工作示意图,其控制要求如下:

小车由电动机驱动,电动机正转时小车前进,反转时小车后退。小车开始时停于左端,左限位开关 SQ_2 压合;按下开始起动按钮,小车开始装料,10 s 后装料结束,小车前进至右端,压合右限位开关 SQ_1,小车开始卸料。8 s 后卸料结束,小车后退至左端,压合 SQ_2,小车停于初始位置。要求具有短路保护和过载保护等必要的保护措施。

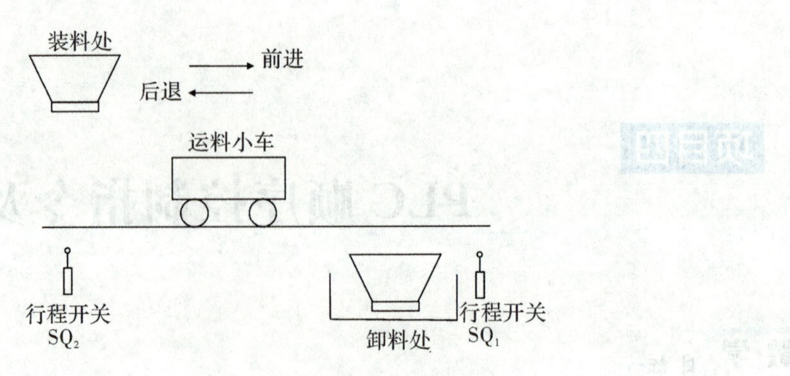

图 4-1　自动运料小车工作示意图

通过运料小车的控制要求可知，该系统是按时间的先后次序，遵循一定规律的典型顺序控制系统，小车的一个工作周期可以分为 4 个阶段，分别是装料（工序 1）、右行（工序 2）、卸料（工序 3）、左行（工序 4）。那么如何用 PLC 编制符合控制要求的程序呢？

任务目标

掌握功能图的画法及使用；掌握顺序控制继电器指令；掌握单一顺序结构程序编程方法。

相关知识

一、经验设计法、继电器控制电路移植法和逻辑设计法

在逻辑控制系统中，PLC 的程序设计方法主要有三种：经验设计法、继电器控制电路移植法和逻辑设计法。

项目三中的各任务的程序设计方法一般称为经验设计法，经验设计法实际上是沿用了传统继电器系统电气原理图的设计方法，即在一些典型单元电路（梯形图）的基础上，根据被控对象对控制系统的要求，不断修改和完善梯形图，有时需要多次反复调试和修改梯形图程序，增加很多辅助触点和中间编程元件，最后才能得到一个较为满意的结果。经验设计法没有规律可循，具有很大的试探性和随意性。设计所用的时间、设计质量与设计者的经验有很大关系，所以被称为经验设计法，一般可用于较为简单的梯形图程序设计。

继电接触控制电路移植法，主要用于继电接触器控制电路改造时的编程，按原电路图的逻辑关系对照翻译即可。

在逻辑设计法中最为常用的是顺序控制设计法。顺序控制，就是按照生产工艺和时间的顺序，在各个信号的作用下，根据内部状态和时间的顺序，在生产过程中的各个执行机构自动有序地进行操作。

在工业控制领域中，顺序控制的应用很广，尤其在机械行业，几乎都利用顺序控制来实现加

工的自动循环。可编程序控制器的设计者继承了顺序控制的思想，为顺序控制程序的编制提供了大量通用和专用的编程元件，开发了专门供编制顺序控制程序用的功能图，使用顺序控制设计法是首先根据系统的工艺过程，画出顺序功能图，然后根据顺序功能图画出梯形图。

二、功能图

1. 定义

功能图又称为功能流程图或状态图，是描述控制系统的控制过程、功能和特性的一种图形，是专用于工业顺序控制设计的一种功能性语言，能直观地显示出工业控制中的基本顺序和步骤。

功能图的基本思想是：设计者按照生产要求，将被控设备的一个工作周期划分成若干个工作阶段（简称“步”），并明确表示每一步执行的输出，“步”与“步”之间通过设定的条件进行转换。在程序中，只要通过正确连接进行“步”与“步”之间的转换，就可以完成被控设备的全部动作。

PLC 执行功能图程序的基本过程是：根据转换条件选择工作“步”，进行“步”的逻辑处理。

2. 功能图的主要元素

如图 4－2 所示即为功能图的一般形式。它主要由步、转换、转换条件、有向连线和动作等要素组成。

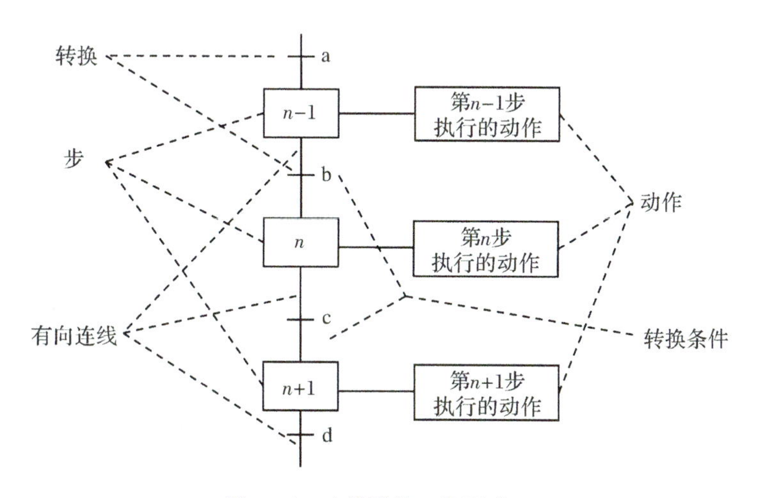

图 4－2 功能图的一般形式

（1）状态（或称为步）。系统的工作过程可以划分成若干个状态不变的阶段，这些阶段称为步。步在功能图中用矩形框表示，框内的数字是该步的编号。如图 4－2 所示各步的编号为 $n-1$、n、$n+1$。编程时一般用 PLC 内部软继电器 M 或 S 来代表各步。如 S0.0、M0.2。当系统正在某一步工作时，该步处于激活状态，称为活动步。系统初始状态对应的步称为初始步，在功能图中初始步用双线框表示。其中用相应的内部软继电器作为步的编号，如 S0.0 。每个功能图至少应有一个初始步。

(2)转换条件。使系统由当前步进入下一步的信号称为转换条件。步的活动状态进展是由转换来完成。转换用与有向连线垂直的短画线来表示。转换条件是与转换相关的逻辑命题。转换条件可以用文字语言、布尔代数表达式或图形符号标注在表示转换的短画线旁边。

(3)有向连线。步与步之间的连接线就是“有向连线”,“有向连线”决定了状态的转换方向与转换途径。有向连线上有短线,表示转换条件。当条件满足时,转换得以实现,即上一步的动作结束而下一步的动作开始,因而不会出现动作重叠。步与步之间用有向连线连接,并且用转换将步分割开。步的活动状态进展是按有向连线规定的路线进行。有向连线上无箭头标注时,其进展方向默认为是从上到下,从左到右;如果不是上述方向,应在有向连线上用箭头注明方向。

(4)动作。动作是指某步处于活动步时,PLC 向控制系统发出命令,或被控系统应该执行的动作。“动作”用矩形框中的文字或符号表示,该矩形框应与相应步的矩形框相连接。当步处于活动状态时,相应的动作被执行。

3. 功能图的构成规则

(1)步与步之间必须用一个转换隔开,两个步绝对不能直接相连。

(2)转换之间必须用一个步隔开,两个转换也不能直接相连。

(3)顺序功能图中的初始步对应系统等待启动的初始状态,初始步是必不可少的。

(4)顺序功能图中一般应有由步和有向连线组成的闭环。

4. 功能图的结构分类

根据步与步之间的进展情况,功能图主要有以下 3 种结构。

(1)单一序列结构。单一顺序动作是一个接一个地完成,完成每步只连接一个转移,每个转移只连接一个步,如图 4-3(a)所示。

(2)选择序列结构。选择序列结构又称选择性分支,是指某一步后有若干个单一顺序等待选择(每个单一顺序称为一个分支),一般只允许选择进入一个顺序,转换条件只能标在水平线之下。选择顺序的结束称为合并,用一条水平线表示,水平线以下不允许有转换条件,如图 4-3(b)所示。

(3)并行序列结构。并行序列结构是指在某一转换条件下同时启动若干个顺序,也就是说转换条件的实现导致几个分支同时激活。并行顺序的开始和结束都用双水平线表示,如图 4-3(c)所示。

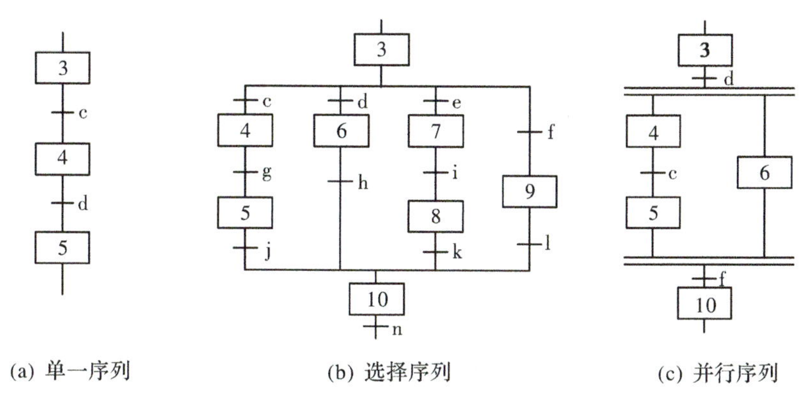

(a) 单一序列　(b) 选择序列　(c) 并行序列

图 4-3 功能图结构分类

三、顺序控制指令

顺序控制继电器指令又称 SCR，S7-200 系列 PLC 有三条顺序控制继电器指令，其指令格式和功能描述见表 4-1。

表 4-1 顺序控制继电器指令

梯形图 LAD	语句表 STL	功能
n ├[SCR]	LSCR，n	顺序步开始指令：当顺序控制继电器位 SX. Y=1 时，SCR 指令被激活，标志着该顺序控制程序段的开始
n —(SCRT)	SCRT，n	顺序步转移指令：当满足条件使 SCRT 指令执行时，则复位本顺序控制程序段，激活下一顺序控制程序段 n
├(SCRE)	SCRE	顺序步结束指令：结束由 SCR 开始到 SCRE 之间顺序控制程序段的工作

表 4-1 中操作对象 S 为顺序控制继电器，S 也称为状态器，每一个 S 位都表示功能图中的一种状态。S7-200 CPU 含有 256 个顺序控制继电器，S 的范围为：S0.0～S31.7。在顺序控制或步进控制中，常将控制过程分成若干个顺序控制继电器(SCR)段。LSCR 指令定义一个 SCR 段的开始，其操作数是状态继电器 SX. Y(S0.0～S31.7)，SX. Y 是本段的标志位，当 SX. Y 为 1 时，允许该 SCR 段工作。SCRT 指令将当前的 SCR 段切换到下一个 SCR 段，其操作数是下一个 SCR 段的标志位 SX. Y。当使能输入有效时，进行切换，即终止当前 SCR 段工作(复位)，启动下一个 SCR 段工作(置位)。SCRE 指令标记一个 SCR 段的结束。

指令使用说明：

(1)顺序控制指令仅对元件 S 有效，顺序控制继电器 S 也具有一般继电器的功能，所以对它能够使用其他指令。

(2)LSCR 指令和 SCRE 指令必须成对出现，否则无法下载程序。

(3)1 个状态继电器 SX. Y 作为 SCR 段标志位,可以用于主程序、子程序或者中断程序中,但是只能使用一次,不能重复使用。

(4)在一个 SCR 段中,禁止使用循环指令 FOR/NEXT、跳转指令 JMP/LBL 和条件结束指令 END。

【例 4-1】用 PLC 控制红灯亮 2 s 后熄灭,再控制绿灯亮 2 s 后熄灭,重复以上过程,要求根据图 4-4 所示的功能图,使用顺序控制继电器指令编写程序。

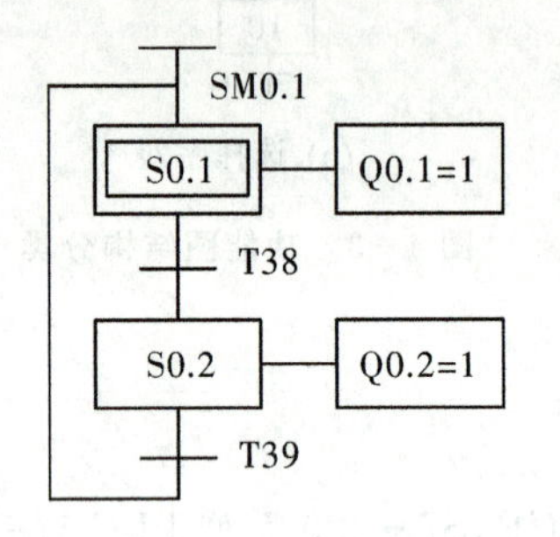

图 4-4 功能图

解:梯形图程序如图 4-5 所示。当 SM0.1 有效时,起动 S0.1,即置 S0.1 为 1,执行程序第一步:输出位 Q0.1 置 1(点亮红灯),同时起动定时器 T38,经过 2 s 后,用 SCRT 指令激活第二步 S0.2,接着用 SCRE 指令结束 S0.1 步,开始 S0.2 步,程序转入第二步。执行程序第二步:输出位 Q0.2 置 1(点亮绿灯)、同时起动定时器 T39,经过 2 s 后,用 SCRT 指令激活第二步 S0.1,结束 S0.2,程序返回进入第一步执行。如此周而复始,循环工作。

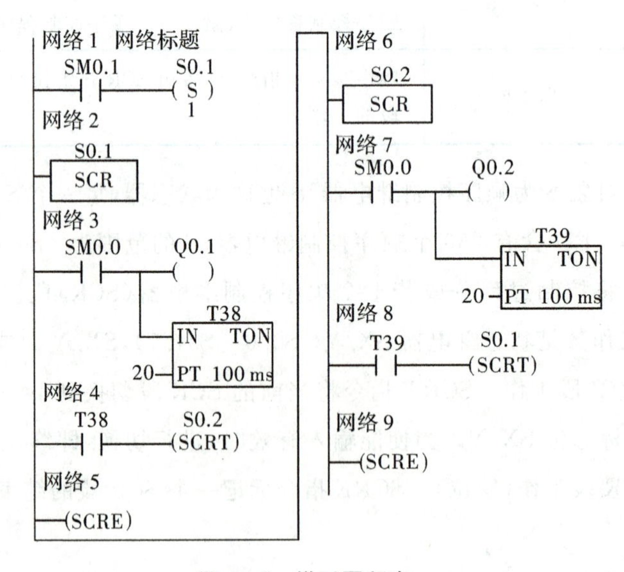

图 4-5 梯形图程序

任务实施

根据运料小车的控制要求分析，其过程用图 4-6 来描述。根据运料小车的运动过程框图，利用顺序功能图的五大要素，可得其相应的功能图，如图 4-7 所示。

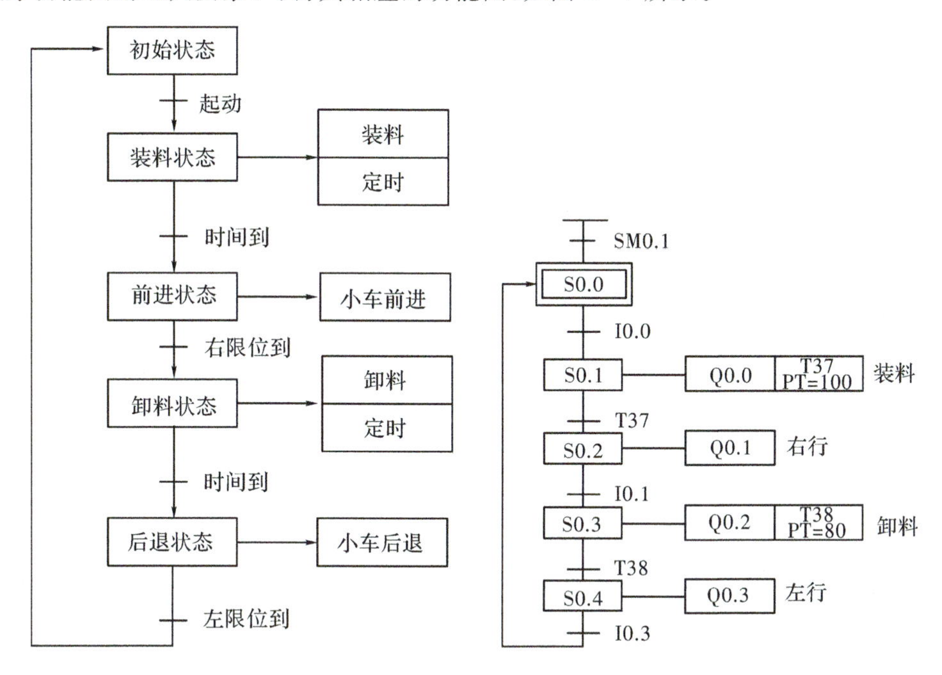

图 4-6　运料小车的运动过程框图　　图 4-7　运料小车的顺序功能图

一、分配 I/O 地址

为了用 PLC 控制器来实现运料小车的顺序控制，PLC 需要 3 个输入点和 4 个输出点，输入/输出的地址分配表见表 4-2。

表 4-2　运料小车的输入/输出地址分配表

输入设备	地址	输出设备	地址
起动按钮 SB_1	I0.0	小车前进（右行）接触器线圈 KM_2	Q0.1
右限位开关 SQ_1	I0.1	小车后退（左行）接触器线圈 KM_4	Q0.3
左限位开关 SQ_2	I0.3	装料 KM_1	Q0.0
		卸料 KM_3	Q0.2

二、输入/输出接线

运料小车的输入/输出接线图如图 4-8 所示。

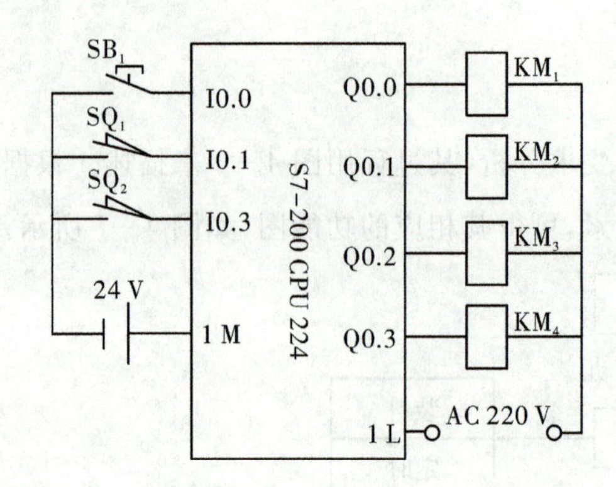

图 4-8 运料小车 PLC 控制输入/输出接线图

三、程序设计

把图 4-7 的顺序功能图利用顺序控制指令转化，转化后的梯形图如图 4-9 所示。

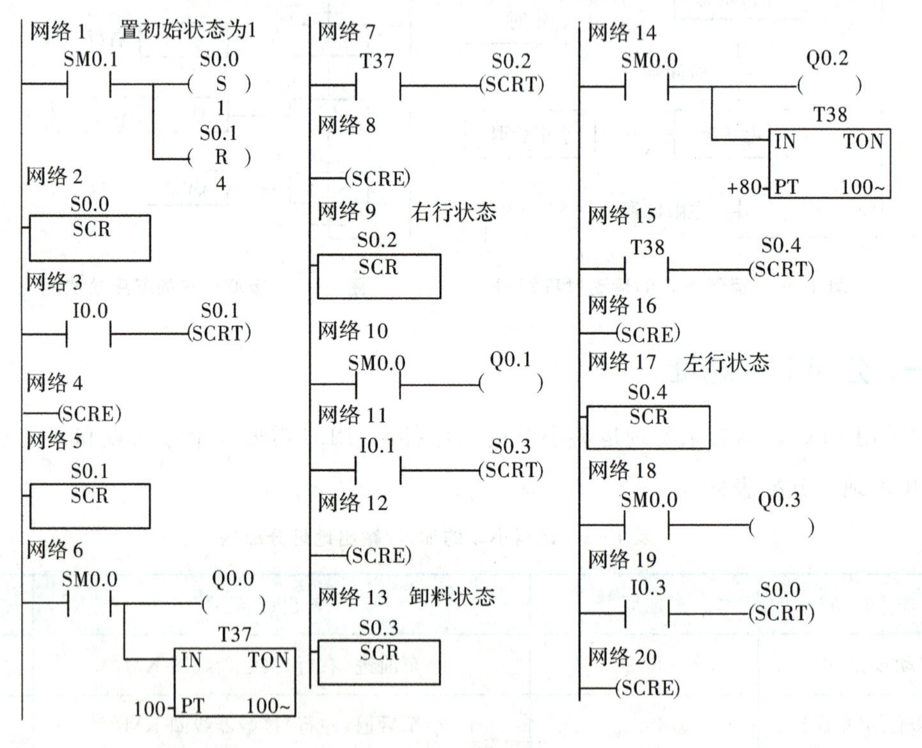

图 4-9 运料小车梯形图

四、调试运行

按照输入/输出接线图接好外部接线，输入程序并进行调试，观察结果，直到满足控制要求。

知识拓展

液压动力滑台 PLC 控制

1. 控制要求

某组合机床有一液压动力滑台，该动力滑台的工作过程如图 4-10 所示。具体描述如下：

(1)动力滑台在原位时限位开关 SQ_1 受压，按下起动按钮 SB_1，接通电磁阀 YV_1，动力滑台快进。

(2)动力滑台碰到限位开关 SQ_2 后，接通电磁阀 YV_1 和 YV_2，动力头由快进转为工进。

(3)动力滑台碰到限位开关 SQ_3 后，接通电磁阀 YV_3，动力头快退。

(4)动力滑台退回原位后停止。

(5)再次按下起动按钮，重复上述过程。

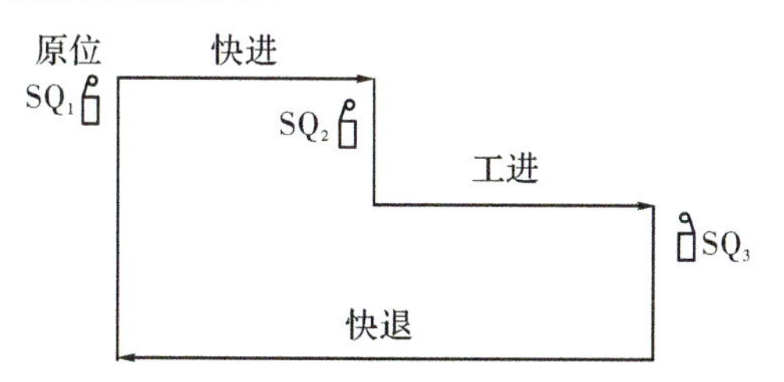

图 4-10 液压动力滑台工作示意图

分析动力滑台的自动工作过程，可以划分为原位、快进、工进和快退四个步骤，液压元件动作表见表 4-3。

表 4-3 液压元件动作表

工步	液压元件		
	YV_1	YV_2	YV_3
原位	−	−	−
快进	+	−	−
工进	+	−	+
快退	−	+	−

2. 分配 I/O 地址

液压动力滑台输入/输出分配见表 4-4。

表 4-4 液压动力滑台输入/输出分配表

输入设备	地址	输出设备	地址
起动按钮 SB_1	I0.0	YV_1	Q0.1
原位行程开关 SQ_1	I0.1	YV_2	Q0.2
工进行程开关 SQ_2	I0.2	YV_3	Q0.3
快退行程开关 SQ_3	I0.3		

3. 设计梯形图程序

根据所做分析和操作，按照要求可绘制如图 4－11 所示的功能图，编写如图 4－12 所示的梯形图程序。

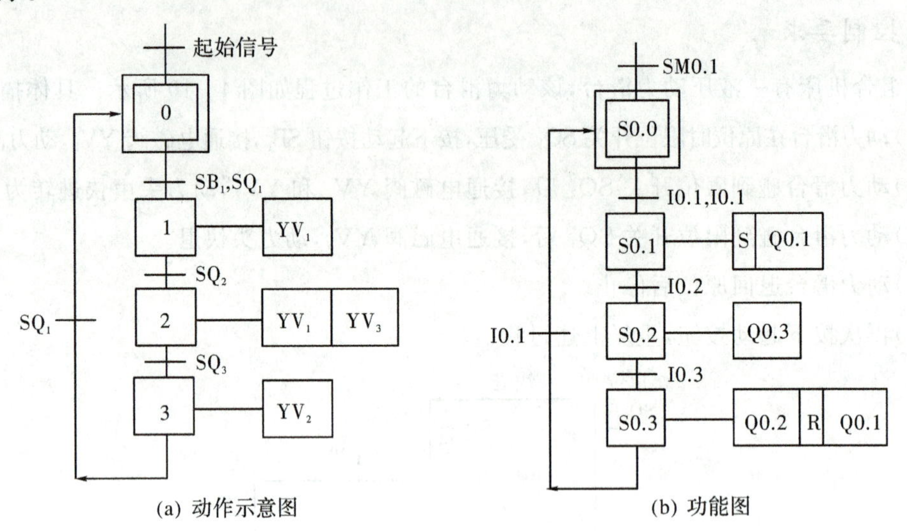

(a) 动作示意图 (b) 功能图

图 4－11 液压动力滑台自动循环功能图

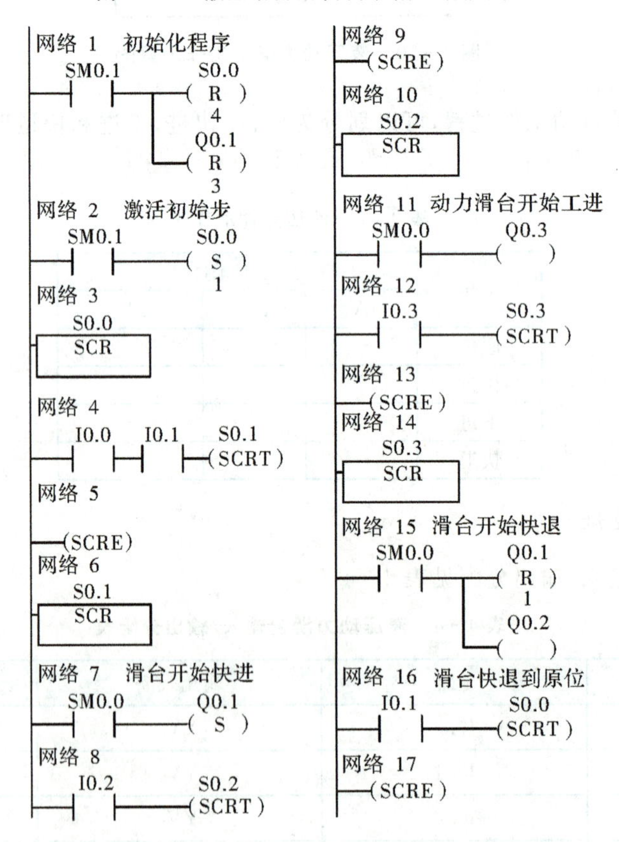

图 4－12 液压动力滑台自动循环梯形图程序

思考与练习

(1)如果小车初始未停在初始位置(左端),若要用点退调整按钮使其停在初始位置,应如何修改功能图?相应的梯形图又该如何变换呢?

(2)四台电动机的顺序起停 PLC 控制:四台电动机 M_1、M_2、M_3、M_4,要求按下起动按钮后,四台电动机按照 $M_1 \rightarrow M_2 \rightarrow M_3 \rightarrow M_4$ 依次间隔 30 s 顺序起动;按下停止按钮后,四台电动机按照 $M_1 \rightarrow M_2 \rightarrow M_3 \rightarrow M_4$ 依次间隔 10 s 顺序停止。要求:①画出功能图;②用顺序控制继电器指令编写程序。

任务二 自动门 PLC 控制

任务描述

许多公共场合都采用自动门,如图 4-13 所示,人靠近自动门时,感应器 SB 为 ON,Q0.0 驱动电动机高速开门,碰到开门减速开关 SQ_1 时,变为低速开门。碰到开门极限开关 SQ_2 时电动机停转,开始延时。若在 0.5 s 内感应器检测到无人,Q0.2 起动电动机高速关门。碰到关门减速开关 SQ_3 时,改为低速开门,碰到关门极限开关 SQ_4 时电动机停转,在关门期间若感应器检测到有人,停止关门,延时 0.5 s 后自动转换为高速开门。

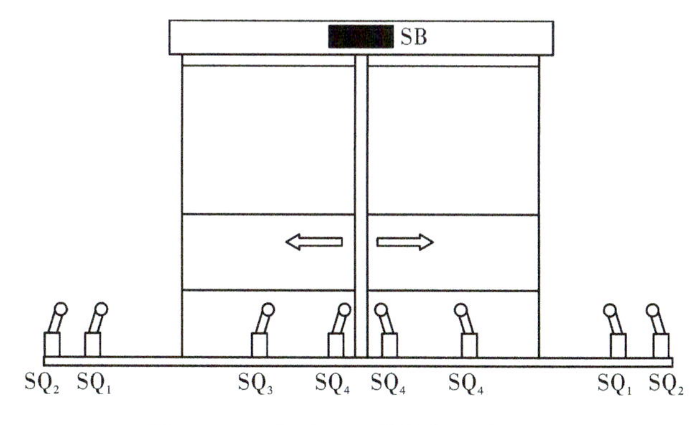

图 4-13 自动门系统结构示意图

任务目标

进一步掌握顺序控制继电器指令的用法。掌握选择序列结构程序编程方法。掌握使用起-保-停电路实现选择序列的顺序功能图到梯形图的转换的方法。能根据控制要求画出自动门控制系统的功能图,并转为梯形图程序。

相关知识

一、选择序列的编程

在如图 4-14 所示的选择序列中，I0.0 和 I0.2 在同一时刻最多只能有一个为接通状态。S0.0 为活动步时，I0.0 一接通，动作状态就向 S0.1 转移，S0.0 就变为“0”状态，在此以后，即使 I0.2 接通，S0.2 也不会变为活动步。汇合状态 S0.3 可由 S0.1 或 S0.2 任意一个驱动。

如图 4-14 所示为具有两条选择序列输入并汇合输出的顺序功能图，在编写选择序列梯形图时，各分支一般从左到右排列，并且每一分支的编程方法和单流程时的编程方法一样。对应的梯形图程序如图 4-15 所示。

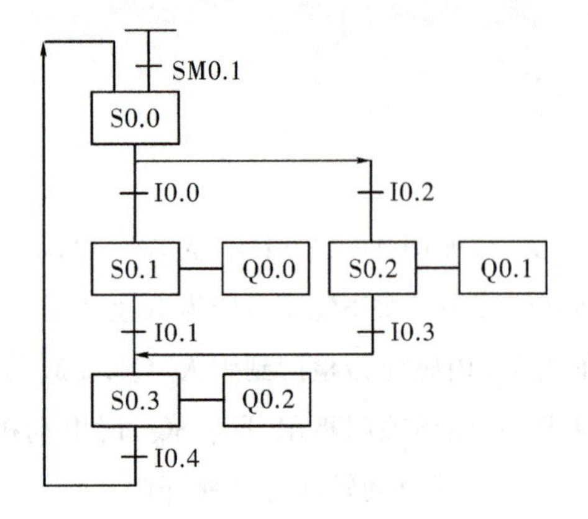

图 4-14　顺序功能图

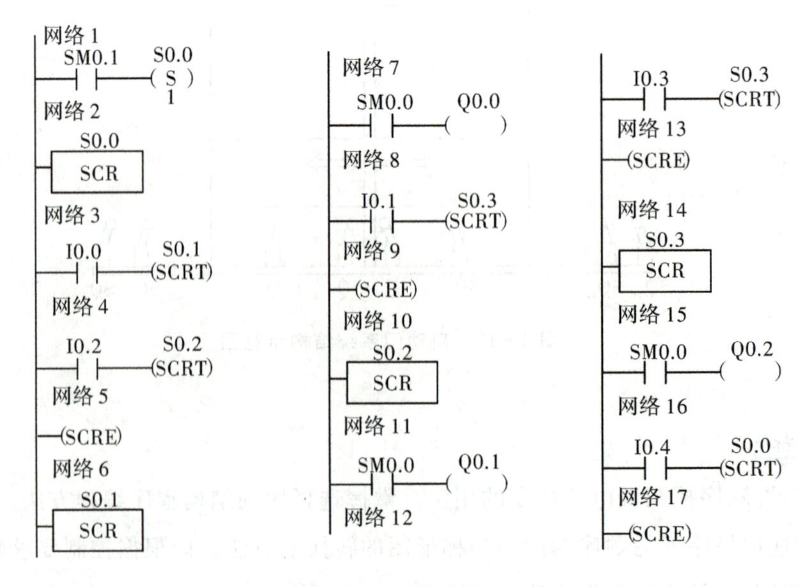

图 4-15　梯形图

二、使用起-保-停电路的编程方法

有的PLC编程软件为用户提供了顺序功能图(SFC)语言,在编程软件中生成顺序功能图后便完成了编程。用户也可以利用步进指令自行将顺序功能图改画为梯形图。但是有些PLC不能使用步进指令,那么如何把顺序功能图转化为一般的梯形图呢?这里介绍利用起-保-停电路将顺序功能图画出梯形图的方法,起-保-停电路仅仅使用触点和线圈有关的指令,任何一种PLC的指令系统都有这一类指令。因此,这是一种通用的编程方法,可以用于任意型号的PLC。

利用起-保-停电路由顺序功能图画出梯形图,要从步的处理和输出电路两方面来考虑。

1. 步的处理

根据顺序功能图来设计梯形图时,可以用位存储器M(又称辅助继电器)来代表步。当一步为活动步时,对应的位存储器(辅助继电器)为ON,某一转换实现时,该转换的后续步变为活动步,前级步变为不活动步。由于很多转换条件都是短信号,即它存在的时间比它激活后续步为活动步的时间短。因此,应使用有记忆(或称保持)功能的电路(如"起保停"电路和置位复位指令组成的电路)来控制代表步的辅助继电器。

如图4-16所示的步S0.1、S0.2和S0.3是顺序功能图中顺序相连的3步,I0.1是步I0.2之前的转换条件。设计"起保停"电路的关键是找出它的起动条件和停止条件。根据转换实现的基本原则,转换实现的条件是它的前级步为活动步,并且满足相应的转换条件。因此步S0.2变为活动步的条件是它的前级步S0.1为活动步,且转换条件I0.1=1。在起-保-停电路中,把相应的步用位存储器M代替,则应将前级步M0.1和转换条件I0.1对应的常开触点串联,作为控制M0.2的起动电路。

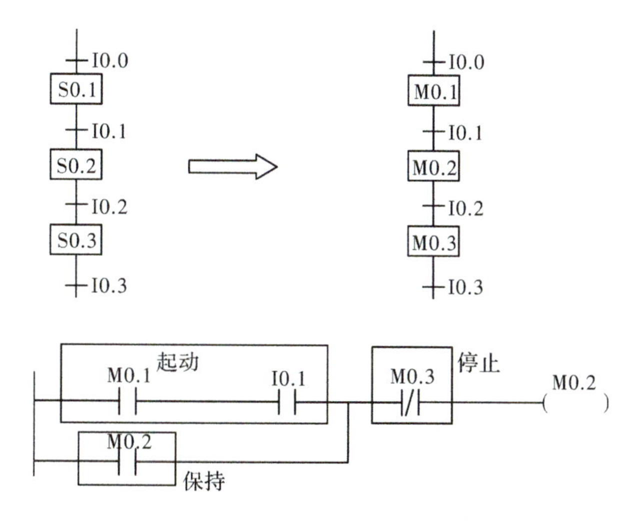

图4-16 用起-保-停电路控制步

当 M0.2 和 I0.2 均为 ON 时，步 M0.3 变为活动步，这时步 M0.2 应变为不活动步，因此可以将 M0.3=1 作为使位存储器 M0.2 变为 OFF 的条件，将后续步 M0.3 的常闭触点与 M0.2 的线圈串联，作为起-保-停电路的停止电路。如图 4-16 所示的梯形图可以用逻辑代数式表示为

$$M0.2=(M0.1*I0.1+I0.2).\overline{I0.3}$$

在这个例子中，可以用 I0.2 的常闭触点代替 M3 的常闭触点。但是当转换条件由多个信号经“与、或、非”逻辑运算组合而成时，需要将它的逻辑表达式求反，再将对应的触点串并联电路作为起-保-停电路的停止电路，不如使用后续步的常闭触点更为简单方便。

2. 输出电路

设计梯形图的输出电路时，由于步是根据输出变量的状态变化来划分的，它们之间的关系极为简单，可以分为两种情况处理：

(1)如果某一输出量仅在某一步中为 ON，可以将它们的线圈分别与对应步的位存储器的线圈并联。

(2)如果某一输出继电器在几步中都应为 ON，应将代表各有关步的辅助继电器的常开触点并联后，驱动该输出继电器的线圈。

三、使用起-保-停电路实现选择序列的顺序功能图到梯形图的转换

对选择序列编程的关键在于对它们的分支和合并处理，转换实现的基本规则是设计复杂顺控系统梯形图的基本规则。如图 4-17 所示的顺序功能图中的步用位存储器 M 表示，分析图 4-17可得到如下结论。

步 M0.3 之前有一个选择分支的合并，当步 M0.1 为活动步并且转换条件 I0.1 满足，或 M0.2 为活动步且转换条件 I0.3 满足时，步 M0.3 都应变为活动步。

步 M0.0 之后有一个选择分支的处理，当它的后续步 M0.1 或 M0.2 变为活动步时，它应变为不活动步。下面以此例来讲解选择序列的编程方法。

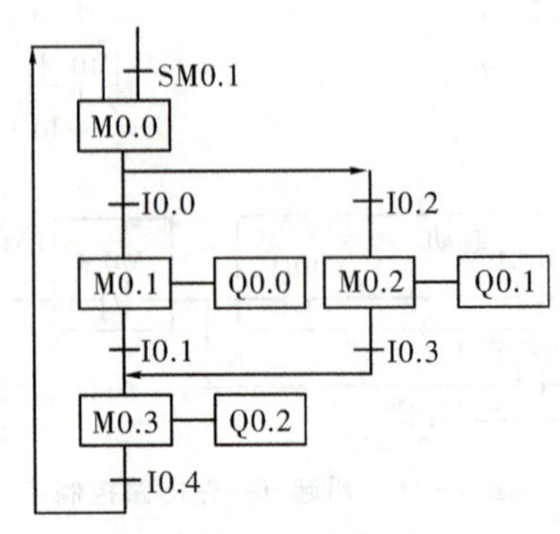

图 4-17 顺序功能图

1. 选择序列分支的编程方法

如果某一步的后面有一个由 N 条分支组成的选择序列，该步可能转到不同的 N 步，则应将这 N 个后续步对应的代表步的存储器位的常闭触点与该步的线圈串联，作为结束该步的条件。图 4－17 中的 M0.0 之后有一个选择序列分支，设 M0.0 为活动步，当它的后续步 M0.1 或 M0.2 变为活动步时，它都应变为非活动步，即 M0.0 变为 OFF，所以应将 M0.1 和 M0.2 的常闭触点与 M0.0 的线圈串联。

2. 选择序列合并的编程方法

对于选择序列的合并，如果某一步之前有 N 个转换(即有 N 条分支在该步之前合并后进入该步)，则代表该步的存储器位的启动电路由 N 条支路并联而成，各支路由某一前级步对应的存储器位的常开触点与相应转换条件对应的触点或电路串联而成。图 4－17 中，步 M0.3 之前有个选择序列的合并，当步 M0.1 为活动步(M0.1＝ON)，并且转换条件 I0.1 满足，或者步 M0.2为活动步，即控制存储器位 M0.3 的起动条件应为 M0.1 * I0.1＋M0.2 * I0.3，对应的起动电路由两条并联支路组成，每条支路分别由 M0.1、I0.1 或 M0.2、I0.3 的常开触点串联而成。由此可得到如图 4－17 所示的顺序功能图对应的程序，其梯形图程序见图 4－18。

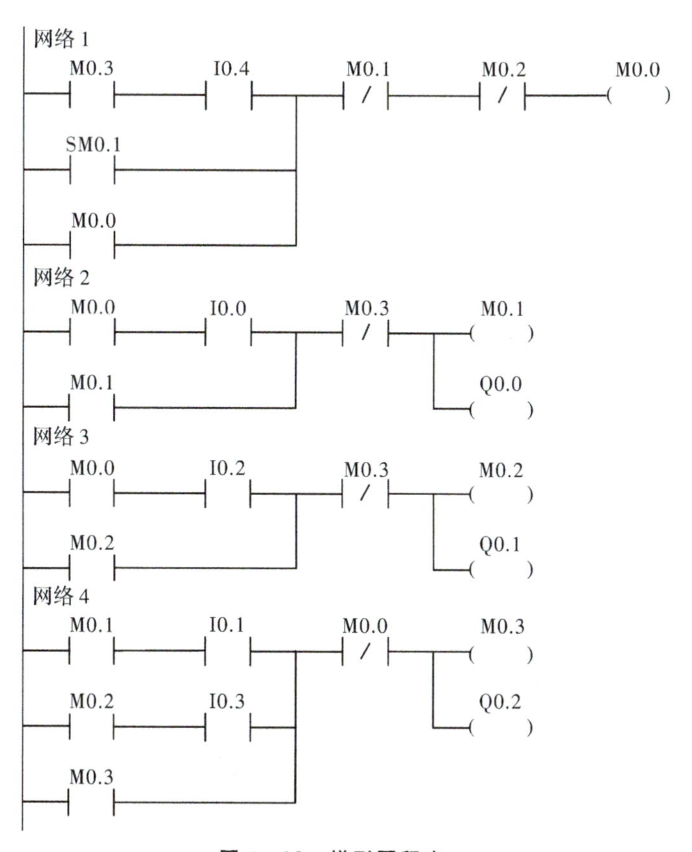

图 4－18　梯形图程序

任务实施

一、分配 I/O 地址

根据系统的控制要求，分析该系统的输入/输出设备，见表 4－5。

表 4－5　自动门系统的 I/O 分配表

输入设备	输入地址	输出设备	输出地址
感应开关 SB	I0.0	高速开门接触器线圈 KM_1	Q0.0
开门减速开关 SQ_1	I0.1	减速开门接触器线圈 KM_2	Q0.1
开门到位开关 SQ_2	I0.2	高速关门接触器线圈 KM_3	Q0.2
关门减速开关 SQ_3	I0.4	减速关门接触器线圈 KM_4	Q0.3
关门到位开关 SQ_4	I0.5		
停止开关 SB_2	I1.0		

二、输入/输出接线

自动门系统的输入/输出接线图如图 4－19 所示。

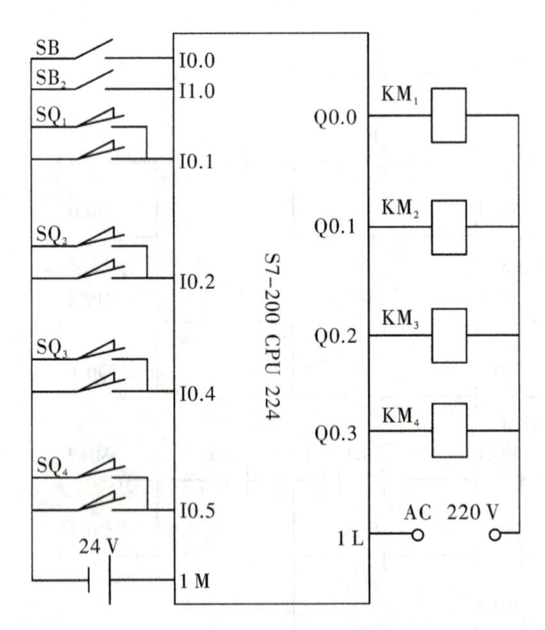

图 4－19　自动门系统的输入/输出接线图

三、程序设计

1. 画出顺序功能图

分析自动门的控制要求，可得出如图 4－20 所示的顺序功能图。从图中可以看到：自动门在关门时会有两种选择，关门期间如果无人要求进出，则继续完成关门动作；而如果关门期间又有人要求进出，则暂停关门动作，开门让人进出后再关门。

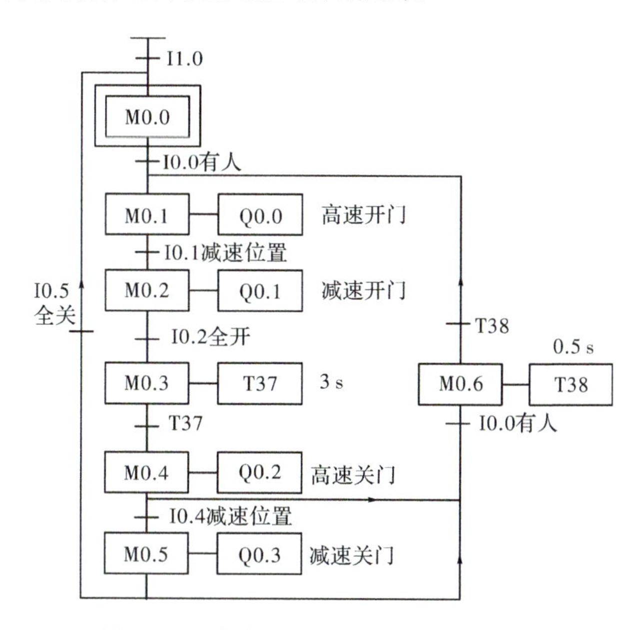

图 4－20 自动门控制系统的顺序功能图

分析图 4－20 可得到如下结论。

(1)步 M0.1 之前有一个选择分支的合并，当步 M0.0 为活动步并且转换条件 I0.0 满足，或 M0.6 为活动步且转换条件 T38 满足时，步 M0.1 都应变为活动步。

(2)步 M0.4 之后有一个选择分支的处理，当它的后续步 M0.5 或 M0.6 变为活动步时，它应变为不活动步。

2. 将顺序功能图转换为梯形图

将顺序功能图转换成如图 4－21 所示的梯形图程序。

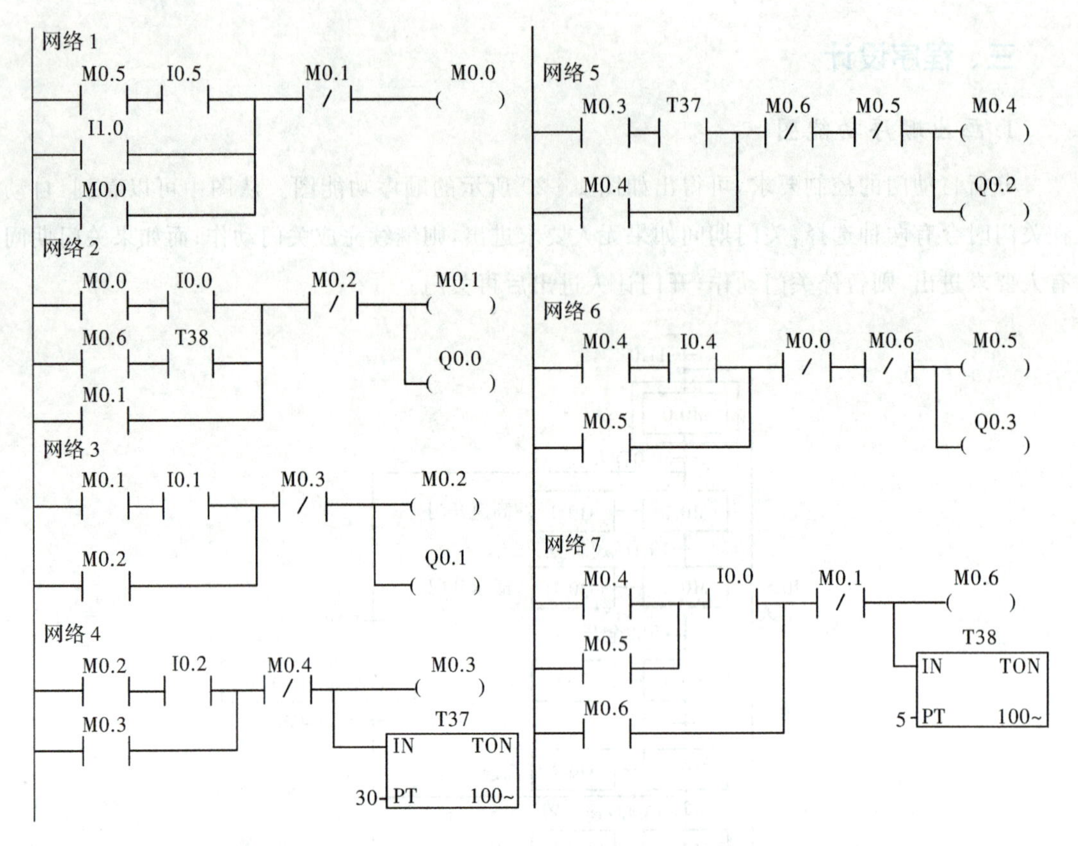

图 4-21　自动门控制系统梯形图

四、调试运行

首先将 I0.0 按下，Q0.0 得电，高速开门。按下 I0.1，Q0.1 通电，减速开门。按下 I0.2，延时 3 s，Q0.2 通电，高速关门。若此时选择按下 I0.4，Q0.3 得电，减速关门，若此时选择有人，按下 I0.0，延时 0.5 s 后，Q0.0 通电，高速开门，继续按上述的方法重复运行。其他选择分支的调试与此相同。

由于该程序较为复杂，调试时将编程软件置于监控状态，可以帮助解决调试中出现的问题。

知识拓展

液体混合装置 PLC 控制

两种液体的混合控制装置如图 4-22 所示。液体 A 电磁阀门控制液体 A 流入容器；液体 B 电磁阀门控制液体 B 流入容器；SL_1、SL_2 和 SL_3 分别是检测液位的高、中、低液位传感器，混合液体电磁阀控制混合好的液体放出；搅匀电动机的作用是对混合液体进行搅拌。

1. 控制要求

(1)装置投入运行时,液体 AB 电磁阀门均为关闭状态,混合液体电磁阀打开将容器放空后关闭。进行容器放空时,当液体低于低液位传感器时液体阀门容器放空 20 s;如果容器内液体高于低液位传感器,将一直进行放空,直至低于低液位传感器开始计时 20 s。放空完成后进入正常工作。

(2)按下起动按钮 SB_1,装置开始按下列规律运行:

◆液体 A 电磁阀打开,液体 A 流入容器。

◆当液体上升到中液位(中液位传感器有信号),关闭液体 A 电磁阀,打开液体 B 电磁阀。

◆液体上升到高液位(高液位传感器有信号),关闭液体 B 电磁阀,电动搅拌机开始搅匀。

◆电动搅拌机工作 1 min 后停止搅匀,混合液体 C 电磁阀打开,开始放出混合液体。

◆当液位下降到低液位时(低液位传感器由接通到断开),计时 20 s,将容器放空,混合液体 C 电磁阀关闭,开始下一个周期。

(3)按下停止按钮 SB_2,液体混合装置运行一周后停止。

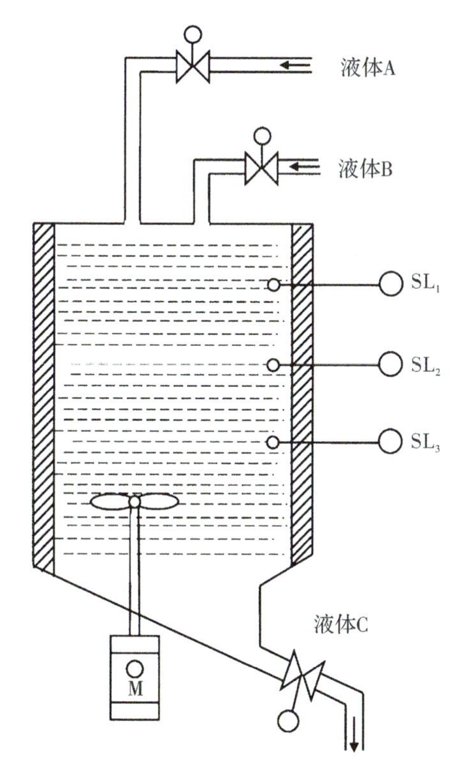

图 4-22 液体混合控制示意图

2. 分配 I/O 地址

液体混合装置的 I/O 分配见表 4－6。

表 4－6　液体混合装置的 I/O 分配表

输入设备	输入地址	输出设备	输出地址
起动按钮 SB_1	I0.0	液位 A 电磁阀 YV_1	Q0.0
停止按钮 SB_2	I0.1	液位 B 电磁阀 YV_2	Q0.1
高液位传感器 SL_1	I0.2	混合液体电磁阀 YV_3	Q0.2
中液位传感器 SL_2	I0.3	电动搅拌机接触器 KM	Q0.3
低液位传感器 SL_3	I0.4		

3. 梯形图程序

液体混合装置的梯形图程序如图 4－23 所示。

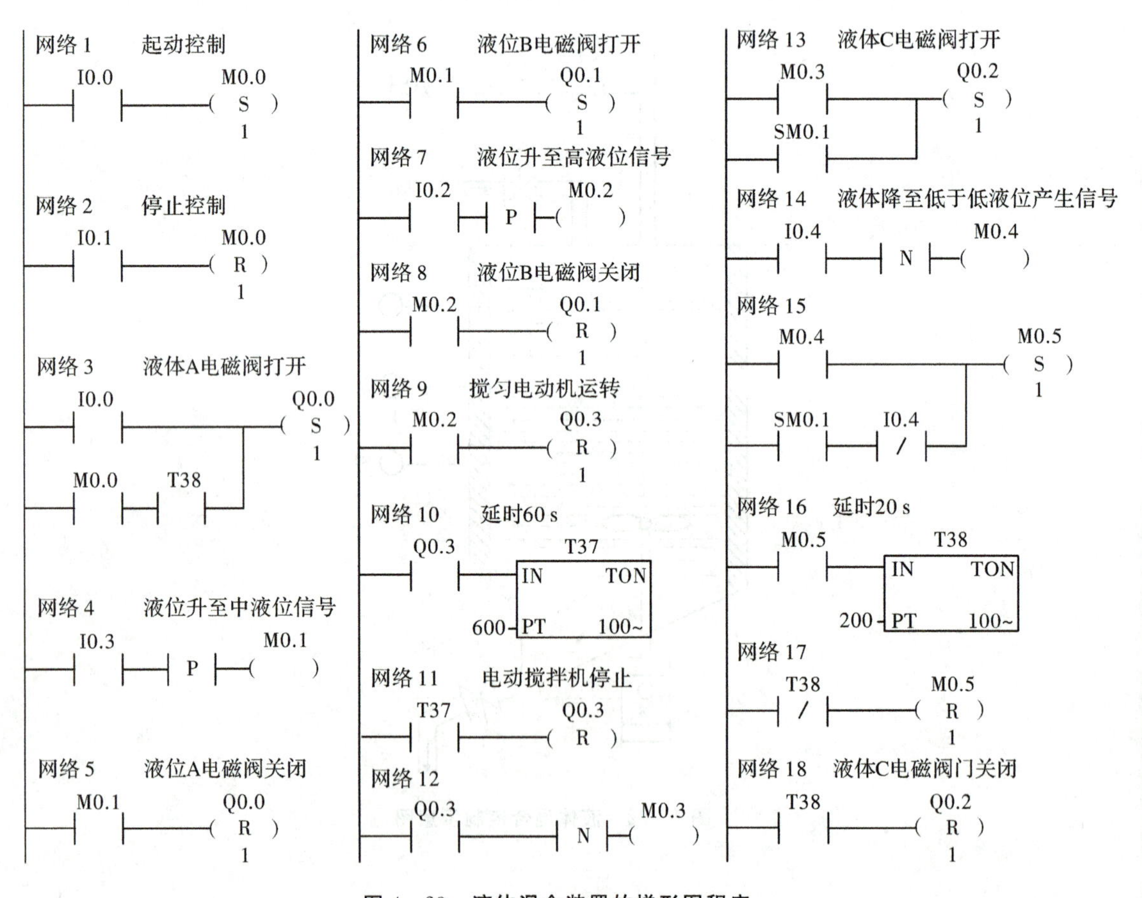

图 4－23　液体混合装置的梯形图程序

思考与练习

(1)画出液体混合的功能图,用顺序控制继电器指令编写梯形图程序。

(2)用顺序控制指令设计电动机正反转的控制程序。

控制要求:按正转启动按钮 SB_1,电动机正转;按停止按钮 SB,电动机停止;按反转启动按钮 SB_2,电动机反转;按停止按钮 SB,电动机停止;且热继电器应具有保护功能。

画出功能图并编写梯形图程序。

(3)用顺序控制继电器指令设计一个大、小球分拣传送装置的控制程序,并画出 PLC 的外部接线图。控制要求:只有机械手在原点才能启动;系统的动作顺序为下降、吸球、上升、右行、下降、释放、上升、左行;机械手下降时,电磁铁压住大球,下限位开关断开;压住小球,下限位开关则接通。其动作示意图如图 4-24 所示。

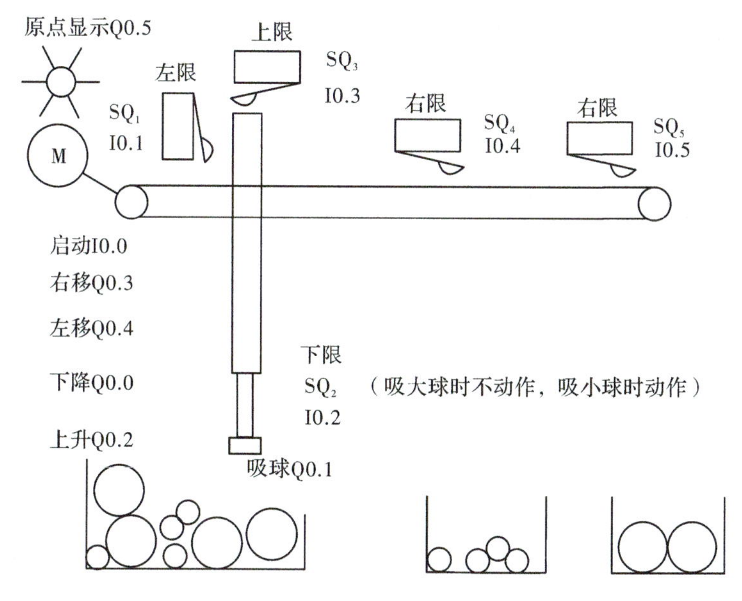

图 4-24　大小球分拣传送装置示意图

任务三　彩灯与数码同时显示的 PLC 控制

任务描述

按下启动按钮 SB_1,系统同时控制彩灯与七段码显示器显示。彩灯每隔 1 s 变换一种花色,总共有 5 种花色,同时七段码显示器对应每种花色依次显示数字 1、2、3、4、5 各一次。按下停止

按钮 SB_2，系统立刻停止所有显示。

要使彩灯与数字配合显示，首先要解决七段码显示器的显示问题，采用七段码显示器显示数字；其次利用 PLC 来驱动七段码显示器，最后解决彩灯与七段码显示器同时受 PLC 控制的问题，采用并列序列编程的方法可解决这个问题。

任务目标

熟练掌握顺序控制继电器指令的用法。掌握数码管显示原理及译码指令。熟练掌握并行序列结构程序编程方法。能根据彩灯和数码同时显示的顺序功能图写出梯形图程序并调试运行。

相关知识

一、七段码显示器与译码指令

七段码显示器是一种非常通用的显示器，可以通过给不同的笔画加电点亮，从而实现各种数字的显示，如图 4-25 所示。

当 PLC 的每一个输出点控制七段码显示器的一段码时，用七个输出点就可以控制七段码显示器的数字显示。七段码显示器有共阳极和共阴极两种接法，采用共阳极接法时，七段码显示器与 PLC 的输出接线如图 4-26 所示。若要使七段码显示器正常显示，可以采用驱动各输出完成，也可采用七段显示译码指令 SEG 完成。

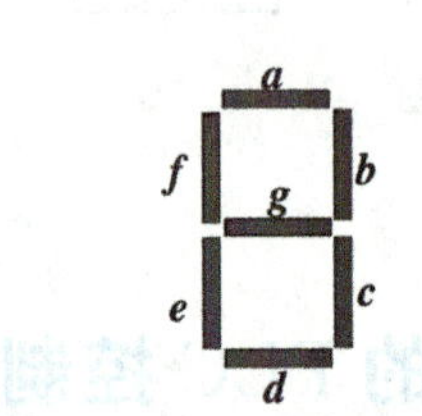

图 4-25 七段码显示器

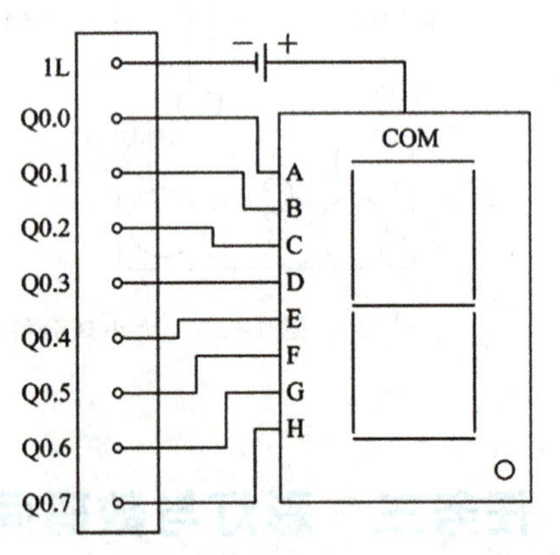

图 4-26 七段码显示器与 PLC 输出接线

1. 七段显示译码指令

(1)其指令格式及功能见表 4-7。

表 4-7 逻辑取与线圈驱动指令的格式及功能

梯形图 LAD	语句表 STL	功 能
SEG EN ENO IN OUT	SEG IN,OUT	当允许输入 EN 有效时,将输入字节 IN 的低 4 位二进制数转换为七段显示码,结果放在 OUT 端指定的字节中

(2)指令使用说明。

◆操作数 IN、OUT 寻址范围不包括专用的字及双字存储器如 T、C、HC 等,其中 OUT 不能寻址常数。IN/OUT 的数据类型均为字节。

◆段显示码的编码规则如图 4-27 所示。

IN	(OUT) -gfe	(OUT) dcba	断码显示	IN	(OUT) -gfe	(OUT) dcba
0	0011	1111	a, b, c, d, e, f, g	8	0111	1111
1	0000	0110		9	0110	0111
2	0101	1011		A	0111	0111
3	0100	1111		B	0111	1100
4	0110	0110		C	0011	1001
5	0110	1101		D	0101	1110
6	0111	1101		E	0111	1001
7	0000	0111		F	0111	0001

图 4-27 七段显示码的编码规则

(3)指令用法示例。

编写显示数字 0 的七段显示码的程序,程序实现如图 4-28 所示。

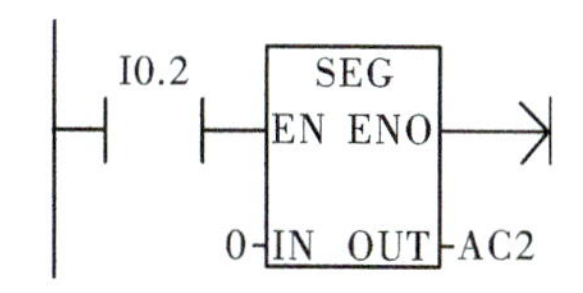

图 4-28 七段显示程序

程序运行结果:AC2 中的值为 16#3F(2#0011 1111)。

2. 译码和编码指令

(1)译码和编码指令的格式及功能见表 4-8。

表 4-8 译码和编码指令的格式及功能

梯形图 LAD	语句表 STL	功 能
DECO EN ENO IN OUT	DECO IN,OUT	当允许输入 EN 有效时,将字符型输入数据 IN 的低 4 位的内容译成位号(00~15),并将由 OUT 所指定的字单元的对应位置 1,其他位置 0
ENCO EN ENO IN OUT	ENCO IN,OUT	当允许输入 EN 有效时,将字符型输入数据 IN 的最低有效位(值为 1 的位)的位号(00~15)进行编码,编码结果送到 OUT 所指定的字节单元的低 4 位。IN 为字类型、OUT 为字节类型

(2)指令使用说明。

◆译码指令 DECO 的操作数 IN 不能寻址专用的字及双字存储器,如 T、C、HC 等,OUT 不能对 HC 及常数寻址。IN 为字节类型、OUT 为字类型。

◆编码指令 ENCO 的操作数 OUT 不能寻址常数及专用的字、双字存储器,如 T、C、HC 等。IN 为字类型、OUT 为字节类型。

(3)指令用法示例。

译码和编码指令应用举例,如图 4-29 所示。

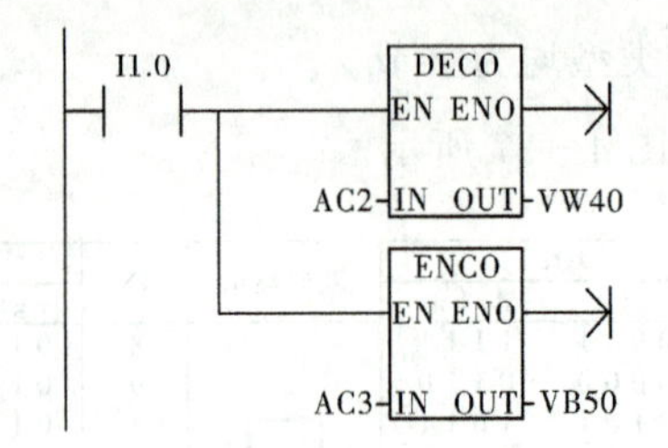

图 4-29 译码和编码指令应用举例

若 AC2 中有一数据为 16#08,即低 8 位数据为 8,则执行 DECO 译码指令,将使 VW40 中的第 8 位的数据位置 1,而其他数据位置 0。VW40 中的值为 2#0000 0001 0000 0000。

若(AC3)=2#0000 0000 0000 1100,执行编码指令后,则输出字节 VB50 中的数据为 16#02,其低字节为 AC3 中最低有效位的位号值。

二、并行序列的编程

如图 4-30 所示为并行序列的顺序功能图,并行序列是指同时处理的程序流程。在图 4-30 中,S0.1 为活动步时,只要 I0.1 一闭合,S0.2 和 S0.4 就同时被激活,即 S0.2、S0.4 的状态均变为 ON,各分支流程也开始运行。待各流程的动作全部结束,即 S0.3、S0.5 的状态同时为“1”,且 I0.4 闭合时,汇合到状态 S0.6 动作,而 S0.3、S0.5 全部变为“0”状态。

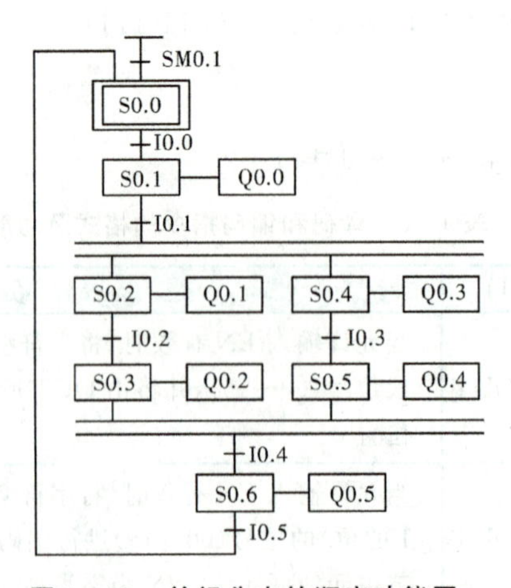

图 4-30 并行分支的顺序功能图

对应的梯形图程序如图 4-31 所示。在此需要注意并行序列的开始(步 S0.1:网络 5~8)和合并处[(步 S0.3:网络 13~15)和(步 S0.5:网络 20~22),以及网络 23]的编程方法。

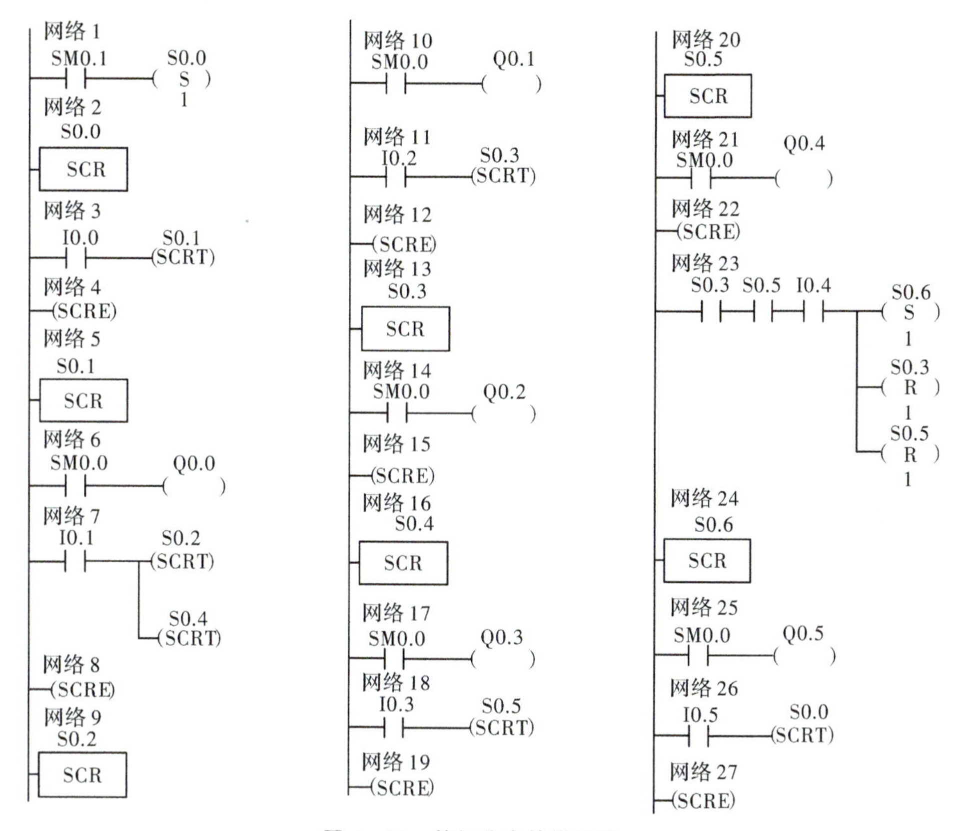

图 4-31 并行分支的梯形图

任务实施

一、分配 I/O 地址

本系统 PLC 采用 S7-200 222 型号,并扩展一个 EM222 数字量输出。输入有启动按钮 SB_1 和停止按钮 SB_2,三种彩灯(LR、LG、LY)输出分别为 Q0.0~Q0.2,数码管的 A~G 分别使用输出 Q1.0~Q1.6,其 I/O 分配见表 4-9。

表 4-9 彩灯与数码管同时显示的 PLC 控制 I/O 分配表

设备	地址	
输入设备	起动按钮 SB_1	I0.0
	停止按钮 SB_2	I0.1

续表

设备	地址	
输出设备	红灯 LR	Q0.0
	绿灯 LG	Q0.1
	黄灯 LY	Q0.2
	驱动 A	Q1.0
	驱动 B	Q1.1
	驱动 C	Q1.2
	驱动 D	Q1.3
	驱动 E	Q1.4
	驱动 F	Q1.5
	驱动 G	Q1.6

二、输入/输出接线

根据 I/O 分配按图 4-32 所示图形完成接线。

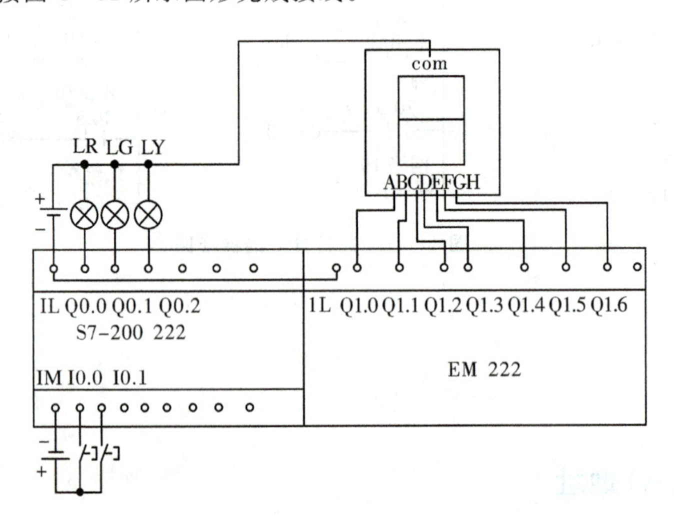

图 4-32 彩灯与数码管同时显示的 PLC 控制接线图

三、程序设计

程序设计可采用顺序功能图来表示(图 4-33),也可以采用梯形图来表示(图 4-34)。

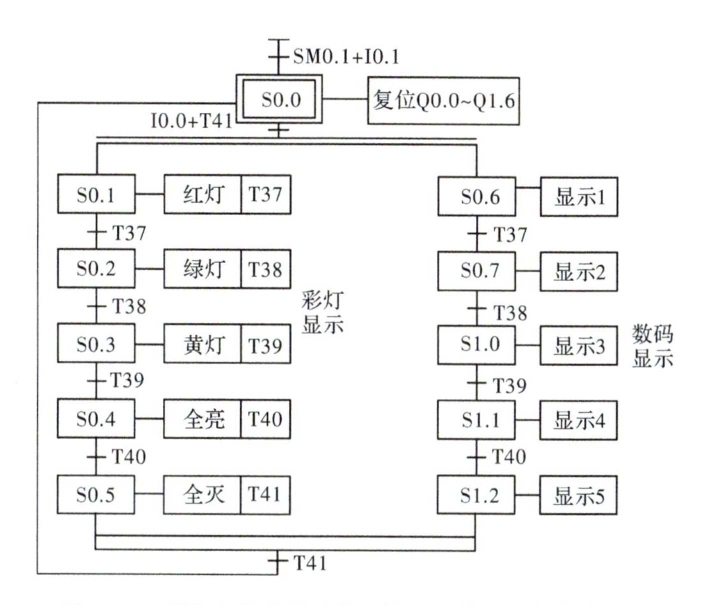

图 4-33　彩灯与数码同时显示的 PLC 控制顺序功能图

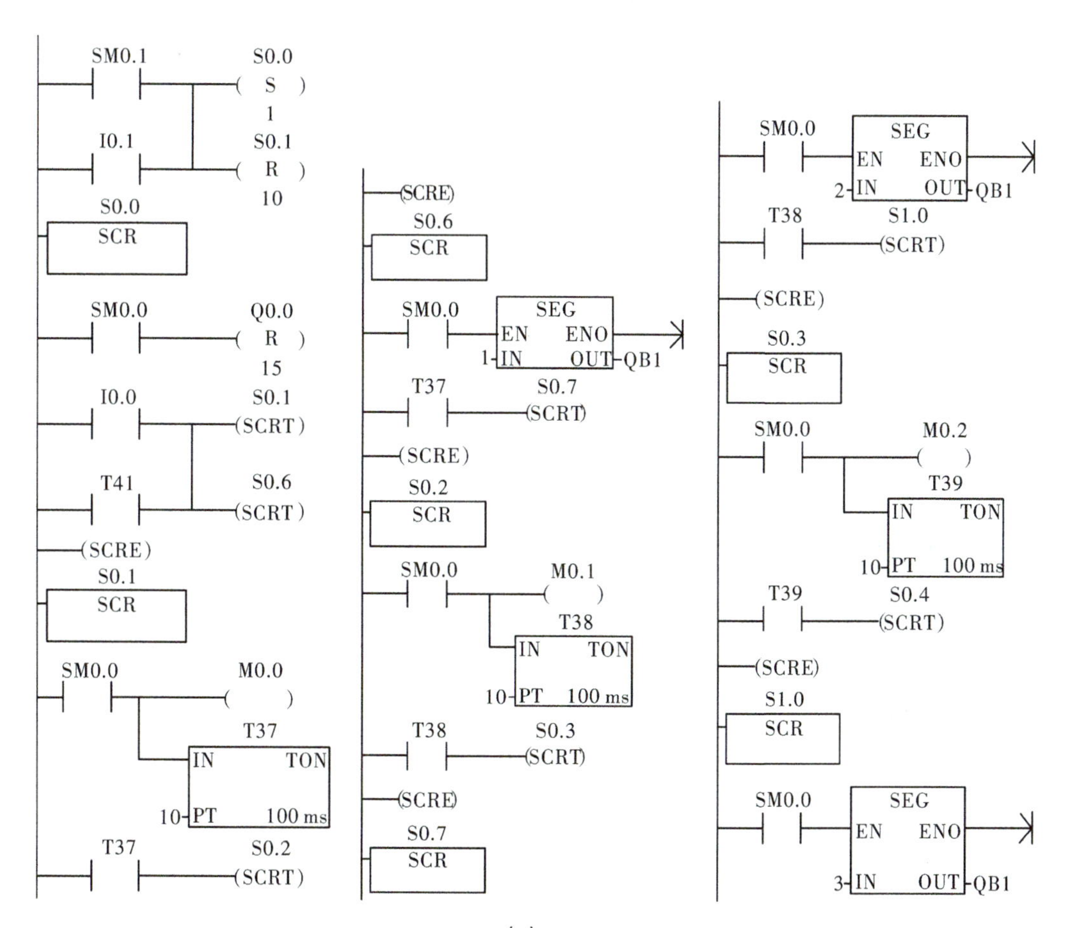

(a)

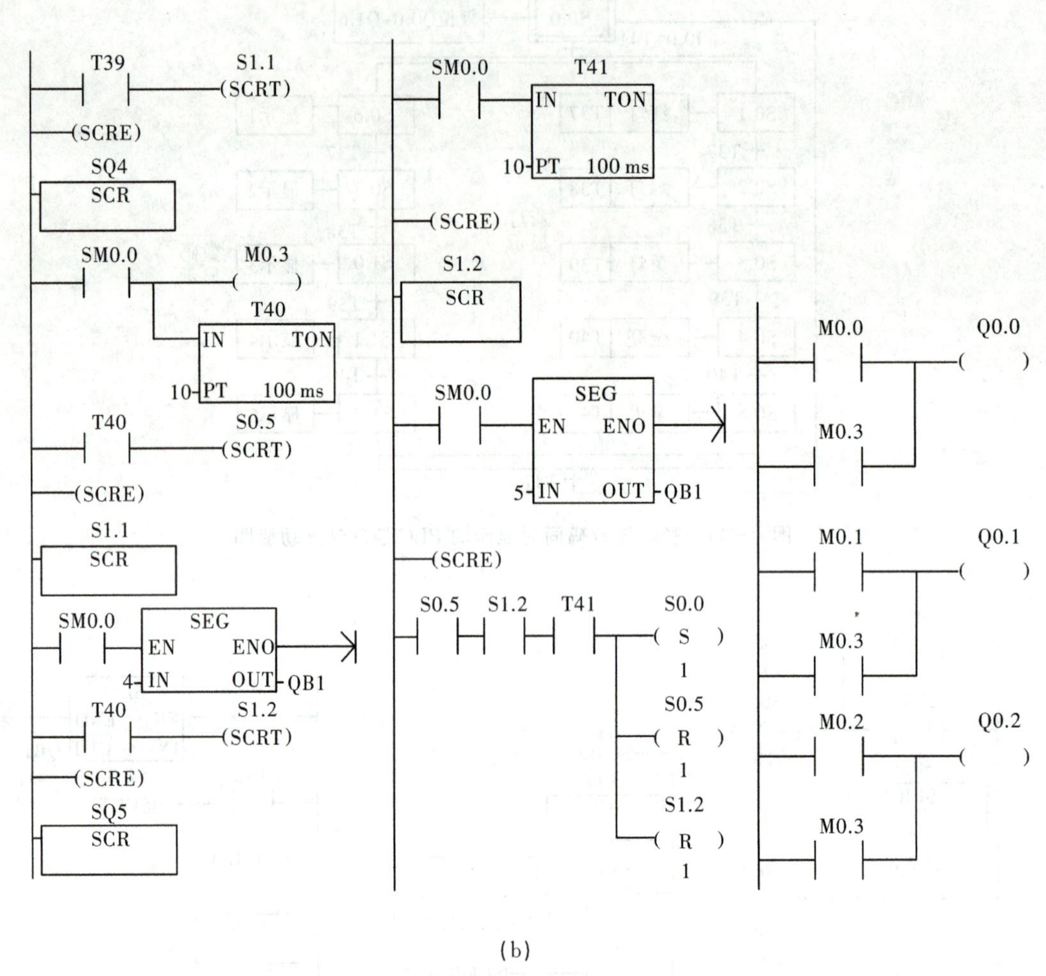

(b)

图 4-34 彩灯与数码同时显示的 PLC 控制梯形图

四、调试运行

按照输入/输出接线图接好外部各线，输入程序，运行调试，观察结果。

知识拓展

按钮式人行道交通灯控制要求顺序功能如图 4-35 所示，试写出其梯形图。

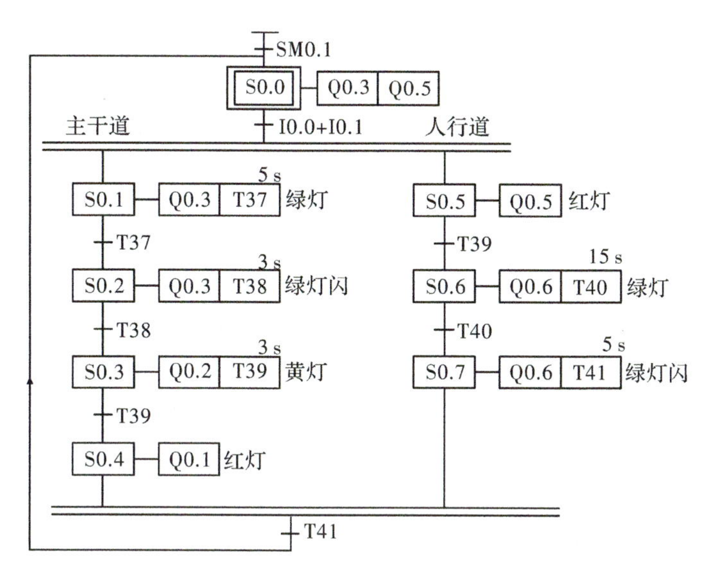

图 4-35　按钮式人行道交通灯控制顺序功能图

按钮式人行道控制是一个并列序列的顺序控制，初始状态 S0.0 由初始脉冲激活，初始状态下主干道上绿灯亮，人行道红灯亮。当人行道上有人按下启动按钮(I0.0 或 I0.1 接通)，2 个单序列同时往下进行，当 T41 定时时间到则整个并列序列过程完成，具体梯形图如图 4-36 所示。

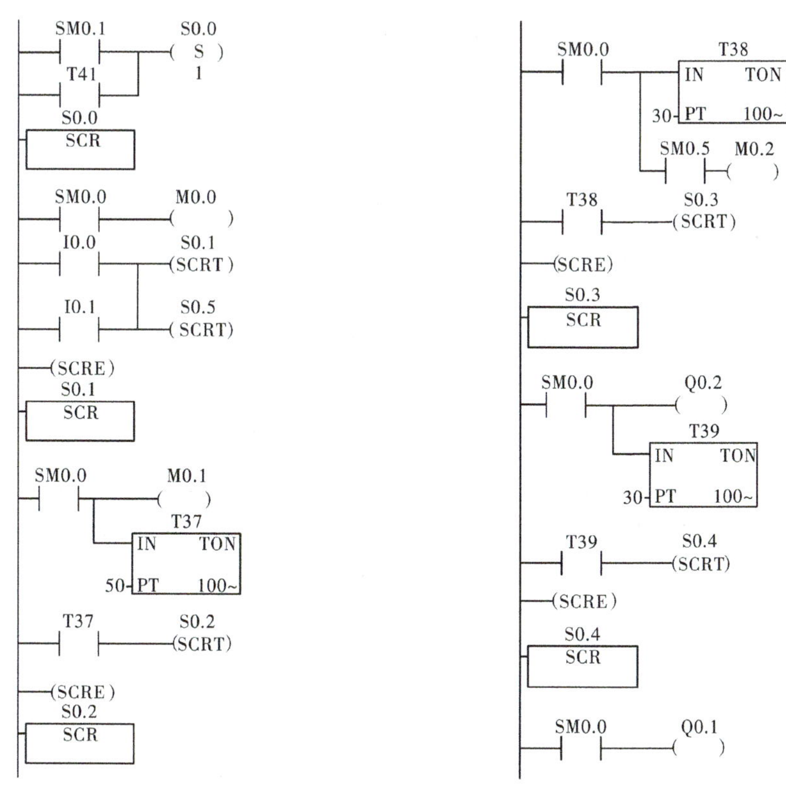

(a)

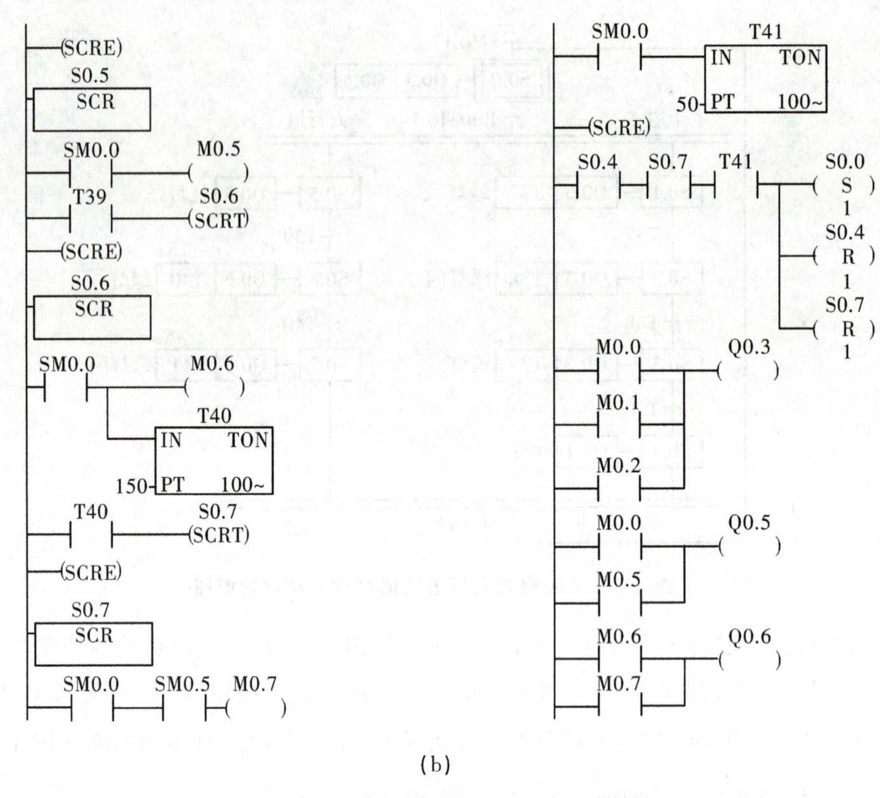

(b)

图 4-36　按钮式人行道交通灯控制梯形图

思考与练习

(1)设计一个用 PLC 步进顺控指令来控制数码管循环显示数字 0、1、2、…9 的控制系统。其控制要求如下:程序开始后显示 0,延时 T 秒,显示 1,延时 T 秒,显示 2…显示 9,延时 T 秒,再显示 0,如此循环不止;按停止按钮时,程序无条件停止运行;需要连接数码管。

(2)初始状态时,如图 4-37 所示的压钳和剪刀在上限位置,I0.0 和 I0.1 为 1 状态。按下启动按钮 I1.0,工作过程如下:首先板料右行(Q0.0 为 1 状态)至限位开关(I0.3 为 1 状态),然后压钳下行(Q0.1 为 1 状态并保持)。压紧板料后,压力继电器 I0.4 为 1 状态,压钳保持压紧,剪刀开始下行(Q0.2 为 1 状态)。剪断板料后,I0.2 变为 1 状态,压钳和剪刀同时上行(Q0.3 和 Q0.4 为 1 状态,Q0.1 和 Q0.2 为 0 状态),它们分别碰到限位开关 I0.0 和 I0.1 后,分别停止上行,均停止后,又开始下一周期的工作,剪完 5 块料后停止工作,并停在初始状态。完成剪板机 PLC 控制系统的设计与调试。

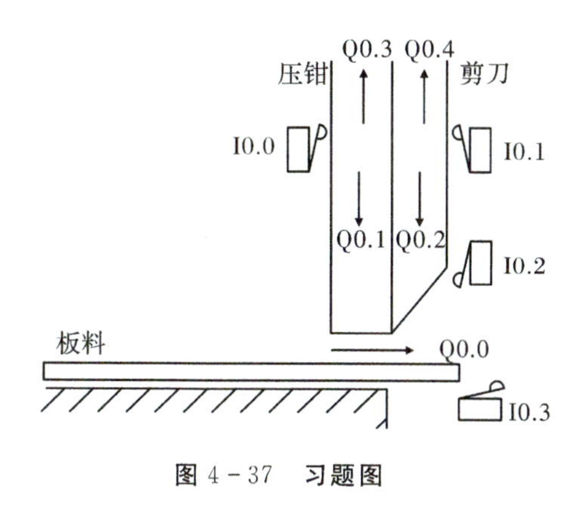

图 4-37 习题图

项目小结

本项目通过三个典型任务的学习及任务的实施，介绍了 S7-200 系列 PLC 顺序控制的编程方法和应用。

任务一　以自动运料小车的 PLC 控制为任务导向，重点讲述了功能图的组成要素和顺序控制继电器指令的功能和用法，在学习中可以结合任务实施的环节熟悉 PLC 系统设计过程，理解控制 PLC 运行的步骤，逐步熟悉顺序控制继电器指令的使用方法。

任务二　以自动门 PLC 控制系统设计为任务导向，重点讲述选择序列结构的顺序控制程序设计方法，如何正确使用起-保-停的设计思想完成功能图转换为梯形图是本任务重点。学习中多练习。

任务三　以彩灯与数码同时显示的 PLC 控制系统设计为任务导向，讲述了数码管显示原理及应用，并对并行序列结构的功能图转为梯形图程序，做了详细说明。另外，在控制系统设计中，PLC 的选型非常重要，当主机点数不够时如何连接扩展模块，在该任务中都做了处理和解决。

项目五

PLC 功能指令及应用

教学目标

(1)掌握功能指令的基本格式、表示方式、数据长度、执行方式等。

(2)掌握主要功能指令的功能和使用方法。

(3)学会利用功能指令解决实际问题的编程方法,进一步熟悉编程软件的使用,通过学习,提高编程技巧。

(4)能熟练运用 PLC 的基本指令和功能指令编写 PLC 程序,并写入 PLC 进行调试运行。

(5)能熟练运用功能指令解决实际的问题。

任务一 灯光喷泉显示 PLC 控制

任务描述

每当夜晚来临,城市街头的各种广告牌灯箱和各种闪烁的霓虹灯以各种规律在闪烁,装点着商铺和城市。霓虹灯的闪烁可以有很多种方法来实现,例如逻辑电路、芯片控制等。本任务中我们学习利用 PLC 来实现霓虹灯的控制。

用 12 只彩灯轮流点亮模拟灯光喷泉,其控制示意图如图 5-1 所示。

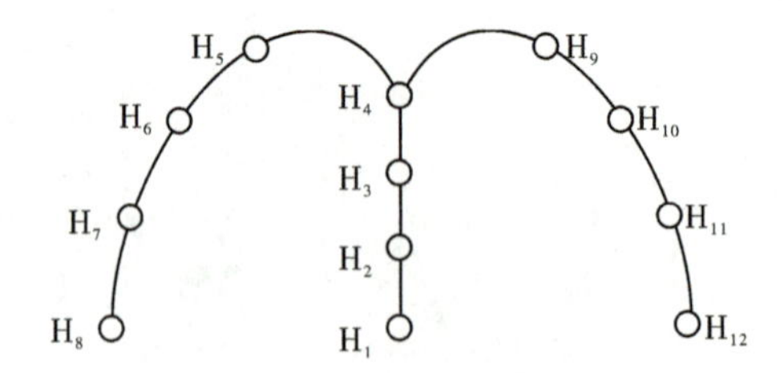

图 5-1 喷泉控制示意图

按下启动按钮后,H_1、H_2、H_3、H_4 依次点亮 0.5 s,接着 H_5 和 H_9、H_6 和 H_{10}、H_7 和 H_{11}、H_8 和 H_{12} 依次点亮 0.5 s,然后再从 H_1 开始点亮,不断循环下去,直至按下停止按钮。

任务目标

了解用PLC实现灯光喷泉控制的工作原理。掌握数据传送、字节交换和填充指令、移位指令的格式及应用。熟悉S7-200系列PLC的结构和外部I/O接线方法。能利用数据传送、移位等指令实现灯光喷泉显示PLC控制系统的安装与调试。

相关知识

一、数据传送指令

传送指令主要作用是将常数或某存储器中的数据传送到另一存储器中。它包括单一数据传送及成组数据传送两大类。通常用于设定参数、协助处理有关数据，以及建立数据或参数表格等。

1. 数据传送指令

(1)指令格式及功能见表5-1。

表5-1 数据传送指令的格式及功能

梯形图LAD	语句表STL	功能
MOV_X EN ENO IN OUT	MOV_X IN,OUT	数据传送指令：使能输入EN有效时，把一个单字节无符号数(B)、单字长(W)或双字长符号数(D)的输入操作数IN传送到OUT指定的存储单元中

(2)指令使用说明。

◆操作码中的X代表被传送数据的长度，它包括4种数据长度，即字节(B)、字(W)、双字(D)和实数(R)。

◆操作数的寻址范围要与指令码中的X一致。其中字节传送时不能寻址专用的字及双字存储器，如T、C及HC等；OUT寻址不能寻址常数。

(3)指令应用示例。

【例5-1】LD I0.0

MOVBVB100,VB200

试分析以上指令的执行结果。

解：指I0.0闭合时，将VB100中的数据送到VB200中。假设VB100中数据为2#0011 0010，执行完传送指令后，VB200中的数据为2#0011 0010。

【例5-2】利用传送指令实现存储器初始化。

解：存储器初始化程序是用于开机运行时对某些存储器清0或置数的一种操作。通常采用传送指令编程。若开机运行时要求将 VB20 清 0、将 VW100 置数为 1 500，编写梯形图程序。

对应的梯形图程序如图 5-2 所示。

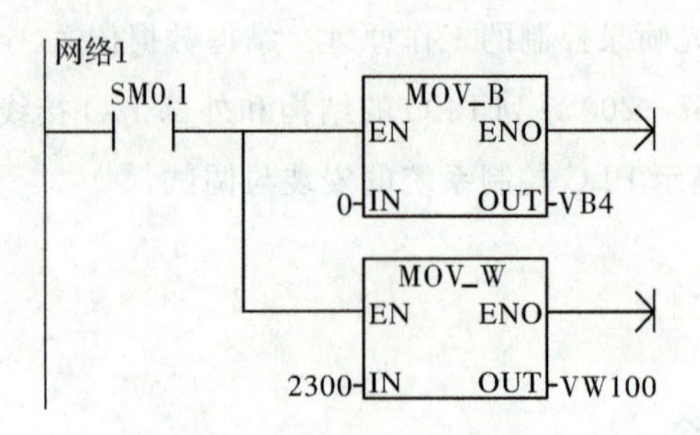

图 5-2 存储器设置与清 0

【例 5-3】利用传送指令编制多台电动机的同时起停控制程序。

解：设 3 台电动机分别由 Q0.0、Q0.1 和 Q0.2 驱动，I0.0 为起动输入信号，I0.1 为停止信号，则对应的梯形图程序如图 5-3 所示。

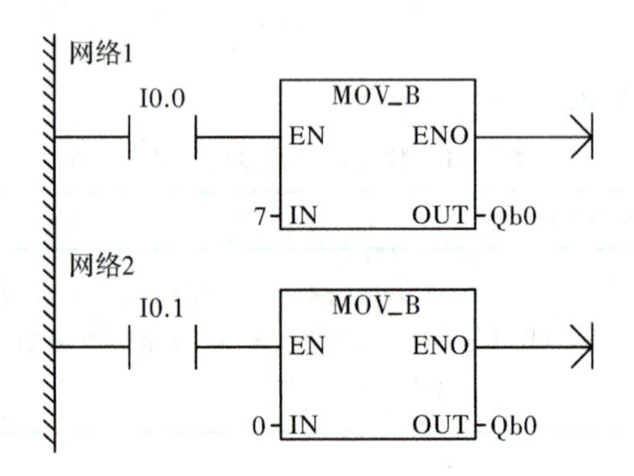

图 5-3 多台电动机的同时起停控制程序

2. 数据块传送指令

(1)指令格式及功能见表 5-2。

表 5-2 数据块传送指令的格式及功能

梯形图 LAD	语句表 STL	功 能
BLKMOV_X EN ENO IN OUT N	BMX IN,OUT,N	数据块传送指令：使能输入 EN 有效时，把从输入存储单元地址 IN 开始的连续 N(1～255)字节(字、双字)操作数传送到以输出存储单元地址 OUT 开始的 N 字节(字、双字)的存储区中

(2)指令使用说明。

◆操作码中的 X 表示数据类型，分为字节(B)、字(W)和双字(D)。

◆操作数 N 指定被传送数据块的长度，可寻址常数，也可寻址存储器的字节地址，不能寻址专用字及双字存储器，如 T、C 及 HC 等，可取范围为 1～255。

◆操作数 IN、OUT 不能寻址常数，它们的寻址范围要与指令码中的 X 一致。其中字节块和双字块传送时不能寻址专用的字及双字存储器，如 T、C 及 HC 等。

(3)指令应用示例。

【例 5-4】LD　I0.1

BMB　VB0，VB10，4

试分析以上指令的执行结果。

解：指 I0.1 闭合时，将从 VB0 开始的连续 4 个字节传送到 VB10～VB13 中。

二、字节交换和填充指令

字节交换指令用来实现 16 位字型整数的高、低字节内容的交换；字节填充指令用于实现 16 位字型整数在指定存储器区域的填充。

1. 指令格式及功能

数据块传送指令的格式及功能见表 5-3。

表 5-3　数据块传送指令的格式及功能

梯形图 LAD	语句表 STL	功　能
SWAP EN ENO IN	SWAP　IN	字节交换指令：使能输入 EN 有效时，将字型输入数据 IN 的高、低位字节交换
FILL_N EN　ENO IN　OUT N	FILL IN，OUT，N	字节填充指令：使能输入 EN 有效时，将字型输入数据 IN 填充到从输出 OUT 指定单元开始的 N(1～255)个字存储单元中

2. 指令使用说明

(1)字节交换指令和填充指令只对字型数据进行处理。

(2)操作数 IN 不能寻址常数。

3. 指令应用示例

【例 5-5】SWAP　VW10

试分析以上指令的执行情况。

解：指令 SWAP 执行情况见表 5-4。

表 5-4　指令 SWAP 执行结果

时间	单元地址	单元内容	说　明
执行前	VW10	1011010100000001	交换指令执行前
执行后	VW10	0000000110110101	指令交换指令，将高低字节的内容交换

【例 5-6】FILL 10,VW100,12

试分析以上指令的执行情况。

解:本指令执行结果是:将数据 10 填充到从 VW100 到 VW122 共 12 个字存储单元中。

三、数据移位指令

1. 数据左右移位指令

(1)数据左右移位指令的格式及功能见表 5-5。

表 5-5 数据左右移位指令的格式及功能

梯形图 LAD	语句表 STL	功 能
SHL_X EN ENO IN OUT N	SLX OUT,N	数据左移位指令:使能输入 EN 有效时,将输入数据 IN 的无符号数(字节、字或双字中)的各位向左移 N 位(右端补零),把结果输出到 OUT 所指定的存储单元中,最后一次移出位保存在 SM1.1 中
SHR_X EN ENO IN OUT N	SRX OUT,N	数据右移位指令:使能输入 EN 有效时,将输入数据 IN 的无符号数(字节、字或双字中)的各位右移 N 位(左端补零),把结果输出到 OUT 所指定的存储单元中。最后一次移出位保存在 SM1.1 中

(2)指令使用说明。

◆操作码中的 X 为移位数据长度,分为字节(B)、字(W)、双字(D)。

◆在移位时,存放被移位数据存储单元的移出端与特殊存储器 SM1.1 连接,移出位进入 SM1.1(溢出),另一端自动补 0。

◆N 为数据移位位数,对字节、字、双字的最大移位位数分别为 8、16 和 32,字节寻址时,不能寻址专用的字及双字存储器,如 T、C 及 HC 等。

◆IN、OUT 的寻址范围要与指令码中的 X 一致。不能对 T、C 等专用存储器寻址;OUT 不能寻址常数。

◆左右移位指令影响特殊存储器的 SM1.0 和 SM1.1 位。如果移位操作使数据变为 0,则零存储器位(SM1.0)自动置位;SM1.1(溢出)的状态由每次移出位的状态决定。

(3)指令应用示例。

【例 5-7】
```
LD   I0.0
SLB  VB0,2
SRB  LB0,3
SRW  VW10,2
```

试分析以上指令的执行结果。

解：SLB、SRB、SRW 指令执行的先决条件是 I0.0 有效，根据移位指令的功能，可得该题的执行结果见表 5－6（各单元内容都用二进制数表示）。

表 5－6 指令 SLB、SRB、SRW 执行情况表

指令	操作数	地址单元及移位数	移位前的值	移位后的结果值
SLB	IN(OUT)	VB0	01010011	01001100
SRB	IN(OUT)	LB0	10110010	00010110
SRW	IN(OUT)	VW10	0011010100110101	0000011010100110

2. 数据循环左右移位指令

（1）数据循环左右移位指令的格式及功能见表 5－7。

表 5－7 数据循环左右移位指令的格式及功能

梯形图 LAD	语句表 STL	功　能
ROL_X EN　ENO IN　OUT N	RLX OUT，N	数据循环左移位指令：使能输入 EN 有效时，将输入数据 IN 的无符号数（字节、字或双字）循环左移 N 位，把结果输出到 OUT 所指定的存储单元中。最后一次移出位保存在 SM1.1 中
ROR_X EN　ENO IN　OUT N	RRX OUT，N	数据循环右移位指令：使能输入 EN 有效时，将输入数据 IN 的无符号数（字节、字或双字）循环右移 N 位，把结果输出到 OUT 所指定的存储单元中。最后一次移出位保存在 SM1.1 中

（2）指令使用说明。

◆操作码中的 X 代表被移位的数据长度，分为字节（B）、字（W）和双字（D）。

◆循环移位是环形的，即被移出来的位将返回到另一端空出来的位。

◆在移位时，存放被移位数据的存储单元的移出端既与另一端连接，又与特殊存储器 SM1.1 连接，移出位在被移到另一端的同时，也进入 SM1.1（溢出）。SM1.1 始终存放最后一次被移出的位。

◆移位次数 N 与移位数据的长度有关，如 N 小于实际的数据长度，则执行 N 次移位。如 N 大于数据长度，则执行移位的次数为 N 除以实际数据长度的余数。

◆N 指定数据被移位的位数，对字节、字、双字的最大移位位数分别为 8、16 和 32。通过字节寻址方式设置，不能对专用存储器 T、C 及 HC 寻址。

◆IN、OUT 的寻址范围要与指令码中的 X 一致。不能对 T、C、HC 等专用存储器寻址；OUT 不能寻址常数。

◆左右循环移位指令影响特殊存储器的 SM1.0 和 SM1.1 位。

(3)指令应用示例。

【例 5-8】 RLB MB0,2

RRB LB0,3

试分析以上指令的执行情况。

解:指令 RLB、RRB 执行情况见表 5-8。

表 5-8 指令 RLB、RRB 执行结果

指令	移位次数	地址	单元内容	位 SM1.1	说 明
RLB	0	MB0	10010011	X	移位前
	1	MB0	00100111	1	左端 1 移入 SM1.1 和 MB0 右端
	2	MB0	01001110	0	左端 0 移入 SM1.1 和 MB0 右端
RRB	0	LB0	00110011	X	移位前
	1	LB0	10011001	1	右端 1 移入 SM1.1 和 LB0 左端
	2	LB0	11001100	1	右端 1 移入 SM1.1 和 LB0 左端
	3	LB0	01100110	0	右端 0 移入 SM1.1 和 LB0 左端

四、移位寄存器指令

1. 指令格式及功能

位移位寄存器指令的格式及功能见表 5-9。

表 5-9 位移位寄存器指令的格式及功能

梯形图 LAD	语句表 STL	功 能
SHRB EN ENO DATA S_BIT N	SHRB DATA,S_BIT,N	移位寄存器指令:使能输入 EN 有效时,数据位 DATA 在每一个程序扫描周期均移入寄存器的最低位(N 为正时)或最高位(N 为负时),寄存器的其他位则依次左移(N 为正时)或右移(N 为负时)一位

2. 指令使用说明

◆移位寄存器指令在梯形图中有 3 个数据输入端:DATA 为数据输入端,指令执行时该位的值移入移位寄存器。S_BIT 为移位寄存器的最低位;N 为移位寄存器的长度和移位方向,$-64 \leqslant N \leqslant 64$。寄存器的移位方向由 N 的符号决定,N 为正值寄存器左移(由低位向高位移动),DATA 值从 S_BIT 位移入,移出位存入 SM1.1;N 为负值寄存器右移(由高位向低位移动);DATA 值从 S_BIT 移出到 SM1.1,另一端补充 DATA 移入位的值。寄存器的起始位由 S_BIT 指定,N 为正时 S_BIT 为最低位,N 为负时 S_BIT 为最高位。

◆DATA 和 S_BIT 寻址 I、Q、M、SM、T、C、V、S、L；N 为字节寻址，可寻址的寄存器为 VB、IB、QB、MB、SB、SMB、LB、AC，也可立即数寻址。

◆移位寄存器指令影响特殊内部标志位 SM1.1（移出移位寄存器的数据进入溢出标志位 SM1.1）。

【例 5-9】SHRB　I0.5，V20.0，5

试分析以上指令的执行情况。指令 SHRB 执行情况见表 5-10。

表 5-10　指令 SHRB 执行结果

移位次数	I0.5	单元内容	位 SM1.1	说明
0	1	10110101	X	移位前，移位时从 VB20.4 移出
1	1	10101011	1	1 移入 SM1.1，I0.5 的值进入右端
2	0	10110110	0	0 移入 SM1.1，I0.5 的值进入右端
3	0	10101110	1	1 移入 SM1.1，I0.5 的值进入右端

任务实施

一、分配 I/O 地址

根据灯光喷泉的系统要求，确定本任务的 I/O 地址分配见表 5-11。

表 5-11　灯光喷泉 PLC 控制的 I/O 分配表

设备		地址
输入	起动按钮 SB_1	I0.0
	停止按钮 SB_2	I0.1
输出	灯 H_1	Q0.0
	灯 H_2	Q0.1
	灯 H_3	Q0.2
	灯 H_4	Q0.3
	灯 H_5、H_9	Q0.4
	灯 H_6、H_{10}	Q0.5
	灯 H_7、H_{11}	Q0.6
	灯 H_8、H_{12}	Q0.7

二、输入/输出接线

根据 I/O 地址分配表，画出外部接线图如图 5-4 所示。

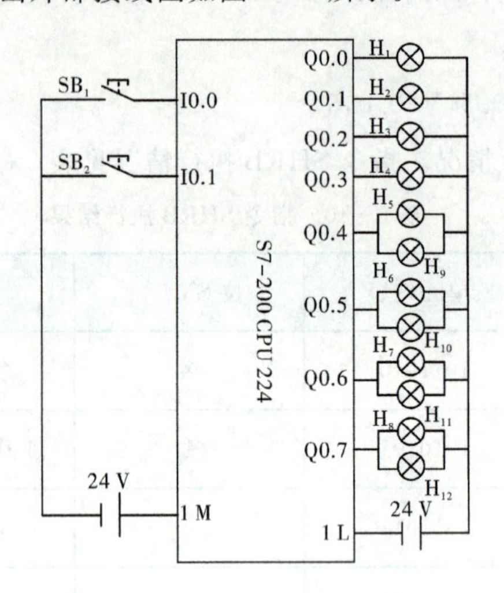

图 5-4　灯光喷泉 PLC 控制的输入/输出接线图

三、程序设计

根据灯光喷泉控制要求，分别利用循环移位指令与移位寄存器指令编制灯光喷泉 PLC 控制的梯形图程序，如图 5-5 和图 5-6 所示。

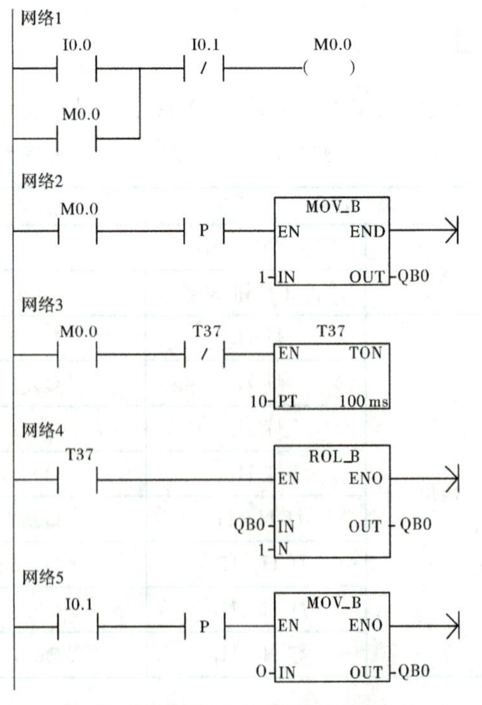

图 5-5　灯光喷泉 PLC 控制梯形图(方案一)

```
网络1
  I0.0        I0.1        M0.0
──┤ ├──┬──┤/├──────( )
  M0.0 │
──┤ ├──┘
网络2
  M0.0        T37         T37
──┤ ├──────┤/├────[IN    TON]
                   10-[PT  100 ms]
网络3
  T37                  SHRB
──┤ ├─────────────[EN    END]──→|
              M0.1-[DATA]
              Q0.0-[S_BIT]
                 8-[N]
网络4
  Q0.0  Q0.1  Q0.2  Q0.3  Q0.4  Q0.5  Q0.6  Q0.7  M0.1
──┤/├──┤/├──┤/├──┤/├──┤/├──┤/├──┤/├──┤/├──( )
网络5
  I0.1                 MOV_B
──┤ ├──────┤P├────[EN    END]──→|
                  0-[IN   OUT]-QB0
```

图 5-6 灯光喷泉 PLC 控制梯形图(方案二)

四、调试运行

(1)按照图 5-4 接线,输入程序下载到 PLC 中。

(2)按下起动按钮 SB_1,输出端口 QB0 指示灯 H_1~H_{12}间隔 1 s 依次循环点亮,按下停止按钮 SB_2,输出端口 QB0 指示灯全部熄灭。

知识拓展

广告牌灯箱的 PLC 控制。

1. 控制要求

如图 5-7 所示为“欢迎您”的广告牌灯箱,要求“欢”“迎”“您”三个字循环闪烁,每 1 s 变化一次。“欢迎您”广告牌灯箱的运行时序图如图 5-8 所示。

图 5-7 “欢迎您”广告牌灯箱示意图

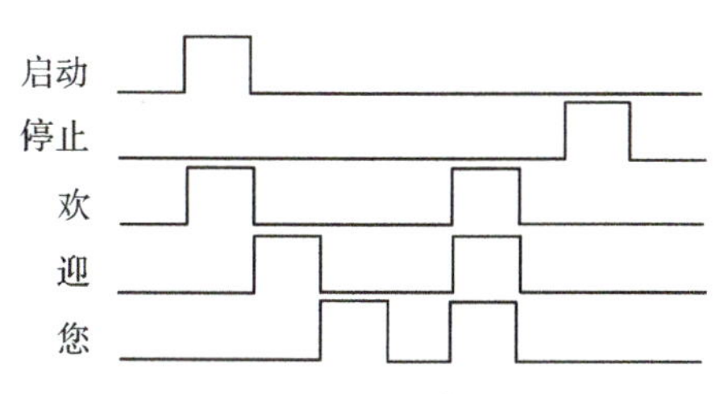

图 5-8 “欢迎您”时序图

2. I/O 分配表

广告牌灯箱 PLC 控制的 I/O 分配见表 5 - 12。

表 5 - 12　广告牌灯箱 PLC 控制的 I/O 分配表

设备		地址
输入	起动按钮 SB_1	I0.0
	停止按钮 SB_2	I0.1
输出	“欢”	Q0.0
	“迎”	Q0.1
	“您”	Q0.2

3. 梯形图程序

在时序图 5 - 8 中，按下起动按钮后，所有输出灯的变化按照均匀的时间间隔进行变化，利用移位寄存器很容易实现其转换的过程。控制过程是一个不循环的过程，从开始到结束历时 5 s，用辅助继电器 M0.0～M0.4 来代表每一秒钟，则整个过程至少需要 5 个辅助继电器。按照要求编写梯形图程序如图 5 - 9 所示。

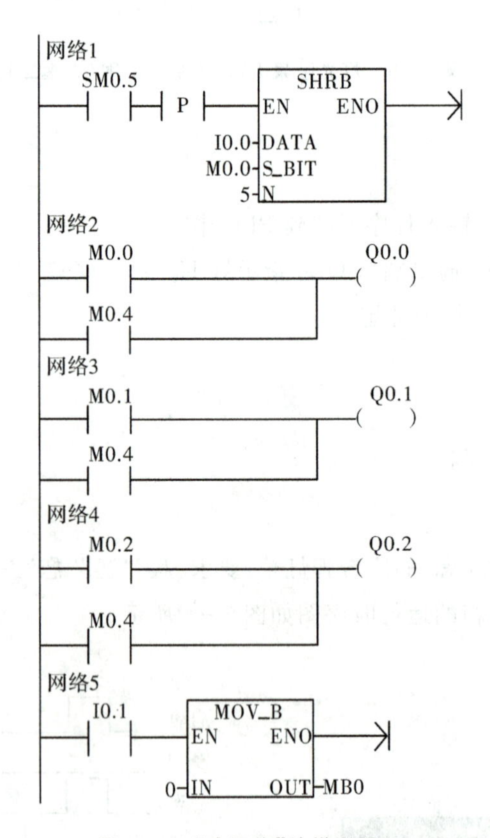

图 5 - 9　“欢迎您”的梯形图

思考与练习

8盏流水灯PLC控制：PLC输出端口控制8个指示灯 L_1～L_8（任意时刻仅有一个灯点亮），启动开关闭合后，指示灯间隔1 s自 L_1 到 L_8 依次循环点亮；起动开关断开后，指示灯间隔1 s自 L_8 到 L_1 依次循环点亮，按下停止开关后，指示灯熄灭。

任务二　多台电动机自动和手动运行的PLC控制

任务描述

随着工业自动化程度不断提高，需要采用各种各样的控制电动机作为自动化系统的执行元件，因而电动机的运行控制在系统运行中起到了重要作用。在实际工程中，经常要用到多台电动机自动和手动的切换，以满足工程的需要。

现有三台电动机 M_1、M_2 和 M_3，由三个接触器 KM_1、KM_2 和 KM_3 分别控制电动机的运转。要求具有两种起停工作方式：

(1)选择手动工作方式时，分别用每台电动机各自的起动、停止按钮控制电动机的连续运行。

(2)选择自动控制方式时，按下起动按钮，三台电动机每隔1 min依次起动，按下停止按钮，三台电动机同时停止。

根据以上控制要求，试用PLC设计控制程序。

任务目标

掌握PLC控制多台电动机自动和手动运行的方法。掌握跳转指令、子程序指令的格式及应用。理解中断指令的格式及功能，掌握使用中断子程序解决实际问题的方法。

相关知识

三台电动机的起动方式决定程序有两种不同的流向，这就用到了程序控制指令。程序控制指令可以影响程序执行的流向和内容，S7-200系列PLC的程序控制指令包括跳转指令、子程序指令和中断程序指令。

一、跳转与跳转标号指令

1. 指令格式及功能

跳转与跳转标号指令的格式及功能见表5-13。

表5-13 跳转与跳转标号指令的格式及功能

梯形图 LAD	语句表 STL	功 能
n —(JMP)	JMP n	使能输入 EN 有效时，跳转指令(JMP)可使程序跳转到同一程序指定标号(n)处向下执行；使能输入 EN 无效时，程序顺序执行
n LBL	LBLn	跳转标号指令(LBL)标记跳转目的地的位置(n)

2. 指令使用说明

(1)跳转标号 n 的取值范围是0～255。

(2)跳转指令及跳转标号指令只能用于同一程序段中，不能在主程序断中用跳转指令，而在子程序段中用跳转标号指令。

(3)可以有多条跳转指令使用同一标号，但不允许有一个跳转指令对应两个标号的情况，即在同一程序中不允许存在两个相同的标号。

3. 指令用法示例

【例5-10】跳转指令应用程序如图5-10所示。试分析I0.0接通与断开时程序的执行情况。

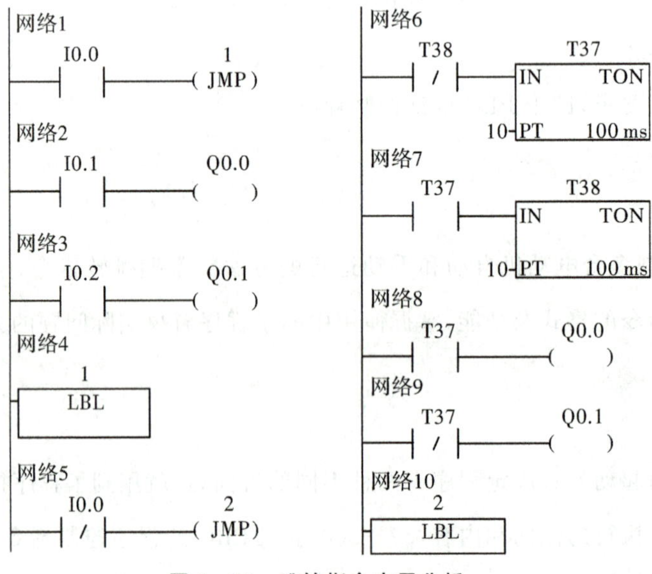

图5-10 跳转指令应用分析

解：当I0.0=1时，执行跳转指令。程序转到网络4，即标号1向下执行，T37与T38交替定时，线圈Q0.0与Q0.1以1 s时间间隔交替点亮、熄灭。当I0.0=0时执行跳转指令，程序转到网络10执行。当I0.1=1时，Q0.0=1；当I0.2=1时，Q0.1=1。

二、子程序指令

S7-200系列PLC把程序分为3大类：主程序(OB1)、子程序(SBR_n)和中断程序(INT_n)。实际应用中，有些程序内容可能被反复使用，对于这些可能被反复使用的程序往往编成一个单独的程序块，存放在某一个区域，程序执行时可以随时调用这些程序块。这些程序块可以带一些参数，也可以不带参数，这类程序块被称为子程序。子程序的优点在于它可以用于将一个大的程序进行分段及分块，使其成为较小的更易管理的程序块，以便程序调试、检查和维护。

子程序指令包含子程序调用指令和子程序返回指令。

1. 指令格式及功能

子程序调用与子程序标号、子程序返回指令的格式及功能见表5-14。

表5-14 子程序调用与子程序标号、子程序返回指令的格式及功能

梯形图LAD	语句表STL	功　能
—(RET)	CALL SBR_n	使能输入有效时，子程序调用与标号指令(CALL)把程序的控制权交给子程序(SBR_n)
SBR_n EN	CERT	使能输入有效时，结束子程序的执行，返回主程序。有条件子程序返回指令(CRET)根据该指令前面的逻辑关，决定是否终止子程序(SBR_n)；无条件子程序返回指令(RET)立即终止子程序的执行

2. 指令使用说明

(1)子程序的操作。主程序内使用的调用指令决定是否去执行指定的子程序。子程序的调用由调用指令完成。当允许子程序调用时，调用指令将程序控制转移给子程序SBR_n，程序扫描将转到子程序入口处执行。当执行子程序时，将执行全部子程序指令直至满足返回条件而返回，或者执行到子程序末尾而返回。当子程序返回时，返回到原主程序出口的下一条指令执行，继续往下扫描程序。

(2)子程序调用指令编写在主程序中，子程序返回指令编写在子程序中。子程序标号n的范围是0～63。

(3) 跳转指令及跳转标号指令只能用于同一程序段中，不能在主程序断中用跳转指令，而在子程序段中用跳转标号指令。

3. 子程序的建立

在STEP7-Micro/Win32编程软件中，可采用下列方法之一建立子程序。

(1) 从“编辑”菜单，选择“插入(Insert)”→“子程序(Subroutine)”。

(2) 从“指令树”中，右击“程序块”图标，并从弹出的快捷菜单中选择“插入(Insert)”→“子程序(Subroutine)”。

(3) 在“程序编辑器”窗口中右击，并从弹出的快捷菜单选择“插入(Insert)”→“子程序(Subroutine)”。程序编辑器从显示先前的 POU 更改为新的子程序。程序编辑器底部会出现一个新标签(缺省标签为 SBR_0、SBR_1)，代表新的子程序名。

4. 子程序编程步骤

(1) 建立子程序(SBR_n)。

(2) 在子程序(SBR_n)中编写应用程序。

(3)在主程序或其他子程序或中断程序中编写调用子程序(SBR_n)的指令。

【例 5-11】如图 5-11 所示为一个用梯形图语言对无参数子程序调用的编程例子。

OB1 是 S7-200 的主程序。OB1 中仅有一个网络，该程序的功能是，当输入端 I0.0=1 时，调用子程序 1。

SBR_1 是被调用的子程序。该程序段的第一个网络的功能是，如果输入信号 I0.1=1，则立刻返回主程序，而不向下扫描该子程序。该程序段第二个网络的功能是，每隔 1 s 启动 Q0.0 输出 1 次，占空比为 50%。

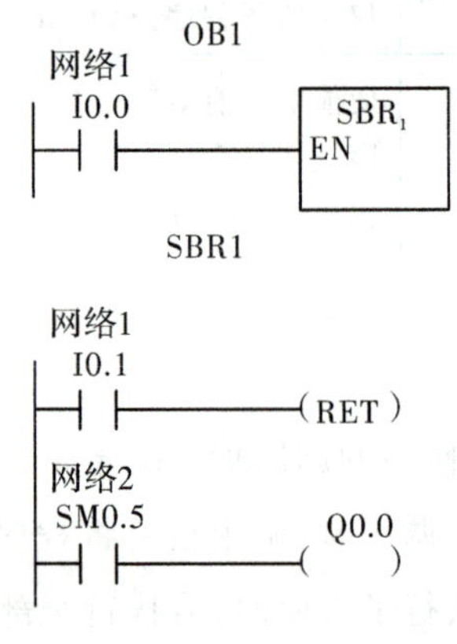

图 5-11 子程序指令的应用

三、中断与中断指令

中断就是终止当前正在运行的程序，去执行为立即响应的信号而编制的中断服务程序，执行完毕再返回原先被终止的程序并继续运行的过程。S7-200 设置了中断功能，用于实时控制、高速处理、通信和网络等复杂和特殊的控制任务。

1. 中断源

能够向 PLC 发出中断请求的事件叫中断事件，又称中断源。如外部开关量输入信号的上升沿或下降沿事件、通信事件、高速计数器的当前值等于设定值事件等。PLC 事先并不知道这些事件何时发生，一旦出现便立即尽快地进行处理。为了便于识别，S7－200 给每个中断源都分配了一个编号，称为中断事件号。S7－200 系列 PLC 总共有 34 个中断源，分为 3 大类：通信口中断、I/O 中断和时基中断。

1）通信口中断

通信口中断含端口 0 及端口 1 用来接收及发送相关中断。S7－200 系列 PLC 的串行通信口可由用户程序来控制，通信口的这种操作模式称为自由口通信模式。在自由口通信模式下，用户可通过编程来设置波特率、奇偶检验和通信协议等参数。利用接收和发送中断可简化程序对通信的控制。

2）I/O 中断

I/O 中断包括外部输入上升/下降沿中断、高速计数器中断和高速脉冲串输出（PTO）中断。上升/下降沿中断是指由 I0.0～I0.3 引起的中断。这些输入点的上升沿或下降沿出现时，CPU 可检测到其变化，从而转入中断处理，以便及时响应某种故障状态。

高速计数器中断指对高速计数器运行时产生的事件实时迅速响应，包括当前值等于预置值时产生的中断，计数方向改变时产生的中断或计数器外部复位产生的中断。从而可以实现比 PLC 扫描周期还要短的有关控制任务。

脉冲串输出中断是指当 PLC 完成指定脉冲数输出时引起的中断，它可以方便地控制步进电动机的转角或转速。

3）时基中断

时基中断包括内部定时中断和外部定时器中断。

内部定时中断包括定时中断 0 和定时中断 1。这两个定时中断按设定的时间周期不断循环工作，可以用来以固定的时间间隔作为采样周期，对模拟量输入进行采样，也可以用来执行一个 PID 调节指令。定时中断的时间间隔存储在时间间隔寄存器 SMB34 和 SMB35 中，它们分别对应定时中断 0 和定时中断 1。对于 22X 系列的机型，它们在 1 ms～255 ms 之间以 1 ms 为增量单位进行设定。当 CPU 响应定时中断事件时，就会获取该时间间隔值。

外部定时器中断就是利用定时器来对一个指定的时间段产生中断。只能由 1 ms 延时定时器 T32 和 T96 产生。T32 和 T96 的工作方式与普通定时器一样。一旦定时器中断允许，当 T32 或 T96 的当前值等于预置值时，CPU 响应定时器中断，执行被连接的中断服务程序。

2. 中断优先级及中断列队

优先级是指多个中断事件同时发出中断请求时，CPU 对中断事件响应的优先次序。S7－200 规定的中断优先由高到低依次：通信口中断、I/O 中断、时基中断，在同一优先级的事件中，CPU 按先来先服务的原则处理。在同一时刻，只能有一个中断服务程序被执行。一个中断服务程序一旦被执行，就会一直执行到结束，中途不能被另一个中断服务程序中断，即便是优先级更高的中断也不行。在一个中断服务程序执行期间发生的其他中断需排队等候处理。所有中断事件及优先级见表5-15。

表5-15　中断事件的优先级顺序

事件号	中断描述		优先级	优先组中的优先级
8	端口0	接收字符	通信（最高）	0
9	端口0	发送完成		0
23	端口0	接收消息完成		0
24	端口1	接收消息完成		1
25	端口1	接收字符		1
26	端口1	发送完成		1
19	PTO	0完成中断	I/O（中等）	0
20	PTO	1完成中断		1
0	上升沿	I0.0		2
2	上升沿	I0.1		3
4	上升沿	I0.2		4
6	上升沿	I0.3		5
1	下降沿	I0.0		6
3	下降沿	I0.1		7
5	下降沿	I0.2		8
7	下降沿	I0.3		9
12	HSC0	CV=PV(当前值=预置值)		10
27	HSC0	输入方向改变		11
28	HSC0	外部复位		12
13	HSC1	CV=PV(当前值=预置值)	I/O（中等）	13
14	HSC1	输入方向改变		14
15	HSC1	外部复位		15
16	HSC2	CV=PV(当前值=预置值)		16
17	HSC2	输入方向改变		17
18	HSC2	外部复位		18
32	HSC3	CV=PV(当前值=预置值)		19
29	HSC4	CV=PV(当前值=预置值)		20
30	HSC4	输入方向改变		21
31	HSC4	外部复位		22
33	HSC5	CV=PV(当前值=预置值)		23
10	定时中断0	SMB34	时基(最低)	0
11	定时中断1	SMB35		1
21	定时器T32	CT=PT中断		2
22	定时器T96	CT=PT中断		3

3. 中断指令

S7-200 系列 PLC 的中断指令包含中断允许、中断禁止、中断连接、中断分离、中断服务程序标号和中断返回指令，可用于实时控制、在线通信或网络当中，根据中断事件的出现情况，及时发出控制指令。其指令的格式及功能见表 5-16。

表 5-16 中断指令的格式及功能

梯形图 LAD	语句表 STL	功 能
—(ENI)	ENI	中断允许指令 ENI 全局地允许所有被连接的中断事件
—(DISI)	DISI	中断允许指令 DISI 全局地禁止处理所有中断事件
ATCH: EN ENO, INT, EVNT	ATCH INT, EVNT	中断连接指令 ATCH 把一个中断事件(EVNT)和一个中断服务程序连接起来，并允许该中断事件
DTCH: EN ENO, EVNT	DTCH EVNT	中断分离指令 DTCH 截断一个中断事件(EVNT)和所有中断程序之间的连接，并禁用该中断事件。
n INT	INT n	中断服务程序标号指令 INT 指定中断服务程序(n)的开始
—(RETI)	RETI	中断返回指令 RETI 满足一定条件时，退出中断服务程序而返回主程序

4. 中断服务程序的编制方法和步骤

(1)编制方法：用编程软件，在“编辑”菜单下的 “插入”中选择“中断”，则自动生成一个新的中断程序编号，并进入该中断程序的编辑区，在此编写中断处理程序的各条指令。

(2)中断程序编程步骤。

◆建立中断程序 INT-n。

◆在中断程序 INT-n 中编写其应用程序。

◆在主程序中编写中断连接程序(ATCH)。

◆在主程序中开中断(ENI)。

◆如果需要，则可以编写中断分离指令(DTCH)。

(3)注意事项。

◆在中断程序中不能使用 DISI、ENI、HDEF、LSCR 和 END 指令。

◆PLC 系统中的中断指令与微机原理中的中断不同，不允许嵌套。

【例 5-12】利用定时中断功能编制一个程序，实现如下功能：当 I0.0 由 OFF→ON，Q0.0 亮 1 s，灭 1 s，如此循环反复直至 I0.0 由 ON→OFF，Q0.0 变为 OFF。程序如图 5-12 所示。

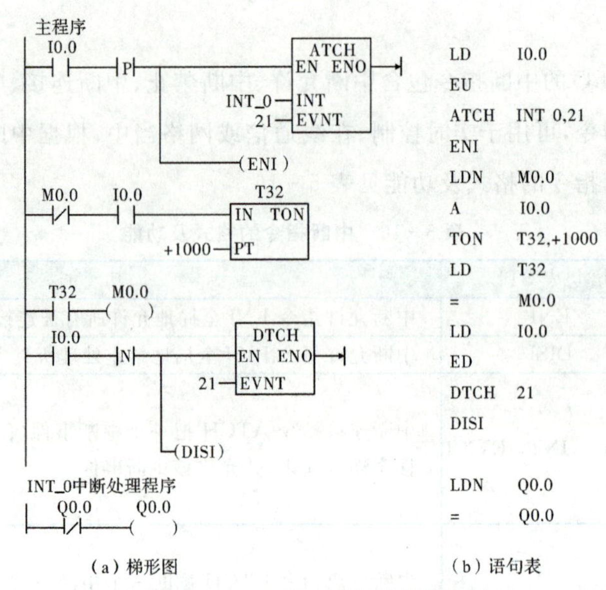

（a）梯形图　　（b）语句表

图 5-12　定时中断的梯形图

【例 5-13】利用定时器中断的方式实现 Q0.0～Q0.7 输出的依次移位（间隔时间 1 s），按下起动按钮 I0.0，移位从 Q0.0 开始；按下停止按钮 I0.1，移位停止且清 0。

程序设计：采用移位指令与中断指令的配合完成彩灯依次点亮控制。按下起动按钮的第一个扫描周期置 QB0 的初值，并建立 T96 定时器中断事件与中断子程序 0 的连接，实现全局开中断；设置 T96 定时器预设值为 1 s，并保证系统停止时不会有任何输出；编制中断子程序，实现 QB0 的左移位控制。其梯形图程序如图 5-13 所示。

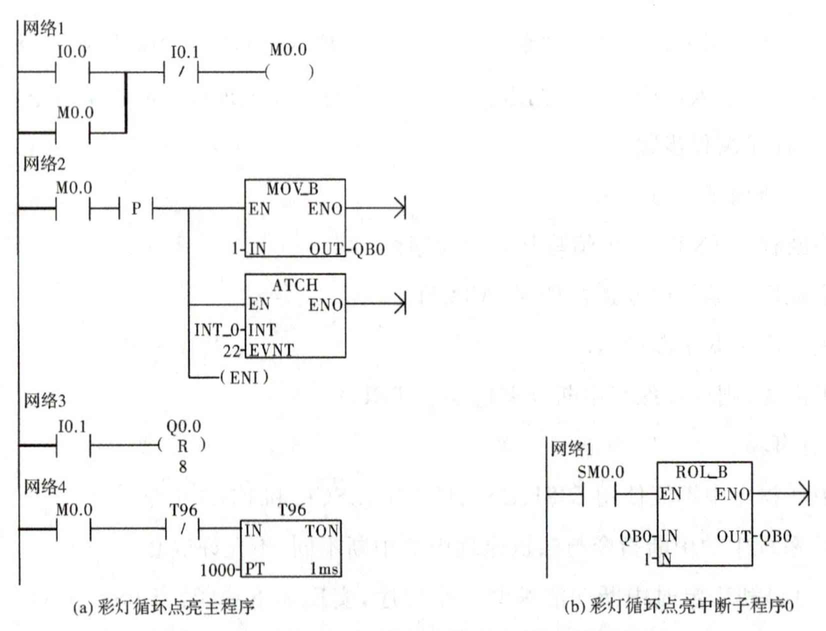

(a) 彩灯循环点亮主程序　　(b) 彩灯循环点亮中断子程序0

图 5-13　定时中断控制彩灯循环点亮梯形图程序

任务实施

一、分配 I/O 地址

根据电动机自动和手动控制系统要求，确定本任务的 I/O 地址分配见表 5－17。

表 5－17 多台电动机自动和手动运行的 I/O 分配表

设备		地址
输入	手动/自动方式选择开关 ST	I1.0
	自动方式：起动按钮 SB_0	I0.0
	自动方式：停止按钮 SB_1	I0.1
	手动方式：M_1 起动按钮 SB_2	I0.2
	手动方式：M_1 停止按钮 SB_3	I0.3
	手动方式：M_2 起动按钮 SB_4	I0.4
	手动方式：M_2 停止按钮 SB_5	I0.5
	手动方式：M_3 起动按钮 SB_6	I0.6
	手动方式：M_3 停止按钮 SB_7	I0.7
输出	电动机 M_1 的控制接触器 KM_1	Q0.1
	电动机 M_2 的控制接触器 KM_2	Q0.2
	电动机 M_3 的控制接触器 KM_3	Q0.3

二、输入/输出接线

根据 I/O 地址分配表，画出外部接线图如图 5－14 所示。

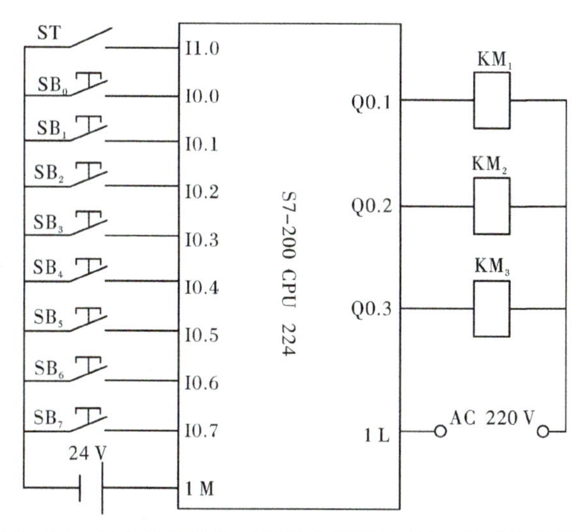

图 5－14 多台电动机自动和手动运行的输入/输出接线图

三、程序设计

根据控制要求及所做的分析，梯形图的结构图如图 5－15 所示，任务具体的梯形图程序如图 5－16 所示。

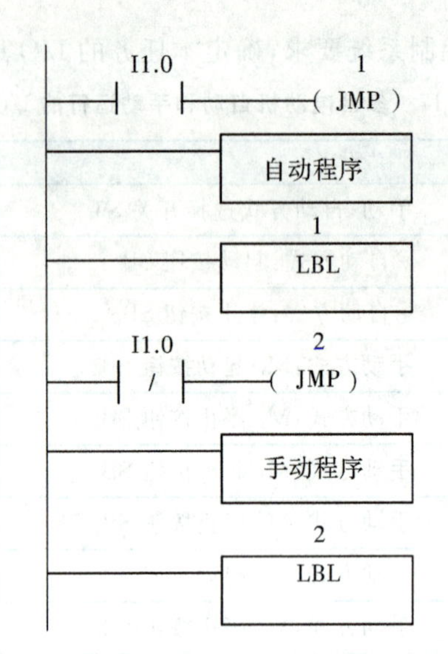

图 5－15　手动/自动操作方式的程序结构图

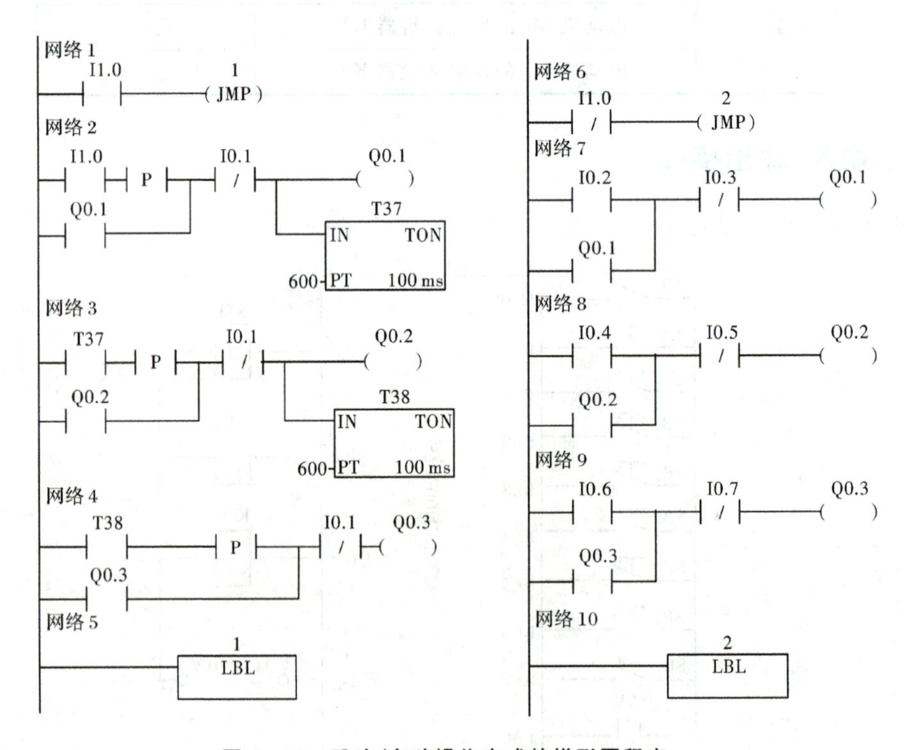

图 5－16　手动/自动操作方式的梯形图程序

四、调试运行

按照如图 5－14 所示接线，输入程序并进行运行，直至满足控制要求。

知识拓展

带有手动/自动切换的三相异步电动机 Y－Δ 降压起动的控制。

1. 控制要求

系统设有起动停止按钮各一个，手动/自动选择开关一个。当选择开关接通时，系统进入手动控制方式，Y－Δ 切换必须通过手动完成；当选择开关断开时，系统为自动控制方式，Y－Δ 切换通过定时器自动进行。为防止 Y－Δ 接法可能出现的短路故障，系统必须设有 Y－Δ 互锁措施。

2. PLC 输入/输出端子分配

带有手动/自动切换的电动机 Y－Δ 降压起动控制 I/O 分配见表 5－18。

表 5－18　带有手动/自动切换的电动机 Y－Δ 降压起动控制 I/O 分配表

设备		地址
输入	手动/自动起动按钮 SB_1	I0.0
	停止按钮 SB_2	I0.1
	手动/自动选择开关 SA	I0.3
输出	电源接触器 KM_1	Q0.1
	Y 联结接触器 KM_2	Q0.2
	Δ 联结接触器 KM_3	Q0.3

3. 程序设计

根据三相异步电动机 Y－Δ 降压起动控制要求及 PLC 输入/输出接线端子分配的结果，编写 PLC 控制程序，如图 5－17 所示。

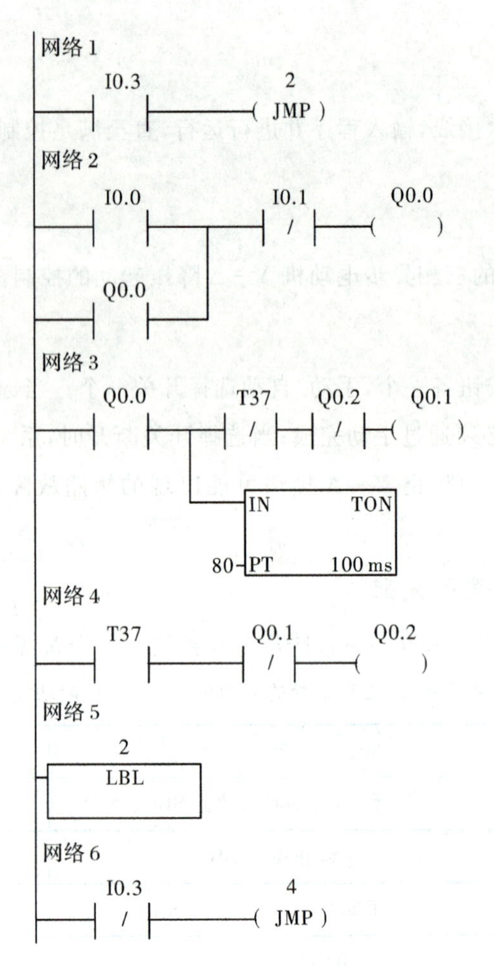

图 5-17　三相异步电动机 Y-△ 降压起动控制梯形图程序

思考与练习

(1)设 I0.3 为点动/连续控制选择开关，当 I0.3 得电时，选择点动控制；当 I0.3 不得电时，选择连续运行控制，试采用跳转指令设计电动机的点动/连续控制程序。

(2)将点动/连续运转控制程序的点动部分及连续部分分别作为子程序编写，在主程序中根据需要调用，试写出相对应梯形图程序。

(3)S7-200 系列 PLC 的中断事件分哪几类？它们的中断优先级如何划分？

(4)首次扫描给 Q0.0～Q0.7 置初值，用 T32 中断定时控制接在 Q0.0～Q0.7 上的 8 个彩灯循环右移，每秒移一位。

任务三 自动售饮机的PLC控制

任务描述

自动售饮机的面板示意图如图5-18所示。

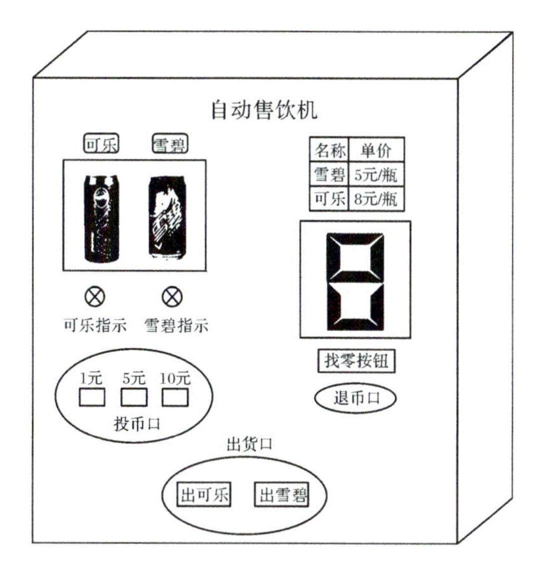

图5-18 自动售饮机的面板示意图

(1)按1元、5元、10元按钮,可以投入货币,按下“可乐”和“雪碧”按钮分别代表购买“可乐”和“雪碧”。出货口的“出可乐”和“出雪碧”表示可乐和雪碧已经取出。购买后用一个LED数码管显示当前余额,按下“找零按钮”,退币口退币。

(2)该售饮机可以出售可乐和雪碧两种饮料,价格分别为8元/瓶和5元/瓶。当投入的货币大于或等于其售价时,对应的可乐指示灯、雪碧指示灯点亮,表示可以购买。

(3)当可以购买时,按下相应的“可乐”或“雪碧”按钮,与之对应的指示灯闪烁,表示已经购买了可乐或雪碧,同时出货口延时3 s吐出可乐或雪碧。

(4)在购买了可乐或雪碧后,若余额还可以购买饮料,按下“可乐”或“雪碧”按钮可以继续购买,若不想再购买,按下“找零按钮”后,退币口退币。

任务目标

掌握PLC控制自动售饮机运行的方法。掌握算术运算指令、函数运算指令、逻辑运算指令和数据转换指令的格式及应用。熟悉S7-200系列PLC的结构和外部I/O接线方法。能利用所学习的功能指令编程实现较复杂的 PLC 控制。

相关知识

数据运算指令主要实现对数值类数据的四则运算、函数运算及逻辑运算。多用于实现按数据的运算结果进行控制的场合，如自动配料系统、工程量的标准化处理等。

一、算数运算指令

1. 加、减法指令

(1)加、减法指令的格式及功能见表 5-19。

表 5-19 加、减法指令的格式及功能

梯形图 LAD	语句表 STL	功 能
ADD_X EN ENO IN1 OUT IN2	+X IN2,OUT	加法运算指令：使能输入 EN 有效时，输入数据 IN1 与 IN2 执行 IN1+IN2 运算，结果存入 OUT 指定的存储单元，即 IN1→OUT，OUT+IN2=OUT
SUB_X EN ENO IN1 OUT IN2	-X，IN2，OUT	减法运算指令：使能输入 EN 有效时，输入数据 IN1 与 IN2 执行 IN1-IN2 运算，结果存入 OUT 指定的存储单元，即 IN1→OUT，OUT-IN2=OUT

(2)指令使用说明。

◆操作码中的 X 指定数据的长度，分别为整数(I)、双字整数(DI)和实数(R)。

◆实数 R 的加、减法指令的各操作数要按双字寻址，不能寻址的字及双字存储器，如 T、C 及 HC 等。

◆操作数的寻址范围要与指令码中的 X 一致，OUT 不能寻址常数。

该指令影响特殊寄存器标志位：SM1.0(SM1.1=0 无效时，用来指示运算结果为 0)，SM1.1(用来指示溢出错误和非法值)、SM1.2(SM1.1=0 无效时，用来指示运算结果为负)。

2. 乘、除法指令

(1)乘除法指令的格式及功能见表 5-20。

表 5-20 乘、除法指令的格式及功能

梯形图 LAD	语句表 STL	功 能
MUL_X EN ENO IN1 OUT IN2	* X IN2,OUT	乘法运算指令:使能输入 EN 有效时,输入数据 IN1 与 IN2 执行 IN1 * IN2 运算,结果存入 OUT 指定的存储单元,即 IN1→OUT,OUT * IN2=OUT
DIV_X EN ENO IN1 OUT IN2	/X,IN2,OUT	除法运算指令:使能输入 EN 有效时,输入数据 IN1 与 IN2 执行 IN1/IN2 运算,结果存入 OUT 指定的存储单元,即 IN1→OUT,OUT/IN2=OUT
MUL EN ENO IN1 OUT IN2	MUL IN2,OUT	16 位整数乘法运算指令:使能输入 EN 有效时,16 位输入数据 IN1 与 IN2 执行 IN1 * IN2 运算,结果为 32 位双整数,将结果存入 OUT 指定的存储单元,即 IN1→OUT,OUT * IN2=OUT
DIV EN ENO IN1 OUT IN2	DIV IN2,OUT	16 位整数除法运算指令:使能输入 EN 有效时,16 位输入数据 IN1 与 IN2 执行 IN1/IN2 运算,结果为 32 位双整数,将结果存入 OUT 指定的存储单元,低 16 位是商,高 16 位是余数,即 IN1→OUT,OUT/IN2=OUT

(2)指令使用说明。

◆操作码中的 X 指定数据的长度,分别为整数(I)、双字整数(DI)和实数(R)。

◆16 位整数乘法、除法指令的各操作数要按字寻址,OUT 按双字寻址,不能寻址常数及专用字、双字存储器,如 T、C 及 HC 等。

◆操作数的寻址范围要与指令码中的 X 一致,OUT 不能寻址常数。

该指令影响特殊寄存器标志位:SM1.0(SM1.1=0 无效时,用来指示运算结果为 0),SM1.1(用来指示溢出错误和非法值)、SM1.2(SM1.1=0 无效时,用来指示运算结果为负)、SM1.3(除数为 0)。

【例 5-14】算术运算指令。

如图 5-19 所示为算术指令的梯形图程序段,其语句表程序及执行情况如图 5-20 所示。

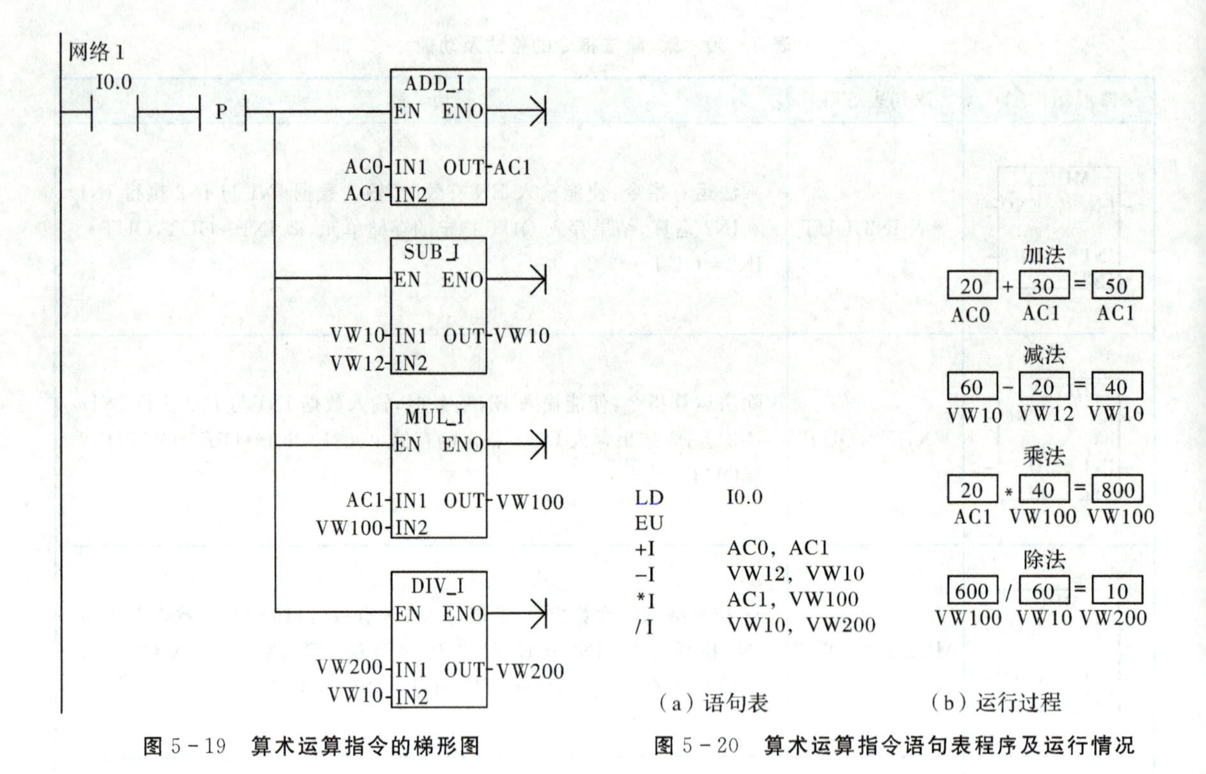

图 5-19　算术运算指令的梯形图

图 5-20　算术运算指令语句表程序及运行情况

3. 增1、减1指令

(1)增1、减1指令的格式及功能见表5-21。

表5-21　增1、减1指令的格式及功能

梯形图 LAD	语句表 STL	功　能
INC_X EN ENO IN OUT	INC_X　OUT	增1指令:使能输入EN有效时,将IN端输入数加1,结果存入OUT指定的存储单元,IN+1=OUT
DEC_X EN ENO IN OUT	DEC_X　OUT	减1指令:使能输入EN有效时,将IN端输入数减1,结果存入OUT指定的存储单元,IN-1=OUT

(2)指令使用说明。

◆操作码中的X指定输入数据的长度,分别有为字节(B)、字(W)和双字(DW)。

◆操作数的寻址范围要与指令码中的X一致,其中对字节操作时不能寻址专用的字及双字存储器,如T、C、HC等;对字操作时不能寻址专用的双字存储器HC,OUT不能寻址常数。

◆字、双字增减指令是有符号的,影响特殊存储器位SM1.0和SM1.1的状态;字节增减指令是无符号的,影响特殊存储器位SM1.0、SM1.1和SM1.2的状态。

【例 5-15】递增和递减运算指令应用举例。

如图 5-21 所示为递增和递减指令的梯形图程序，其语句表程序及执行情况如图 5-22 所示。

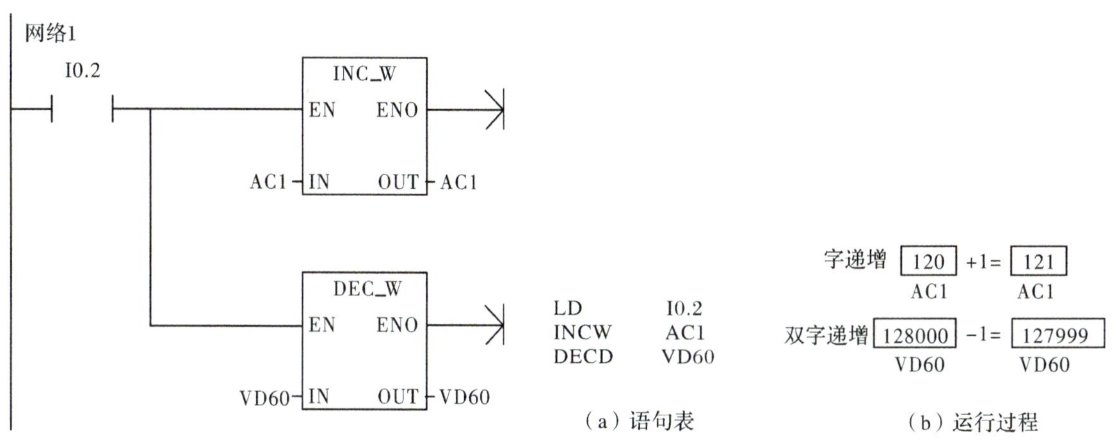

图 5-21 递增和递减指令的梯形图　　图 5-22 递增和递减指令语句表程序及运行情况

二、函数运算指令

1. 三角函数运算指令

(1)三角函数指令的格式及功能见表 5-22。

表 5-22 三角函数指令的格式及功能

梯形图 LAD	语句表 STL	功 能
SIN EN ENO IN OUT	SIN IN,OUT	正弦函数指令:使能输入 EN 有效时,对一个双字长(32 位)的实数弧度值 IN 取正弦,得到 32 位的实数结果,将其结果放置在 OUT 指定的存储单元中
COS EN ENO IN OUT	COS IN,OUT	余弦函数指令:使能输入 EN 有效时,对一个双字长(32 位)的实数弧度值 IN 取余弦,得到 32 位的实数结果,将其结果放置在 OUT 指定的存储单元中
TAN EN ENO IN OUT	TAN IN,OUT	正切函数指令:使能输入 EN 有效时,对一个双字长(32 位)的实数弧度值 IN 取正切,得到 32 位的实数结果,将其结果放置在 OUT 指定的存储单元中

(2)指令使用说明。

◆IN 指定角度值,单位为弧度。欲将输入角度转换成弧度,需将角度值乘以 1.745 329

E−2(约等于 π/180)。

◆IN 和 OUT 按双字寻址,不能寻址专用的字及双字存储器 T、C、HC 等;OUT 不能寻址常数。

◆组指令影响特殊存储器位 SM1.0(零)、SM1.1(溢出)、SM1.2(负)。

【例 5-16】求 sin60°的值。

程序如图 5-23 所示。

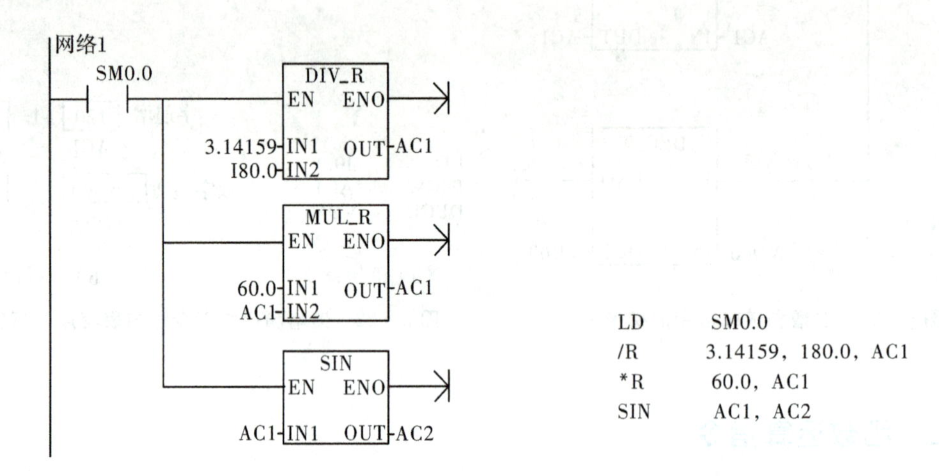

图 5-23 三角函数指令的应用

2. 平方根、自然对数及指数指令

(1)平方根、自然对数及指数指令的格式及功能见表 5-23。

表 5-23 平方根、自然对数及指数指令的格式及功能

梯形图 LAD	语句表 STL	功 能
SQRT EN ENO IN OUT	SQRT IN,OUT	平方根指令:使能输入 EN 有效时,对一个双字长(32 位)的实数 IN(IN 如果小于 0,为非法操作数)开方,得到 32 位的实数结果,将其结果放置在 OUT 指定的存储单元中
LN EN ENO IN OUT	LN IN,OUT	自然对数指令:使能输入 EN 有效时,对一个双字长(32 位)的实数 IN(IN 如果小于 0,为非法操作数)取自然对数,得到 32 位的实数结果,将其结果放置在 OUT 指定的存储单元中
EXP EN ENO IN OUT	EXP IN,OUT	指数指令:使能输入 EN 有效时,对一个双字长(32 位)的实数 IN 取以 e 为底的指数,得到 32 位的实数结果,将其结果放置在 OUT 指定的存储单元中

(2)指令使用说明。

◆操作数按双字寻址,但不能对专用字及双字存储器 T、C、HC 等寻址;OUT 不能寻址

常数。

◆欲用自然对数值获得以 10 为底的对数值，需将自然对数值除以 2.302 585(约等于 10 的自然对数值)。

◆组指令影响特殊存储器位 SM1.0(零)、SM1.1(溢出)、SM1.2(负)。

【例 5-17】求以 10 为底的 50(存放在 VD100 中)的常用对数，结果存放在 AC1 中。

分析：在 S7-200 的指令系统中，只有自然对数指令，如果想求以常数 x 为底的 y 的对数，可采用换底公式：$\log_x y = \ln y / \ln x$。具体的运算程序如图 5-24 所示。

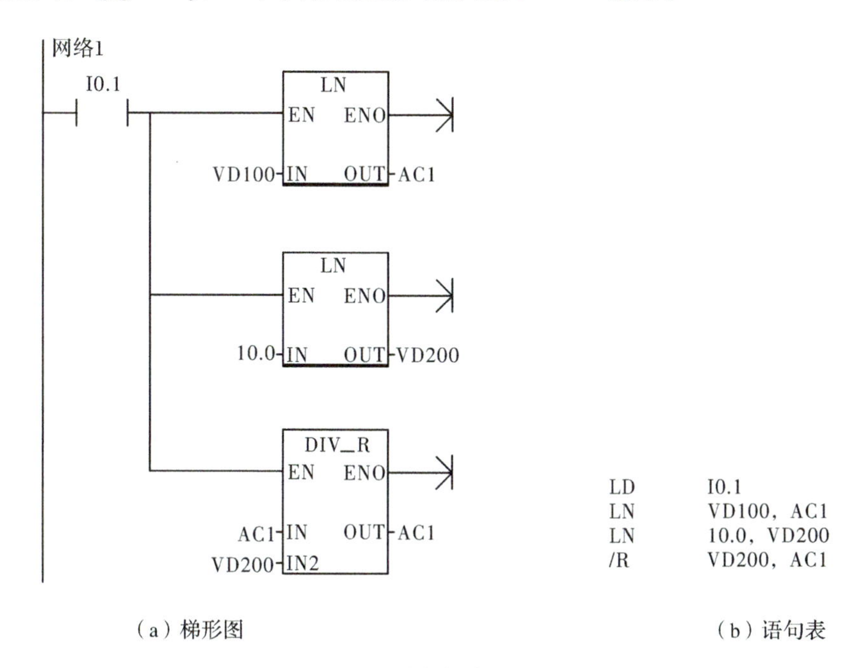

图 5-24 对数指令的应用

三、逻辑运算指令

1. 指令格式及功能

逻辑运算指令的格式及功能见表 5-24。

表 5-24 逻辑运算指令的格式及功能

梯形图 LAD	语句表 STL	功 能
WAND_X EN ENO IN1 OUT IN2	ANDX IN1, OUT	逻辑与指令：使能输入 EN 有效时，将长度一致的两个输入逻辑操作数 IN1 与 IN2 按位相与，得到一个字节(字、双字)的逻辑运算结果，并将结果保存到 OUT 指定的存储单元中

续表

梯形图 LAD	语句表 STL	功　能
WOR_X EN ENO IN1 OUT IN1	ORX IN1，OUT	逻辑或指令：使能输入 EN 有效时，将长度一致的两个输入逻辑操作数 IN1 与 IN2 按位相或，得到一个字节（字、双字）的逻辑运算结果，并将结果保存到 OUT 指定的存储单元中
WXOR_X EN ENO IN1 OUT IN2	XORX IN1，OUT	逻辑异或指令：使能输入 EN 有效时，将长度一致的两个输入逻辑操作数 IN1 与 IN2 按位异或，得到一个字节（字、双字）的逻辑运算结果，并将结果保存到 OUT 指定的存储单元中
INV_X EN ENO IN OUT	INVX　OUT	逻辑取反指令：使能输入 EN 有效时，将输入逻辑操作数 IN1 按位取反，得到一个字节（字、双字）的逻辑运算结果，并将结果保存到 OUT 指定的存储单元中

2. 指令使用说明。

（1）操作码中的 X 数据长度，包括字节（B）、字（W）和双字（DW）。

（2）逻辑与、逻辑或和逻辑异或的操作数的寻址范围要与指令码中的 X 一致，其中对字寻址的源操作数还可以有 AI，双字寻址的源操作数可以有 HC，目的操作数 OUT 不能对常数寻址。

（3）取反指令的操作数的寻址范围要与指令码中的 X 一致，其中 IN 字寻址时，可寻 T、C 及 AI；双字寻址时，可寻 HC；OUT 不能对常数寻址。

【例 5-18】（1）ANDB　VB0，　AC1

（2）ORB　VB0，　AC0

（3）XORB　VB0，　AC2

（4）INVB　VB10

试分析以上指令的执行结果。

解：上述指令执行的先决条件是使能输入 IN 有效，根据逻辑运算指令的功能，可得该题的执行情况见表 5-25（各单元内容都用二进制数表示）。

表 5-25　逻辑指令执行结果

指令	操作数	地址单元	单位长度/B	运算前的值	运算结果值
ANDB	IN1	VB0	1	01010011	01010011
	IN2(OUT)	AC1	1	11110001	01010001
ORB	IN1	VB0	1	01010011	01010011
	IN2(OUT)	AC0	1	00110110	01110111
XORB	IN1	VB0	1	01010011	01010011
	IN2(OUT)	AC2	1	11011010	10001001
INVB	IN(OUT)	VB10	1	01010011	10101100

四、数据转换指令

数据类型转换指令的功能是:将一个固定的数据,根据操作指令对数据类型的需要,进行相应类型的转换。PLC 中的主要数据类型包括字节、整数、双整数和实数。主要的码制有 BCD 码、ASCII 码、十进制数和十六进制数等。数据类型转换指令包括字节与整数转换指令、整数与双整数转换指令、双整数与实数转换指令、整数与 BCD 码转换指令。

1. 字节与整数互换指令

(1)字节与整数互换指令的格式及功能见表 5-26。

表 5-26 字节与整数互换指令的格式及功能

梯形图 LAD	语句表 STL	功 能
B_I EN ENO IN OUT	BTI IN,OUT	字节型整数转为字型整数指令:使能输入 EN 有效时,将无符号字节型整数输入数据 IN(0～255)转换成字型整数类型,结果存放到指定的存储器 OUT 中
I_B EN ENO IN OUT	ITB IN,OUT	字型整数转为字节型整数指令:使能输入 EN 有效时,将字型整数输入数据 IN(0～255)转换成无符号字节型整数类型,结果存放到指定的存储器 OUT 中

(2)指令使用说明。

◆字节型整数是无符号的,所以没有符号扩展。

◆指令中的输入数据 IN 超出字节范围(0～255)则产生溢出。

◆指令影响特殊继电器 SM1.1(溢出)。

2. 整数与双字整数互换指令

(1)整数与双字整数互换指令的格式及功能见表 5-27。

表 5-27 整数与双字整数互换指令的格式及功能

梯形图 LAD	语句表 STL	功 能
I_DI EN ENO IN OUT	ITD IN,OUT	字型整数转为双字型整数指令:使能输入 EN 有效时,将字型整数输入数据 IN(-32 768～32 767)转换成双字型整数类型,结果存放到指定的存储器 OUT 中
DI_I EN ENO IN OUT	DTI IN,OUT	双字型整数转为字型整数指令:使能输入 EN 有效时,将双字型整数输入数据 IN(-32 768～32 767)转换成字型整数类型,结果存放到指定的存储器 OUT 中

(2)指令使用说明。

◆执行 I-DI 指令,IN 不能寻址 HC,OUT 不能寻址 T、C、HC 等存储器。执行 DI-I 指令,IN 不能寻址 T、C 存储器;OUT 不能寻址 HC。

◆如果被转换的值太大而不能完全输出时,溢出位将被置位,输出不被影响。

3. 双字整数与实数互换指令

(1)双字整数与实数互换指令的格式及功能见表 5-28。

表 5-28 双字整数与实数互换指令的格式及功能

梯形图 LAD	语句表 STL	功 能
DI_R EN ENO IN OUT	DTR IN, OUT	双字型整数转为实数指令:使能输入 EN 有效时,将双字型整数输入数据 IN 转换成实数类型,结果存放到指定的存储器 OUT 中
ROUND EN ENO IN OUT	ROUND IN, OUT	实数转为双字型整数指令(四舍五入指令):使能输入 EN 有效时,将 32 位实数型输入数据 IN 转换成双字型整数,小数部分四舍五入转换为整数,结果存放到指定的存储器 OUT 中
TRUNC EN ENO IN OUT	TRUNC IN, OUT	实数转为双字型整数指令(取整指令):使能输入 EN 有效时,将 32 位实数 IN 转换成 32 位有符号整数输出,小数部分舍去直接取整,结果存放到指定的存储器 OUT 中

(2)指令使用说明。

◆操作数不能寻址一些专用的字及双字存储器,如 T、C、HC 等。OUT 不能寻址常数。

◆这些指令将影响特殊存储器位 SM1.1 的状态。

【例 5-19】转换指令应用举例。

在有些测量现场中,实际测量时以英寸(in)为单位,现在需要把测量的长度单位改为厘米(cm),且需要把该长度的整数部分保存。

解:采用计数器 C10 的计数值来存储长度值,1 in=2.54 cm,所以需要把 C10 的计数值乘以 2.54,这是一个实数运算,需要先把整数 C10 转换成实数,再进行实数运算。其乘积是一个实数,为了得到整数值,需要进行实数到整数的转换。具体的执行程序如图 5-25 所示。

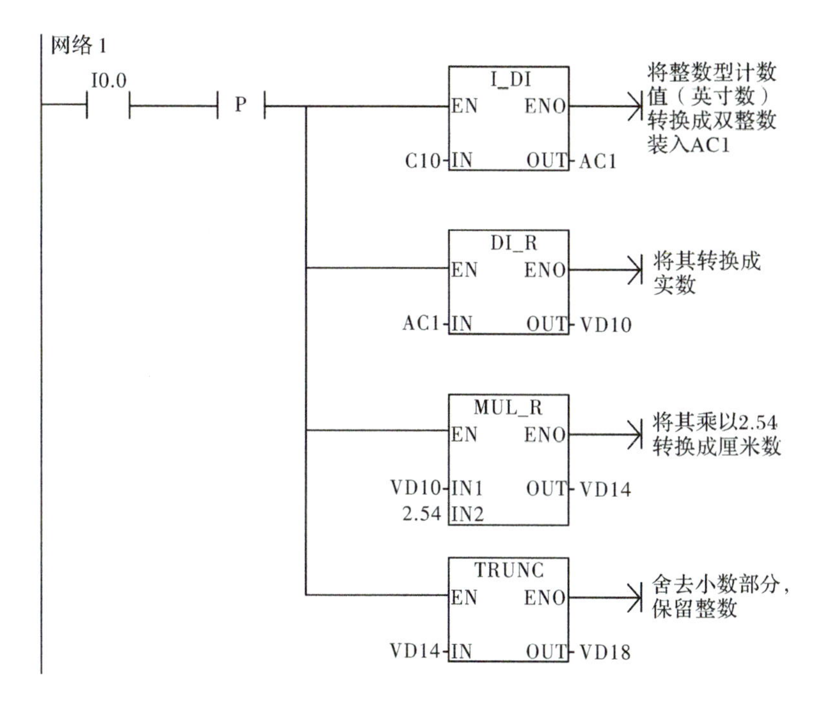

图 5－25 转换指令的应用

4. BCD 码与整数互换指令

（1）BCD 码与整数互换指令的格式及功能见表 5－29。

表 5－29 BCD 码与整数互换指令的格式及功能

梯形图 LAD	语句表 STL	功 能
BCD_I EN ENO IN OUT	BCDI OUT	BCD 码转为字型整数指令：使能输入 EN 有效时，将 BCD 码的十进制值输入数据 IN(0～9 999)转换成十六进制字型整数类型，结果存放到指定的存储器 OUT 中
I_BCD EN ENO IN OUT	IBCD OUT	字型整数转为 BCD 码指令：使能输入 EN 有效时，将字型整数输入数据 IN(0～9 999)转换成 BCD 码的十进制值类型，结果存放到指定的存储器 OUT 中

（2）指令使用说明。

◆操作数要按字寻址，其中 OUT 不能寻址 AIW 及常数。

◆如果被转换的值因太大而不能完全输出时，溢出位将被置位，输出不被影响。

任务实施

一、分配 I/O 地址

根据控制要求可知，该控制系统有 6 个输入，19 个输出，各输入/输出设备的 I/O 分配见表 5-30。

表 5-30　自动售饮机 PLC 控制 I/O 分配表

设备		地址
输入	1 元投币光电开关 ST_1	I0.0
	5 元投币光电开关 ST_2	I0.1
	10 元投币光电开关 ST_3	I0.2
	雪碧选择按钮 SB_1	I0.3
	可乐选择按钮 SB_2	I0.4
	找零按钮 SB_3	I0.5
输出	雪碧指示灯 HL_1	Q0.1
	可乐指示灯 HL_2	Q0.2
	雪碧出口电磁阀 YV_1	Q0.3
	可乐出口电磁阀 YV_2	Q0.4
	退币口电磁阀 YV_3	Q0.5
	显示余额数码管	Q1.0～Q1.6

二、输入/输出接线

根据 I/O 地址分配表，画出外部接线图如图 5-26 所示。

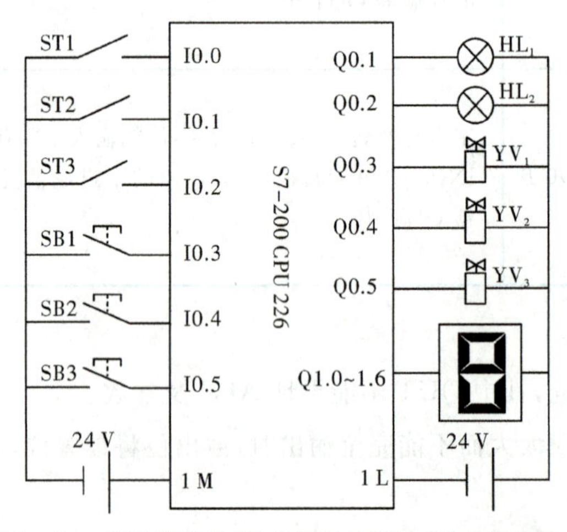

图 5-26　自动售饮机 PLC 控制的输入/输出接线图

三、程序设计

自动售饮机的程序如图 5－27 所示。

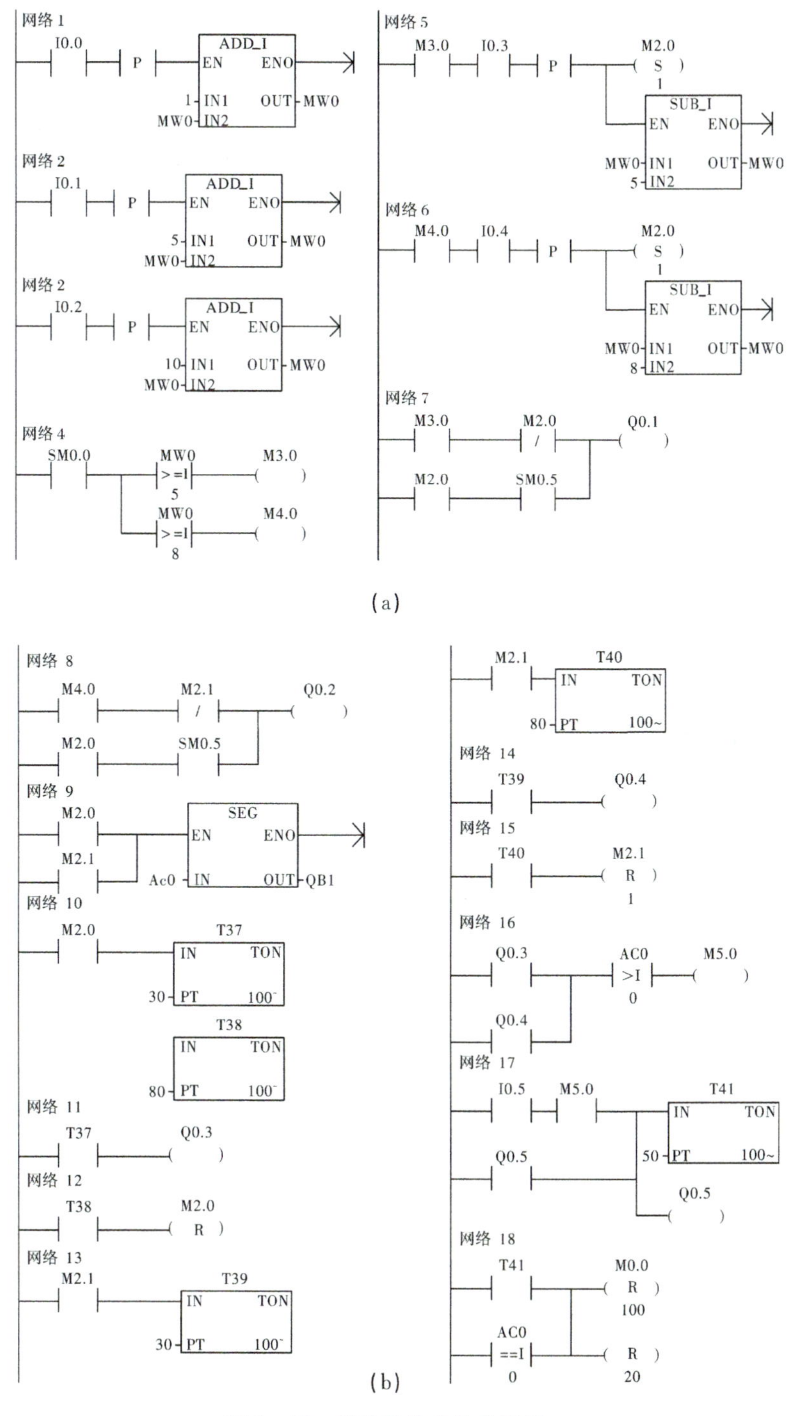

图 5－27 自动售饮机的梯形图

网络 1、2、3 是投币加法电路，将计算后的投币总数额存入 AC0 累加器中。

网络 4 利用比较指令判断所投货币能否购买雪碧或可乐。假如所投货币大于或等于每瓶雪碧的价格时，则 M3.0 或 M4.0 得电，将可以购买雪碧或可乐的状态用辅助继电器 M3.0 或 M4.0 记忆下来。

网络 5、6 是在投入的货币大于或等于其售价时，即 M3.0 或 M4.0 闭合时，才能选择需要购买的饮料，并用减法指令 SUB 计算购买雪碧或可乐的余额，将余额仍存入 AC0 中。

网络 7、8 是雪碧和可乐的指示电路，若可以购买雪碧或可乐，则相应的指示灯点亮，当选择购买雪碧或可乐后，相应指示灯闪烁(串入 SM0.5)，表示正在吐出雪碧或可乐。

网络 9 是余额显示电路，只有在 M2.0 或 M2.1 闭合后即购买过饮料后，用 SEG 指令显示余额(QB1)。

网络 10～15 是出货电路，当 M2.0 或 M2.1 闭合时，即选择购买相应饮料后，T37 或 T39 延时 3 s，出货口开始出货，T38 或 T40 是出货时间定时，定时时间到，则停止出货。

网络 16 用比较指令判断购买饮料后，还有无余额，若有余额，则 M5.0 为 ON。

网络 17 是退币电路，若有余额，需要继续购买，只需按下雪碧或可乐选择按钮即可继续购买；若需要退币，则按下找零按钮 I0.5 后，余额从退币口退出，5 s 后停止退币。

网络 18 是复位电路，若没有余额，即 MW0＝0 或退币后(即 T41 闭合)，可以对所有的辅助继电器 M 和输出 Q0.0～Q2.7 复位，以便下一次继续投币购买。

四、调试运行

(1)按照如图 5－26 所示接线，输入程序下载到 PLC 中。

(2)按照系统操作要求调试程序，观察程序能否达到控制要求。

知识拓展

停车场车位的 PLC 控制

1. 控制要求

如图 5－28 所示，某停车场共有 8 个停车位。

(1)在入口和出口处装设检测传感器，用来检测车辆进入和出去的数目。

(2)尚有车位时，入口栏杆才可以将门开启，让车辆进入停放，并有绿灯指示尚有车位。

(3)车位已满时，则红灯点亮，显示车位已满，且入口栏杆不能开启让车辆进入。

(4)用 7 段数码管显示目前停车场的车辆数。

(5)栏杆电动机在栏杆开启和关闭时，先以低速运行 5 s，再以高速运行，开启到位时，有正转停止传感器检测，关闭时有反转停止传感器检测。

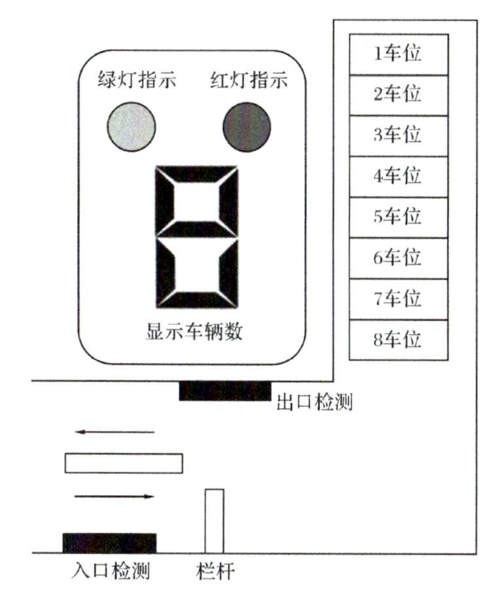

图 5-28 停车场车位控制示意图

2. 分配 I/O 地址

通过分析控制要求，确定 PLC 的 I/O 分配见表 5-31。

表 5-31 停车场车位控制 I/O 端口分配功能表

设备		地址
输入	入口检测传感器	I0.0
	出口检测传感器	I0.1
	正转停止传感器	I0.2
	反转停止传感器	I0.3
输出	栏杆开门接触器 KM_1	Q0.0
	栏杆关门接触器 KM_2	Q0.1
	低速信号接触器 KM_3	Q0.2
	高速信号接触器 KM_4	Q0.3
	红色指示灯 HL_1	Q0.4
	绿色指示灯 HL_2	Q0.5
	车辆显示数码管	Q1.0～Q1.6

3. 程序设计

程序如图 5-29 所示。程序分为计数、显示和栏杆速度控制三部分。

网络 1～2 用加 1 和减 1 指令计算进出停车场的车辆数并存入 AC0 中。

网络 3 用 SEG 指令将停车场的车辆数显示出来。

网络 4～5 若 AC0 中的车辆数小于 16，则绿灯点亮；若 AC0 中的车辆数大于或等于 16，则红灯点亮。

网络 6～8 若有车辆进入(I0.0=1)且停车场车辆数小于 16，则开门；当开始开门时，网络 7 的 Q0.0=1，首先接通 Q0.2，低速开门，5 s 后接通 Q0.3，高速开门；开门到位，网络 8 的 I0.2=1 对 Q0.0 复位，开门结束。

网络 9～10 为关门控制程序，其分析方法与开门过程相同。

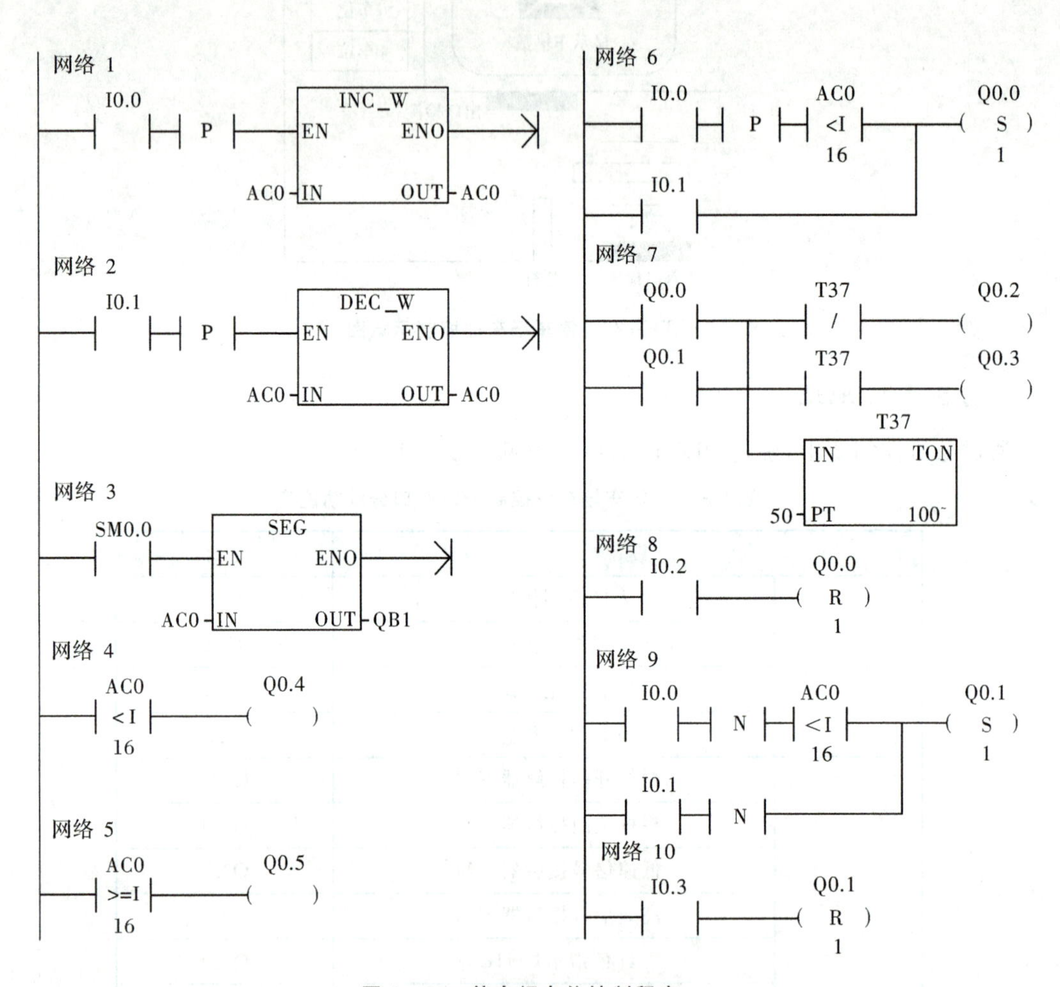

图 5-29 停车场车位控制程序

思考与练习

(1)用乘法指令编制 8 盏彩灯的双数灯盏点亮的 PLC 程序。

(2)用 PLC 编制梯形面积计算的程序。已知梯形上底为 $a=3$ cm，下底 $b=4$ cm，一斜边为 $c=4$ cm，且与下底夹角为 $\theta=30°$，试求该梯形面积 S。

任务四 水箱水位的PLC控制

任务描述

某水箱水位控制系统如图5-30所示，被控对象为保持一定压力的供水水箱，因水箱里的水以变化的速度流出，所以采用变速水泵向水箱供水，以实现对水位的恒定控制。

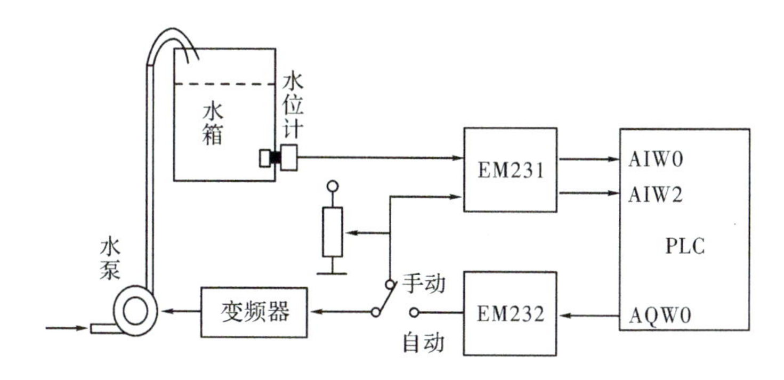

图5-30 水箱水位控制系统示意图

系统的给定量是水箱总水位的75%时的水位，调节量是其水位值(单极性信号)，由水位计检测后经A/D转换送入PLC，用于控制电动机转速的控制信号由PLC执行PID指令后以单极性信号经D/A转换后送出。使水箱实现恒定水位控制。

根据任务要求，拟采用PI控制，其增益、采样周期和积分时间分别为：$K_c=0.25$，$T=0.1$ s，$T_1=30$ min。要求开机后先由手动控制水泵，一直到水位上升到75%时，通过输入点I0.0的置位切入自动状态。

任务目标

理解S7-200系列PLC的模拟量输入/输出模块的使用方法。理解PID指令的格式及功能。掌握S7-200系列PLC的水位控制的方法。能使用模拟量输入/输出模块组成PLC模拟量控制系统，并能根据工艺要求设置模块参数，编写控制程序。

相关知识

一、模拟量扩展模块及使用

1. PLC对模拟量的处理

在工业控制中，某些输入量(例如压力、温度、流量、转速等)是模拟量，某些执行机构(例如电动调节阀和变频器等)要求PLC输出模拟量信号,而PLC的CPU只能处理数字量。模拟量首先被传感器和变送器转换为标准量程的直流电流或电压,例如DC(4～20)mA,(1～5)V,(0～10)V,PLC用A/D转换器将它们转换成数字量。双极性电流、电压在A/D转换后用二进制补码表示。

D/A转换器将PLC的数字输出量转换为模拟电压或电流,再去控制执行机构。模拟量I/O模块的主要任务就是实现A/D转换(模拟量输入)和D/A转换(模拟量输出)。

PLC模拟量处理功能主要通过模拟量输入/输出模块及用户程序来完成。模拟量输入模块接受各种传感器输出的标准电压信号或电流信号,并将其转换为数字信号存储到PLC中;PLC根据生产实际要求,通过用户程序对转换后的信息进行处理,并将处理结果通过模拟量输出模块转换为标准电压或电流信号去驱动执行元件。

如表5-32所示S7-200有3种模拟量扩展模块,S7-200的模拟量扩展模块中A/D、D/A转换器的位数均为12位。

表5-32 模拟量扩展模块

模块	EM231	EM232	EM235
点数	4路模拟量输入	2路模拟量输出	4路模拟量输入,1路模拟量输出

2. EM231模拟量输入模块

EM231模拟量输入模块的功能是把模拟量输入信号转换为数字量信号。模数转换后的数字量直接送入PLC内部的模拟量输入寄存器AIW中。存储在16位模拟量寄存器AIW中的数据有效位为12位,其格式如图5-31所示。对单极性格式,最高位为符号位,0表示正数。最低3位是测量精度位,相当于A/D转换值被乘以8;对双极性格式,最低4位为转换精度位,相当于A/D转换值被乘以16。

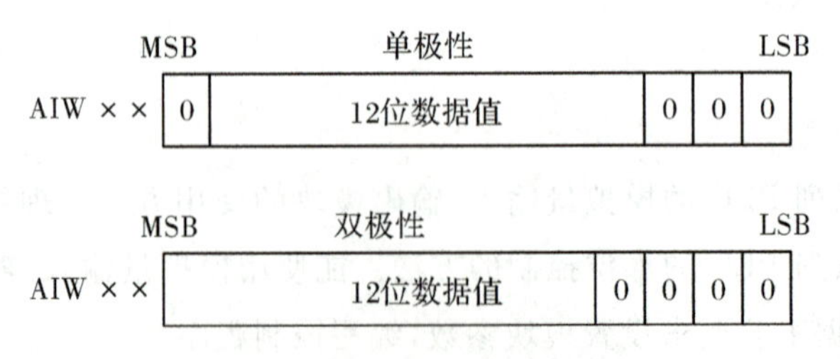

图5-31 模拟量输入数据字的格式

模拟量输入模块单极性全量程输入范围对应的数字输出为0～32 000(如图5-31所示,图中的MSB和LSB分别是最高有效位和最低有效位),双极性全量程输入范围对应的数字输出为−32 000～+32 000,电压输入时输入电阻大于等于10 MΩ,电流输入时(0～20 mA)输入电阻为250 Ω。A/D转换的时间小于250 μs,模拟量输入的阶跃响应时间为1.5 ms(达到稳态值的95%时)。

如图5-32所示为EM231模拟量输入模块的接线,模块上部共有12个端子,每3个点为一组(如 RA、A+、A-),可作为一路模拟量的输入通道,共 4 组,对应电压信号只用 2 个端子(图 4-42 中的 A+、A-),电流信号需用 3 个端子(图 4-42 中的 RC、C+、C-),其中 RC 与 C+端子短接。对于未用的输入通道应短接(图 4-42 中的 B+、B-)。模块下部左端 M、L+两端应接入 DC 24 V 电源,右端分别是校准电位器和配置设定开关(DIP)。模拟量输入模块有多种单极性、双极性直流电流、电压输入量程,量程用模块上的 DIP 开关来设置。

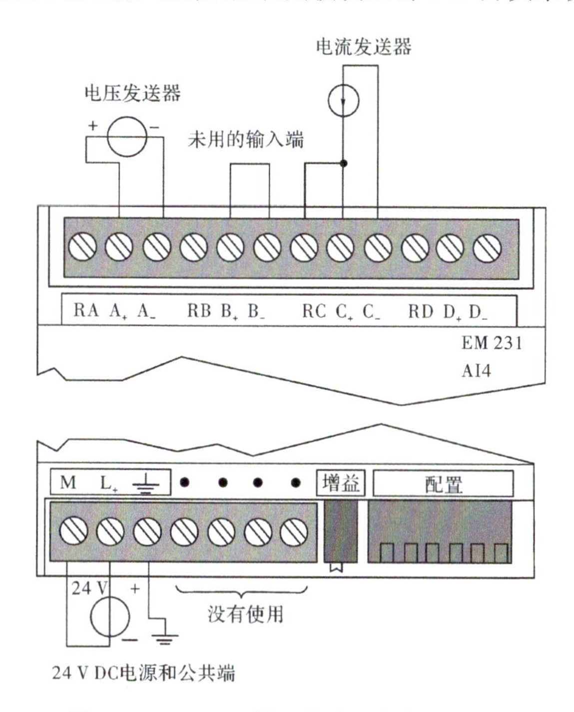

图 5-32 EM231 模拟量输入模块的接线

3. EM232 模拟量输出模块

EM232 模拟量输入模块的过程是将 PLC 模拟量输出寄存器 AQW 中的数字量转换为可驱动执行元件的模拟量。把模拟量输入信号转换为数字量信号。存储于 AQW 中的数字量经 EM232 模块中的数模转换器分为两路信号输出,一路经电压输出缓冲器输出标准的 -10～10 V电压信号,另一路经电压电流转换器输出标准的 0～20 mA 电流信号。

在 16 位模拟量输出寄存器 AQW 中的数字量其有效位为 12 位,格式如图 5-33 所示。数据的最高有效位是符号位,最低 4 位在转换为模拟量输出值时,将自动屏蔽。

电流输出(MSB … LSB)

AQW X X	0	11位数据值	0	0	0	0

电压输出(MSB … LSB)

AQW X X	12位数据值	0	0	0	0

图 5-33 模拟量输出数据字格式

S7-200 的模拟量输出模块的量程有±10 V 和(0～20) mA 两种,对应的数字分别为 -32 000～32 000和 0～32 000。满量程时电压输出和电流输出的分辨率分别为 12 位和 11 位。

25 ℃时的精度典型值为±5%，电压输出和电流输出的稳定时间分别为 100 μs 和 2 ms。最大驱动能力如下：电压输出时负载电阻最小为 5 kΩ；电流输出时负载电阻最大为 500 Ω。

如图 5-34 所示是 EM232 模拟量输出模块端子的接线。模块上部有 7 个端子，左端起每 3 个点为一组，作为一路模拟量输出，共两组。第一组 V0 端接电压负载、I0 端接电流负载，M0 为公共端；第二组 V1、I1、M1 的接法与第一组类似。输出模块下部 M、L+两端接入 DC 24 V 供电电源。

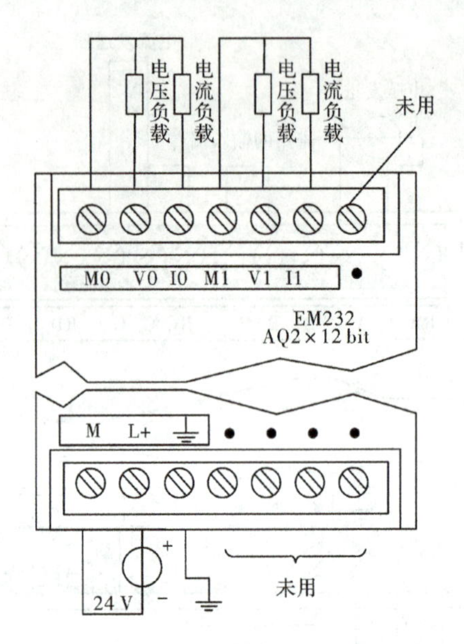

图 5-34 EM232 模拟量输出模块端子接线

二、PID 指令及使用

在过程控制中，经常涉及模拟量的控制，如温度、压力和流量控制等。为了使控制系统稳定准确，要对模拟量进行采样检测，除此之外，还要对采样值进行 PID（比例+积分+微分）运算，并根据运算结果，形成对模拟量的控制作用。这种作用的结构图如图 5-35 所示。检测的对象是被控物理量的实际数值，也称为过程变量；用户设定的调节目标值，也称为给定值。控制系统对过程变量与给定值的差值进行 PID 运算，根据运算结果，形成对模拟量的控制作用。

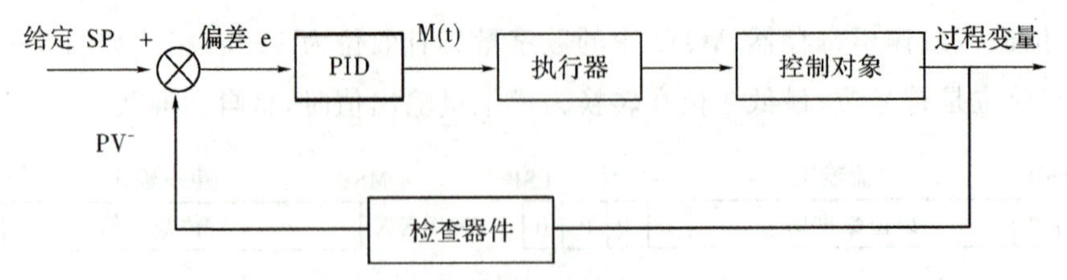

图 5-35 PID 控制系统结构图

PID 运算中的积分作用可以消除系统的静态误差，提高精度，加强对系统参数变化的适应能力；微分作用可以克服惯性滞后，提高抗干扰能力和系统的稳定性，可改善系统动态响应速度。在闭环系统中，PID 调节器的控制作用是使系统在稳定的前提下，偏差量最小，并自动消除各种因素对控制效果的扰动。

1. PID 算法

在闭环控制系统中，PID 调节器的控制作用是使系统稳定的前提下，偏差最小。

如果一个 PID 回路的输出是时间的函数，则可以看作是比例项、积分项和微分项 3 部分之和。其运算关系为

$$M(t) = K_c * e + K_c \int_0^t e dt + M_0 + K_c * \mathrm{d}e/\mathrm{d}t \tag{5-1}$$

式中，各个量都是时间 t 的连续函数，其中第一项为比例项，最后一项为微分项，中间两项为积分项。e 是给定值与被控制变量之差，即回路偏差。K_c 为回路的增益。为了便于计算机处理，需要将连续函数通过周期性采样的方式离散化，公式如下：

$$\begin{aligned} M_n = & K_c * (\mathrm{SP}_n - \mathrm{PV}_n) + K_c * (T_s/T_i) * (\mathrm{SP}_n - \mathrm{PV}_n) + \mathrm{MX} + \\ & K_c * (T_d/T_s) * (\mathrm{PV}_{n-1} - \mathrm{PV}_n) \end{aligned} \tag{5-2}$$

公式中包含 9 个参数，用来进行 PID 运算的监视和控制。

2. PID 回路表

由离散化的 PID 算法可知，PLC 在执行 PID 调节指令时，需对算法中的 9 个参数进行运算，为此 PID 指令需要为其指定一个 V 变量存储区地址开始的 PID 回路表、PID 回路号。PID 回路表提供了给定和反馈以及 PID 参数等数据入口，PID 运算的结果也在回路表输出，见表 5-33。

表 5-33　PID 回路表

偏移地址(VB)	参数名	数据格式	I/O 类型	描述
0	过程变量当前值 PV_n	双字、实数	I	过程变量当前值，应为 0.0～1.0
4	给定值 SP_n		I	给定值，0.0～1.0
8	输出 M_n		I/O	输出值，0.0～1.0
12	增益 K_c		I	比例增益，常数，可正可负
16	采样时间 T_s		I	采样时间，单位为 s，应为正数
20	积分时间 T_i		I	积分时间常数，单位为 min，应为正数
24	微分时间 T_d		I	微分时间常数，单位为 min，应为正数
28	积分项前值 MX		I/O	积分项前值，应为 0.0～1.0
32	过程变量前值 PV_{n-1}		I/O	最近一次 PID 运算的过程变量值

表中偏移地址表示相对于参数表首地址的字节偏移量 n。9 个参数均为实型数据，分别占用 4 字节存储单元，共 36 字节的存储空间。

3. PID 回路指令

（1）整数与双字整数互换指令的格式及功能见表 5 - 34。

表 5 - 34　整数与双字整数互换指令的格式及功能

梯形图 LAD	语句表 STL	功　能
BCD_I EN　ENO IN　OUT	PID　TBL,LOOP	PID 调节指令：使能输入 EN 有效时，PLD 调节指令对 TBL 为起始地址的 PID 参数表中的数据进行 PID 运算

（2）指令使用说明。

◆LOOP 为 PID 调节的回路号，可在 0～7 范围选取。为保证控制系统的每一条控制回路都能正常得到调节，必须为调节回路号 LOOP 赋不同的值，否则系统将不能正常工作。

◆TBL 为与 LOOP 相对应的 PID 参数表的起始地址，它由 36 个字节组成，存储着 9 个参数。

4. PLD 指令的使用

使用 PID 指令时，必须注意以下几个问题。

（1）参数表的初始化：将过程变量当前值 PV_n、增益 K_c、采样时间 T_s、积分时间 T_i、微分时间 T_d 按照地址偏移量写入变量寄存器（V）中。

（2）手动工作方式切换到自动工作方式时，应将手动工作方式中设定的输出值写入 PID 参数表，并使 $SP_n = PV_n$、$PV_n = PV_{n-1}$、积分和＝输出值。

（3）数据归一化处理：使用 PID 回路指令时，对采集到的数值和计算出来的 PID 控制结果数据进行转换及标准化。

◆回路输入量的转换及标准化。

每个 PID 控制回路有两个输入量：给定值和过程变量。它们都是实际的工程量，取值范围和测量单位都会不同，因此在进行 PID 运算前，要把实际测量输入量、设定值和回路表中的其他输入参数进行标准化处理，即用程序把它们转化为 PLC 能够识别和处理的数据。其步骤为

第一步，将工程实际值由 16 位整数转换为实数。

第二步，将实数格式的工程实际值转换为[0.0,0.1]之间的无量纲相对值，即标准化值，也称为归一值，转换公式为

$$R_{Norm} = (R_{Raw}/Span) + Offset \tag{5-3}$$

式中 R_{Norm} 为工程实际值的标准化值；R_{Raw} 为工程实际值的实数形式值；标准化实数又分为双极性（围绕 0.5 上下变化）和单极性（以 0.0 为起点在 0.0 和 1.0 之间的范围内变化）两种，Span

表示值域的大小，通常单极性时取 32 000，双极性时取 64 000。Offset 单极性时取 0，双极性时取 0.5。

◆输出模拟量转换为工程实际值。

在对模拟量进行 PID 运算后，输出值是在[0.0～1]范围的标准化值，为了能够驱动模拟量的负载，实现模拟量控制，必须将其转换成工程实际值。转换公式为

$$R_{scal}=(M_n-\text{Offset})\ \text{Span} \tag{5-4}$$

式中 R_{scal} 为已按工程量标定的实数格式的回路输出；M_n 为归一化实数格式的回路输出。Offset 单极性时取 0，双极性时取 0.5。

(4)PID 调节类型的选择：PID 运算是“比例＋积分＋微分”运算的组合，在大部分模拟量的控制中，使用的回路控制类型并不是比例、积分、微分三者俱全。而是只需要 1 种或 2 种运算(如 PI 运算)，不同运算功能的组合选择可以通过设定不同的参数来实现。

若不需要积分项(PD 调节)：应将积分时间常数 T_i 设置为无穷大，由于积分和的初始值不一定为 0，故即使无积分作用，积分项也并不是一定为 0。

若不需要微分项(PI 调节)：应将微分时间常数 T_d 设置为 0，微分作用即可关闭。

若不需要比例项(ID 调节或 I 调节)：应将回路增益 K_c 设置为 0，但由于回路增益同时影响到方程中积分项、微分项，故需规定此时用于计算积分项、微分项的增益约定为 1。

5. PID 的编程步骤

(1)通过调用初始化子程序的方式调用 PID 回路表。

(2)给 PID 回路表中相关参数赋值，包括：给定值 SP_n、回路增益 K_c、采样时间 T_s、积分时间常数 T_i、微分时间常数 T_d，按照地址偏移量写入到变量寄存器 V 中。

(3)采用定时中断的方式进行数据采样及 PID 运算。

(4)在中断服务程序中编写相关程序，首先将输入模拟量转换为[0.0，1]区间的标准化值，然后新采集的数据进行 PID 运算，最后将 PID 输出模拟值[0.0，1]转换为工程实际值去驱动输出。

(5)退出中断服务程序。

任务实施

一、分配 I/O 地址

水箱水位的 I/O 分配见表 5－35。

表 5-35 水箱水位 PLC 控制的 I/O 分配表

设备		地址
输入	手动/自动切换开关 S_1	I0.0
	变频器接入开关 S_2	I0.1
	水箱水位计	AIW0
	水泵转速传感器	AIW2
输出	驱动变频器工作	AQW0
	变频器接入接触器 KM_1	Q0.0

二、输入/输出接线

PLC 输入/输出端口的接线如图 5-36 所示。

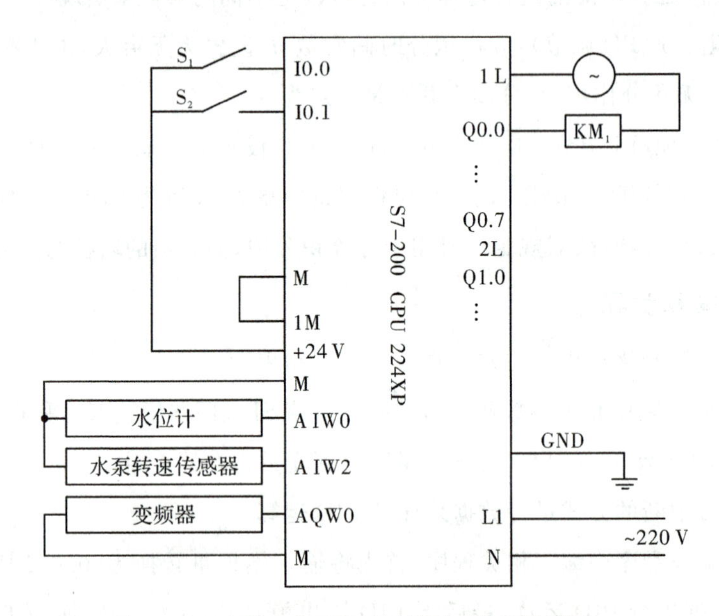

图 5-36 水箱水位 PLC 控制输入/输出接线图

三、程序设计

通过首次扫描调用子程序的方式，初始化 PID 参数表并为 PID 运算设置时间间隔（定时中断）。PID 参数表的首地址为 VD100，定时中断事件为 10，子程序编号为 0。

通过定时中断每隔 100 ms 调用一次中断服务程序。在中断服务程序中，采样被控量的水位值并进行标准化处理后送入 PID 参数表，若系统处于手动工作状态，则做好切换到自动工作方式的准备（将手动时水泵转速的给定值经标准化处理后送 PID 参数表作为输出值及积分和，将手动时的水位值标准化后送 PID 参数表作为反馈量前值），若系统为自动工作状态，则执行

PID 运算,并将运算结果转换成工程量后送模拟量输出寄存器,通过 D/A 转换以控制水泵的转速,实现水位恒定控制要求。

根据控制任务,编制水箱水位 PLC 控制的梯形图主程序如图 5-37 所示、子程序如图 5-38 所示、定时中断子程序如图 5-39 和图 5-40 所示。

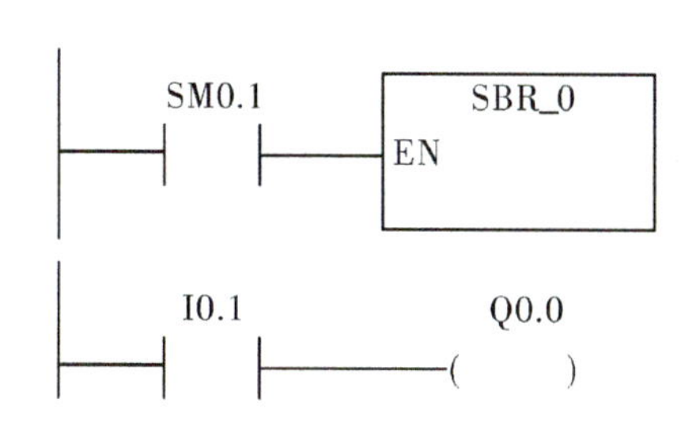

图 5-37 水箱水位控制主程序

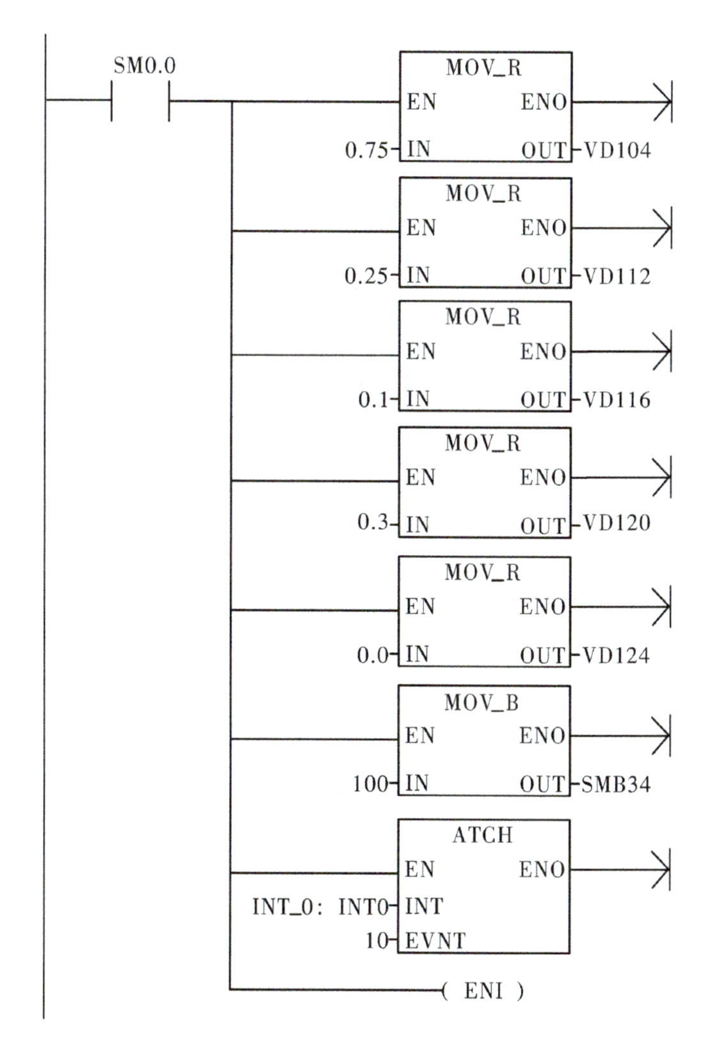

图 5-38 水箱水位控制子程序(初始化 PID 参数表、设置 PID 运算周期)

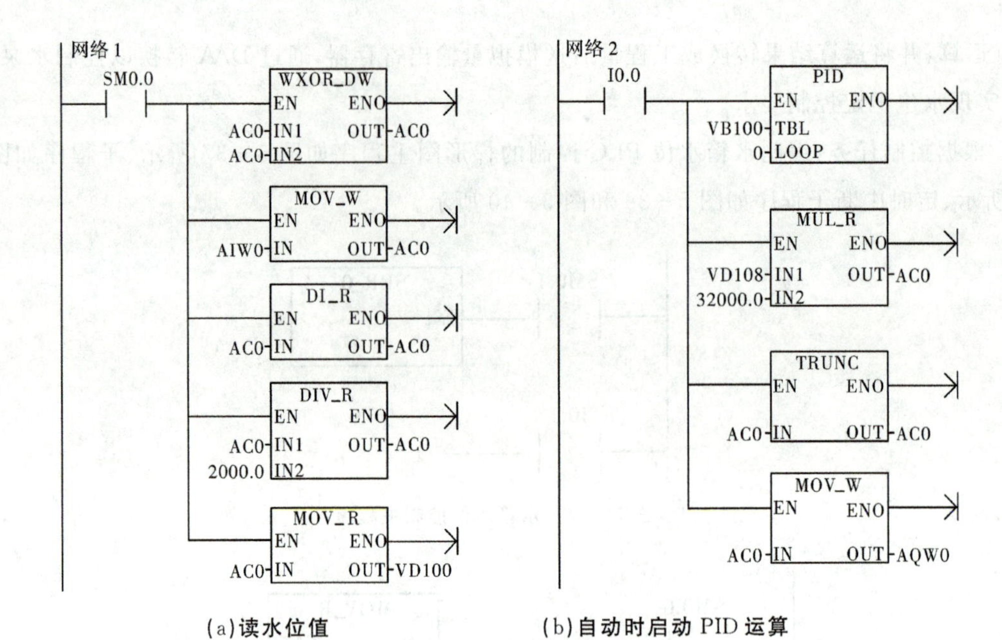

(a)读水位值　　(b)自动时启动 PID 运算

图 5－39　水箱水位控制中断服务子程序

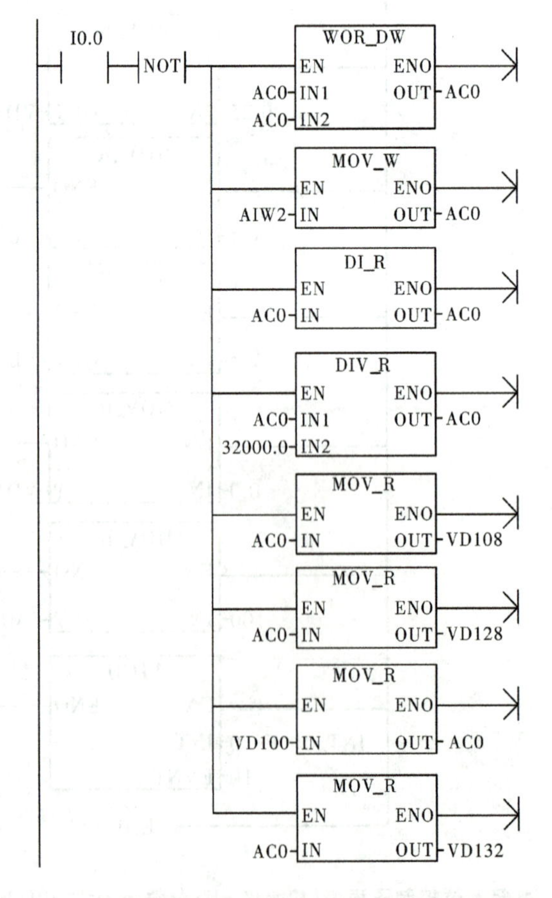

图 5－40　水箱水位控制中断服务子程序(手动控制结果存 PID 参数表)

四、调试运行

按照图 5-36 所示的输入/输出接线图接线，输入程序，进行调试，直到达到满意结果。

思考与练习

(1)模拟量输入模块输出模块的作用是什么?

(2)PID 控制的含义是什么?

(3)某水箱有一条进水管和一条出水管，进水管的水流量随时间不断变化，要求控制出水管阀门的开度，使水箱内的液位始终保持在水满时液位的一半。系统使用比例、积分、微分控制，假设采用如下的控制参数为：$K_c=0.4$，$T_s=0.2$ s，$T_i=30$ min，$T_d=15$ min。试编写实现这一控制功能的 PLC 程序。

任务五 三相异步电动机的转速测量 PLC 控制

任务描述

转速是电动机重要的状态参数，在很多运动系统的测控中，都需要对电动机的转速进行测量，测量的精度直接影响系统的控制情况，只有通过对转速的高精度检测才能得到高精度的控制系统。那么如何利用 PLC 来实现电动机转速的测量呢? 本任务将重点介绍利用 PLC 的高速计数指令实现该功能。

目前工业测控系统中普遍采用数字式转速测量方法，即常用光电编码器将转速信号转化为脉冲信号，然后用数字系统内部的时钟来对脉冲信号的频率进行测量。这种方法抗干扰能力强，不受温度变化影响，稳定性好。用 PLC 测量电动机转速可以保证测量的稳定性和精度。

任务目标

了解高速处理类指令的组成、相关特殊存储器的设置、指令的输入及指令执行后的结果。熟悉高速处理类指令的格式和使用。了解高速计数器在工程中的应用。掌握电动机转速测量的 PLC 程序实现的过程。

相关知识

一、光电编码器的工作原理

光电编码器是一种通过光电转换将输出轴上的机械几何位移量转换成脉冲或数字量的传感器。它是目前应用最多的传感器。一般的光电编码器主要由光栅盘和光电检测装置组成。光栅盘是在一定直径的圆板上等分地开通若干个长方形孔，光栅盘与电动机同轴，电动机旋转时，光栅盘与电动机同速旋转。经发光二极管等电子元件组成的检测装置检测输出若干脉冲信号，其原理如图 5－41 所示，其右边部分的功能相当于光电传感器。光电传感器的发光二极管 D 向光栅盘发出光线，光栅盘随运动轴旋转，当光线照射到光栅孔时，光电传感器的光敏元件检测不到光线，传感器输出为 0；当光线照射到非孔位置时，光敏元件就检测到光线，传感器输出为 1。随着光栅盘旋转，光敏元件输出一系列脉冲，通过计算每秒光电编码器输出脉冲的个数就能反映当前电动机的转速。原理图中输出信号端接 PLC 的输入点。

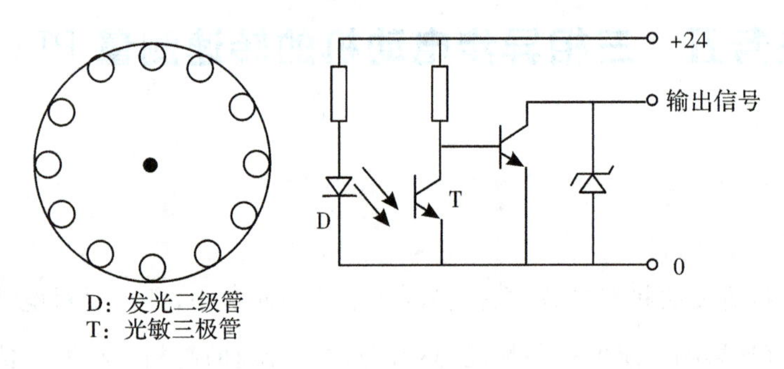

图 5－41　光电编码盘原理

二、高速计数器

高速计数器 HSC 在现代自动控制的精确定位控制领域有重要的应用价值。前面讲的计数器指令的计数过程与扫描工作方式有关，CPU 通过每一扫描周期读取一次被测信号的方法来捕捉被测信号的上升沿，被测信号的频率较高时，会丢失计数脉冲，因此普通计数器的工作频率很低。对比 CPU 扫描频率高的脉冲输入，就不能满足控制要求了。为此，SIMATIC S7－200 系列 PLC 设计了高速计数功能(HSC)，其计数自动进行不受扫描周期的影响，最高计数频率取决于 CPU 的类型，CPU22x 系列最高计数频率为 30 kHz，用于捕捉比 CPU 扫描速度更快的事件，并产生中断，执行中断程序，完成预定的操作。高速计数器的地址由区域标示符 HC 和高速计数器号组成，例如 HC2。

1. 高速计数器占用的输入端子

S7－200 系列 PLC 有 6 个高速计数器，其占用的输入端子见表 5－36。各高速计数器不同的输入端有专用的功能，如：时钟脉冲端、方向控制端、复位端、起动端等。

注意：同一个输入端不能用于两种不同的功能。但是高速计数器当前模式未使用的输入端均可用于其他用途，如作为中断输入端或作为数字量输入端。例如，如果在模式2中使用高速计数器HSC0，使用的输入端子有I0.0、I0.1、I0.2，且I0.1可用于边缘中断或用于HSC3。

表5-36 高速计数器占用的输入端子

高速计数器	使用的输入端子	高速计数器	使用的输入端子
HSC0	I0.0、I0.1、I0.2	HSC3	I0.1
HSC1	I0.6、I0.7、I1.0、I1.1	HSC4	I0.3、I0.4、I0.5
HSC2	I1.2、I1.3、I1.4、I1.5	HSC5	I0.4

2. 高速计数器的计数方式

（1）单路脉冲输入的内部方向控制加/减计数。

只有一个脉冲输入端，通过高速计数器的控制字节的第3位来控制加计数或者减计数。该位=1，加计数；该位=0，减计数。内部方向控制的单路加/减计数方式如图5-42所示。

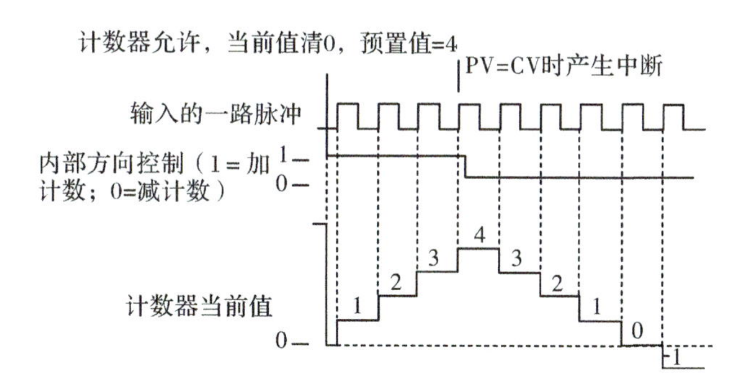

图5-42 内部方向控制的单路加/减计数方式

（2）单路脉冲输入的外部方向控制加/减计数。

有一个脉冲输入端，有一个方向控制端，方向输入信号等于1时，加计数；方向输入信号等于0时，减计数。外部方向控制的单路加/减计数如图5-43所示。

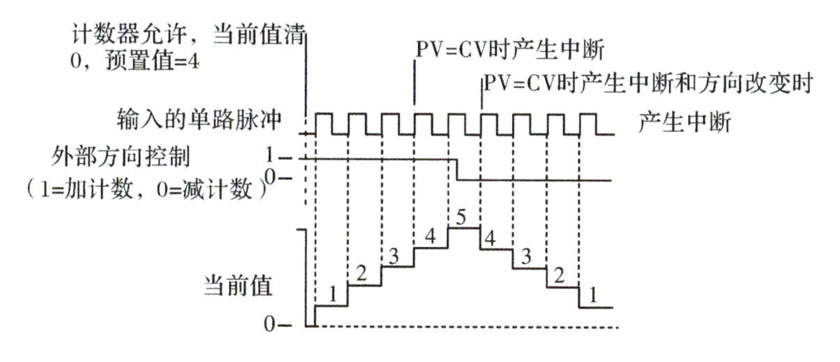

图5-43 外部方向控制的单路加/减计数方式

(3)两路脉冲输入的单相加/减计数。

有两个脉冲输入端，一个是加计数脉冲，一个是减计数脉冲，计数值为两个输入端脉冲的代数和。两路脉冲输入的加/减计数方式如图 5-44 所示。

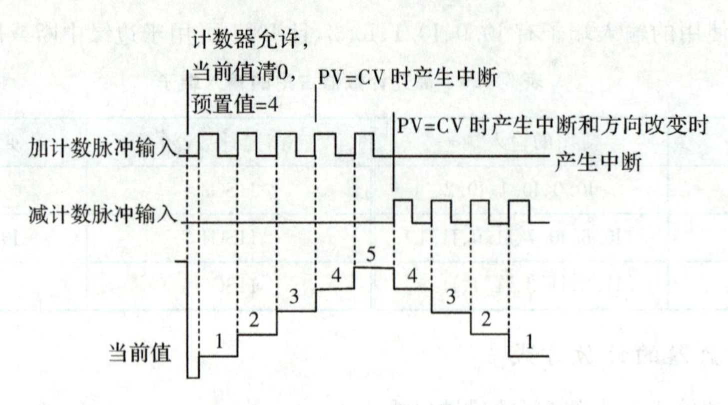

图 5-44 两路脉冲输入的加/减计数方式

(4)两路脉冲输入的双相正交计数。

有两个脉冲输入端，输入的两路脉冲 A 相、B 相，相位互差 90°(正交)，A 相超前 B 相 90°时，加计数；A 相滞后 B 相 90°时，减计数。在这种计数方式下，可选择 1x 模式(单倍频，一个脉冲周期计一个数，见图 5-45)和 4x 模式(四倍频，一个脉冲周期计四个数，见图 5-46)。

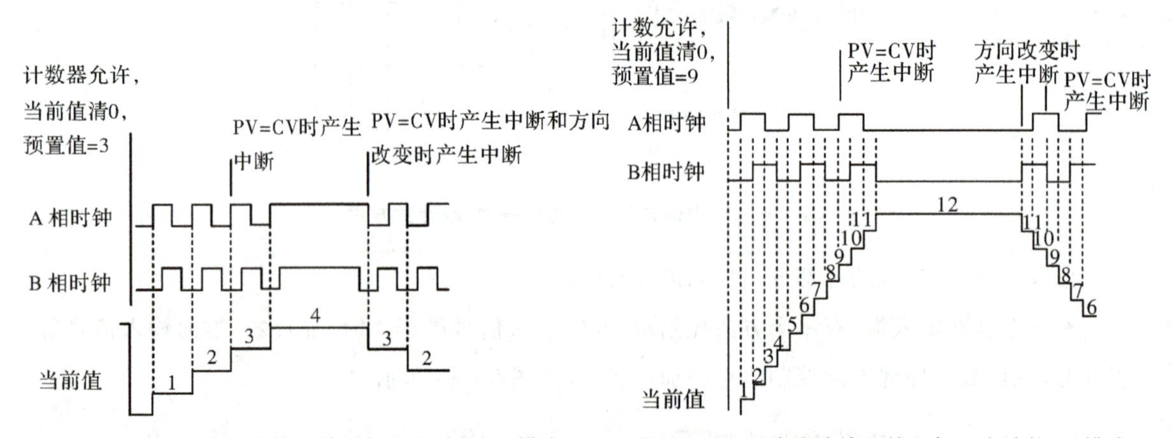

图 5-45 两路脉冲输入的双相正交计数 1x 模式

图 5-46 两路脉冲输入的双相正交计数 4x 模式

3. 高速计数器的工作模式

高速计数器依据计数脉冲、复位脉冲、起动脉冲端子的不同接法可组成 12 种工作模式，不同的高速计数器有多种功能不同的工作模式。每个高速计数器所拥有的工作模式和其占有的输入端子有关，见表 5-37。

表 5-37 高速计数器的工作模式和输入端子的关系

高速计数器HSC的工作模式	功能及说明	占用的输入端子及其功能			
	HSC0	I0.0	I0.1	I0.2	×
	HSC1	I0.6	I1.7	I1.0	I1.1
	HSC2	I1.2	I1.3	I1.4	I1.5
	HSC3	I0.1	×	×	×
	HSC4	I0.3	I0.4	I0.5	×
	HSC5	I0.4	×	×	×
0	单路脉冲输入的内部方向控制加/减计数	脉冲输入端	×	×	×
1	控制字 SM37.3=0,减计数;		×	复位端	×
2	SM37.3=1,加计数		×	复位端	起动
3	单路脉冲输入的外部方向控制加/	脉冲输入端	方向控制端	×	×
4	减计数方向控制端=0,减计数;			复位端	×
5	方向控制端=1,减计数			复位端	起动
6	两路脉冲输入的单相加/减计数	加计数脉冲输入端	减计数脉冲输入端	×	×
7	加计数端脉冲输入,加计数;			复位端	×
8	减计数端脉冲输入,减计数			复位端	起动
9	两路脉冲输入的双相正交计数	A 相脉冲输入端	B 相脉冲输入端	×	×
10	A 相脉冲超前 B 相脉冲,加计数;			复位端	×
11	A 相脉冲滞后 B 相脉冲,减计数			复位端	起动

由表 5-37 可知,高速计数器的工作模式确定后,高速计数器所使用的输入端子必须按系统指定的输入点输入信号。如选择 HSC1 在模式 11 下工作,就必须用 I0.6 为 A 相脉冲输入端,I0.7 为 B 相脉冲输入端,I1.0 为复位端,I1.1 为起动端。

4. 高速计数器指令

(1)高速计数器指令的格式及功能见表 5-38。

表 5-38 高速计数器指令的格式及功能

梯形图 LAD	语句表 STL	功 能
HDEF EN ENO HSC MODE	HDEF HSC,MODE	高速计数器定义指令:使能输入 EN 有效时,为指定的高速计数器分配一种工作模式
HSC EN ENO N	HSC N	高速计数器指令:使能输入 EN 有效时,根据高速计数器特殊存储器位的状态及 HDEF 指令指定的工作模式,设置高速计数器并控制其工作

(2)指令使用说明。

◆高速计数器定义指令 HDEF 中,操作数 HSC 指定高速计数器号(0~5),MODE 高速计数器的工作模式(0~11),每个高速计数器只能使用一条 HDEF 指令。

◆高速计数器指令 HSC 中,操作数 N 指定高速计数器号(0~5)。

(3)高速计数器的控制字和状态字。

◆ 控制字节:定义了计数器和工作模式之后,还要设置高速计数器的有关控制字节。每个高速计数器均有一个控制字节,它决定了计数器的计数允许或禁用,方向控制(仅限模式 0、1 和 2)或对所有其他模式的初始化计数方向,装入当前值和预置值。控制字节每个控制位的说明见表 5-39。

表 5-39 高速计数器的控制字节

HSC0	HSC1	HSC2	HSC3	HSC4	HSC5	功能描述
SM37.0	SM47.0	SM57.0	—	SM147.0	—	复位信号有效电平: 0=高电平有效;1=低电平有效
—	SM47.1	SM57.1	—	—	—	启动信号有效电平: 0=高电平有效;1=低电平有效
SM37.2	SM47.2	SM57.2	—	SM147.2	—	正交计数器的速率选择: 0=4 倍率;1=1 倍率
SM37.3	SM47.3	SM57.3	SM137.3	SM147.3	SM157.3	计数方向控制位: 0=减计数;1=增计数
SM37.4	SM47.4	SM57.4	SM137.4	SM147.4	SM157.4	向 HSC 写入计数方向: 0=不更新;1=更新计数方向
SM37.5	SM47.5	SM57.5	SM137.5	SM147.5	SM157.5	向 HSC 写入新的预置值: 0=不更新;1=更新预设值
SM37.6	SM47.6	SM57.6	SM137.6	SM147.6	SM157.6	向 HSC 写入新的当前值: 0=不更新;1=更新当前值
SM37.7	SM47.7	SM57.7	SM137.7	SM147.7	SM157.7	启用 HSC: 0=禁用 HSC;1=启用 HSC

◆设置初始值与预置值:每个高速计数器都有一个 32 位当前值区和一个 32 位预置值区。当前值与预置值为符号整数。为了向高速计数器装入新的当前值(相当于计数的起始值)与预置值,必须先设置控制字节,令其第五位和第六位为 1,允许更新预置值和当前值,新当前值和新预置值写入特殊内部标志位存储区,然后执行 HSC 指令,将新数值传输到高速计数器。表 5-40为 HSC 的当前值与预置值的特殊存储器。

表 5-40 高速计数器当前值和预置值寄存器

寄存器名称	HSC0	HSC1	HSC2	HSC3	HSC4	HSC5
当前值寄存器	SMD38	SMD48	SMD58	SMD138	SMD148	SMD158
预置值寄存器	SMD42	SMD52	SMD62	SMD142	SMD152	SMD162

◆ 状态字节:每个高速计数器都有一个状态字节,高速计数器的状态字节位存储当前的计数方向、当前值是否等于预置值、当前值是否大于预置值。PLC 通过监控高速计数器状态字节,可产生中断事件,以便用以完成用户希望的重要操作。各高速计数器的状态字节描述见表5-41。

表 5-41 高速计数器的状态字节

HSC0	HSC1	HSC2	HSC3	HSC4	HSC5	功能描述
SM36.5	SM46.5	SM56.5	SM136.5	SM146.5	SM156.5	当前计数方向状态位: 0=减计数,1=增计数
SM36.6	SM46.6	SM56.6	SM136.6	SM146.6	SM156.6	当前值等于预设值状态位: 0=不等于,1=等于
SM36.7	SM46.7	SM56.7	SM136.7	SM146.7	SM156.7	当前值大于预设值状态位: 0=小于或等于,1=大于

(4)使用高速计数器的步骤。

◆选择高速计数器。根据使用的主机型号和控制要求,选用高速计数器及该高速计数器的工作模式。

◆设置控制字节。

◆执行 HDEF 指令。

◆设定当前值和预设值。每个高速计数器都对应一个双字长(32 位)的当前值和一个双字长的预设值。两者都是有符号整数。当前值随计数脉冲的输入而不断变化,运行时当前值可以由程序直接读取 HCn 得到。

◆设定中断事件并全局开中断。高速计数器利用中断方式对高速事件进行精确控制。

◆执行 HSC 指令。

以上 6 步是对高速计数器的初始化,可以用主程序中的程序段来实现,也可以用子程序来实现,称为高速计数器初始化子程序。高速计数器在投入运行之前,必须要执行一次初始化程序段或初始化子程序。

【例 5-20】选用高速计数器对脉冲信号进行增计数,计数当前值达到 100 产生中断,重新从 0 计数,对中断次数进行累计。计数方向用一个外部信号控制,并能够实现外部复位,所用的主机型号为 S7-200 的 CPU221。

设计步骤:

(1)选择高速计数器 HSC0,确定工作模式 4。高速计数器的初始化采用子程序,用 SM0.1

调用高速计数器初始化子程序。

(2)令 SMB37=16 # F8。其功能为增加计数方向;允许更新计数方向;允许写入新当前值;允许写入新设定值;允许执行 HSC 指令。

(3)执行 HDEF 指令,输入参数:HSC 为 0,MODE 为 4。

(4)装入当前值。令 SMD38=0。

(5)装入设定值。令 SMD42=100。

(6)执行建立中断连接 ATCH 指令,输入参数:INT 为 INT_0,EVNT 为 10。编写中断程序 INT_0。执行全局开中断指令 ENI。

(7)执行 HSC 指令,对高速计数器编程并投入运行。输入值 IN 为 0。

相应的主程序、初始化子程序和中断程序如图 5-47 所示。

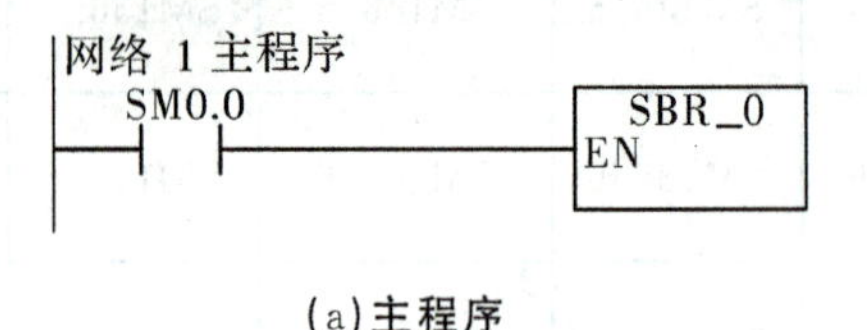

(a)主程序

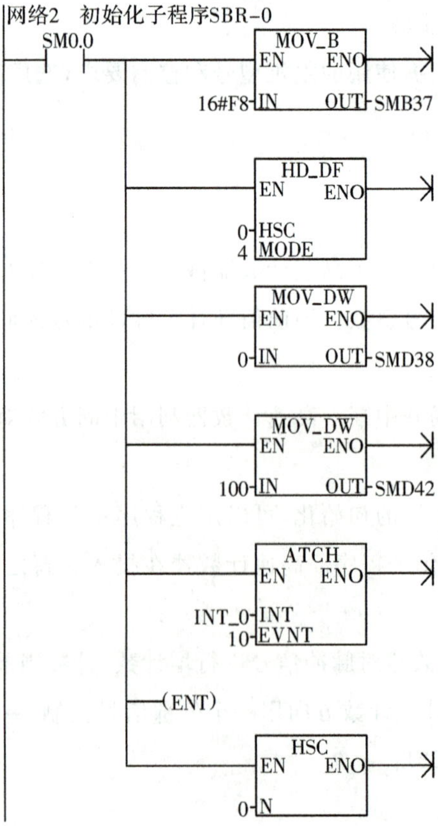

(b)子程序

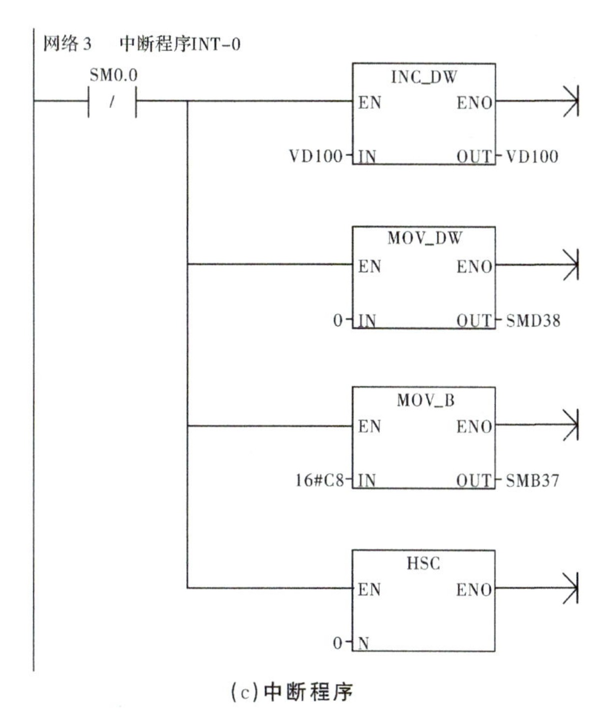

(c)中断程序

图 5-47 高速计数器指令的应用

三、高速脉冲输出

高速脉冲输出功能是指在 S7-200 系列 PLC 的 Q0.0 或 Q0.1 输出端产生高速脉冲,用来驱动诸如步进电动机一类的负载,实现速度和位置控制。

1. 高速脉冲输出占用的输出端子

S7-200 有脉冲串输出信号 PTO、脉宽调制信号 PWM 两种高速脉冲发生器。占用输出端子 Q0.0 和 Q0.1,即 S7-200 系列 PLC 能从 Q0.0 和 Q0.1 中输出高速脉冲,脉冲频率可达 20 kHz。PTO 脉冲串功能可输出指定个数、指定周期的方波脉冲(占空比 50%),波形如图 5-48 所示;PWM 功能可输出脉宽变化的脉冲信号,用户可以指定脉冲的周期和脉冲的宽度,波形如图 5-49 所示。若一台发生器指定给数字输出点 Q0.0,另一台发生器则指定给数字输出点 Q0.1。当 PTO、PWM 高速脉冲发生器控制输出时,将禁止输出点 Q0.0、Q0.1 的正常使用;当不使用 PTO、PWM 高速脉冲发生器时,输出点 Q0.0、Q0.1 恢复正常的使用,即由输出映像寄存器决定其输出状态。

在启动 PTO、PWM 操作前,最好用复位指令将 Q0.0、Q0.1 复位。

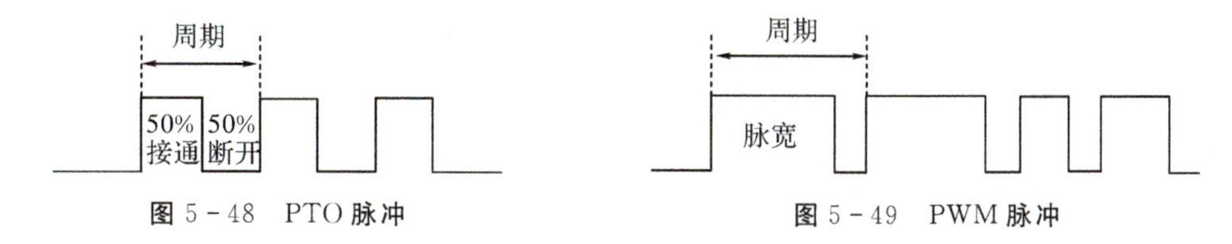

图 5-48 PTO 脉冲　　图 5-49 PWM 脉冲

2. 用于脉冲输出(Q0.0 或 Q0.1)的特殊存储器

当使用 Q0.0 或 Q0.1 发出高速脉冲时，要用传送指令对一定的特殊存储区进行定义。

(1)控制字节和参数的特殊存储器：每个 PTO/PWM 发生器都有一个控制字节(8 位)、一个脉冲计数值(无符号的 32 位数值)及一个周期时间和脉冲宽度值(无符号的 16 位数值)。这些值都放在特定的特殊存储区(SM)，如表 5-42 所示。执行 PLS 指令时，S7-200 先读这些特殊存储器位(SM)，然后执行特殊存储器位定义的脉冲操作，对相应的 PTO/PWM 高速脉冲发生器进行编程。

表 5-42　脉冲输出(Q0.0 或 Q0.1)的特殊存储器

Q0.0 和 Q0.1 对 PTO/PWM 输出的控制字节				
Q0.0	Q0.1	说　明		
SM67.0	SM77.0	PTO/PWM 刷新周期值	0:不刷新	1:刷新
SM67.1	SM77.1	PWM 刷新脉冲宽度值	0:不刷新	1:刷新
SM67.2	SM77.2	PTO 刷新脉冲计数值	0:不刷新	1:刷新
SM67.3	SM77.3	PTO/PWM 时基选择	0:1 μs	1:1 ms
SM67.4	SM77.4	PWM 更新方法	0:异步更新	1:同步更新
SM67.5	SM77.5	PTO 操作	0:单段操作	1:多段操作
SM67.6	SM77.6	PTO/PWM 模式选择	0:选择 PTO	1:选择 PWM
SM67.7	SM77.7	PTO/PWM 允许	0:禁止	1:允许
Q0.0 和 Q0.1 对 PTO/PWM 输出的周期值				
Q0.0	Q0.1	说　明		
SMW68	SMW78	PTO/PWM 周期时间值(范围:2～65 535)		
Q0.0 和 Q0.1 对 PTO/PWM 输出的脉宽值				
Q0.0	Q0.1	说　明		
SMW70	SMW80	PWM 脉冲宽度值(范围:0～65 535)		
Q0.0 和 Q0.1 对 PTO 脉冲输出的计数值				
Q0.0	Q0.1	说　明		
SMW72	SMW82	PTO 脉冲计数值(范围:1～4 294 967 295)		
Q0.0 和 Q0.1 对 PTO 脉冲输出的多段操作				
Q0.0	Q0.1	说　明		
SMW166	SMW176	段号(仅用于多段 PTO 操作)，多段流水线 PTO 运行中的段的编号		
SMW168	SMW178	包络表起始位置，用距离 V0 的字节偏移量表示(仅用于多段 PTO 操作)		

（2）状态字节的特殊存储器：除了控制信息外，还有用于 PTO 功能的状态位，在采用 PTO 输出形式时，Q0.0 和 Q0.1 都有一个状态字节来监控 PTO 的运行状态，分别为 SMB66 和 SMB67，它们的低四位均未使用，其高四位的功能见表 5-43。

表 5-43　PTO 输出的状态字节

Q0.0	Q0.1	功能描述
SM66.4	SM76.4	PTO 包络表因计算错误终止：0 无错误，1 终止
SM66.5	SM76.5	PTO 包络表因用户命令终止：0 无错误，1 终止
SM66.6	SM76.6	PTO 管线溢出：0 无溢出，1 溢出
SM66.7	SM76.7	PTO 空闲：0 执行中，1 空闲

3. 高速脉冲输出指令

（1）高速脉冲输出指令的格式及功能见表 5-44。

表 5-44　高速脉冲指令的格式及功能

梯形图 LAD	语句表 STL	功　能
PLS EN　ENO Q0.X	PLS　Q0.X	高速脉冲指令：使能输入 EN 有效时，设置特殊功能存储器位（SM 存储区）对 PLC 进行检测，利用 PLS 指令激活由控制位定义的高速脉冲输出操作，并从 Q0.X 输出高速脉冲 PTO 或 PWM

（2）指令使用说明。

◆操作数 X 指定脉冲输出端子，0 为 Q0.0 输出，1 为 Q0.1 输出。

◆高速脉冲串输出 PTO 和宽度可调脉冲输出 PWM 都由 PLS 指令来激活输出。

4. PTO 的使用

PTO 功能可输出一定脉冲个数和占空比为 50%的方波脉冲。PTO 可以产生单段脉冲串或多段脉冲串（使用脉冲包络）。

（1）周期和脉冲数：周期范围为 50～65 535 μs 或 2～65 535 ms，为 16 位无符号数，时基有 μs 和 ms 两种，通过控制字节的第三位选择。注意：

◆ 如果周期小于 2 个时间单位，则周期的默认值为 2 个时间单位；

◆ 如果设定的周期数为奇数，则会引起波形失真。

脉冲计数范围从 1～4 294 967 295，为 32 位无符号数，如果设定脉冲计数为 0，则系统默认脉冲计数值为 1。

（2）PTO 的种类及特点：PTO 功能可输出多个脉冲串，当前脉冲串输出完成时，新的脉冲串输出立即开始，这样就保证了输出脉冲串的连续性。PTO 功能允许多个脉冲串排队输出，从而形成流水线，流水线分为两种：单段流水线和多段流水线。

◆单段流水线是指:流水线中每次只能存储一个脉冲串的控制参数,初始 PTO 段一旦启动,必须按照第二个波形的要求刷新特殊存储器 SM,并再次执行 PLS 指令。在第一个脉冲串完成后,第二个脉冲串输出立即开始,重复这一步骤可以实现多个脉冲串的输出。

单段流水线中的各段脉冲串可以采用不同的时间基准,但有可能造成脉冲串之间的不平稳过渡。输出多个高速脉冲时,编程复杂。

◆多段流水线是指:在变量存储区 V 建立一个包络表(包络表是一个预先定义的横坐标为位置、纵坐标为速度的曲线,是运动的图形描述)。包络表存放每个脉冲串的参数。执行 PLS 指令时,S7-200 系列 PLC 自动按包络表中的顺序及参数进行输出脉冲串。

包络表中每段脉冲串的参数占用 8 个字节,由一个 16 位周期值(2 字节)、一个 16 位周期增量值 Δ(2 字节)和一个 32 位脉冲计数值(4 字节)组成。包络表的格式见表 5-45。

表 5-45 包络表的格式

从包络表起始地址的字节偏移	段	说明
VB_n		段数(1～255);数值 0 产生非致命错误,无 PTO 输出
VB_{n+1}	段 1	初始周期(2～65 535 个时基单位)
VB_{n+3}		每个脉冲的周期增量 Δ(符号整数:-32 768～32 767 个时基单位)
VB_{n+5}		脉冲数(1～4 294 967 295)
VB_{n+9}	段 2	初始周期(2～65 535 个时基单位)
VB_{n+11}		每个脉冲的周期增量 Δ(符号整数:-32 768～32 767 个时基单位)
VB_{n+13}		脉冲数(1～4 294 967 295)
VB_{n+17}	段 3	初始周期(2～65 535 个时基单位)
VB_{n+19}		每个脉冲的周期增量 Δ(符号整数:-32 768～32 767 个时基单位)
VB_{n+21}		脉冲数(1～4 294 967 295)

多段流水线的特点是编程简单,能够通过指定脉冲数量自动增加或减少周期,周期增量值 Δ 为正值时会增加周期;周期增量值 Δ 为负值会减少周期;若 Δ 为零,则周期不变。在包络表中的所有的脉冲串必须采用同一时基,在多段流水线执行时,包络表的各段参数不能改变。多段流水线常用于步进电动机的控制。

(3)中断事件类型。高速脉冲串输出可以采用中断方式进行控制,各种型号的 PLC 可用的高速脉冲串输出中断事件有两个,见表 5-46。

表 5-46 中断事件

中断事件号	事件描述	优先级(在 I/O 中断中的次序)
19	PTO0 高速脉冲串输出完成中断	0
20	PTO1 高速脉冲串输出完成中断	1

(4)PTO 编程的步骤。

◆确定脉冲发生器和工作模式:它包括两方面工作:根据控制要求,一是选用高速脉冲串输出端(发生器);二是选择工作模式为 PTO,并且确定多段或单段工作模式。如果要求有多个脉冲串连续输出,通常采用多段管线。

◆设置控制字节:按控制要求将控制字节写入 SMB67 或 SMB77 特殊寄存器。

◆写入周期值、周期增量值和脉冲数:如果是单段脉冲,对以上各值分别设置;如果是多段脉冲,则需要建立多段脉冲的包络表,并对各段参数分别设置。

◆装入包络表的首地址:本步为可选项,只在多段脉冲输出中需要。

◆设置中断事件并全局开中断:高速脉冲串输出 PTO 可利用中断方式对高速事件进行精确控制。中断事件是高速脉冲输出完成,中断事件号为 19 或 20。用中断调用 ATCH 指令将中断事件号 19 或 20 与中断子程序(假设中断子程序编号为 INT—0)连接起来,并全局开中断。程序如下:

```
ATCH    INT—0,19
ENI
```

必须编写中断程序 INT—0 与之相对应。

◆执行 PLS 指令:以上设置完成并执行指令后,即可用 PLS 指令启动高速脉冲串,并由 Q0.0 或 Q0.1 输出。以上 6 步是对高速脉冲输出的初始化。该过程可以用主程序中的程序段来实现,也可以用子程序来实现,称为高速脉冲串初始化子程序。高速脉冲串在运行之前,必须要执行一次初始化程序段或初始化子程序。

【例 5-21】PTO 应用实例。

某台步进电机的运行曲线如图 5-50 所示,要从 A 点加速到 B 点后恒速运行至 C 点,又从 C 点开始减速到 D 点,完成这一过程时用指示灯 Q0.5 显示。电动机的转动受脉冲控制,A 点和 D 点的脉冲频率为 2 kHz。B 点和 C 点的频率为 10 kHz,加速过程的脉冲数为 200 个,恒速转动的脉冲数为 3 400 个,减速过程脉冲数为 400 个。

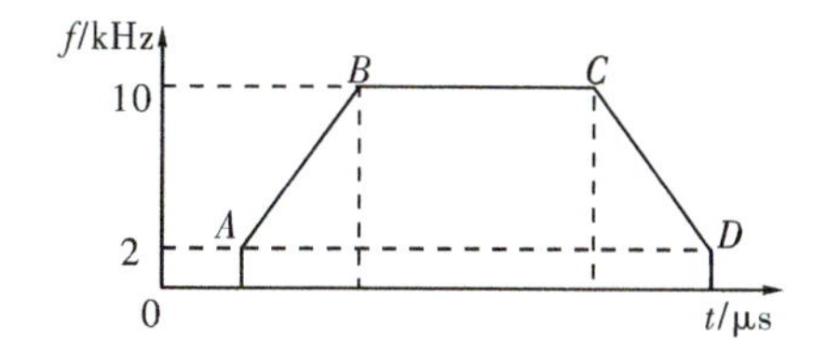

图 5-50 步进电机工作过程

解:(1)确定脉冲发生器和工作模式。

题目要求 PLC 输出一定数量的多串脉冲,因此确定用 PTO 输出的多段管线方式。选用高速脉冲串发生器 Q0.0,并且确定 PTO 为 3 段脉冲管线(*AB*、*BC* 和 *CD* 段)。

(2)设置控制字节。

因为在 *BC* 段输出的频率最大,为 10 kHz,对应的周期为 100 μs,因此选择时基单位为 μs,将 2 # 10100000,即 16 # A0 写入控制字节 SMB67。功能为允许脉冲输出,多段 PTO 脉冲串输出,不允许更新周期值和脉冲数。包络表见表 5 - 47。

表 5 - 47 包络表

V 变量存储器地址	各块名称	实际功能	参数名称	参数值
VB200	段数	决定输出脉冲串数	总包络段数	3
VW201	段 1	电机加速阶段	初始周期值	500 μs
VW203			周期增量值	−2 μs
VW205			输出脉冲数	200
VW209	段 2	电机恒速运行阶段	初始周期值	100 μs
VW211			周期增量值	0 μs
VD213			输出脉冲数	3 400
VW217	段 3	电机减速阶段	初始周期值	100 μs
VW219			周期增量值	1 μs
VD221			输出脉冲数	400

(3)写入周期值、周期增量值和脉冲数。

周期值的确定比较容易,是每段初始频率的倒数。*AB* 段为 500 μs,*BC* 段为 100 μs,*CD* 段为 100 μs。

周期增量值的确定可通过计算得到,计算公式为

$$(T_{n+1}-T_n)/N \tag{5-5}$$

式中,T_{n+1} 为该段结束周期时间;T_n 为该段开始周期时间,N 为该段的脉冲数。

设包络表首地址为 VB200,见表 5 - 47。

PTO 应用举例见图 5 - 51。

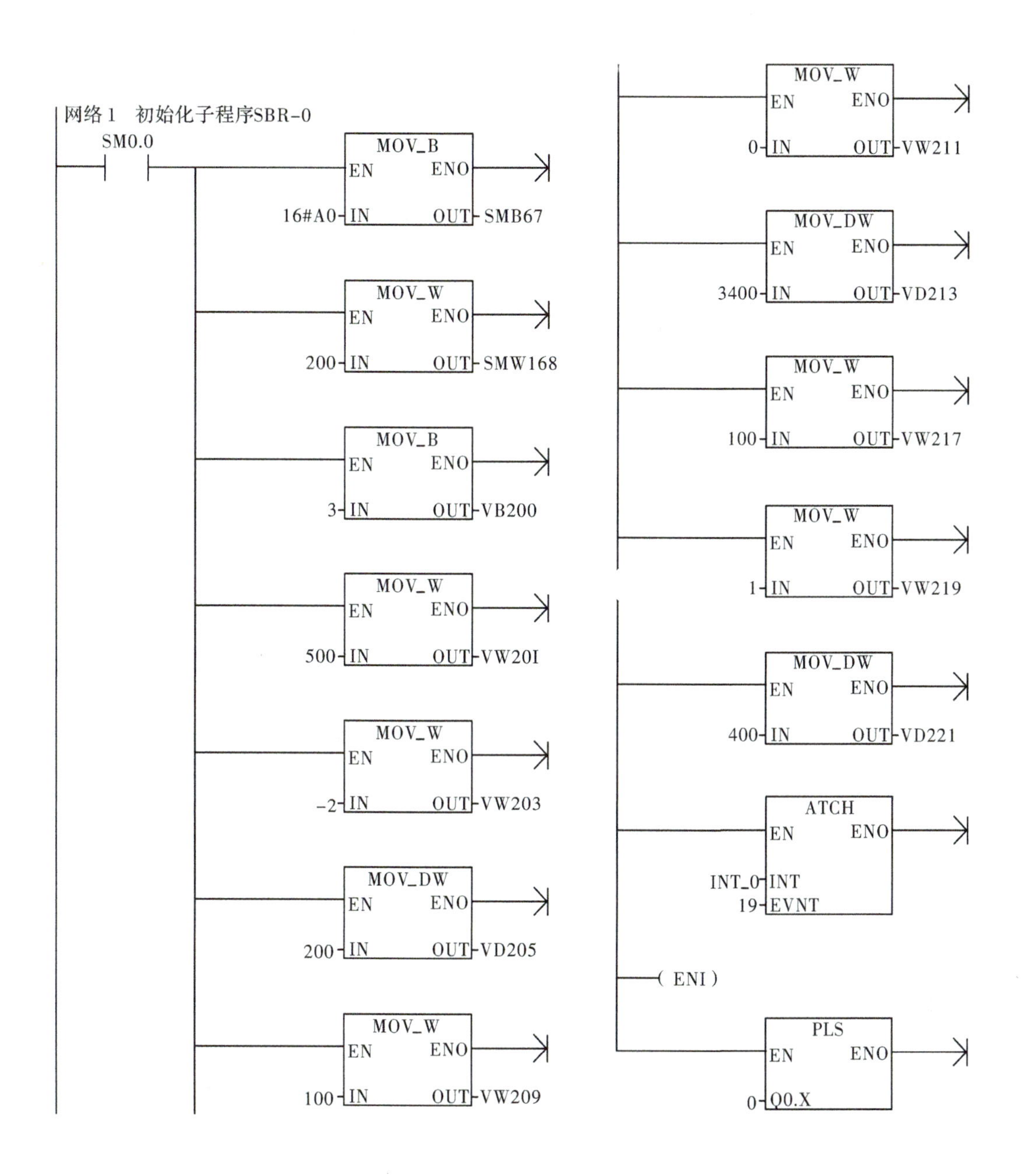
网络1 初始化子程序SBR-0
SM0.0
MOV_B
EN ENO
16#A0-IN OUT-SMB67
MOV_W
EN ENO
200-IN OUT-SMW168
MOV_B
EN ENO
3-IN OUT-VB200
MOV_W
EN ENO
500-IN OUT-VW201
MOV_W
EN ENO
-2-IN OUT-VW203
MOV_DW
EN ENO
200-IN OUT-VD205
MOV_W
EN ENO
100-IN OUT-VW209
MOV_W
EN ENO
0-IN OUT-VW211
MOV_DW
EN ENO
3400-IN OUT-VD213
MOV_W
EN ENO
100-IN OUT-VW217
MOV_W
EN ENO
1-IN OUT-VW219
MOV_DW
EN ENO
400-IN OUT-VD221
ATCH
EN ENO
INT_0-INT
19-EVNT
(ENI)
PLS
EN ENO
0-Q0.X

(a)初始化子程序

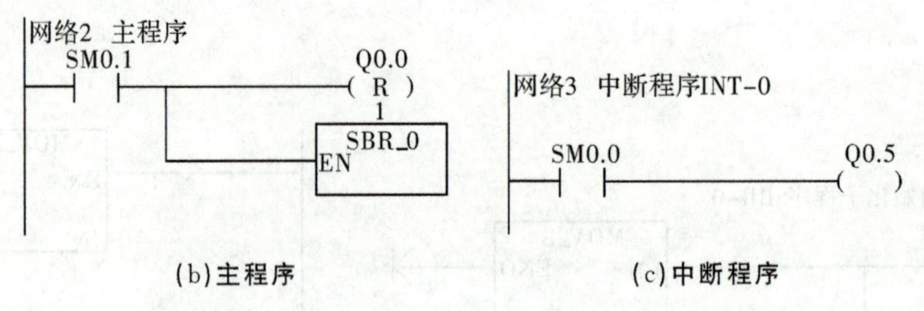

(b)主程序　　(c)中断程序

图 5-51 PTO 应用举例

(4)装入包络表的首地址。

将包络表的起始变量 V 存储器地址装入 SMW168 中。

(5)中断调用。

高速输出完成时,调用中断程序,则信号灯变亮(本例中 Q0.5=1)。脉冲输出完成,中断事件号为 19。用中断调用 ATCH 指令将中断时间 19 与中断子程序 INT—0 连接起来,并全局开中断。

(6)执行 PLS 指令。

步进电机系统的主程序、初始化子程序和中断程序如图 5-51 所示。

5. PWM 的使用

PWM 功能可输出周期一定占空比可调的高速脉冲串,实现控制任务。

(1)周期和脉宽。

周期和脉宽时基为微秒或毫秒,均为 16 位无符号数。其时间基准可以是 μs 或 ms,周期的范围为 50～65 535 μs 或 2～65 535 ms。若周期小于 2 个时基,则系统默认为 2 个时基。

脉宽范围为 0～65 535 μs 或 0～65 535 ms。若脉宽大于等于周期,占空比等于 100%,则输出连续接通;若脉宽为 0,占空比为 0%,则输出断开。

(2)更新方式。

有两种方法改变 PWM 波形的特性:同步更新和异步更新。

◆ 同步更新。若不需要改变时基,即可以用同步更新。执行同步更新时,波形的变化发生在两个周期的交界处,可以实现平滑过渡。

◆ 异步更新。如果需要改变时基,则应使用异步更新。异步更新使高速脉冲输出功能被瞬时禁用,与 PWM 波形不同步,这样可能造成控制设备振动。为此通常不使用异步更新,而是选择一个适用于所有周期时间的时间基准,使用同步 PWM 更新。

(3)PWM 编程时的步骤。

◆确定脉冲发生器和工作模式。它包括两方面工作:根据控制要求,一是选用高速脉冲串输出端(发生器);二是选择工作模式为 PWM。

◆设置控制字节。

按控制要求将控制字节写入 SMB67 或 SMB77 特殊寄存器。如 16 # C1,其含义是:选择并允许 PWM 方式的工作，以 μs 为时间基准，允许更新 PWM 的周期时间。

◆写入周期值和脉冲宽度值。

按控制要求将脉冲周期值写入 SMB68 或 SMB787 特殊寄存器，将脉宽值写入 SMW70 或 SMW80 特殊寄存器。

◆执行 PLS 指令。

以上设置完成并执行指令后，即可用 PLS 指令启动 PWM，并由 Q0.0 或 Q0.1 输出。

以上步骤是对高速脉冲器的初始化。它可以用主程序中的程序段来实现，也可以用子程序来实现，称为 PWM 初始化子程序。脉冲输出之前，必须要执行一次初始化程序段或初始化子程序。

【例 5-22】 PWM 应用举例。设计程序，从 PLC 的 Q0.0 输出高速脉冲。该串脉冲脉宽的初始值为 0.1 s，周期固定为 1 s，其脉宽每周期递增 0.1 s，当脉宽达到设定的 0.9 s 时，脉宽改为每周期递减 0.1 s，直到脉宽减为 0。以上过程重复执行。

分析：因为每个周期都有操作，所以应把 Q0.0 接到 I0.0，采用输入中断的方法完成控制任务。编写两个中断程序，一个中断程序实现脉宽递增，另一个中断程序实现脉宽递减，并设置标志位，在初始化操作时使其置位，执行脉宽递增中断程序，当脉宽达到 0.9 s 时，使其复位，执行脉宽递减中断程序。在子程序中完成 PWM 的初始化操作，选用输出端为 Q0.0，控制字节为 SMB67，控制字节设定为 16#DA（允许 PWM 输出，Q0.0 为 PWM 方式，同步更新，时基为毫秒，允许更新脉宽，不允许更新周期），梯形图如图 5-52 所示。

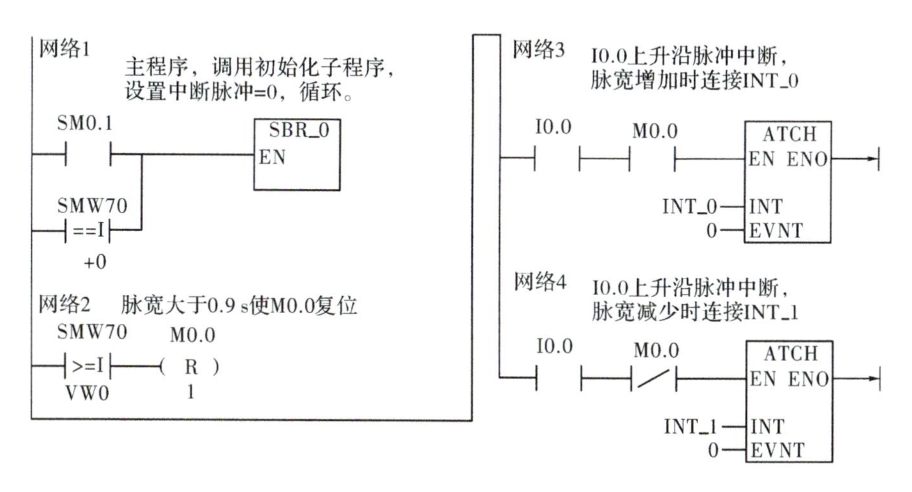

(a)主程序

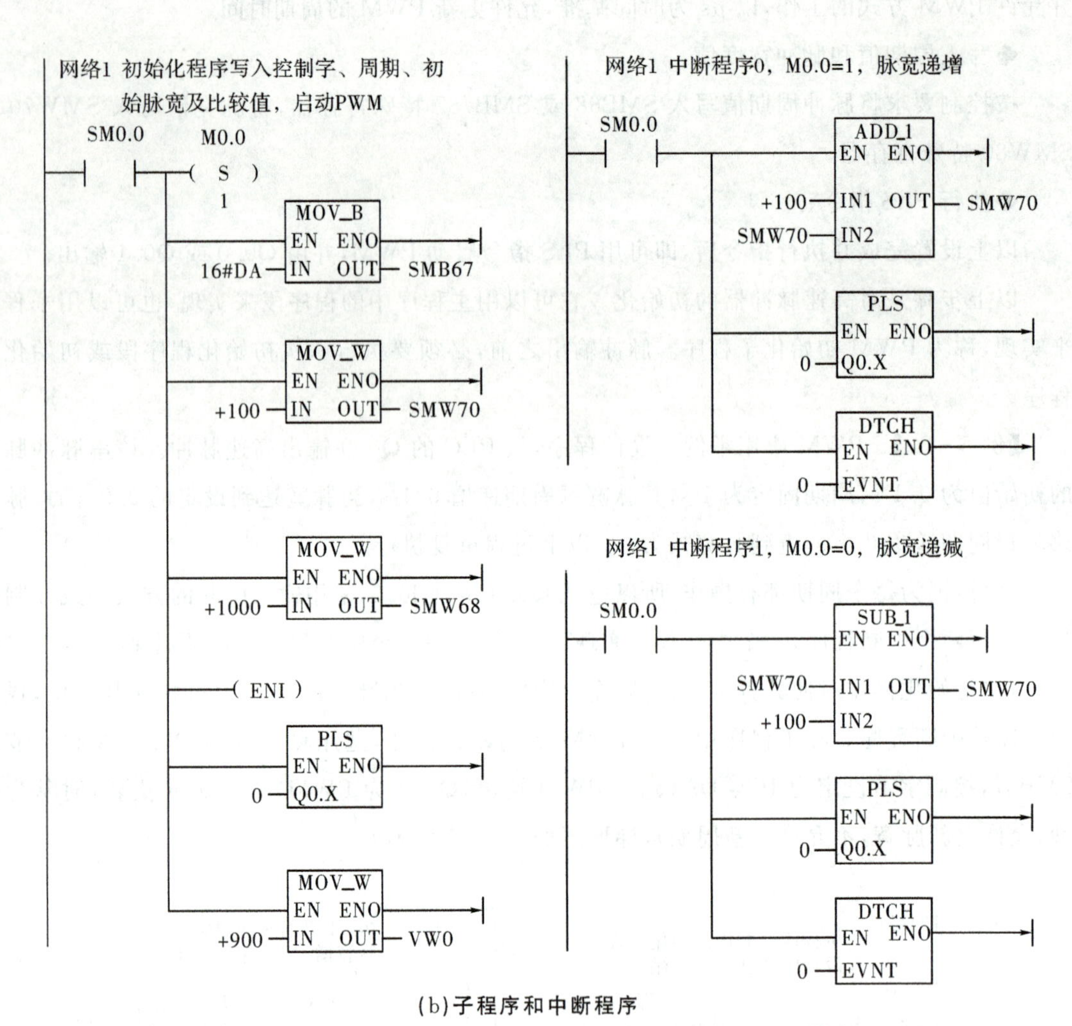

(b)子程序和中断程序

图 5-52　例 5-22 的梯形图

任务实施

一、分配 I/O 地址

采用起动和停止按钮及一个接触器 KM 控制交流异步电动机的运行与停止；采用光电编码器来实现转速到脉冲信号的转换，并利用 PLC 的高速计数器对其输入的脉冲进行计数，从而达到测速的目的。因此，根据题意可以确定，其 I/O 分配表见表 5-48。

表 5-48 三相异步电动机的转速测量的 I/O 分配表

输入设备	输入地址	输出设备	输出地址
起动按钮 SB_1	I0.4	电动机运行用接触器 KM 线圈	Q0.0
停止按钮 SB_2	I0.5	转速实际测量值	VW950
光电编码器脉冲输入	I0.0		

二、输入/输出接线

PLC 输入/输出端口的接线如图 5-53 所示。

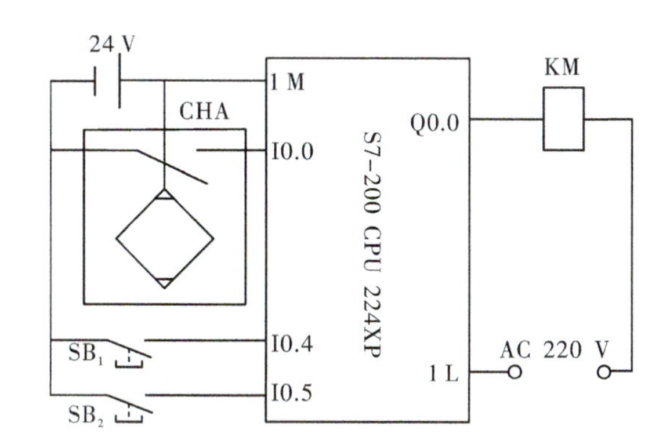

图 5-53 三相异步电动机转速测量的输入/输出接线图

三、程序设计

通过对任务的功能分析，根据高速计数器指令的应用流程，确定基于 PLC 的转速测量程序按初始化→电动机运行控制→编码器脉冲计数→实际转速计算的流程进行。

(1)主程序，如图 5-54 所示，用 SM0.1(首次扫描接通一个扫描周期)去调用一个子程序，完成初始化操作。

(2)初始化的子程序 SBR-0，如图 5-54 所示，定义 HSC0 的工作模式为 0(单路脉冲输入的内部方向控制加/减计数，没有复位和启动输入功能)，设置 SMB37=16#F8(允许计数，更新当前值，更新预置值，更新计数方向为加计数，若为正交计数设为 4×，复位和启动设置为高电平有效)。HSC0 的当前值 SMD38 清零，每 200 ms 定时中断(中断事件 11)，中断事件 11 连接中断程序 INT-0。

(3)中断程序 INT-0，如图 5-54 所示。

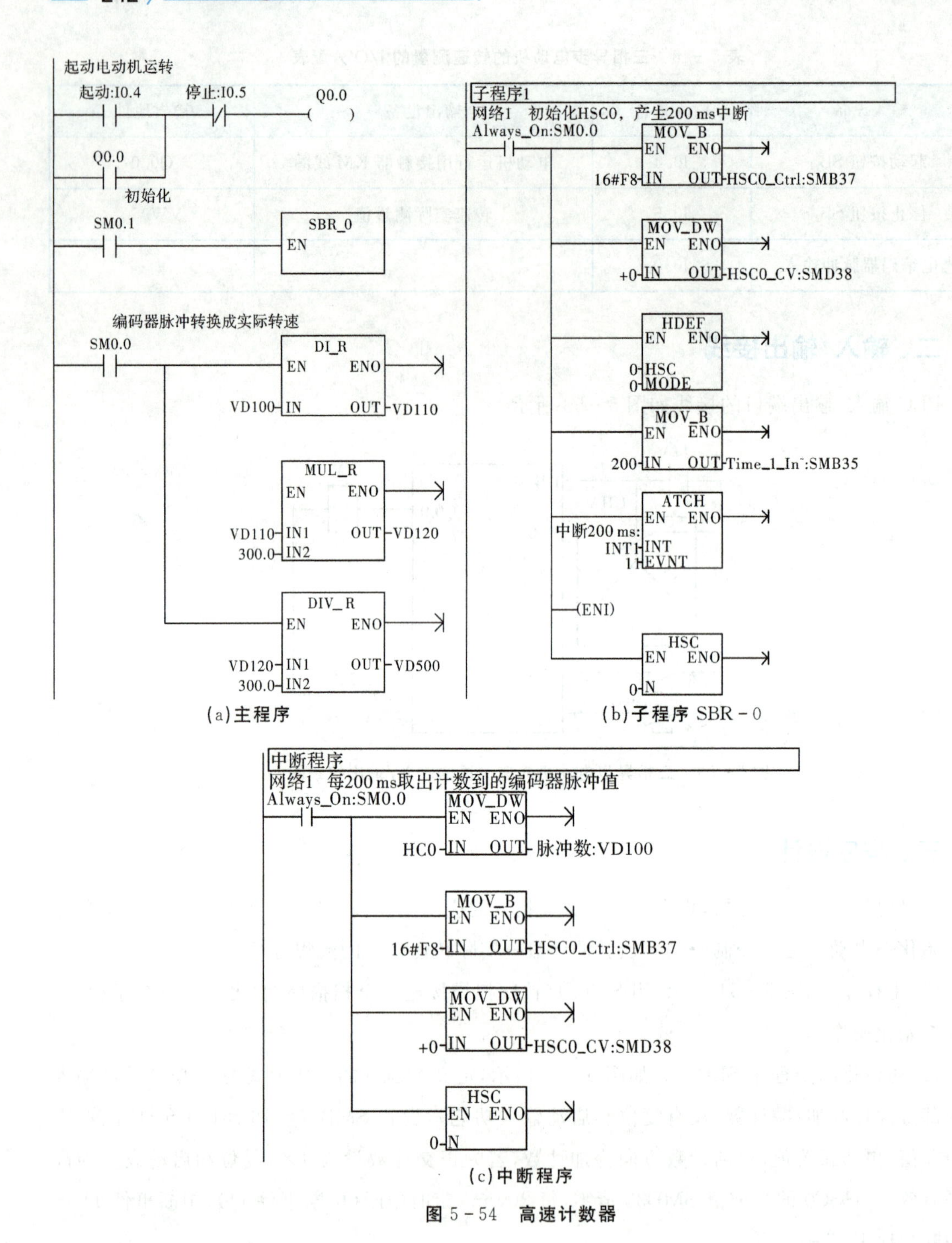

(a)主程序　　(b)子程序 SBR－0

(c)中断程序

图 5－54　高速计数器

四、调试运行

(1)按照图 5－53 接线，确保所有接线无误。

(2)读懂并输入图 5－54 所示的程序，并在线监控 VD500 的变化。

思考与练习

(1)编写一高速计数器程序,要求:

◆首次扫描时调用一个子程序,完成初始化操作。

◆用高速计数器 HSC1 实现加计数,当计数值等于 200 时,将当前值清 0。

(2)试编写 PTO 程序,要求 PLC 运行后,在 Q0.0 或 Q0.1 上产生周期为 6 s、占空比为 50%的 PTO 信号。

(3)编写实现脉宽调制 PWM 的程序。要求从 PLC 的 Q0.1 输出高速脉冲,脉宽的初始值为 0.5 s,周期固定为 5 s,其脉宽每周期递增 0.5 s,当脉宽达到设定的 4.5 s 时,脉宽改为每周期递减 0.5 s,直到脉宽减为 0,以上过程重复执行。

项目小结

本项目通过五个典型任务的学习及任务的实施,介绍了 S7-200 系列 PLC 功能指令及其使用方法。功能指令在工程实际中应用广泛。通过学习,应了解功能指令在 PLC 中的主要作用,做到准确、灵活运用。

任务一　以灯光喷泉控制系统设计为任务导向,重点讲述了数据的传送指令、循环移位指令、字节交换指令、填充指令的格式、功能及应用。在处理实际问题时,数据类型转换指令应用较多。它们增强了 PLC 的数据处理能力,开阔了 PLC 的应用领域。

任务二　以多台电动机自动与手动切换控制为任务导向,讲述了跳转指令、子程序指令及中断指令的格式及用法。中断技术在 PLC 的人机联系、实时处理、通信处理和网络中占重要地位。中断是由设备或其他非预期的急需处理的时间引起的,中断事件的发生具有随机性。系统响应中断时自动保护现场,调用中断程序,使系统对特殊的内部或外部时间做出响应。中断处理完成时,又自动恢复现场。

任务三　以自动售饮机控制系统设计为任务导向,讲述了各种运算指令的格式及使用方法。运算指令包括算术运算指令和逻辑运算指令,算数运算指令包括加法、减法、乘法、除法和增减指令及一些常用的数学函数指令,如平方根、自然对数、三角函数等。逻辑运算是无符号和大小含义的逻辑数进行处理,逻辑运算类指令包括逻辑与、逻辑异、逻辑取反等指令。S7-200 是具有最强运算功能的小型 PLC。

任务四　以水箱水位控制系统设计为任务导向,讲述了模拟量模块的用法及 PID 指令的功能和用法。PID 指令的应用使 PLC 可以实现闭环控制。

任务五　以电动机转速测量的控制系统设计为例,讲述了高速处理类指令的应用,高速计数器和高速脉冲指令是以步进电机为驱动设备的高级功能指令,主要用于定位或位置控制,使用时应熟悉相关功能寄存器的设置。

项目六

PLC 控制系统设计及应用实例

教学目标

(1)熟悉 PLC 控制系统的设计方法与设计步骤。

(2)掌握以转换为中心编写复杂程序的方法。

(3)学会运用 PLC 设计复杂电气控制系统的方法。

(4)学会根据任务要求,进行 PLC 选型、硬件配置和 PLC 的安装。

(5)学会对 PLC 复杂控制系统进行综合调试的能力。

任务一　十字路口交通信号灯的 PLC 控制系统设计

任务描述

十字路口的交通信号灯通过特定的发光顺序指引着交通秩序。那么交通信号灯是如何实现红黄绿三种颜色的信号灯按要求交替变化进行工作的呢?可通过应用自动控制技术,采用 PLC 控制来实现交通信号灯自动控制系统的基本功能。绿灯闪烁显示是十字路口交通信号灯控制的典型任务,它的特点是可以在绿灯和黄灯切换的过程中现予以警示,可以让驾驶员做出预判,本任务的十字路口交通信号灯运行控制要求如下所述。

(1)按下系统起动按钮,系统起动运行。

(2)十字路口交通灯根据交通规则进行控制:

◆南北双向交通灯控制保持规律一致,东西双向交通灯控制规律保持一致。

◆南北向和东西向各个交通灯的控制规律如图 6-1 所示。

◆系统要求循环运行,即完成一次循环控制后自动循环,绿灯闪烁的周期为 1 s。

(3)当按下停止按钮,所有交通灯同时熄灭。

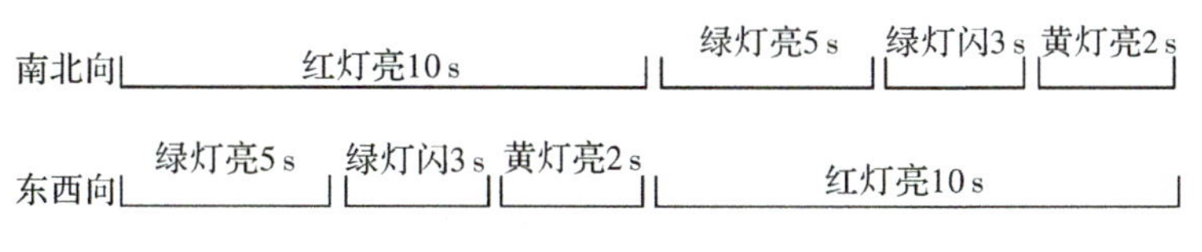

图 6-1 交通灯运行规律

任务目标

熟悉 PLC 控制系统的设计方法与步骤。了解 PLC 机型的选择方法和 PLC 控制系统安装、调试的方法。熟练掌握十字路口交通灯的控制工作原理和多种程序设计的方法。

相关知识

一、PLC 控制系统设计的原则和步骤

1. PLC 控制系统设计的基本原则

为了实现生产工艺的控制要求，以提高生产效率和产品质量，在设计 PLC 控制系统时，应遵循以下基本原则：

(1)最大限度地满足生产机械和生产工艺对 PLC 的要求，这些生产工艺要求是 PLC 控制系统设计的依据。因此在设计前应深入现场进行调查，搜集资料，并与生产过程设计人员、机械设计人员、实际操作者密切配合，明确控制要求，共同拟定设计方案，协同解决设计中的各种问题，使设计成果满足生产工艺的需求。

(2)在满足生产工艺要求的前提下，设计方案力求简单、经济、合理，不要盲目追求自动化和高指标。力求使控制系统操作简单、使用及维护方便。

(3)正确、合理地选用 PLC 及外围设备，确保控制系统安全可靠地工作，同时考虑产品的技术进步性及造型美观。

(4)为适应生产的发展和工艺的改进，在选择控制设备时，设备能力应留有适当余量。

2. PLC 控制系统设计的步骤

在设计一个 PLC 控制系统时，要全面考虑诸多因素，不管所设计的控制系统规模的大或小，一般都要按图 6-2 所示的设计步骤进行系统设计。

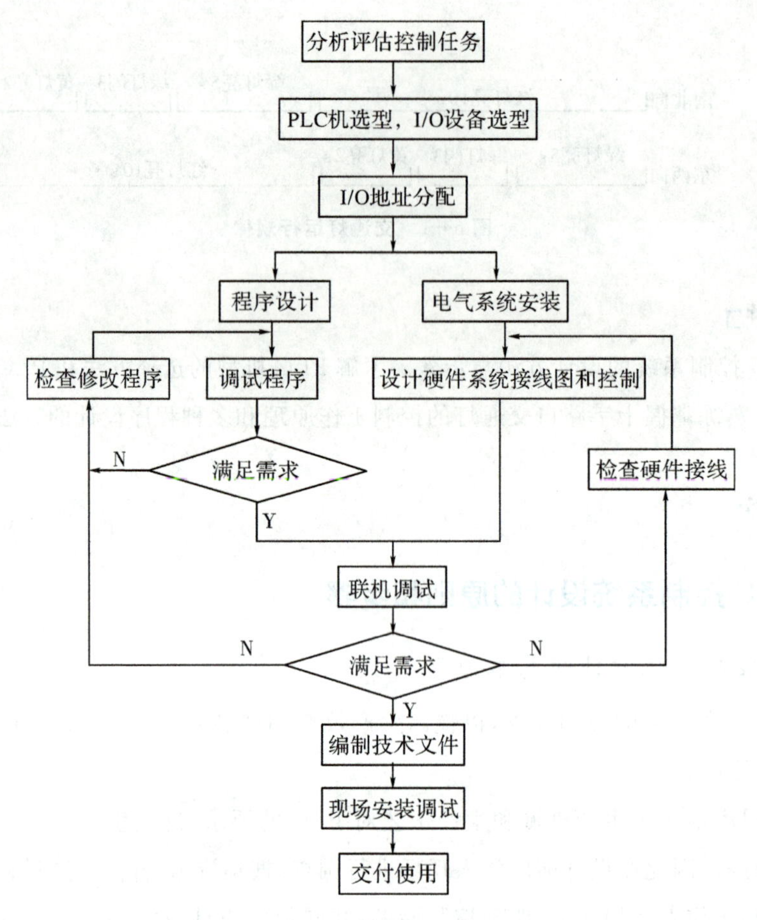

图 6-2　PLC 系统设计步骤框图

下面就几个主要步骤，做进一步解释说明：

(1)分析评估及控制任务。

随着 PLC 功能的不断提高和完善，PLC 几乎可以完成工业控制领域的所有任务。但是 PLC 还是有它最适合的应用场所，所以在接到一个控制任务后，要分析被控对象的控制过程和要求，看看用什么控制设备来完成该任务最合适。比如仪器及仪表装置，家电的控制器就要用单片机来做；大型的过程控制系统大部分要用 DCS 来完成。而 PLC 最适合的控制对象是：工业环境较差，而对安全性，可靠性要求较高，系统工艺复杂，输入/输出为开关量为主的工业自控系统或装置。其实，现在的可编程控制系统不仅处理开关量，而且对模拟量处理也很强。所以在很多情况下，也可取代工业控制计算机作为主控制器，来完成复杂的工业自动控制任务。

控制对象及控制装置确定后，还要进一步取代 PLC 的控制范围，一般来说，能够反映生产过程的运行情况，能用传感器直接测量的参数，控制逻辑复杂的部分都由 PLC 来完成。另外，紧急停车等环节，主控对象还要加上手动控制功能，就需要在设计电气系统原理图与编程时统一考虑。

(2)系统设计。

硬件设计主要内容是电气控制系统原理图的设计、电气控制元件的选择和控制柜的设计。电气控制系统原理图包括主电路和控制电路。控制电路中包括 PLC 的 I/O 接线和自动、手动部分的详细连接等,有时还要在电气原理图中标上器件代码或另外配上安装接线图,端子接线图等以便控制柜的安装。电气元器件的选择主要是根据控制要求选择按钮、开关、传感器、保护电器、接触器、指示灯和电磁阀等。

在程序设计时,除 I/O 地址列表外,有时还要把在程序中用到的中间继电器、定时器、计数器和存储单元,以及它们的作用或功能列写出来,以便编写程序和阅读程序。

(3)系统调试。

系统调试分为模拟调试和联机调试。

硬件部分的模拟调试可在断开主电路的情况下进行,主要试一试手动控制部分是否正确。

软件部分的模拟调试可借助模拟开关和 PLC 输出端的输出指示灯进行。需要模拟量信号 I/O 时,可用电位器和万用表配合进行。调试时,可利用外围设备模拟各种现场开关和传感器状态,然后观察 PLC 的输出逻辑是否正确。如果有错误则修改并调试。现在 PLC 的主流产品都可在 PC 机上编程,并可在 I/O 点上直接进行模拟调试。

联机调试时,可把编制好的程序下载到现场的 PLC 中。调试好时一定要将主电路断电,只对控制电路进行联调即可。通过现场联调信号的接入常常还会发现软硬件中的问题。系统完成后一定要及时整理技术材料并存档。

二、PLC 机型选择

PLC 选型的基本原则是:所选的 PLC 应能够满足控制系统的功能需要。一般从系统功能、PLC 的物理结构、指令和编程方式、PLC 的存储容量和响应时间、通信联网功能等方面进行综合考虑。

1. CPU 型号的选择

S7-200 系列 PLC 不同的 CPU 模块的性能有着较大的差别,在选择 CPU 模块时,应考虑开关量、模拟量模块的扩展能力,程序存储器与数据存储器的容量,通信接口的个数,本机 I/O 点的点数等,还要考虑性价比,在满足要求的前提下尽量降低硬件的成本。

2. PLC 结构的选择

在相同功能和相同 I/O 点数的情况下,整体式 PLC 比模块式 PLC 价格低。模块式具有功能扩展灵活、维修方便、容易判断故障等优点,用户应根据需要选择 PLC 的结构形式。

3. I/O 点数及 I/O 接口设备的选择

根据控制系统所需要的输入设备(如按钮、限位开关、转换开关等)、输出设备(如接触器、电磁阀、信号灯等),以及 A/D、D/A 转换的个数来确定 PLC 的 I/O 点数。再按实际所需总点数的 15%留有一定的裕量,以满足今后生产的发展或工艺的改进。

4. 存储容量的选择

PLC程序存储器的容量通常以字或步为单位，用户程序存储器的容量可以粗略地估算。一般情况下用户程序所需的存储器容量可按照如下经验公式计算：

程序容量 $=K\times$ 总输入点数/总输出点数

对于简单的控制系统，$K=6$；若为普通系统，$K=8$；若为较复杂系统，$K=10$；若为复杂系统，则 $K=12$。

5. PLC输出方式的选择

不同的负载对PLC的输出方式有相应的要求。继电器输出型的PLC工作电压范用广，触点的导通压降小，承受瞬时过电压和瞬时过电流的能力较强，但是动作速度较慢，触点寿命(动作次数)有一定的限制。如果系统的输出信号变化不是很频繁，建议优先选用继电器输出型的PLC。晶体管型与双向品闸管型输出模块分别用于直流负载和交流负载。它们的可靠性高，反应速度快，不受动作次数的限制，但是过载能力稍差。

6. I/O响应时间的选择

PLC的响应时间包括输入滤波时间、输出电路的延迟和扫描周期引起的时间延迟。PLC的程序扫描方式决定了它不能可靠地接收持续时间小于扫描周期的输入信号。为此，需要选取扫描速度高的PLC来提高对输入信号接收的准确性。PLC的I/O响应时间一般都能满足实际工程控制的要求，可不必考虑I/O响应的时间问题。

7. 联网通信的选择

若PLC控制系统需要联入工厂自动化网络，则所选用的PLC需要有通信联网功能，即要求PLC应具有连接其他PLC、上位机及CRT等接口的能力。

8. PLC电源的选择

电源是PLC干扰引入的主要途径之一，因此应选择优质电源以助于提高PLC控制系统的可靠性。一般可选用畸变较小的稳压器或带有隔离变压器的电源，使用直流电源时要选用桥式全波整流电源。对于供电不正常或电压波动较大的情况，可考虑采用不间断电源UPS或稳压电源供电。

三、PLC控制系统的安装、调试方法

任何控制系统的软硬件设计在定型前都需要多次调试，从而不断发现和改进设计中的不足。一般先要进行模拟调试，然后再实现联机统调。

1. 模拟调试

将设计好的软件程序下载到PLC后，在实验室进行模拟调试，改正程序设计中的逻辑、语法、数据错误或输入过程中的按键及传输错误等。

调试前先做好以下工作：

◆仔细检查 PLC 外部设备的接线是否正确和可靠;

◆检查各个设备的工作电压是否正常;

◆在主电路断开的情况下,先用一些短小的测试程序检测一下外部的接线状况。

模拟调试时,输入信号可以用按钮来模拟,各输出量的通断状态用 PLC 的发光二极管来显示,观察在各种可能的情况下,各个输入量、输出量之间的变化关系是否符合设计要求,发现问题及时修改,直到完全满足控制要求为止。

调试过程中,如果控制系统是由几个部分组成,则应先做局部调试,再进行整体调试。若控制程序的步序较多,则可以先进行分段调试,再连接起来总调。如果程序中某些定时器或计数器的设定值过大,为缩短调试时间,可以在调试时将它们减小,模拟调试结束后再写入它们的实际设定值。

一般在进行程序设计和模拟调试的同时,还可进行控制台或控制柜的设计、制作,以及 PLC 之外其他硬件的安装和接线工作。

2. 联机统调

程序模拟调试通过后,将 PLC 安装在控制现场进行联机调试。开始时,先进行空载调试,即只接上输出设备(如接触器线、信号灯等),不接负载进行调试。当各部分都调试正常后,再带上实际负载运行。

在调试过程中若发现问题,则要及时对硬件和软件的设计做出修改和调整,直到完全满足设计要求为止。全部调试结束后,可将程序长久保存在有记忆功能的 EPROM 或 EEPROM 中。

任务实施

一、I/O 地址分配

根据交通灯的控制要求,确定系统的 I/O 端口分配见表 6-1。

表 6-1 交通灯控制系统 I/O 分配表

设备		地址
输入	起动按钮 SB_1	I0.0
	停止按钮 SB_2	I0.1
输出	红灯(南北)HL_1	Q0.0
	黄灯(南北)HL_2	Q0.1
	绿灯(南北)HL_3	Q0.2
	红灯(东西)HL_4	Q1.0
	黄灯(东西)HL_5	Q1.1
	绿灯(东西)HL_6	Q1.2

二、绘制 I/O 接线图

在满足控制要求的前提下，应尽量减少所占用的 PLC 的 I/O 点数。由控制要求可知，控制起、停的按钮是输入设备，PLC 输出端接各指示灯，南北方向的有红黄绿灯共 6 盏，同颜色的灯同一时间亮与灭，所以可将同色灯进行并联，用同一个输出端控制，东西方向的红黄绿灯也同样处理。在此选用 S7-200 CPU226 的 PLC，绘制 I/O 接线图如图 6-3 所示。

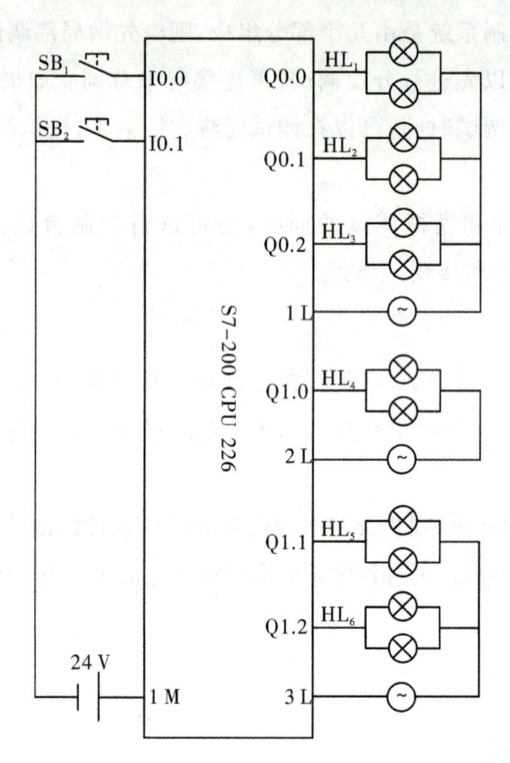

图 6-3 交通灯的 I/O 接线图

三、编写梯形图程序

方案一：用基本指令实现交通灯的 PLC 控制

在如图 6-1 所示中，东西方向放行时间可分为 3 个时间段：东西方向的绿灯和南北方向的红灯亮，换行前东西方向的绿灯闪烁 3 s，然后东西方向的黄灯亮 2 s；南北方向放行时间也分为 3 个时间段：南北方向的绿灯和东西方向的红灯亮，换行前南北方向的绿灯闪烁 3 s，然后南北方向的黄灯亮 2 s。一个循环共需 20 s，它分为 6 个时间段，在程序设计中这 6 个时间段必须使用 6 个定时器来控制。根据红绿灯的控制要求，设计的梯形图如图 6-4 所示。

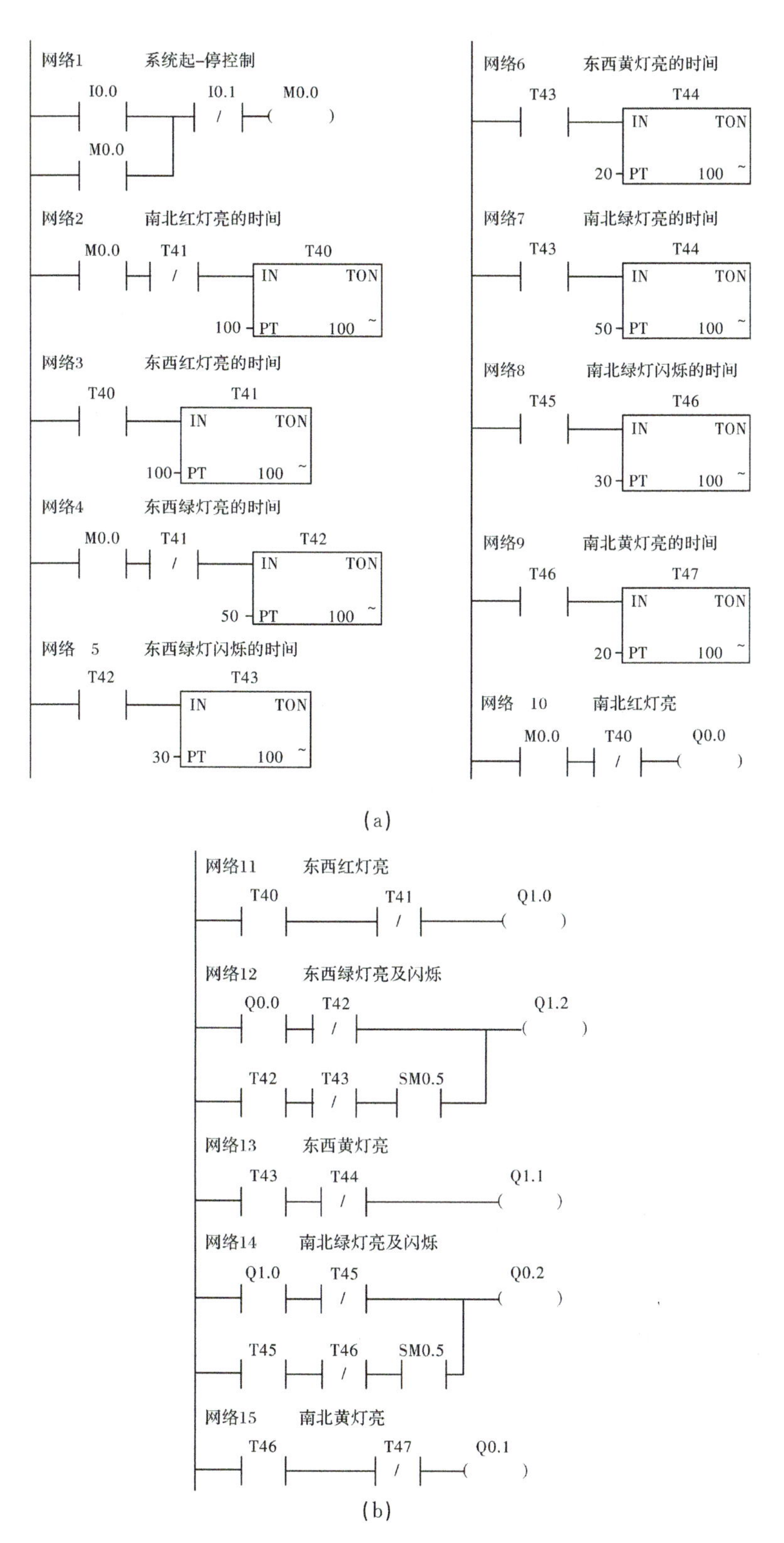

图 6-4 基本指令实现的交通灯控制程序

方案二:用比较指令实现交通灯的 PLC 控制

前面用基本指令编写了交通灯的控制程序,相对比较复杂,用比较指令编写交通灯控制程序非常容易掌握,交通灯程序如图 6-5 所示。

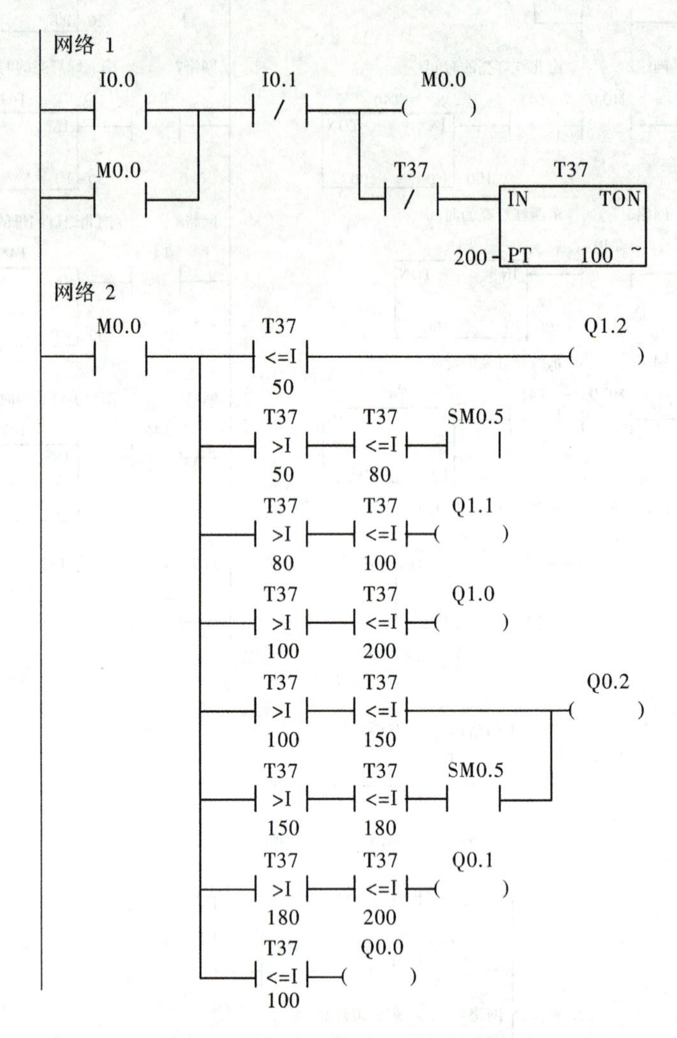

图 6-5 比较指令实现的交通灯控制程序

方案三:用顺序控制继电器指令实现交通灯的 PLC 控制

首先画出交通灯单序列的顺序功能图如图 6-6 所示。将交通灯控制过程分为 1 个停止状态和 6 个工作状态,使用顺序控制继电器编写控制程序如图 6-7 所示。

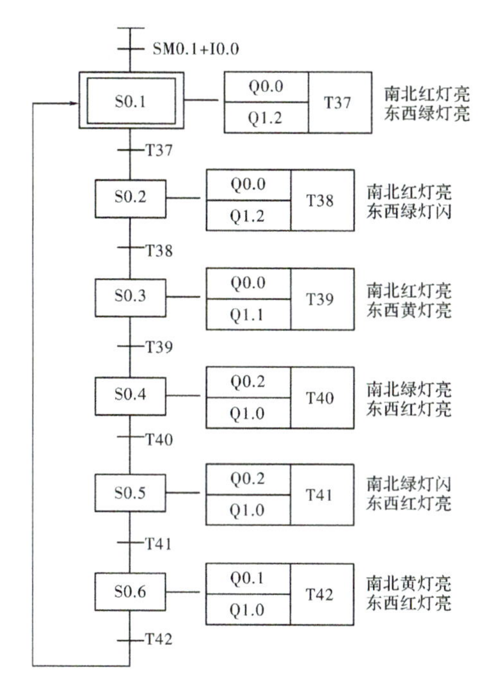

图 6-6　交通灯控制系统的顺序功能图

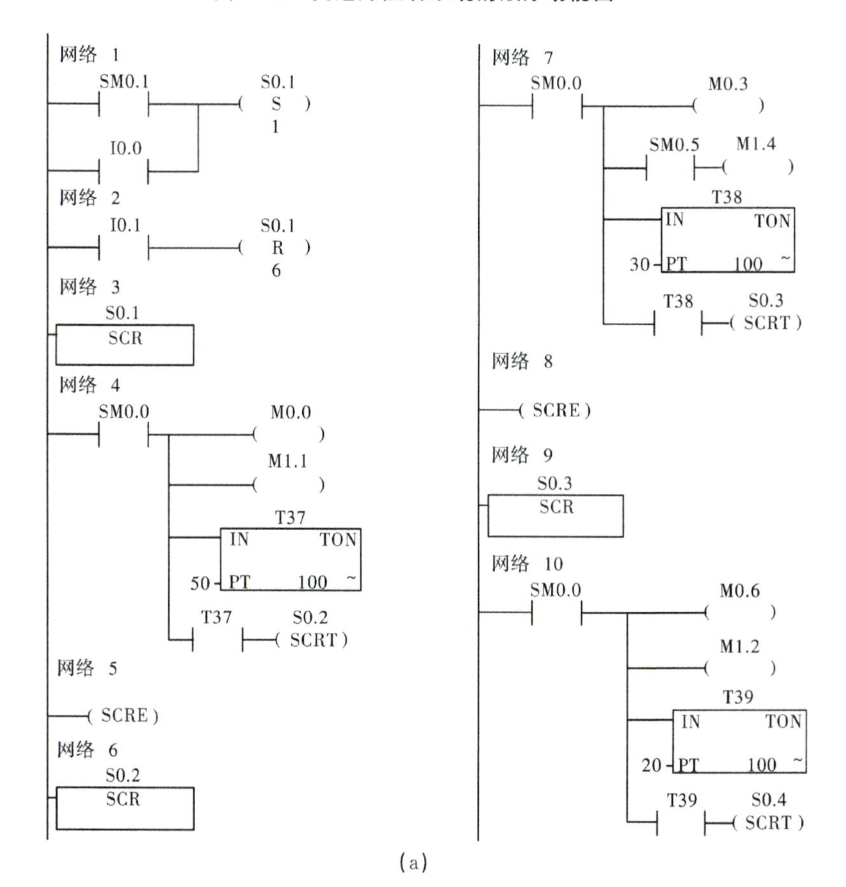

(a)

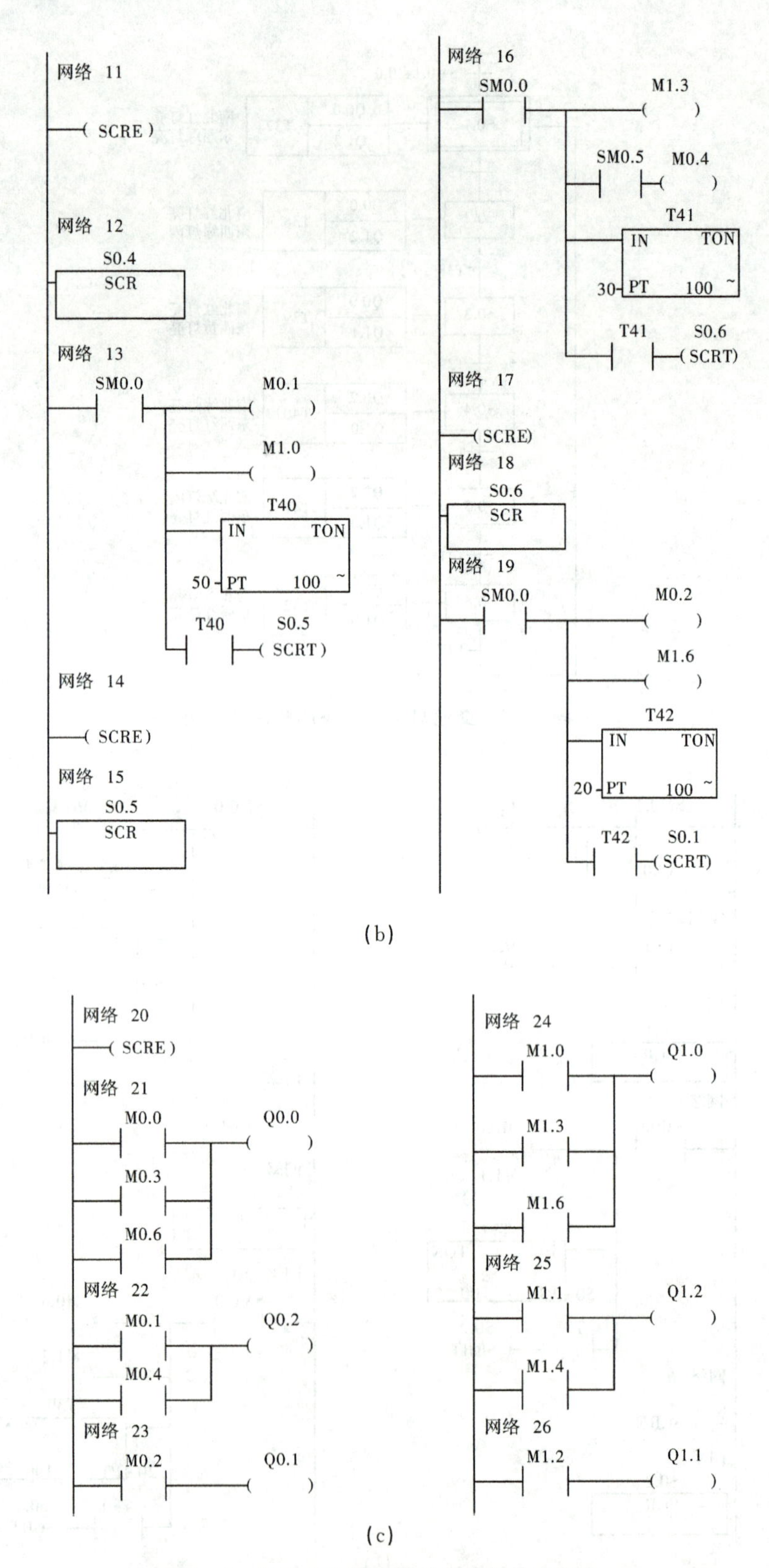

图 6-7 顺序控制继电器的交通灯控制程序

四、程序调试

(1)按如图 6－3 所示将 PLC 与对应输入/输出设备连接起来。

(2)用 STEP 7－Micro/WIN 软件编制如图 6－4、图 6－5、图 6－7 所示的梯形图程序，将编译无误的程序分别下载到 PLC 中，并将工作模式转入“RUN”。

(3)使 PLC 进入程序监控状态。按下起动按钮 SB_1，观察程序是否按照控制要求运行。

知识拓展

急车强通的十字路口交通信号灯 PLC 控制

当前，国内大多数城市正在采用“自动”红绿交通灯，它具有固定的“红灯—绿灯”转换间隔，并自动切换。但是，实际上不同时刻的车辆流通状况十分复杂，是随机的，还经常受人为因素的影响。像消防车、警车及医用急救车的运行就比较特殊，相应的 PLC 控制程序如何编写呢？下面介绍急车强通的十字路口交通信号灯 PLC 控制的程序设计方法。

系统要求交通信号灯实现正常时序控制及急车强通控制两种控制方式。

1. 正常时序控制

当起动开关接通时，信号灯系统开始工作。东西方向和南北方向各个交通信号灯的控制规律见表 6－2。

表 6－2 十字路口交通信号灯运行规律

东西向交通信号灯	信号颜色	绿灯亮	绿灯闪	黄灯亮	红灯亮		
	保持时间	25 s	3 s	2 s	30 s		
南北向交通信号灯	信号颜色	红灯亮			绿灯亮	绿灯闪	黄灯亮
	保持时间	30 s			20 s	3 s	3 s

要求循环运行，即完成一次循环控制后自动循环。当起动开关断开时，所有信号灯熄灭。

2. 急车强通控制

急车强通控制信号受急车强通开关控制。无急车时，信号灯按正常时序控制。有急车来往时，将急车强通开关接通，不管原来交通灯的状态如何，一律强制让急车方向的绿灯亮，使急车放行，直至急车通过为止。

急车一过，将急车强通开关断开，信号灯的状态立即转为急车放行方向上的绿灯闪 3 次，随后按正常时序控制。

急车强通信号只能响应一路方向的急车，若两个方向先后来急车，则响应先来的一方，随后再响应另一方。

一、I/O 地址分配

根据对交通信号灯控制要求的分析，PLC 控制系统的输入包括：起动开关的输入信号、东西急车强通开关信号和南北急车强通开关信号。输出包括：东西、南北方向各两组指示灯驱动信号。

根据系统的 I/O 点数，可选用 S7-200 系列 PLC 的 CPU224，其 I/O 点数为 14 点输入、10 点输出。系统 I/O 地址定义见表 6-3。

表 6-3　急车强通交通信号灯的 I/O 地址分配

设备		地址
输入	起停开关	I0.0
	东西急车强通开关	I0.1
	南北急车强通开关	I0.2
输出	南北绿灯	Q0.0
	南北黄灯	Q0.1
	南北红灯	Q0.2
	东西绿灯	Q0.4
	东西黄灯	Q0.5
	东西红灯	Q0.6

二、程序设计

根据控制要求，选用 T37、T38、T39、T40、T41、T42 6 这个定时器依次设定东西绿灯亮、绿灯闪、黄灯亮的时间和南北绿灯亮、绿灯闪、黄灯亮的时间。绿灯闪烁用 SM0.5 控制实现。急车强通交通灯程序如图 6-8 所示。采用顺序控制的方法可编制出正常时序的梯形图鉴于篇幅有限，这里不再分析运行过程。只对急车强通的控制程序加以分析。

用 M0.1 和 M0.2 实现东西、南北急车强通互锁，以保证只响应一路方向的急车。为了保证在急车强通完时发一信号，使信号灯按照急车强通完后的时序动作，用 M0.3、M0.4 实现在东西强通完（即 I0.1 断开）时由 M0.4 发一脉冲；用 M0.5 、M0.6 实现在南北强通完（即 I0.2 断开）时由 M0.6 发一脉冲。为了避免在 PLC 投入运行时 M0.3 和 M0.5 接通，使 M0.4 、M0.6 错发脉冲，设置了 M1.1 、M1.2 ，当强通信号接通（即 I0.1 或 I0.2 接通）时，M1.1 或 M1.2 被置位，M1.1 常开触点或 M1.2 常开触点闭合，为急车强通完发脉冲做好准备，急车强通完时 M0.4 或 M0.6 才发脉冲。为了使 M0.4 、M0.6 发生的脉冲信号变为持续接通信号，设置了 M0.7 、M1.0 ，它们通过自己的动合触点以实现自保。当强通完后的动作进行完最后一步，即 T42 计时到，则 T42 常闭触点断开，使 M0.7 、M1.0 断开，动作按正常时序控制从头开始运行。

当东西急车强通开关合上时，I0.1 接通，M0.1 接通，M0.1 常闭触点断开，使 T37 、T38 、T39 、T40 、T41 、T42 全部定时器断开；M0.1 常开触点闭合，使 Q0.2、Q0.4 接通，南北红灯亮、东西绿灯亮，让东西急车放行。

当东西急车强通开关断开时，I0.1 断开，M0.1 断开，M0.3 接通，M0.4 发出脉冲，使 M0.7 接通并自保，M0.7 常闭断开，使“东西绿灯”支路及“东西绿灯定时”支路断开；M0.7 常开触点闭合，使 Q0.2 继续接通，南北红灯继续亮；使“东西绿灯闪”支路及“东西绿灯闪定时”支路接通，T38 开始计时。当东西绿灯闪 3 次(时间为 3 s)时，T38 定时到，T38 常闭触点断开“东西绿灯闪”支路；T38 常开触点接通 Q0.5 及 T39，东西黄灯亮并开始定时，以后按正常时序动作。当动作进行完最后一步，即 T42 定时到，则 T42 常闭触点断开，使 M0.7 断开，动作按正常时序从头开始运行。

同理，当南北急车强通开关闭合时，I0.2 接通，M0.2 接通，M0.2 常闭触点断开，使 T37 、T38 、T39 、T40 、T41、T42 全部定时器断开；M0.2 常开触点闭合，使 Q0.6 、Q0.0 接通，东西红灯亮、南北绿灯亮，让南北急车放行。

当南北急车强通开关 I0.2 断开时，M0.2 断开，M0.6 发出脉冲，使 M1.0 接通并自保，M1.0常闭触点断开，使 T37 及其他定时器继续断开；M1.0 常开触点闭合，使 Q0.6 继续接通，东西红灯继续亮；使“南北绿灯闪”支路及“南北绿灯闪定时”支路接通，T41 开始计时。当南北绿灯闪 3 次(时间为 3 s)时，T41 定时到，T41 常闭触点断开“南北绿灯闪”支路；T41 常开触点接通 Q0.1 及 T42 ，南北黄灯亮并开始定时。当 T42 定时到，T42 常闭触点断开，使 M1.0 断开，动作按正常时序从头开始运行。

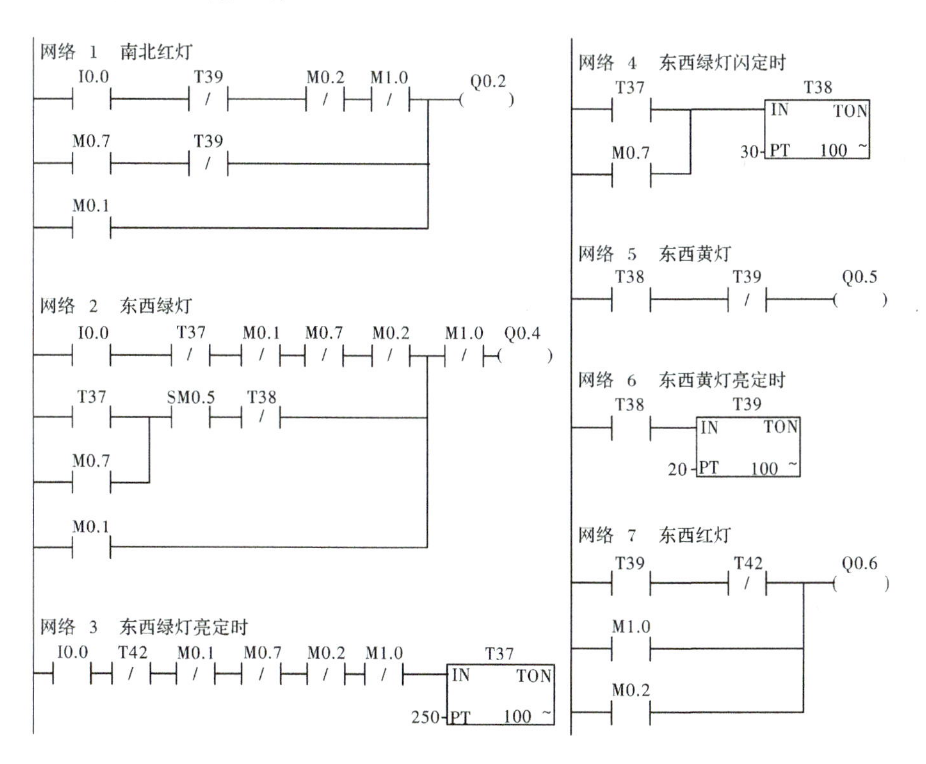

(a)

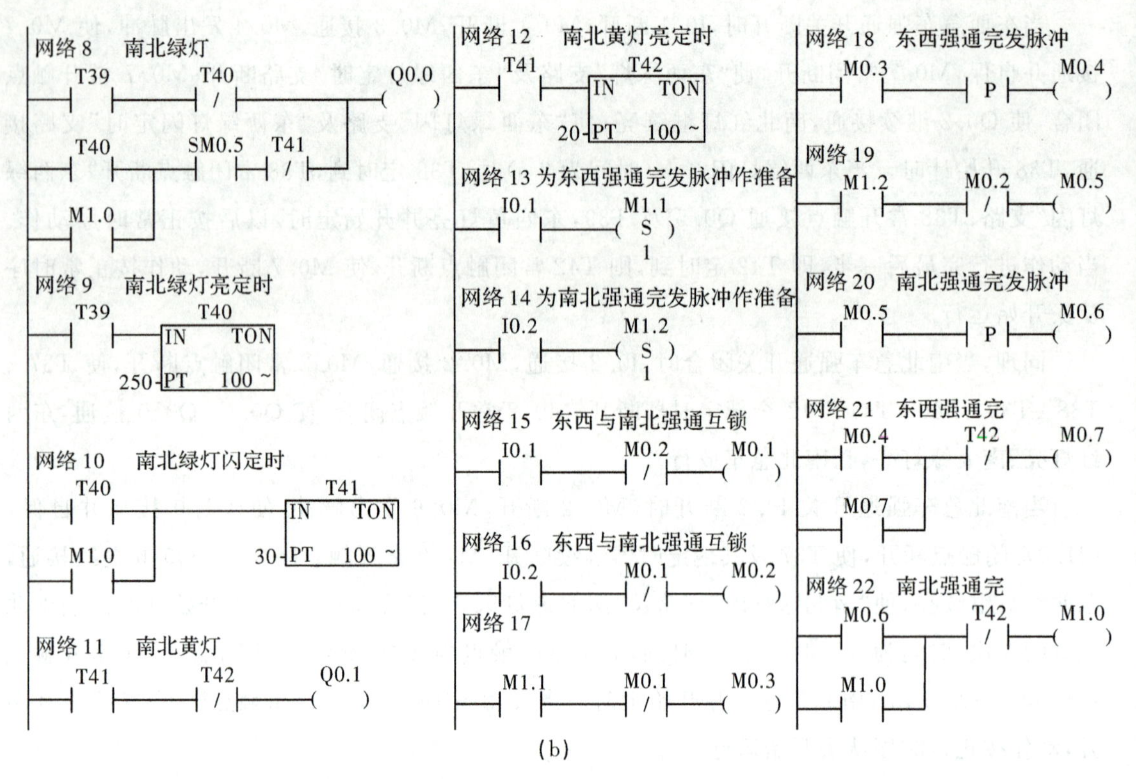

(b)

图 6-8 急车强通交通灯程序

思考与练习

(1)简述 PLC 控制系统设计的一般步骤。

(2)编写一个多车道交通灯程序,控制要求如下:

◆南北向(列)和东西向(列)主干道均设有左行绿灯 10 s,直行绿灯 30 s,绿灯闪烁 3 s,黄灯 2 s 和红灯 45 s。当南北主干道红灯点亮时,东西主干道应依次点亮左行绿灯,直行绿灯,绿灯闪亮和黄灯;反之,当东西主干道红灯点亮时,南北主干道依次点亮左行绿灯,直行绿灯,绿灯闪亮和黄灯。

◆南北向和东西向人行道均设有通行绿灯和禁止红灯。南北人行道通行绿灯应在东西向主干道直行绿灯点亮 3 s 后才允许点亮,然后接 3 s 绿灯闪亮,其他时间为红灯;同样,东西人行道通行绿灯于南北主干道直行绿灯点亮 3 s 后才允许点亮,然后接 3 s 绿灯闪亮,其他时间为红灯。

任务二 机械手的PLC控制系统设计

任务描述

如图6-9所示，某生产线上有一台工业机械手，主要功能是将工件由工作台A处搬运到工作台B处。运动形式为垂直和水平两个方向。机械手在水平方向可以做左右移动，在垂直方向可以做上下移动。

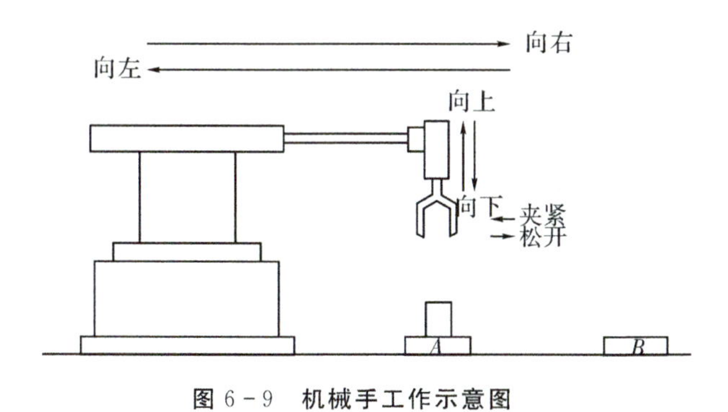

图6-9 机械手工作示意图

其上升/下降和左移/右移的执行机构采用双线圈双位电磁阀推动气缸来完成。当某个电磁阀线圈通电，就一直保持当前的机械动作，直到相反动作的线圈通电为止。例如当下降电磁阀线圈通电后，机械手下降，即使线圈再断电，仍保持当前的下降状态，直到上升电磁阀线圈通电为止。机械手的夹紧/放松采用单线圈双位电磁阀推动气缸完成，线圈通电时执行夹紧动作，线圈断电时执行放松动作。它的工作过程如图6-10所示。机械手的动作顺序如下：

(1)机械手在原位置时，上限位 SQ_2、左限位 SQ_4 闭合，同时不夹紧工作，原点指示灯L点亮，按下起动按钮 SB_1 后，原点指示灯L灭，机械手下降电磁阀 YV_1 得电，机械手开始下降。

(2)机械手下降到位后，压动下限位开关 SQ_1，YV_1 断电，夹紧电磁阀 YV_2 得电，机械手夹紧工作。

(3)完全夹紧后，上升电磁阀 YV_3 得电，机械手上升。

(4)上升到上限位 SQ_2 后，机械手右移电磁阀 YV_4 得电，机械手右移。

(5)右移到右限位 SQ_3 后，机械手下降电磁阀 YV_1 得电，机械手下降。

(6)下降到下限位 SQ_1 后，机械手夹紧电磁阀 YV_2 复位，机械手将工件松开。

(7)完全松开后，上升电磁阀 YV_3 得电，机械手上升。

(8)上升到位后，压动上限位开关 SQ_2，机械手左移电磁阀 YV_5 得电，机械手左移。

左移到位后，压下左限位开关 SQ_4，机械手回到原点，至此一个周期的动作结束。再按一次起动按钮 SB_1 就开始下一个周期运行。

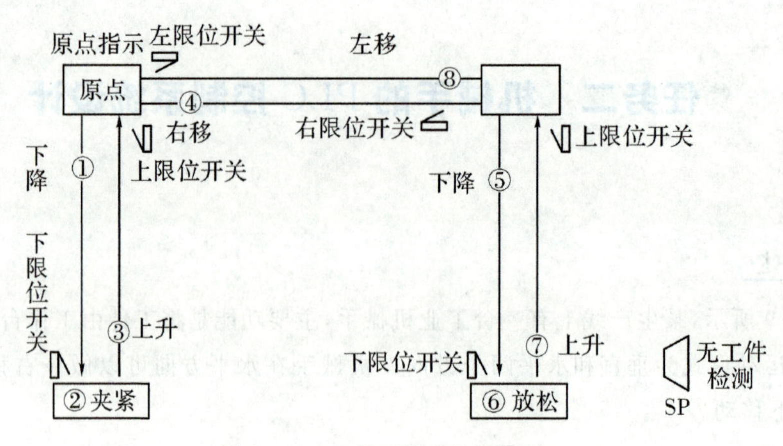

图 6-10　机械手的动作流程图

任务目标

掌握以转换为中心的编程方法,练习编程,能够正确运用以转换为中心的编程方法编制机械手工作的 PLC 控制程序。熟练掌握子程序指令在多种工作方式下的机械手系统中的应用。

相关知识

使用以转换为中心的编程方法

几乎各种型号的 PLC 都有置位/复位 (S/R)指令或相同功能的编程元件。下面介绍使用 S/R 指令以转换条件为中心的编程方法。

图 6-11 给出了以转换为中心的编程方法的顺序功能图与梯形图的对应关系。实现如图 6-11所示的 I0.1 对应的转换需要同时满足两个条件,即该转换的前一级步是活动步(M0.1=1)和满足转换条件(I0.1=1)。在梯形图中,可以用 M0.1 和 I0.1 的常开触点组成的串联电路来表示上述条件。该电路接通时,两个条件同时满足,此时应完成两个操作,即将该转换的后续步变为活动步(用置位指令将 M0.2 置位)和将该转换的前一级步变为不活动步(用复位指令将 M0.1 复位),这种编程方法与转换实现的基本规则之间有着严格的对应关系,用它编制复杂的顺序功能图的梯形图时,更能显示出它的优越性。

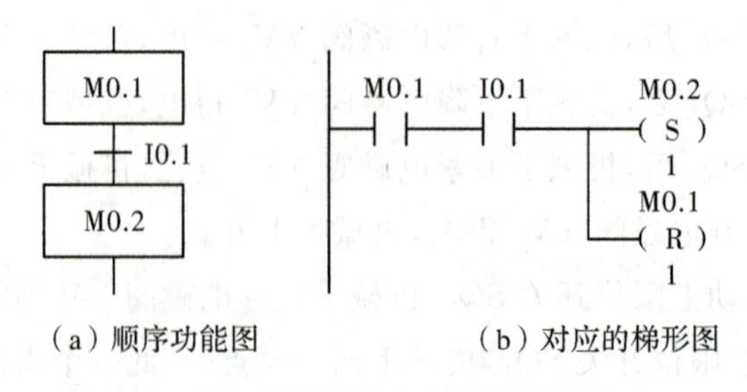

(a) 顺序功能图　　(b) 对应的梯形图

图 6-11　以转换为中心的编程方式

所谓以转换条件为中心，是指同一种转换在梯形图中只能出现一次，而对辅助存储器可重复进行置位、复位。

在顺序功能图中，如果某一转换所有的前级步都是活动步并且相应的转换条件满足，则转换可以实现。即所有由有向连线与相应转换符号相连的后续步都变为活动步，而所有由有向连线与相应转换符号相连的前级步都变为不活动步。在以转换为中心的编程方法中，用该转换所有前级步对应的存储器位的常开触点与转换对应的触点或电路串联，作为使所有后续步对应的存储器位置位（使用 S 指令）和使所有前级步对应的存储器位复位（使用 R 指令）的条件。

使用这种编程方法时一定要注意，不能将输出继电器的线圈与置位和复位指令并联，这是因为前级步和转换条件对应的串联电路的接通时间只有一个扫描周期，转换条件满足后，前级步马上被复位，下一个扫描周期该串联电路就会断开，而输出线圈至少应在某一步为活动步时所对应的全部时间内被接通。所以应根据顺序功能图，用代表步的存储器位的常开触点或它们的并联电路来驱动输出继电器的线圈。

任务实施

一、I/O 地址分配

机械手控制系统的 I/O 端口分配见表 6 - 4。

表 6 - 4 机械手的 I/O 端口地址分配表

设备		地址
输入	起动按钮 SB_1	I0.0
	下降极限开关 SQ_1	I0.1
	上升极限开关 SQ_2	I0.2
	右移极限开关 SQ_3	I0.3
	左移极限开关 SQ_4	I0.4
	停止按钮 SB_2	I0.6
输出	执行下降电磁阀线圈 YA_1	Q0.0
	执行夹紧/放松电磁阀线圈 YA_2	Q0.1
	执行上升电磁阀线圈 YA_3	Q0.2
	执行右移电磁阀线圈 YA_4	Q0.3
	执行左移电磁阀线圈 YA_5	Q0.4
	原点指示灯 L	Q0.5

二、绘制 I/O 接线图

根据输入/输出分配表，绘制 I/O 接线如图 6 - 12 所示。

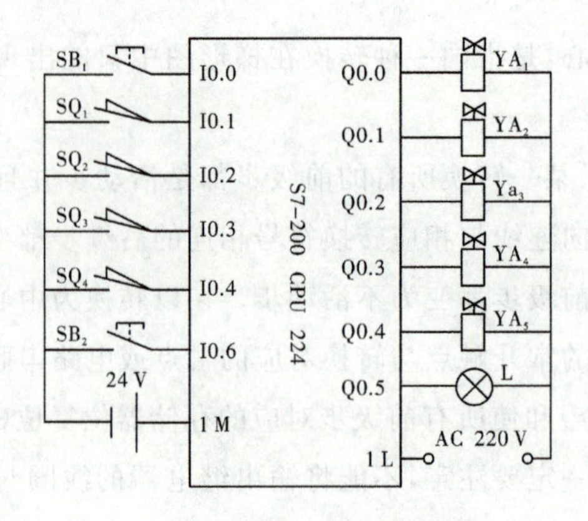

图 6-12 机械手的 I/O 接线图

三、编写梯形图程序

(1)根据机械手的控制要求,画出如图 6-13 所示的顺序功能图。

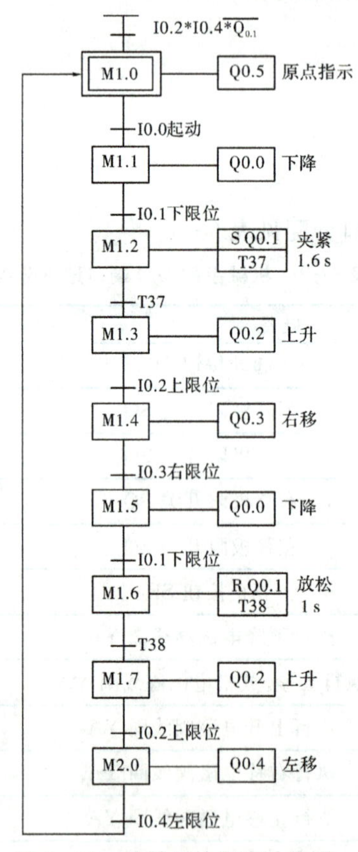

图 6-13 机械手的顺序功能图

首先根据控制要求可知机械手在一个工作周期有连续的 8 个动作,加上原点指示(系统开始运行前的准备状态),一共有 9 个状态(对应 9 步),用 M1.0 表示初始步,用 M1.1 至 M2.0 来表示 8 个工作状态(对应 8 个工作步)。

(2)将如图 6 - 13 所示的顺序功能图转换成梯形图,如图 6 - 14 所示。

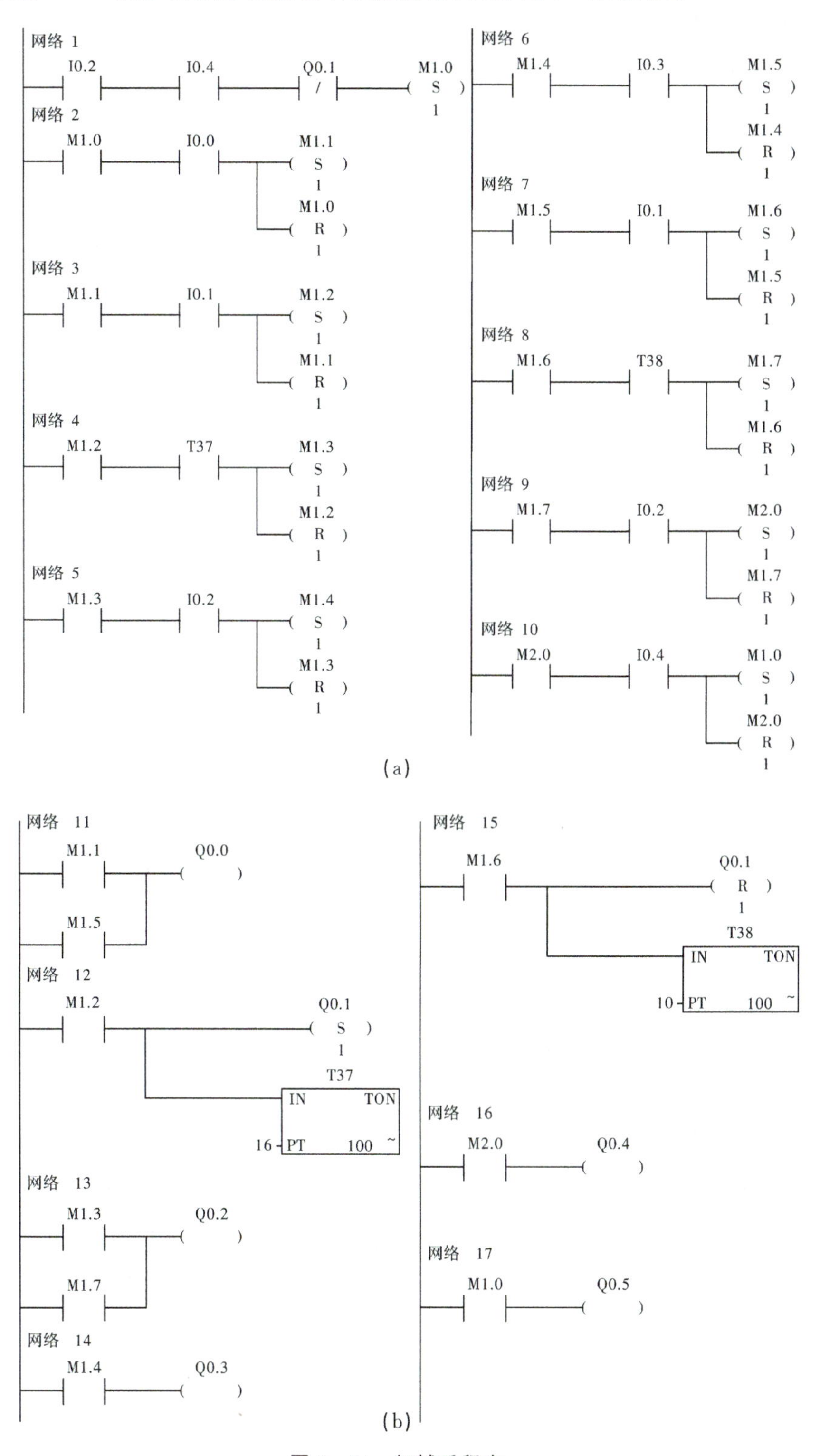

图 6 - 14 机械手程序

四、程序调试

(1)接好 PLC 的输入/输出设备。

(2)编制程序并将编译无误的程序下载到 PLC 中,并将工作模式转为“RUN”。

(3)使 PLC 进入程序监控状态。

(4)开始时,将 I0.2、I0.4 闭合,机械手处于原始位置,原点指示灯 L 点亮。按下起动按钮 SB_1,按顺序功能图所示的流程操作相应的开关,观察机械手是否按照控制要求运行。

知识拓展

多种工作方式的机械手 PLC 控制系统设计

为满足生产要求,机械手设置有手动工作方式和自动工作方式 2 种,而自动工作方式又分为单步、单周期和连续工作方式。

手动工作方式:利用按钮对机械手每一步的动作单独进行控制,例如,按“上升”按钮,机械手上升;按“下降”按钮,机械手下降。此种工作方式可使机械手置原位。

单步工作方式:从原点开始,按自动工作循环的工序,每按一下起动按钮,机械手完成一步的动作,然后自动停止。

单周期工作方式:按下起动按钮,从原点开始,机械手按工序自动完成一个周期的动作,然后返回原位停止。

连续工作方式:机械手在原位时,按下起动按钮,它将自动连续地执行周期性循环动作。当按下停止按钮时,机械手保持当前状态。重新恢复后,机械手按停止前的动作继续进行。用顺序控制指令编写机械手在自动循环模式下的梯形图。

另外,还安装了光电开关 SP,负责检测工作台 B 上的工件是否已经移走,从而产生工作台无工件可以存放的信号,为下一个工件的下放做好准备。要求实现机械手手动与自动的控制方式的系统设计。

一、I/O 地址分配

根据对系统控制要求分析可知,输入信号由限位开关、按钮、光电开关等组成。共有 18 个开关量信号。输出信号由 24 V 的电液控制阀、液压驱动线圈和指示灯等组成。共有 6 个开关量信号。所以控制系统选用 SIEMENS 公司的 S7 - 200 系列 CPU224 的 PLC。由于 I/O 点数不够,另外选择一块扩展模块 EM221。

根据控制要求,确定系统的输入/输出信号。机械手控制系统的 I/O 端口分配见表 6 - 5。

表 6-5 机械手的 I/O 地址分配

设备		地址
输入	起动按钮 SB_1	I0.0
	下降极限开关 SQ_1	I0.1
	上升极限开关 SQ_2	I0.2
	右移极限开关 SQ_3	I0.3
	左移极限开关 SQ_4	I0.4
	无工件检测 SP	I0.5
	停止按钮 SB_2	I0.6
	手动控制 SA	I0.7
	单步控制 SA	I1.0
	单循环控制 SA	I1.1
	连续控制 SA	I1.2
	下降控制 SB_3	I1.3
	上升控制 SB_4	I1.4
	右移控制 SB_5	I1.5
	左移控制 SB_6	I2.0
	夹紧控制 SB_7	I2.1
	放松控制 SB_8	I2.2
	复位控制 SB_9	I2.3
输出	执行下降 YA_1	Q0.0
	执行抓紧 YA_2	Q0.1
	执行上升 YA_3	Q0.2
	执行右移 YA_4	Q0.3
	执行左移 YA_5	Q0.4
	原位指示灯 YA_6	Q0.5

二、绘制 I/O 接线图

根据 I/O 地址分配表，绘制出机械手 PLC 输入/输出接线图如图 6-15 所示。

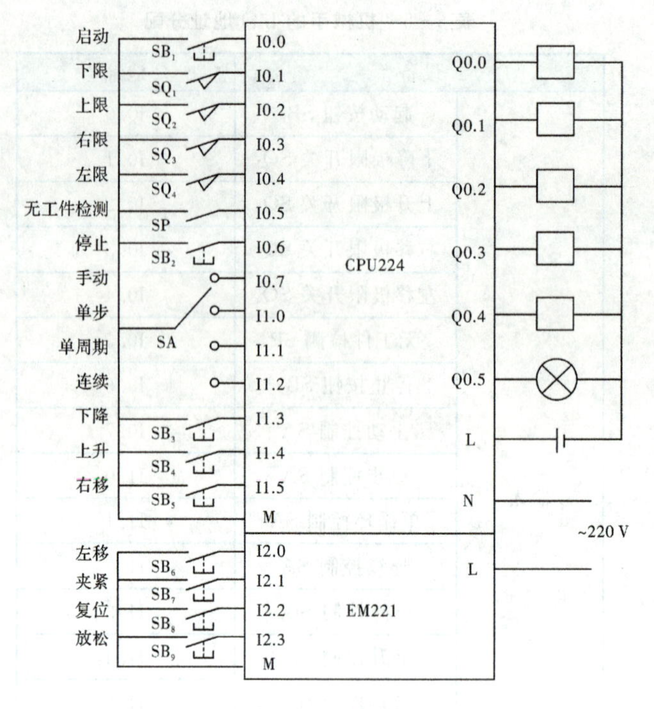

图 6-15　机械手 PLC 控制 I/O 接线图

三、设计机械手控制系统流程图（功能图）

根据机械手控制要求，设计的流程图（功能图）如图 6-16 所示。

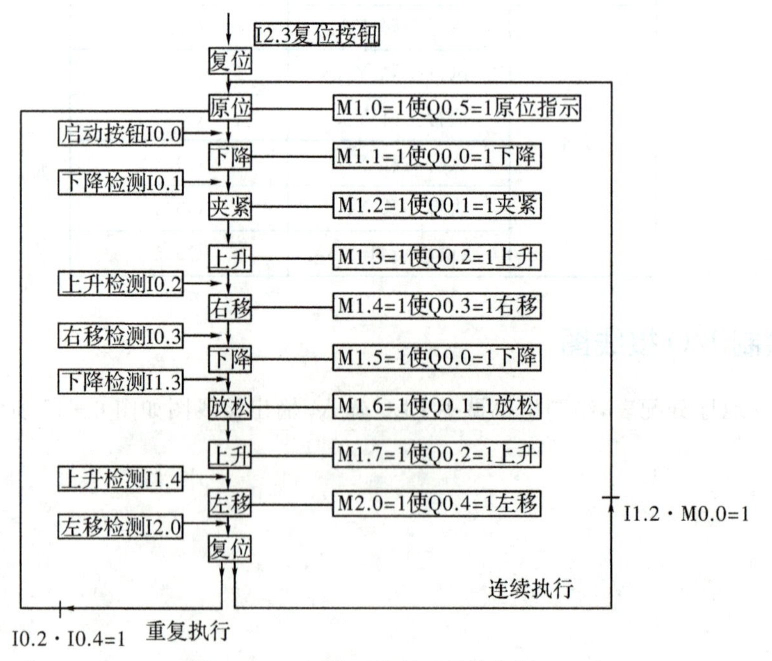

图 6-16　机械手控制系统流程图

四、系统程序设计

1. 整体设计

为编程结构简洁、明了，可把手动程序和自动程序分别编成相对独立的子程序模块，通过子程序调用指令进行功能选择；当选择手动工作方式时，I0.7 接通，执行手动工作程序；当选择自动工作方式(包括单步、单周期和连续工作)时，I1.0、I1.1、I1.2 分别接通，执行自动控制程序。整体设计的主程序梯形图如图 6－17 所示。

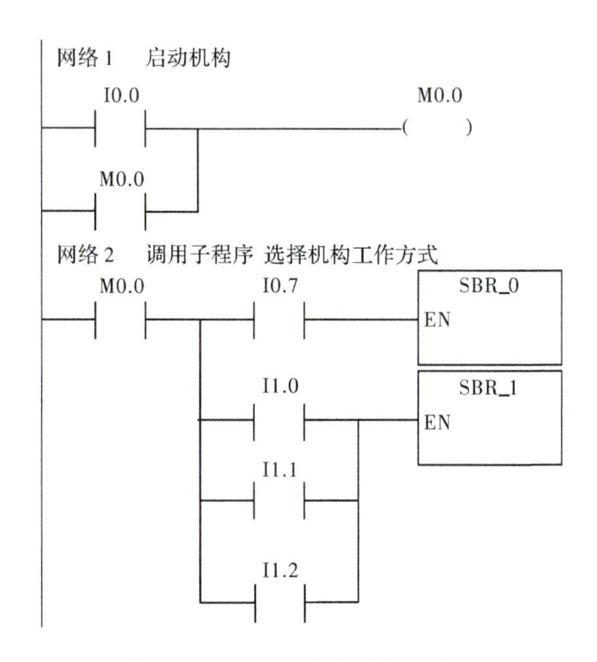

图 6－17 机械手主程序梯形图

2. 手动控制程序

手动操作不需要按工序顺序工作，可以按普通继电器-接触器控制系统来设计。手动控制的梯形图如图 6－18 所示。手动按钮 I1.3、I1.4、I1.5、I2.0、I2.1、I2.2 分别控制下降、上升、右移、左移、夹紧、放松各个动作。为了保持系统的安全运行，还设置了一些必要的联锁保护，其中，在左右移动的控制环节中加入了 I0.2 作上限联锁，因为机械手只有处于上限位置(I0.2＝1)时才允许左右移动。

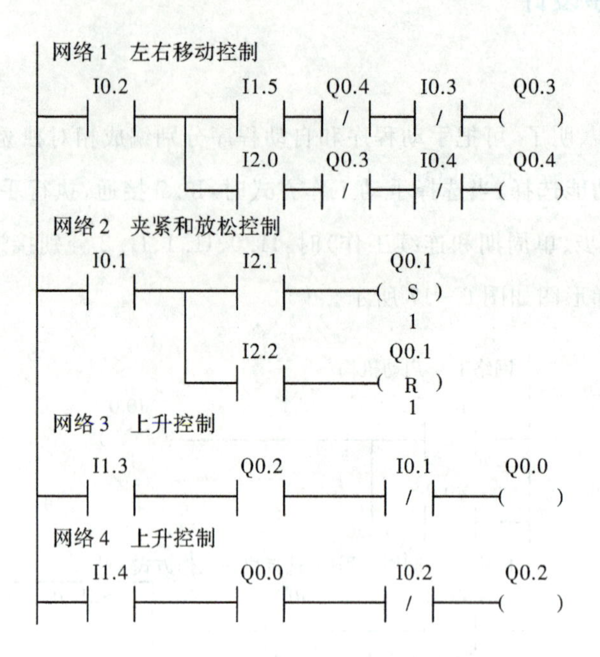

图6-18 机械手的手动控制梯形图

由于夹紧、放松动作选用了单线圈双位电磁阀控制，故在梯形图中用置位、复位指令来控制，该指令具有保持功能，并且设置了机械手联锁。只有当机械手处于下限(I0.1=1)时，才能进行夹紧和放松动作。

3. 自动操作程序

由于自动操作的动作较复杂，不容易直接设计出梯形图，因此可以先画出自动操作流程图，表明动作的顺序和转换条件，就能比较方便地去设计梯形图。

对于顺序控制，可用多种方法进行编程，现选用移位寄存器可以方便地实现机械手的控制功能，各步的转换条件由各个行程开关及定时器的状态来决定。为保证运行的可靠性，在执行夹紧和放松动作时，分别用定时器T37和T38作为转换的条件，并采用具有保持功能的继电器(Mo.X)为夹紧电磁阀线圈供电。自动操作的梯形图程序如图6-19所示。

网络1 M0.0=1连续工作方式

I1.2 M0.0 (S) 1

网络2 M0.0=0单周工作方式

I1.1 M0.0 (R) 1

网络3 数据输入端

I0.2 I0.4 M1.0 M1.1 M1.2 M1.3 M1.4 M1.5 M1.6 M1.7 M2.0 M2.1 M0.2

网络4 移位寄存器控制运行步

M0.1 P SHRB EN ENO

M0.2 DATA

M1.0 S_BIT

+10 N

(a)

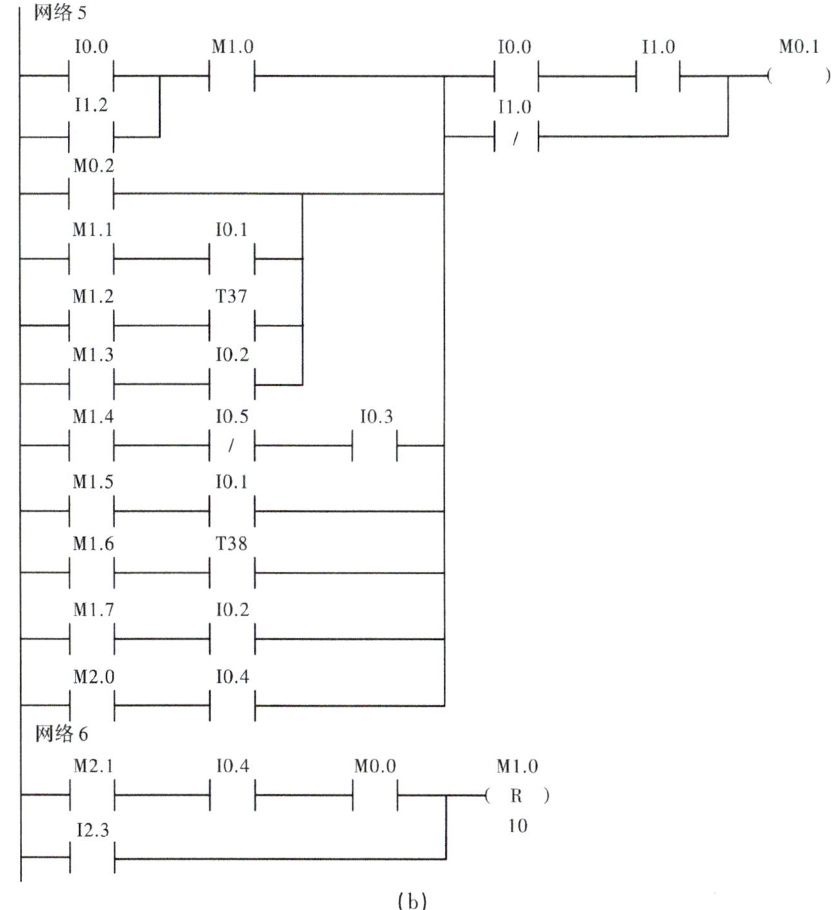

(b)

图 6-19 机械手的自动控制梯形图程序

其工作过程分析如下：

(1)机构处于原位，上限位和左限位的行程开关闭合，接通 I0.2、I0.4，移位寄存器首位 M1.0置“1”，Q0.5 输出原位显示，机构当前处于原位。

(2)按下起动按钮，接通 I0.0，产生移位信号，使移位寄存器右移一位，M1.1 置“1”(同时 M1.0 恢复为零)，M1.1 得电，Q0.0 输出下降信号。

(3)下降至下限位，下限位开关受压，接通 I0.1，将移位寄存器右移一位，移位结果使 M1.2 为“1”(其余为零)，接通 Q0.1，夹紧动作开始，同时 T37 接通，定时器开始计时。

(4)经延时(由 K 值设定)，接通 T37 触点，将移位寄存器右移一位，使 M1.3 置“1”(其余为零)，接通 Q0.2，机构上升。此时虽然 M1.2 为 0，但 Q0.1 没有复位，仍处于接通状态，夹紧动作继续执行。

(5)上升至上限位，上限位开关受压，接通 I0.2，将寄存器右移一位，M1.4 置“1”(其余为零)，接通 Q0.3，机构右行。

(6)右行至右限位，接通 I0.3，将寄存器中的“1”移到 M1.5 ，Q0.0 得电，机构再次下降。

(7)下降至下限位，下限位开关受压，将移位寄存器右移一位，使 M1.6 置“1”(其余为零)，断开 Q0.1，放松动作开始，同时接通 T38 定时器，定时器开始计时。延时时间到，T38 常开触点闭合，将移位寄存器右移一位，M1.7 置“1”(其余为零)，Q0.2 再次得电上升。

(8)上升至上限位，上限位开关受压，闭合 I0.2，将移位器右移一位，M2.0 置“1”(其余为零)，Q0.4 置“1”，机构左行。

(9)左行至原位后，左限位开关受压，接通 I0.4，将寄存器右移一位，M2.1 置“1”(其余为零)，一个自动循环顺序结束。

自动操作程序中包含了单周期或连续工作方式。程序执行单周期或连续工作方式取决于工作方式选择开关。当选择连续方式时，I1.2 使 M0.0 置“1”，当机构回到原位时，移位寄存器自动复位，并使 M1.0 为“1”，同时 I1.2 闭合，又获得一个移位信号，机构按顺序反复执行。当选择单周期操作方式时，I1.1 使 M0.0 为“0”，当机构回到原位时，按下起动按钮，机构自动动作一个运动周期后停止在原位。

单步动作时每按一次起动按钮，机构按动作顺序向前步进一步。其控制逻辑于自动操作基本一致。所以只需在自动操作梯形图上添加步进控制逻辑即可。移位寄存器的使能控制用 M0.1 来控制，M0.1 的控制线路串接有一个梯形图块，该块的逻辑关系为 $I_{0.0}+I_{1.0}+\overline{I_{1.0}}$ 。当处于单步状态 I1.0=1 时，移位寄存器能否移位，取决于上一步是否完成和起动按钮是否按下。

4. 输出程序

机械手的运动主要包括上升、下降、左移、右移、夹紧、放松。在控制程序中，M1.1、M1.5 分别控制左、右下降，M1.2 控制夹紧，M1.6 控制放松，M1.3、M1.7 分别控制左、右上升，M1.4、M2.0

分别控制左、右运行，M1.0 控制原位显示。据此可设计出机械手的输出梯形图如图 6－20 所示。

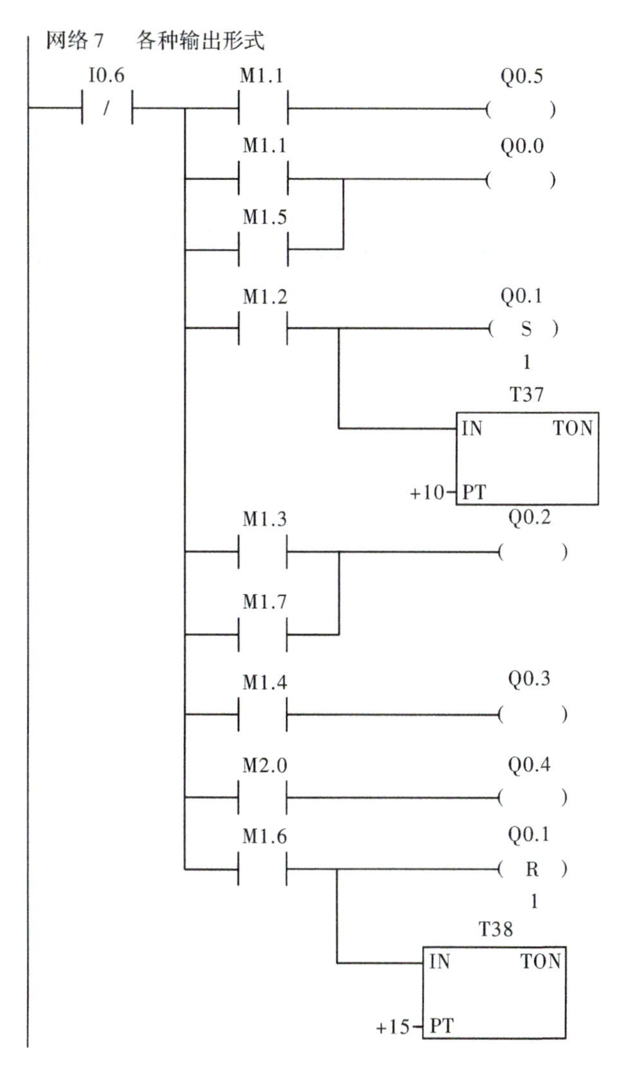

图 6－20 机械手的输出控制梯形图

五、程序调试

(1)接好 PLC 的输入/输出设备。

(2)编制程序并将编译无误的程序下载到 PLC 中。

(3)使 PLC 进入程序监控状态。

(4)分别将工作方式选择开关 SA 放至手动、单步、单周期、连续等不同位置，按照控制要求进行操作，观察机械手是否按照控制要求运行。

思考与练习

(1)试用顺序控制指令编写机械手单周期运行的梯形图程序。

(2)如果要实现机械手连续运行,该如何编程?

任务三 光伏电池组件跟踪光源的 PLC 控制系统设计

任务描述

光伏发电系统由光伏供电装置、光伏供电系统、逆变与负载系统和监控系统组成,如图 6-21 所示。

(a)光伏供电装置 (b)光伏供电系统 (c)逆变与负载系统

图 6-21 光伏发电系统外形图

光伏供电装置主要由光伏电池组件、投射灯、光线传感器、光线传感器控制盒、水平方向和俯仰方向运动机构、摆杆、摆杆减速箱、摆杆支架、单相交流电动机、电容器、直流电动机、接近开关、微动开关、底座支架等设备与器件组成。

光伏供电装置的光伏电池组件偏移方向的定义和摆杆移动方向的定义如图 6-22 所示,远离摆杆的投射灯定义为投射灯 1(简称灯 1),另 1 盏投射灯定义为投射灯 2(简称灯 2)。

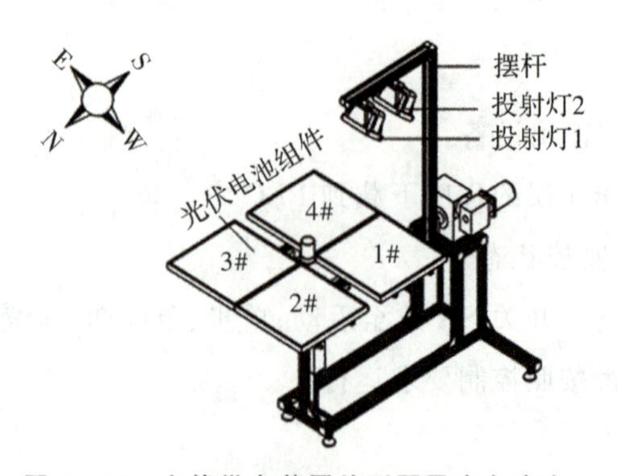

图 6-22 光伏供电装置外形图及方向定义

光伏供电系统主要由光伏电源控制单元、光伏输出显示单元、触摸屏、光伏供电控制单元、DSP 核心单元、信号处理单元、接口单元、西门子 S7－200 CPU226PLC、继电器组、蓄电池组、可调电阻、断路器、开关电源、应用软件、接线排、网孔架等组成。

要求完成光伏电池组件跟踪光源的 PLC 程序设计与测试。

具体要求如下：

(1)光伏供电控制单元的选择开关有两个状态，选择开关拨向手动控制状态时，PLC 可以进行灯 1 和灯 2 的状态控制、光伏电池组件跟踪光源、摆杆运动的手动控制。选择开关拨向自动控制状态时，按下启动按钮，PLC 执行光伏电池组件跟踪光源的自动控制程序。

(2)PLC 处在手动控制状态时，按下向东按钮，向东按钮的指示灯亮，光伏电池组件向东偏转。在光伏电池组件向东偏转的过程中，再次按下向东按钮或按下停止按钮或按下急停按钮时，向东按钮的指示灯熄灭，光伏电池组件停止偏转运动。光伏电池组件向东偏转处于限位位置时，向东按钮的指示灯熄灭，光伏电池组件停止偏转运动。

如果按下向西按钮，向西按钮的指示灯亮，光伏电池组件向西偏转。在光伏电池组件向西偏转的过程中，再次按下向西按钮或按下停止按钮或按下急停按钮时，向西按钮的指示灯熄灭，光伏电池组件停止偏转运动。光伏电池组件向西偏转处于限位位置时，向西按钮的指示灯熄灭，光伏电池组件停止偏转运动。向北按钮和向南按钮的作用与向东按钮和向西按钮的功能相同。

(3)PLC 处在手动控制状态时，按下灯 1 按钮，灯 1 和灯 1 按钮指示灯亮，再次按下灯 1 按钮或按下停止按钮或按下急停按钮时，灯 1 和灯 1 按钮指示灯熄灭。按下灯 2 按钮，灯 2 和灯 2 按钮指示灯亮，再次按下灯 2 按钮或按下停止按钮或按下急停按钮时，灯 2 和灯 2 按钮指示灯熄灭。

(4)PLC 处在手动控制状态时，按下东西按钮，东西按钮的指示灯亮，摆杆由东向西方向移动。在摆杆由东向西移动的过程中，再次按下东西按钮、停止按钮或急停按钮时，东西按钮的指示灯熄灭，摆杆停止运动。摆杆由东向西移动到东限位位置时，东西按钮的指示灯熄灭，摆杆停止移动。

如果按下西东按钮，西东按钮的指示灯亮，摆杆由西向东方向移动。在摆杆由西向东移动的过程中，再次按下西东按钮、停止按钮或按下急停按钮时，西东按钮的指示灯熄灭，摆杆停止运动。摆杆由西向东移动到西限位位置时，西东按钮的指示灯熄灭，摆杆停止移动。

(5)PLC 处在自动控制状态，按下启动按钮，灯 1 和灯 2 亮，摆杆向东移动，光伏电池组件进行对光跟踪。摆杆向东移动到达东限位位置时停止移动，当光伏电池组件对光跟踪结束时，摆杆由东向西方向移动，光伏电池组件又进行对光跟踪。摆杆到达垂直接近开关位置时停止移动，光伏电池组件对光跟踪结束时，灯 1 和灯 2 熄灭，自动程序结束。光伏电池组件处于对光跟踪的过程中，按下停止按钮或按下急停按钮时，自动程序结束。

任务目标

熟悉光伏发电系统PLC控制的工作原理和程序设计的方法;熟练掌握复杂控制系统PLC的应用。了解PLC控制系统的可靠性设计措施。

任务实施

一、光伏发电系统中西门子S7-200 CPU226型PLC的配置

光伏发电系统的PLC输入/输出配置见表6-6。

表6-6　光伏供电系统的PLC输入/输出配置表

序号	输入/输出	配置	序号	输入/输出	配置
1	I0.0	旋转开关自动挡	23	I2.6	摆杆东西向限位开关
2	I0.1	启动按钮	24	I2.7	摆杆西东向限位开关
3	I0.2	急停按钮	25	Q0.0	启动按钮指示灯
4	I0.3	灯1按钮	26	Q0.1	向东按钮指示灯
5	I0.4	灯2按钮	27	Q0.2	向南按钮指示灯
6	I0.5	向东按钮	28	Q0.3	向西按钮指示灯
7	I0.6	向南按钮	29	Q0.4	向北按钮指示灯
8	I0.7	向西按钮	30	Q0.5	灯1按钮指示灯、KA_7线圈
9	I1.0	向北按钮	31	Q0.6	灯2按钮指示灯、KA_8线圈
10	I1.1	东西按钮	32	Q0.7	东西按钮指示灯
11	I1.2	西东按钮	33	Q1.0	西东按钮指示灯
12	I1.3	停止按钮	34	Q1.1	停止按钮指示灯
13	I1.4	摆杆接近开关垂直限位	35	Q1.2	继电器KA_1线圈
14	I1.5	未定义	36	Q1.3	继电器KA_2线圈
15	I1.6	光伏组件向东、向西限位开关	37	Q1.4	继电器KA_3线圈
16	I1.7	未定义	38	Q1.5	继电器KA_4线圈
17	I2.0	光伏组件向北限位开关	39	Q1.6	继电器KA_5线圈
18	I2.1	光伏组件向南限位开关	40	Q1.7	继电器KA_6线圈
19	I2.2	光线传感器向东信号	41	1M	0V
20	I2.3	光线传感器向西信号	42	2M	0V
21	I2.4	光线传感器向北信号	43	1L	DC24V
22	I2.5	光线传感器向南信号	44	2L	DC24V

注:继电器KA_1、KA_2用于控制摆杆偏转电机,继电器KA_3、KA_4用于控制光伏组件东西方向偏转电机,继电器KA_5、KA_6用于控制光伏组件南北方向偏转电机,继电器KA_7用于控制灯1,继电器KA_8用于控制灯2。

二、光伏发电系统的 PLC 输入/输出接线图

依据表 6－6 的 PLC 的输入/输出设备的配置，绘制 S7-200 CPU226 的输入/输出接线图如图 6－23 所示。

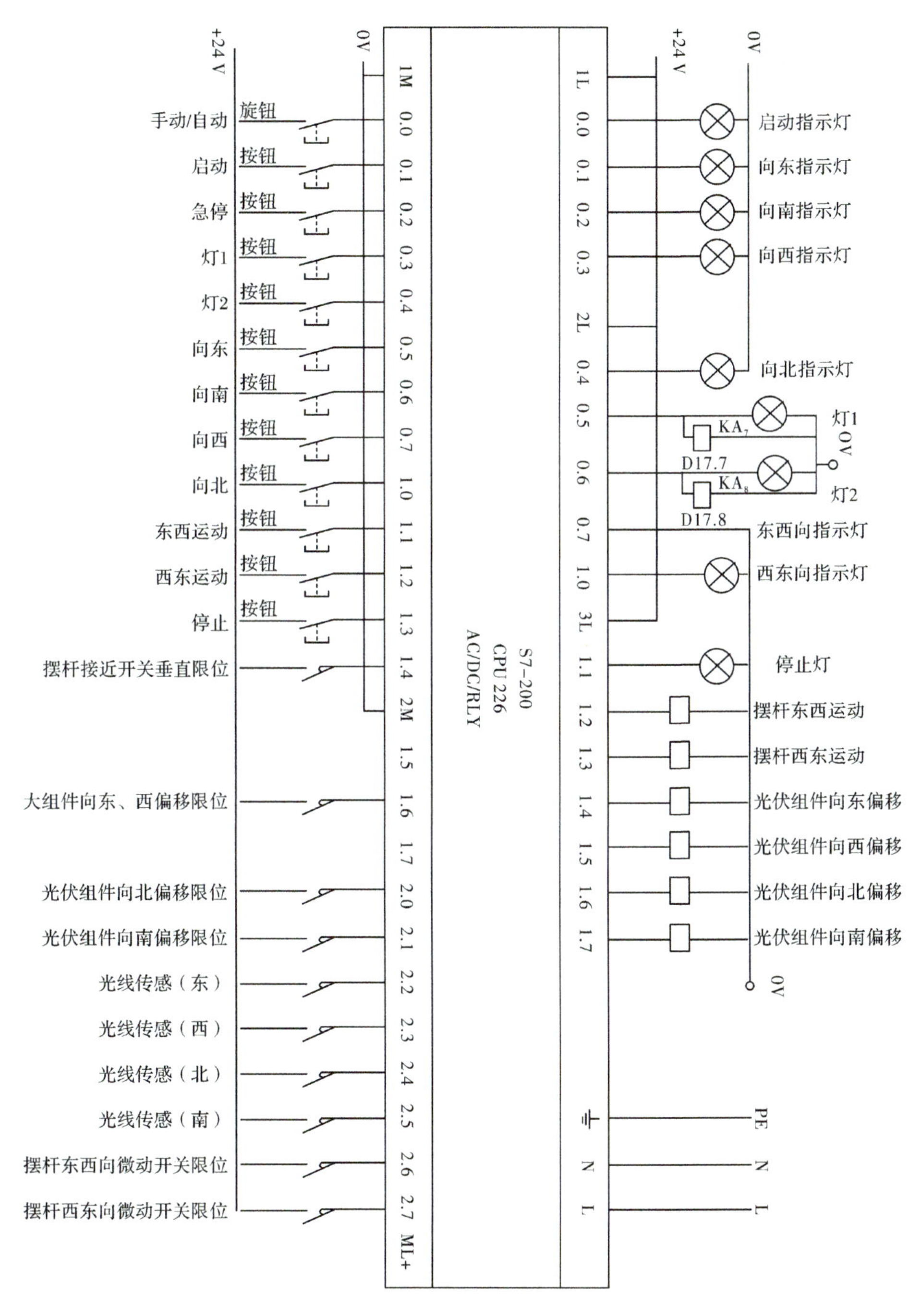

图 6－23 光伏发电系统的 PLC 外部接线图

三、程序设计

根据系统的控制要求，程序分为三部分：主程序、手动子程序、自动子程序。光伏电池组件向东偏转和向西偏转在程序上采取互锁关系，光伏电池组件向北偏转和向南偏转在程序上采取互锁关系，摆杆由东向西移动和摆杆由西向东移动在程序上采取互锁关系。图 6－24、图 6－25 和图 6－26 分别为主程序、手动子程序和自动子程序。

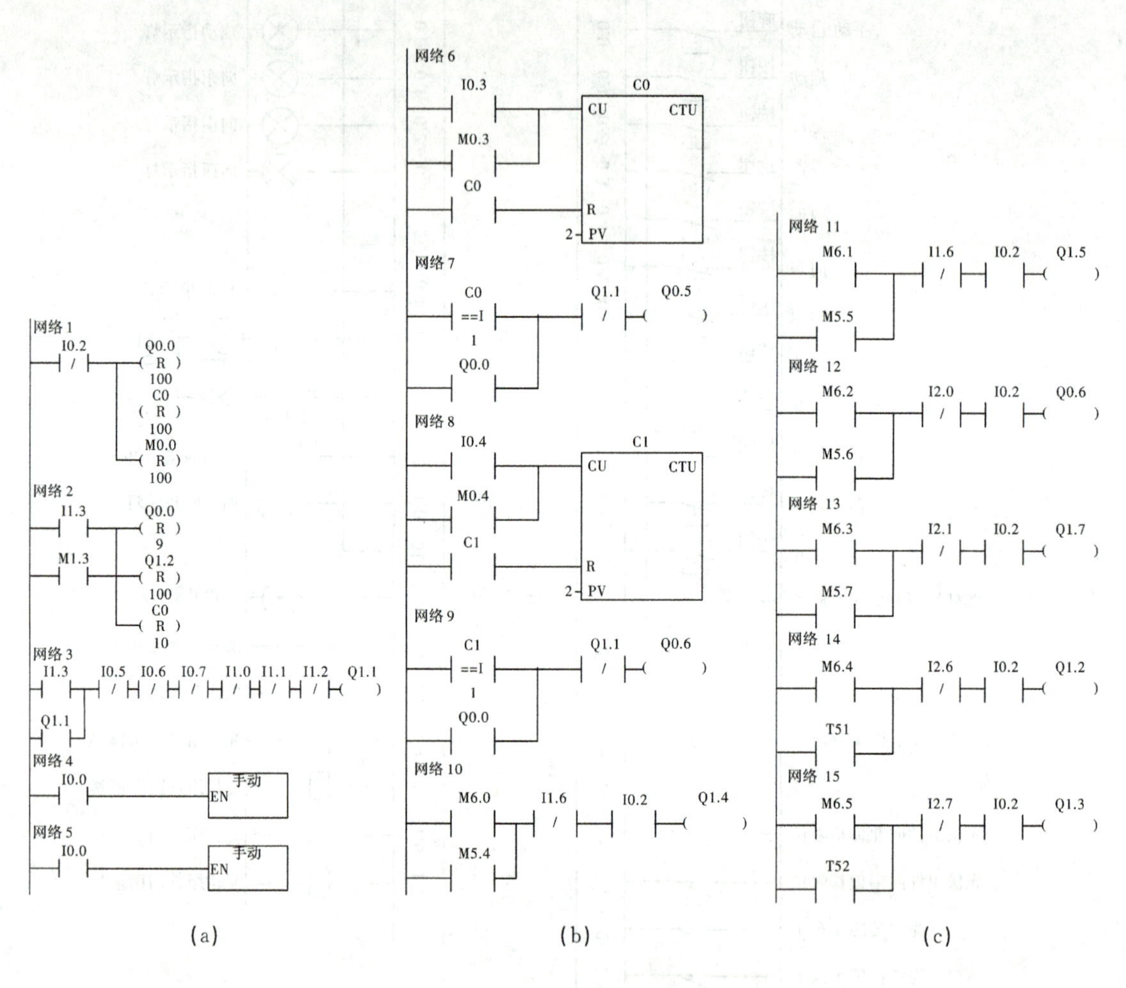

图 6－24　主程序

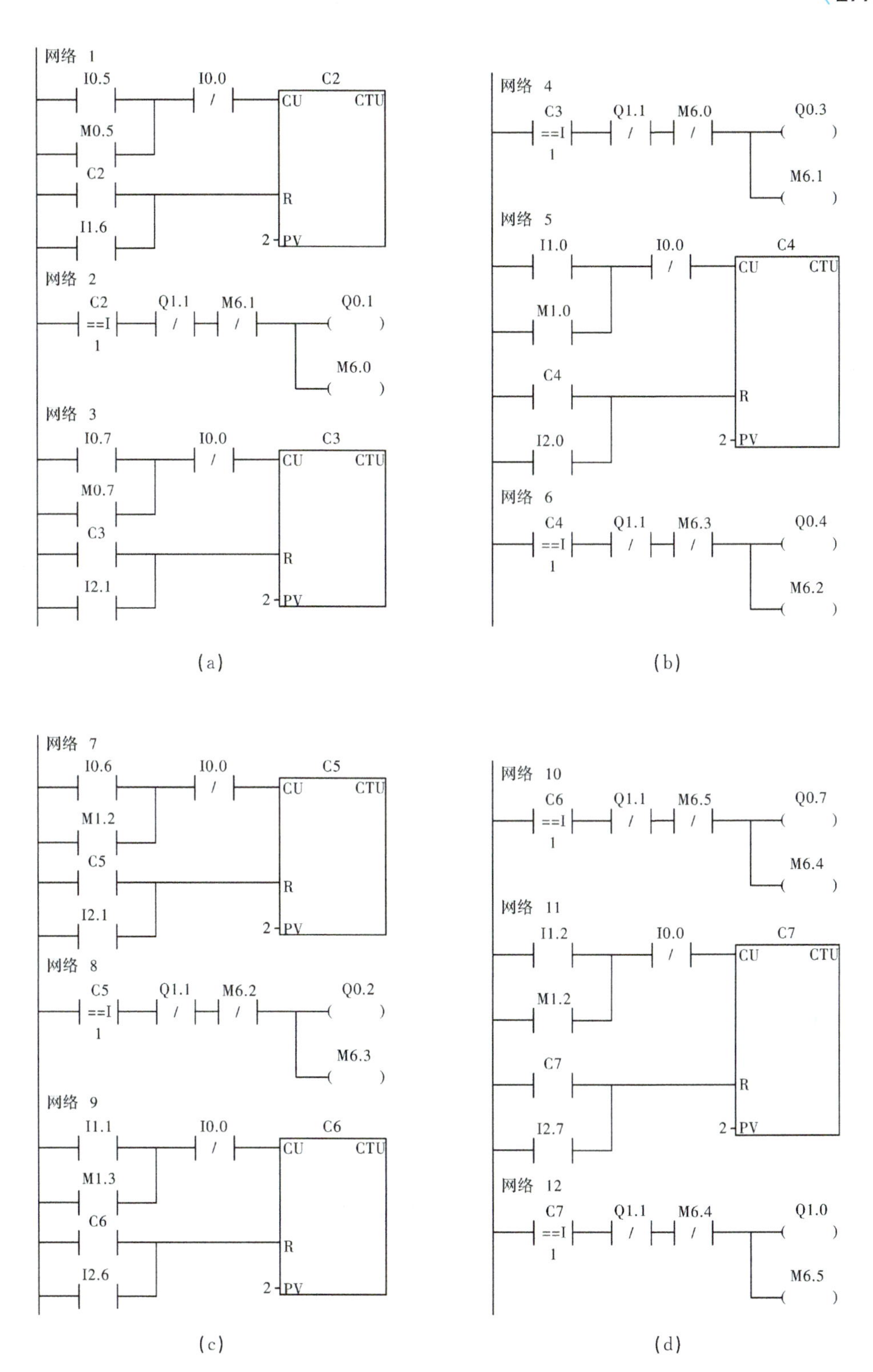
网络 1
I0.5
I0.0
C2
CU
CTU
M0.5
C2
R
I1.6
2
PV
网络 2
C2
==I
1
Q1.1
M6.1
Q0.1
M6.0
网络 3
I0.7
I0.0
C3
CU
CTU
M0.7
C3
R
I2.1
2
PV
(a)
网络 4
C3
==I
1
Q1.1
M6.0
Q0.3
M6.1
网络 5
I1.0
I0.0
C4
CU
CTU
M1.0
C4
R
I2.0
2
PV
网络 6
C4
==I
1
Q1.1
M6.3
Q0.4
M6.2
(b)
网络 7
I0.6
I0.0
C5
CU
CTU
M1.2
C5
R
I2.1
2
PV
网络 8
C5
==I
1
Q1.1
M6.2
Q0.2
M6.3
网络 9
I1.1
I0.0
C6
CU
CTU
M1.3
C6
R
I2.6
2
PV
(c)
网络 10
C6
==I
1
Q1.1
M6.5
Q0.7
M6.4
网络 11
I1.2
I0.0
C7
CU
CTU
M1.2
C7
R
I2.7
2
PV
网络 12
C7
==I
1
Q1.1
M6.4
Q1.0
M6.5
(d)

图 6-25 手动子程序

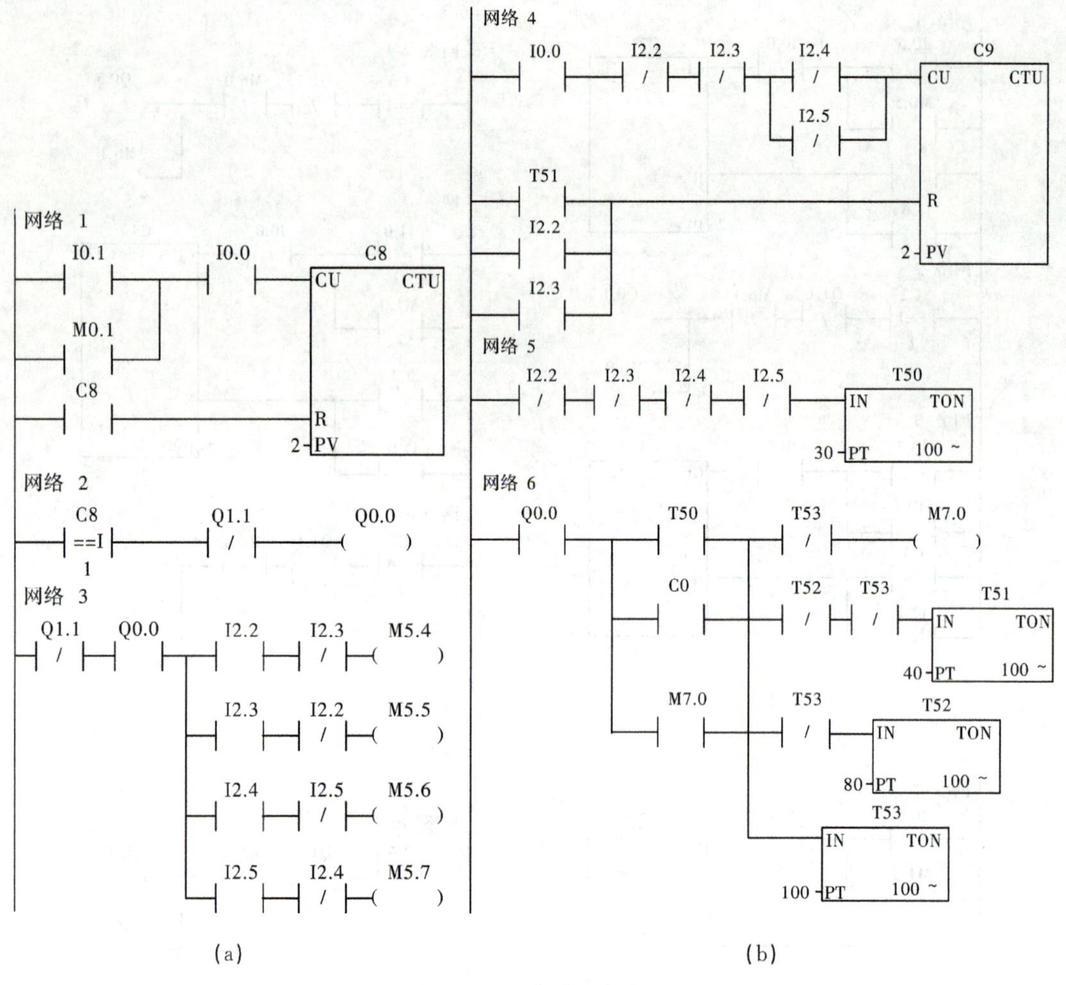

图 6-26 自动子程序

四、程序调试

(1)接好 PLC 的输入/输出设备。

(2)编制程序并将编译无误的程序下载到 PLC 中,并将工作模式转为“RUN”。

(3)使 PLC 进入程序监控状态。

(4)将旋转开关放到手动挡,按要求分步调试灯 1 和灯 2 的运行、光伏组件东西南北方向的运动、摆杆运动的程序,观察是否按要求动作。将旋转开关打到自动挡,按下起动按钮,观察动作过程是否满足题目要求。

知识拓展

PLC 控制系统的可靠性设计

PLC 是专门为工业环境设计的控制装置，一般不需要采取什么特殊措施就可以直接在工业环境中使用。但是如果环境过于恶劣，电磁干扰特别强烈，或安装使用不当，都不能保证系统的正常安全运行。干扰可能使 PLC 接收错误的信号，造成误动作，或使 PLC 内部的数据丢失，严重时甚至会使系统失控。在系统设计时，应采取相应的可靠性措施，以消除或减少干扰的影响，保证系统的正常运行。

实践表明，系统中 PLC 之外的部分（特别是机械限位开关和某些执行机构）的故障率，往往比 PLC 本身的故障率高得多，因此在设计时应采取相应的措施（如用高可靠性的接近开关代替机械限位开关），才能保证整个系统的可靠性。

一、电源的抗干扰措施

电源是干扰进入 PLC 的主要途径之一。电源干扰主要是通过供电线路的阻抗耦合产生，各种大功率用电设备是主要的干扰源。

在干扰较强或对可行性要求较高的场合，可以在 PLC 的交流电源输入端加接带屏蔽层的隔离变压器和低通滤波器，如图 6－27 所示。隔离变压器可以抑制从电源线窜入的外来干扰，提高抗高频共模干扰能力，屏蔽层应可靠接地。

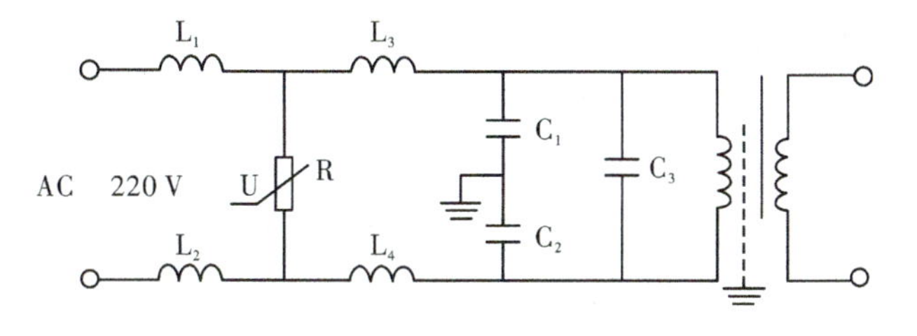

图 6－27 隔离变压器和低通滤波器

动力部分、控制部分、PLC、I/O 电源应分别配线，隔离变压器与 PLC 和 I/O 电源之间应采用双绞线连接。系统的动力线应足够粗，以降低大容量异步电动机起动时的线路压降。如果有条件，可以对 PLC 采用单独的供电回路，以避免大容量设备起停时对 PLC 产生干扰。

二、控制系统的接地

良好的接地是保证 PLC 可靠工作的重要条件，可以避免偶然发生的电压冲击的危害，为了抑制加在电源及输入端和输出端的干扰，应给 PLC 接上专用地线，且其接地点应与动力设备（如电动机）的接地点分开，如图 6－28(a)所示。若达不到这种要求，也必须做到与其他设备公共接地，如图 6－28(b)所示。禁止如图 6－28(c)所示那样与其他设备串联接地，接地点应尽可能靠近 PLC。

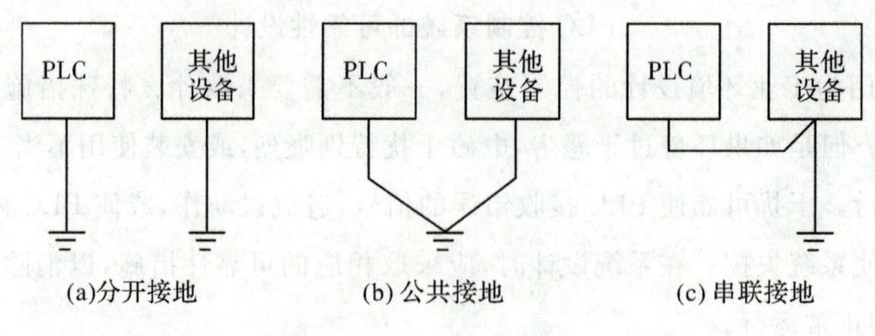

图 6－28 PLC 接地处理

三、安装与布线的抗干扰措施

PLC 应远离强干扰源，如大功率晶闸管装置、变频器、高频焊机和大型动力设备等。PLC 不能与高压电器安装在同一个开关柜内，在柜内 PLC 应远离动力线(二者之间的距离应大于 200 mm)，与 PLC 装在同一个开关柜内的电感性元件，如继电器、接触器的线圈，应并联 RC 消弧电路，如图 6－29(b)所示。

信号线与动力线应分开走线，信号线一般采用专用电缆或双绞线布线。

四、PLC 输入输出的可靠性措施

如果用 PLC 驱动交流接触器，应将额定电压为 AC380 V 的交流接触器的线圈换成 AC220 V的。在负载要求的输出功率超过 PLC 的允许值时，应设置外部继电器。PLC 输出模块内的小型继电器的触点小，断弧能力差，不能直接用于 DC220 V 的电路，必须用 PLC 驱动外部继电器，然后再用外部继电器的触点驱动 DC220 V 的负载。

若 PLC 的输入端或输出端接有感性元件，对于直流电路，应在它们两端并联续流二极管，如图 6－29(a)所示，以抑制电路断开时产生的电弧对 PLC 的影响。对于交流电路，感性负载的两端应并联阻容吸收电路，如图 6－29(b)所示。一般电容可取 0.1～0.47 μF，电容的额定电压应大于电源峰值电压，电阻可取 51～120 Ω，二极管可取 1 A 的管子，但其额定电压应大于电源电压的峰值。

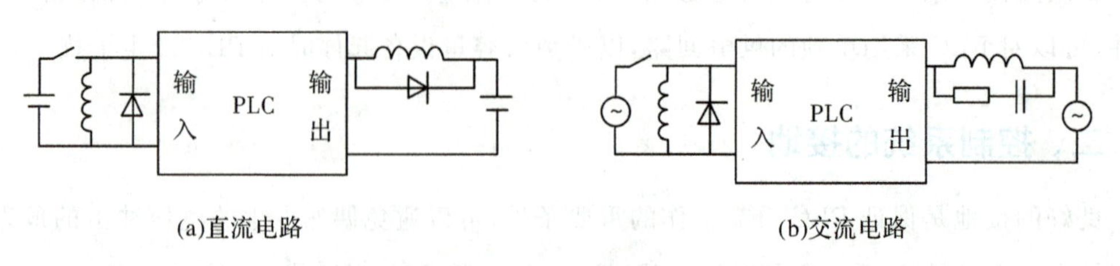

图 6－29 输入输出电路的抗干扰处理

思考与练习

(1)PLC 控制系统中接地时应注意什么问题?

(2)编写光伏供电系统的手动程序,要求如下:

◆PLC 处在手动控制状态时,在松开急停的前提下,按住向东按钮,向东按钮的指示灯亮,同时光伏电池组件向东偏转,松开向东按钮或者接触到东限位位置开关,向东按钮指示灯熄灭,同时光伏电池组件向东偏转停止。

◆PLC 处在手动控制状态时,在松开急停的前提下按住向西按钮,向西按钮的指示灯亮,同时光伏电池组件向西偏转,松开向西按钮或者接触到西限位位置开关,向西按钮指示灯熄灭,同时光伏电池组件向西偏转停止。

◆PLC 处在手动控制状态时,在松开急停的前提下按住东西按钮,东西按钮的指示灯以 2 Hz闪烁亮,同时摆杆由东向西方向摆动。松开东西按钮或摆杆处在东西极限位置时,东西按钮的指示灯熄灭,摆杆停止移动。

◆PLC 处在手动控制状态时,在松开急停的前提下,按住西东按钮,西东按钮的指示灯亮,同时摆杆由西向东方向摆动。松开西东按钮或摆杆处在西东极限位置时,西东按钮的指示灯熄灭,摆杆停止移动。

◆PLC 处在手动控制状态时,在松开急停的前提下,按住灯 1 按钮,灯 1 按钮的指示灯及投射灯 1 亮。松开灯 1 按钮,灯 1 按钮的指示灯熄灭,投射灯 1 熄灭。

◆PLC 处在手动控制状态时,在松开急停的前提下,按住灯 2 按钮,灯 2 按钮的指示灯及投射灯 2 亮。松开灯 2 按钮,灯 2 按钮的指示灯熄灭,投射灯 2 熄灭。

项目小结

PLC 控制系统的设计是使用 PLC 的前提,能否充分利用 PLC 的资源,实现系统的最优配置,是 PLC 控制系统硬件和软件设计要解决的关键问题。

(1)PLC 控制系统的设计原则:①最大限度地满足被控对象的控制要求;②在满足控制要求的前提下,力求控制系统简单、经济、使用和维修方便;③保证控制系统的安全、可靠;④考虑到生产的发展和工艺的改进,应适当留有扩充裕量。

(2)PLC 控制系统设计的主要步骤:①分析生产工艺过程,明确工艺过程对电气控制的要求;②确定控制方案;③选择可编程序控制器机型;④硬软件设计;⑤安装调试;⑥编写技术说明书。

(3)PLC 的机型选择主要包括以下内容:①CPU 型号的选择;②PLC 结构的选择;③I/O 点数及 I/O 接口设备的选择;④存储容量的选择;⑤PLC 输出方式的选择;⑥I/O 响应时间的选择;⑦联网通信的选择;⑧PLC 电源的选择。

(4)PLC 控制系统的安装、调试方法为模拟调试和联机统调。

程序模拟调试通过后，将 PLC 安装在控制现场进行联机调试。开始时，先进行空载调试，即只接上输出设备（如接触器线、信号灯等），不接负载进行调试。当各部分都调试正常后，再接上实际负载运行。

（5）以机械手 PLC 控制为例介绍了使用 S/R 指令以转换条件为中心的编程方法。

（6）以交通灯控制系统、机械手控制系统、光伏发电系统为例介绍了运用 PLC 涉及复杂控制系统的方法。

附录A 常用电气图形、文字符号新旧对照表

名称		新标准		旧标准	
		图形符号	文字符号	图形符号	文字符号
一般三相电源开关			QS		K
低压断路器			QF		UZ
位置开关	动合触点		SQ		XK
	动断触点				
	复合触点				
熔断器			FU		RD
按钮	起动按钮		SB		QA
	停止按钮				TA
	复合按钮				AN
接触器	线圈		KM		C
	动合主触点				
	动断主触点				
	辅助动合触点				
	辅助动断触点				
速度继电器	动合触点	n	KS	n>	SDJ
	动断触点	n		n>	

名称		新标准		旧标准	
		图形符号	文字符号	图形符号	文字符号
时间继电器	通电延时线圈		KT		SJ
	延时闭合动合触点	或			
	延时断开动断触点	或			
	延时闭合动断触点	或			
	延时断开动合触点	或			
	断电延时线圈				
继电器	中间继电器		KA		ZJ
	欠电压继电器	V<	KV		QYJ
	过电压继电器	V>	KV		GYJ
	欠电流继电器	I<	KI		QLJ
	过电流继电器	I>	KI		GLJ
	动合触点		相应继电器符号		相应继电器符号
	动断触点				
热继电器	热元件		FR		JR
	动合触点				
	动断触点				

名称		新标准		旧标准	
		图形符号	文字符号	图形符号	文字符号
接近开关	动合触点		SQ		XK
	动断触点				
转换开关			SA		HK
电容器一般符号			C		C
极性电容器			C		C
电阻器			R		R
电位器			RP		W
电感器绕组扼流圈			L		L
带铁芯的电感器			L		L
电抗器			L		K
可调压的单相自耦变压器			T		ZOB
单相变压器			T		B
整流变压器					ZLB
照明变压器					ZB
控制变压器			TC		B
三相自耦变压器			T		ZOB
电流互感器			TA		LH
电磁制动器			YB		ZC
电磁离合器			YC		CH

名称	新标准		旧标准	
	图形符号	文字符号	图形符号	文字符号
电磁阀		YV		YD
电磁铁		YA		DT
串励直流电动机		M		ZD
并励直流电动机		M		ZD
他励直流电动机		M		ZD
直流发动机		G		ZF
永磁式直流测速发动机		TG		SF
三相笼式异步电动机		M		JD
三相绕线转子异步电动机		M		JD
照明灯		EL		ZD
指示灯		HL		XD
电铃		HA		DL
电喇叭		HA		LB
蜂鸣器		HA		FM
电警笛报警器		HA		JD
桥式整流器		VC		ZL

名称	新标准		旧标准	
	图形符号	文字符号	图形符号	文字符号
直流电				
交流电				
交直流电				
正、负极				
三角形联结的三相绕组				
星形联结的三相绕组				
导线				
三相导线				
导线连接点				
端子				
可拆卸的端子				
接线端子板		XT		JX
接地				
插头		XP		CT
插座		XS		CZ

名称	新标准		旧标准	
	图形符号	文字符号	图形符号	文字符号
滑动(滚动)连接器		E		
普通二极管		VD		D
普通晶闸管		VT		T SCR KP
稳压二极管		V		DW CW
PNP三级管		V		BG
NPN三级管		V		BG
单结晶体管		V		BT
N沟道结型场效应管		V		DJ
N沟道结型场效应管		V		DJ
N沟道增强型绝缘栅场效应管		V		DJ
P沟道增强型绝缘栅场效应管		V		DJ
N沟道耗尽型绝缘栅场效应管		V		DJ

附录 B S7－200 系列 PLC 特殊存储器(SM)

S7－200 系列 PLC 特殊存储器(SM)提供了大量 PLC 运行状态和控制功能的标志位，起到了在 CPU 和用户程序之间交换信息的作用。特殊存储器的标志位可以按位、字节、字和双字使用，其标志位及功能见附表 1。

附表 1　特殊存储器的标志位及功能

<table>
<tr><th>SM 位</th><th colspan="3">功　能</th></tr>
<tr><td colspan="4">SMB0：各位状态在每个扫描周期的末尾由 CPU 更新</td></tr>
<tr><td>SM0.0</td><td colspan="3">PLC 运行时这一位始终为 1</td></tr>
<tr><td>SM0.1</td><td colspan="3">PLC 首次扫描时为 1。用途之一是调用初始化子程序</td></tr>
<tr><td>SM0.2</td><td colspan="3">若保持数据丢失，该位在一个扫描周期中为 1</td></tr>
<tr><td>SM0.3</td><td colspan="3">开机进入 RUN 方式，该位将 ON 一个扫描周期</td></tr>
<tr><td>SM0.4</td><td colspan="3">该位提供了一个周期为 1 min、占空比为 50%的时钟脉冲</td></tr>
<tr><td>SM0.5</td><td colspan="3">该位提供了一个周期为 1 s、占空比为 50%的时钟脉冲</td></tr>
<tr><td>SM0.6</td><td colspan="3">该位为扫描时钟，本次扫描置 1，下次扫描置 0。可作为扫描计数器的输入</td></tr>
<tr><td>SM0.7</td><td colspan="3">该位指示 CPU 工作方式开关的位置，0 为 TERM 位置，1 为 RUN 位置</td></tr>
<tr><td colspan="4">SMB1：包含各种潜在的错误提示，可由指令在执行时进行置位/复位</td></tr>
<tr><td>SM1.0</td><td colspan="3">当执行某些命令，其结果为 0 时，将该位置 1</td></tr>
<tr><td>SM1.1</td><td colspan="3">当执行某些命令，其结果溢出或出现非法数值时，将该位置 1</td></tr>
<tr><td>SM1.2</td><td colspan="3">当执行数学运算，其结果为负数时，将该位置 1</td></tr>
<tr><td>SM1.3</td><td colspan="3">试图除以零时，将该位置 1</td></tr>
<tr><td>SM1.4</td><td colspan="3">当执行 ATT(Add to Table)指令，超出表范围时，将该位置 1</td></tr>
<tr><td>SM1.5</td><td colspan="3">当执行 LIFO 成 FIFO 指令，从空表中读数时，将该位置 1</td></tr>
<tr><td>SM1.6</td><td colspan="3">当把一个非 BCD 数转换为二进制数时，将该位置 1</td></tr>
<tr><td>SM1.7</td><td colspan="3">当 ASCII 码不能转换成有效的十六进制数时，将该位置 1</td></tr>
<tr><td colspan="4">SMB2：在自由口通信方式下，从 PLC 端口 O 或端口 I 接收到的每一个字符</td></tr>
<tr><td colspan="4">SMB3：当端口 0 或端口 1 的奇偶校验出错时，将该位置 1</td></tr>
<tr><td colspan="4">SMB4：包含中断队列溢出</td></tr>
<tr><td>SM4.0</td><td>当通信中断队列溢出时，将该位置 1</td><td>SM4.4</td><td>当全局中断允许时，将该位置 1</td></tr>
</table>

SM4.0	当输入中断队列溢出时，将该位置1	SM4.5	当(端口0)发送空闲时，将该位置1
SM4.2	当定时中断队列溢出时，将该位置1	SM4.6	当(端口1)发送空闲时，将该位置1
SM4.3	在运行时刻，发现编程问题时，将该位置1	SM4.7	当发生强行置位时，将该位置1

SMB5：包含I/O错误状态	
SM5.0	当有I/O错误时，将该位置1
SM5.1	当I/O总线上连接了过多的数字量I/O点时，将该位置1
SM5.2	当I/O总线上连接了过多的模拟量I/O点时，将该位置1
SM5.3	当I/O总线上连接了过多的智能I/O模块时，将该位置1

SMB6：CPU识别(ID)寄存器		
SM6.4～SM6.7	SM6.4～6.7=0000为CPU222	SM6.4～6.7=1001为CPU226/CPU226XM
	SM6.4～6.7=0010为CPU224	SM6.4～6.7=0110为CPU221

识别标志寄存器各位的功能

位号	7	6　5	4	3　2	1　0
标志号	m	T　t	a	i　i	q　q
标志	0：模块已插入 1：模块未插入	00：非智能I/O模块 01：智能I/O模块 10：保留 11：保留	0：数字量I/O 1：模拟量I/O	00：无输入 01：2AI/8DI 10：4AI/16DI 11：8AI/32DI	00：无输出 01：2AQ/8DQ 10：4AQ/16DQ 11：8AQ/32DQ

错误标志寄存器各位的功能

位号	7	6	5	4	3	2	1	0
标志符	c	0	0	b	r	p	f	t
标志	0：无错误 1：组态错误			0：无错误 1：总线故障或奇偶错误	0：无错误 1：无用户电源错误	0：无错误 1：无用户电源错误	0：无错误 1：熔丝故障	0：无错误 1：终端故障

SMB8	模块0识别(ID)寄存器	SMB15	模块3错误寄存器
SMB9	模拟0错误寄存器	SMB16	模块4识别(ID)寄存器
SMB10	模块1识别(ID)寄存器	SMB17	模块4错误寄存器
SMB11	模块1错误寄存器	SMB18	模块5识别(ID)寄存器
SMB12	模块2识别(ID)寄存器	SMB19	模块5错误寄存器
SMB13	模块2错误寄存器	SMB20	模块6识别(ID)寄存器
SMB14	模块3识别(ID)寄存器	SMB21	模块6错误寄存器

SMW22～SMW26：扫描时间	
SMW22	上次扫描时间
SMW24	进入RUN方式后，所记录的最短扫描时间
SMW26	进入RUN方式后，所记录的最长扫描时间

SMB28 和 SMB29:模拟电位器				
SMB28	存储模拟电位 0 的输入值			
SMB29	存储模拟电位 1 的输入值			
SMB30 和 SMB130:自由端口控制寄存器				
自由端口控制寄存器标志				
位号	7 6	5	4 3 2	1 0
标志符	p p	d	b b b	M m
标志	00:不校验 01:偶校验 10:不校验 11:奇校验	0:每字符 8 位数据 1:每字符 7 位数据	000:38 400 波特 001:19 200 波特 010:9 600 波特 011:4 800 波特 100:2 400 波特 101:1 200 波特 110:115 200 波特 111:5 600 波特	00:PPI/从站模式 01:自由口协议 10:PPI/主站模式 11:保留
SMB30	控制自由端口 0 的通信方式		SMB130	控制自由端口 1 的通信方式
SMB31	存放 EEPROM 命令字,其中 SM31.0～31.1 表示存放数据类型为:00=字节 01=字节 10 字 11=双字			
SMW32:存放 EEPROM 中数据的地址				
SMI34:定义定时中断 0 的时间间隔(1～255 ms,以 1 ms 为增量)				
SMI35:定义定时中断 1 的时间间隔(1～255 ms,以 1 ms 为增量)				
SMB36～SMB65:用于监视和控制高速计数器(HSC0、HSC1 和 HSC2 寄存器)				
SMB86(HSC0 当前状态寄存器)				
SM36.5	HSC0 当前计数方向位:1 为增计数			
SM6.6	HSC0 当前值等于预设值位:1 为等于			
SM6.7	HSC0 当前值等于预设值位:1 为大于			
SMB37(HSC0 控制寄存器)				
SM37.0	HSC0 复位操作的有效电平控制位:0 为高电平,1 为低电平			
SM37.2	HSC0 正交计数器的计数速率选择:0 为 4×速率,1 为 1×速率			
SM37.3	HSC0 方向控制位:1 为增计数			
SM37.4	HSC0 更新方向位:1 为更新			
SM37.5	HSC0 更新预设值:1 为更新			
SM37.6	HSC0 更新当前值:1 为更新			
SM37.7	HSC0 允许位:1 为允许,0 为禁止			
SM38	HSC0 新的当前值			
SM42	HSC0 新的当前值			
SMB46(HSC1 当前状态寄存器)				
SM46.5	HSC1 当前计数方向位,1 为增计数			

SM位	功　能
SM46.6	HSC1 当前值等于预设值位:1 为等于
SM46.7	HSC1 当前值大于预设值位:1 为大于
SMB47(HSC1 控制寄存器)	
SM47.0	HSC1 复位操作的有效电平控制位:0 为高电平,1 低电平
SM47.2	HSC1 正交计数器的计数速率选择:0 为 4×速率,1 为 1×速率
SM47.3	HSC1 方向控制位:1 为增计数
SM47.4	HSC1 更新方向位:1 为更新
SM47.5	HSC1 更新预设值:1 为更新
SM47.6	HSC1 更新当前值:1 为更新
SM47.7	HSC1 允许位:1 为允许,0 为禁止
SMD48	HSC1 新的当前值
SMD52	HSC1 新的预置值
SMB56(HSC2 当前状态寄存器)	
SM56.5	HSC2 当前计数方向位:1 为增计数
SM56.6	HSC2 当前值等于预设值位:1 为等于
SM56.7	HSC2 当前值大于预设值位:1 为大于
SMB57(HSC2 控制寄存器)	
SM57.0	HSC2 复位操作的有效电平控制位;0 为高电平,1 低电平
SM57.2	HSC2 正交计数器的计数速率选择:0 为 4×速率,1 为 1×速率
SM57.3	HSC2 方向控制位:1 为增计数
SM57.4	HSC2 更新方向位:1 为更新
SM57.5	HSC2 更新预设值:1 为更新
SM57.6	HSC2 更新当前值:1 为更新
SM57.7	HSC2 允许位:1 为允许,0 为禁止
SMD58	HSC2 新的当前值
SMD62	HSC2 新的预置值
SMB66SMB85:监控脉冲输出 PTO 和脉宽调制 PWM 功能	
SMB66(PTO0/PWMO 状态寄存器)	
SM66.4	PTO0 包络溢出:0 为无溢出,1 为有溢出(由于增量计算错误)
SM66.5	PTO0 包络溢出:0 为不由用户命令终止,1 为由用户命令终止
SM66.6	PTO0 管道溢出:0 为无溢出,1 为有溢出
SM66.7	PTO0 空闲位:0 为忙碌,1 为空闲。

SMB67(PTO0/PWM0 控制寄存器)	
SM67.0	PTO0/PWM10 更新周期:1 为写新的周期值。
SM67.1	PWM0 更新脉冲宽度:1 为写新的脉冲宽度
SM67.2	PTO0 更新脉冲量,1 为写新的脉冲量
SM67.3	PTO0/PWM0 基准时间:0 为 1 μs,1 为 1ms
SM67.4	同步更新 PWM0:0 为异步更新,1 为同步更新
SM67.5	PTO0 操作:0 为单段操作,1 为多段操作(包络表存在 V 区)
SM67.6	PTO0/PWW0 模式选择:0 为 PTO,1 为 PWM
SM67.7	PTO0/PWM0 允许位:0 为禁止,1 为允许
SMW68	PTO0/PWM10 周期值(2~65 535 个时间基准)
SMW70	PWM0 脉冲宽度值(0~65 535 个时间基准)
SMD72	PTO0 脉冲计数值(1~2-1)
SMB76(PTO1/PWM1 状态寄存器)	
SM76.4	PTO1 包络溢出:0 为无溢出,1 为有溢出(由于增量计算错误)
SM76.5	PTO1 包络溢出:0 为不由用户命令禁止,1 由用户命令禁止
SM76.6	PTO1 管道溢出:0 为无溢出,1 为有溢出
SM76.7	PTO1 空闲位:0 为忙碌,1 为空闲。
SMB77(PTO1/PWM1 控制寄存器)	
SM77.0	PTO1/PWM1 更新周期:1 为写新的周期值。
SM77.1	PWM1 更新脉冲宽度:1 为写新的脉冲宽度
SM77.2	PTO1 更新脉冲量:1 为写新的脉冲量
SM77.3	PTO1/PWM1 基准时间:0 为 1 μs,1 为 1ms
SM77.4	同步更新 PWM1:0 为异步更新,1 为同步更新
SM77.5	PTO1 操作:0 为单段操作,1 为多段操作
SM77.6	PTO1/PWM1 模式选择:0 为 PTO,1 为 PWM
SM77.7	PTO1/PWM1 允许位:0 禁止,1 允许
SMW78	PTO1/PWM1 周期值(2~65 535 个时间基准)
SMW80	PWM1 脉冲宽度值(0~65 535 个时间基准)
SMD82	PTO1 脉冲计数值(1~223-1)
SMB86~SMB94 和 SM186~SMB194:接收信息控制	
SMB86(端口 O 接收信息状态寄存器)	
SM86.0	由于奇偶校验出错而终止接收信息,1 为有效
SM86.1	因已达到最大字符数而终止接收信息,1 为有效

SM86.2	因已超过规定时间而终止接收信息,1 为有效
SM86.5	收到信息的结束符
SM86.6	由于输入参数错误或缺少起始和结束条件而终止接收信息,1 为有效
SM86.7	由于用户使用禁止命令而终止接收信息,1 为有效
SMB87(端口 0 接收信息控制寄存器)	
SM87.2	0 为与 SMW92 无关,1 为若超出
SMW92 确定的时间终止接收信息	
SM87.3	0 为字符间定时器,1 为信息间定时器
SM87.4	0 为与 SMW90 无关,1 为由 SMW90 中的值来检测空闲状态
SM87.5	0 为与 SMB89 无关,1 为结束符由 SBM89 设定
SM87.6	0 为与 SMB88 无关,1 为起始符由 SMB88 设定
SM87.7	0 为禁止接收信息,1 为允许接收信息
SMB88	起始符
SMB89	结束符
SMW90	空闲时间间隔的 ms 值
SMW92	字符间/信息间定时器超时值(ms)
SMB94	接受字符的最大数(1～255)
SMB186(端口 1 接收信息状态寄存器)	
SM186.0	由于奇偶校验出错而终止接收信息,1 为有效
SM186.1	由于达到最大字符数而终止接收信息,1 为有效
SM186.2	由于超过规定时间而终止接收信息,1 为有效
SM186.5	收到信息的结束符
SM186.6	由于输入参数错或缺少起始和结束条件而终止接收信息,1 为有效
SM186.7	由于用户使用禁止命令而终止接收信息,1 为有效
SMB187(端口 1 接收信息控制寄存器)	
SM187.2	0 为与 SMW192 无关,1 为若超出 SMW192 确定的时间终止接收信息
SM187.3	0 为字符间定时器,1 为信息间定时器
SM187.4	0 为与 SMW190 无关,1 为由 SMW190 中的值来检测空闲状态
SM187.5	0 为与 SMB189 无关,1 为结束符由 SMB189 设定
SM187.6	0 为与 SMB188 无关,1 为起始符由 SMB188 设定
SM187.7	0 为禁止接收信息,1 为允许接收信息
SMB188	起始符
SMB189	结束符

SMW190	空闲时间间隔的 ms 数
SMW192	字符间/信息间定时器超时值(ms)
SMB194	接收字符的最大数(1～255)
SMW98:有关扩展总线的错误号	
SMB131～SMB165:(高速计数器 HSC3、HSC4 和 HSC5 寄存器)	
SMB136 (HSC3 当前状态寄存器)	
SM136.5	HSC3 当前计数方向位:1 为增计数
SM36.6	HSC3 当前值等于预设值位: 1 为等于
SM136.7	HSC3 当前值大于预设值位:1 为大于
SMB137 (HSC3 控制寄存器)	
SM137.0	HSC3 复位操作的有效电平控制位:0 为高电平,1 为低电平
SM137.2	HSC3 正交计数器的计数速率选择:0 为 4×速率,1 为 1×速率
SM137.3	HSC3 方向控制位:1 为增计数
SM137.4	HSC3 更新方向位:1 为更新
SM137.5	HSC3 更新预设值:1 为更新
SM137.6	HSC3 更新当前值:1 为更新
SM137.7	HSC3 允许位:1 为允许,0 为禁止
SMD138	HSC3 新的当前值
SMD142	HSC3 新的预置值
SMB146(HSC4 当前状态寄存器)	
SMI46.5	HSC4 当前计数方向位:1 为增计数
SM146.6	HSC4 当前值等于预设值位:1 为等于
SM146.7	HSC4 当前值大于预设值位:1 为大于
SMB147(HSC4 控制寄存器)	
SM147.0	HSC4 复位操作的有效电平控制位:0 为高电平,1 为低电平
SM147.2	HSC4 正交计数器的计数速率选择:0 为 4×速率,1 为 1×速率
SM147.3	HSC4 方向控制位:1 为增计数
SM147.4	HSC4 更新方向位:1 为更新
SM147.5	HSC4 更新预设值:1 为更新
SM147.6	HSC4 更新当前值:1 为更新
SM147.7	HSC4 允许位:1 为允许,0 为禁止
SMD148	HSC4 新的当前值
SMD152	HSC4 新的预置值

SMB156(HSC5 当前状态寄存器)	
SM156.5	HSC5 当前计数方向位:1 为增计数
SM156.6	HSC5 当前值等于预设值位:1 为等于
SM156.7	HSC5 当前值大于预设值位:1 为大于
SMB157(HSC5 控制寄存器)	
SM157.0	HSC5 复位操作的有效电平控制位:0 为高电平,1 为低电平
SM157.2	HSC5 正交计数器的计数速率选择:0 为 4×速率,1 为 1×速率
SM157.3	HSC5 方向控制位:1 为增计数
SM157.4	HSC5 更新方向位:1 为更新
SM157.5	HSC5 更新预设值:1 为更新
SM157.6	HSC5 更新当前值:1 为更新
SM157.7	HSC5 允许位:1 为允许,0 为禁止
SMB158	HSC5 新的当前值
SMD162	HSC5 新的预置值
SMB166~SMB185:(PTO0、PTO1 的包络步数、包络表地址和 V 存储器地址)	
SMB166	PTO0 的包络步当前计数值
SMW168	PTO0 的包络表Ⅳ存储地址(从 VO 开始的偏移量)
SMB176	PTO1 的包络步当前计数值
SMW178	PTO1 的包络表 V 存储地址(从 VO 开始的偏移量)

注:表中部分字节与位省略。

附录C

S7－200系列PLC错误代码

一、致命错误

致命错误会导致CPU无法执行某个或所有功能，处理致命错误的目标是使CPU进入安全状态。CPU可以对当前存在的错误状况进行询问并响应。

当一个致命错误发生时，CPU执行以下任务。

(1)进入STOP(停止)方式。

(2)显示系统致命错误和点亮LED(STOP)指示灯。

(3)断开输出。

附表2列出了从CPU上可以读到的致命错误代码及其描述。

附表2　致命错误代码及其描述

错误代码	错误描述
0000	无致命错误
0001	用户程序检查和错误
0002	编译后的梯形图程序检查和错误
0003	扫描看门狗超时错误
0004	内部EEPROM错误
0005	内部EEPROM用户程序检查错误
0006	内部EEPROM配置参数检查错误
0007	内部EEPROM强制数据检查错误
0008	内部EEPROM缺省输出表值检查错误
0009	内部EEPROM用户数据DB1检查错误
000A	存储器卡失灵
000B	存储器卡上用户程序检查和错误
000C	存储器卡配置参数检查和错误
000D	存储器卡强制数据检查和错误
000E	存储器卡缺省输出表值检查和错误
000F	存储器卡用户数据DB1检查错误
0010	内部软件错误
0011	比较接点间接寻址错误
0012	比较接点非法值错误
0013	存储器卡空，或CPU不识别该卡

二、运行程序错误

在程序正常运行中，可能会产生非致命错误（如寻址错误），CPU 会产生一个非致命错误代码。附表 3 列出了这些非致命错误代码及其描述。

附表 3 运行程序错误及其描述

错误代码	错误描述
0000	无致命错误
0001	执行 HDEF 之前，HSC 已使能
0002	输入中断分配冲突，已分配给 HSC
0003	到 HSC 的输入分配冲突，已分配给输入中断
0004	在中断程序中企图执行 ENI、DISI、或 HDEF 指令
0005	第一个 HSC/PLS 未执行完之前，又企图执行同编号的第二个 HSC/PLS
0006	间接寻址错误
0007	TODW（写实时时钟）或 TODR（读实时时钟）数据错误
0008	用户子程序嵌套层数超过规定
0009	在程序执行 XMT 或 RCV 时，通信口 O 又执行另一条 XMT 或 RCV 指令
000B	在通信口 1 上同时执行数条 XMT/RCV 指令
000C	时钟卡存储不存在
000D	试图重新定义正在使用的脉冲输出
000E	PTO 个数设为 0
0091	范围错（带地址信息），检查操作数范围
0092	某条指令的计数域错误（带计数信息）
0094	范围错（带地址信息），写无效存储器
009A	用户中断程序试图转换成自由口模式

三、编译规则错误

当下载一个程序时，CPU 将对该程序进行编译。如果 CPU 发现程序有违反编译规则之外的地方（如非法指令），CPU 就会停止下载程序，并生成一个非致命编译规则的错误代码。附表 4 列出了违反编译规则所产生的错误代码及其描述。

附表 4　编译规则错误及其描述

错误代码	错误描述
0080	程序太大无法编译
0081	堆栈溢出，必须把一个网络分成多个网络
0082	非法指令
0083	无 MEND 指令或主程序中有不允许的指令
0085	无 FOR 指令
0086	无 NEXT 指令
0087	无标号
0088	无 RET 指令，或子程序中有不允许的指令
0089	无 RETI 指令，或中断程序中有不允许的指令
008C	标号重复
008D	非法标号
0090	非法参数
0091	范围错(带地址信息)，检查操作数范围
0092	指令计数域错误(带计数信息)，确认最大计数范围
0093	FOR/NEXT 嵌套层数超出范围
0095	无 LSCR 指令(装载 SCR)
0096	无 SCRE 指令(SCR 结束)或 SCRE 前面有不允许的指令
0097	程序中有不带编号的或带编号的 EV/ED 指令
0098	试图实时修改程序中不带编号的 EV/ED 指令
0099	隐含程序网络太多

附录 D

S7-200 系列 PLC 产品故障检查与处理

一、故障检查与处理流程

PLC 系统在长期运行中，可能会出现一些故障，PLC 自身故障可以靠自诊断判断，外部故障则主要根据程序分析。常见故障有电源故障、异常故障、通信故障、输入故障、输出故障，一般故障检测与处理流程如下图所示。

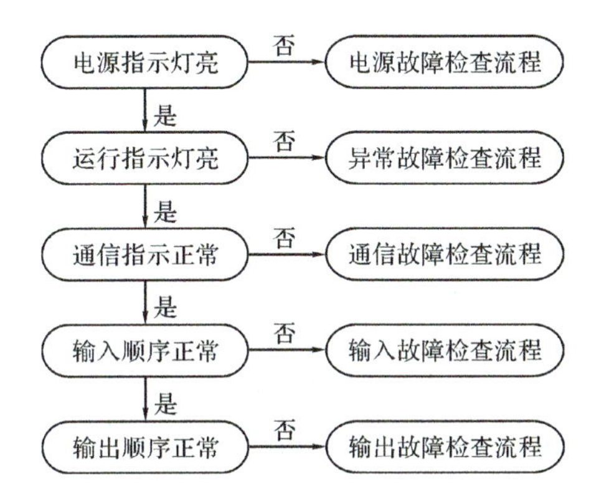

附图 1　一般故障检测与处理流程图

二、故障检查与处理

1. 电源故障检查与处理

PLC 系统主机电源、扩展机电源和模块电源显示不正常时，都要进入电源故障检查流程。如果各部分功能正常，只能是 LCD 显示有故障，否则应首先检查外部电源；如果外部电源无故障，再检查系统内部电源故障。电源故障检查与处理见附表 5。

附表 5 电源故障检查与处理

故障现象	故障原因	解决办法
电源指示灯灭	指示灯坏或保险丝断	更换
	无供电电压	加入电源电压检查电源接线和插座使之正常
	供电电压超限	调整电源电压在规定范围内
	电源坏	更换

2. 异常故障检查与处理

PLC 系统最常见的故障是停止运行(运行指示灯灭)、不能启动、工作无法进行、但是电源指示灯亮。这时,需要进行异常故障检查,异常故障检查与处理见附表 6。

附表 6 异常故障检查与处理

故障现象	故障原因	解决办法
不能启动	供电电压超过上极限	降压
	供电电压低于下极限	升压
	内存自检系统出错	清内存、初始化
	CPU、内存板故障	更换
工作不稳定频繁停机	供电电压接近上、下极限	调整电压
	主机系统模块接触不良	清理、重插
	CPU、内存板内元器件松动	清理、戴手套按压元器件
	CPU、内存板故障	更换
与编程器等不通信	通信电缆插接松动	按紧后重新联机
	通信电缆故障	更换
	内存自检出错	拔去停电记忆电池几分钟后联机
	通信口参数不正确	检查参数和开关,重新设定
	主机通信口故障	更换
	编程器通信口故障	更换
程序不能装入	内存没有初始化	清内存,重写
	CPU、内存板故障	更换

3. 通信故障检查与处理

通信是 PLC 联网工作的基础。PLC 网络的主站、各从站的通信处理器、通信模块都有工作正常指示。当通信不正常时,需要进行通信故障检查,检查内容和处理见附表 7。

附表 7　通信故障检查与处理

故障现象	故障原因	解决办法
单一模块不通信	接插不好	按紧
	模块故障	更换
	组态不对	重新组态
从站不通信	分支通信电缆故障	按紧插接件或更换
	通信处理器松动	按紧
	通信处理器地址开关错	重新设置
	通信处理器故障	更换
主站不通信	通信电缆故障	排除故障,更换
	调制解调器故障	断电后再起动无效更换
	通信处理器故障	清理后再起动无效更换
通信正常,通信故障灯亮	某模块插入或接触不良	插入并按紧

4. 输入输出故障检查与处理

输入输出模块直接与外部设备相连,是容易出故障的部位。虽然输入输出模块故障容易判断,更换快,但必须查明原因,因为输入输出模块往往是由于外部原因造成损坏,对 PLC 系统危害很大。输入输出故障检查与处理见附表 8。

附表 8　输入输出故障检查与处理

故障现象	故障原因	解决办法
输入模块单点损坏	过电压,特别是高压串入	消除过电压和串入的高压
输入全部不接通	未加外部输入电源	接通电源
	外部输入电压过低	加额定电源电压
	端子螺钉松动	将螺钉拧紧
	端子板连接器接触不良	将端子板锁紧或更换
输入全部断电	输入回路不良	更换模块
特定编号输入不接通	输入器件不良	更换
	输入配线断线	检查输入配线排除故障
	端子接线螺钉松动	拧紧
	端子板连接器接触器不良	将端子板锁紧或更换
	输入信号接通时间过短	调整输入器件
	输入回路不良	更换模块
	OUT 指令用了该输入号	修改程序

续表

故障现象	故障原因	解决办法
特定编号输入不关断	输入回路不良	更换模块
	OUT 指令用了该输入号	修改程序
输入不规则地通、断	外部输入电压过低	使输入电压在额定范围内
	噪声引起误动作	采取抗干扰措施
	端子螺钉松动	拧紧螺钉
	端子板连接器接触不良	将端子板拧紧或更换
异常输入点编号连续	输入模块公共端螺钉松动	拧紧螺钉
	端子板连接器接触不良	将端子板锁紧或更换连接器
	CPU 故障	更换 CPU
输入动作指示灯不亮	指示灯坏	更换
输入模块单点损坏	过电压，特别是高压串入	消除过电压和串入的高压
输出全部不接通	未加负载电源	接通电源
	负载电源电压低	加额定电源电压
	端子螺钉松动	将螺钉拧紧
	端子板连接器接触不良	将端子板锁紧或更换
	保险丝熔断	更换
	I/O 总线插座接触不良	更换
	输出回路不良	更换模块
输出全部不关断	输出回路不良	更换模块
特定编号输出端不接通	输出信号接通时间短	调整输出器件
	程序中继电器号重复	修改程序
	输出器件不良	更换
	输出配线断线	检查输出配线排除故障
	端子螺钉松动	拧紧
	端子板连接器接触不良	将端子板锁紧或更换
	输出继电器不良	更换
	输出回路不良	更换模块
特定编号输出不关断	输出指令的继电器号重复	修改程序
	输出继电器不良	更换
	漏电流或残余电压关不断	更换负载或加假负载电阻
	输出回路不良	更换模块

续表

故障现象	故障原因	解决办法
输出不规则地通、断	负载电源电压过低	噪音引起误动作
	使输出电压在额定范围内	端子螺钉松动
	采取抗干扰措施	端子板连接器接触不良
	拧紧螺钉	将端子板拧紧或更换
异常输出点编号连续	输出模块公共端螺钉松动	拧紧螺钉
	端子板连接器接触不良	将端子板锁紧或更换连接器
	CPU 故障	更换 CPU
	保险丝坏	更换
输出动作指示灯不亮	指示灯坏	更换

三、定期检修与维护

PLC 的可靠性很高，但环境的影响及内部元件的老化等因素也会造成 PLC 不能正常工作。如果能经常定期做好维护、检修，就可以使系统始终工作在最佳状态下，因此，日常维护与定期检修是非常重要的。一般情况下检修时间以 6～12 个月一次为宜，当外部环境条件较差时，可根据具体情况缩短检修间隔时间。PLC 定期检修与维护见附表 9。

附表 9　PLC 定期检修与维护

检修项目	检修内容	判断标准
供电电源	在电源端子处测量电压变化是否在标准范围内	上限不高于 110%供电电压
		下限不低于 85%供电电压
外部环境	环境温度	0～55 ℃
	环境湿度	35%～85%，RH 不结露
	积尘情况	不积尘
输入输出用电源	在输入输出端子处测量电压变化是否在标准范围内	以各输入输出规格为准
安装状态	各单元是否可靠固定	无松动
	电缆的连接器是否插紧	无松动
	外部配线的螺钉是否松动	无松动
寿命元件	电池、继电器、存储器等	以各元件规格为准

附录E S7－200系列PLC指令表

基本逻辑指令			
ID Rit LDI Bit LDN Bit LDNI Bit = Dit =l Brt	取 立即取 取反 立即取反 输出 立即输出	TON TOF TONR	接通延时定时器 关断延时定时器 带记忆的接通延时定时器
		CTU CTD CTUD	增计数 减计数 增减计数
A Bit AI Bit AN Bit ANI Bit	与 立即与 与反 立即与反	LDBx IN1,IN2 ABx IN1,IN2 OBx IN1,IN2	装载字节比较的结果IN1（x：＜、＜＝、＝、＞＝、＞、＜＞）IN2与字节比较的结果IN1（x：＜＝、＝、＞＝、＞、＜＞）IN2或字节比较的结果IN1（x：＜＝、＝、＞＝、＞、＜＞）IN2
O Bit OI Bit ON Bit ONI Bit	或 立即或 或反 立即或反	LDWx IN1,IN2 AWx IN1,IN2 OWx IN1,IN2	装载字比较的结果IN1（x：＜＝、＝、＞＝、＞、＜＞）IN2与字比较的结果IN1（x：＜＝、＝、＞＝、＞、＜＞）IN2或字比较的结果IN1（x：＜＝、＝、＞＝、＞、＜＞）IN2
ALD OLD	与一个组合 或一个组合		
LPS LRD LPP LDS	逻辑堆栈 读逻辑栈 逻辑出栈 入堆栈	LDDx IN1,IN2 ADx IN1,IN2 ODx IN1,IN2	装载双字比较的结果IN1（x：＜＝、＝、＞＝、＞、＜＞）IN2与字比较的结果IN1（x：＜＝、＝、＞＝、＞、＜＞）IN2或字比较的结果IN1（x：＜＝、＝、＞＝、＞、＜＞）IN2
S Bit,N SI Bit,N R Bit,N SI Bit,N （无STL指令形式） （无STL指令形式）	置位一个区域 立即置位一个区域 复位一个区域 立即复位一个区域 置位优先触发器指令（SR） 复位优先触发器指令（RS）	LDRx IN1,IN2 ARx IN1,IN2 ORx IN1,IN2	装载实数比较的结果IN1（x：＜＝、＝、＞＝、＞、＜＞）IN2与字比较的结果IN1（x：＜＝、＝、＞＝、＞、＜＞）IN2或字比较的结果IN1（x：＜＝、＝、＞＝、＞、＜＞）IN2

程序控制指令			
END	程序的条件结束	FOR　INDX, INIT, FINAL NEXT	For/Next 循环
STOP	切换到 STOP 模式		
WDR	看门狗复位(300 ms)		
JMP　N LBL　N	跳到定义的标号 定义一个跳转的标号	LSCR　S−bit SCRT　S−bit CSCRE SCRE	顺序继电器段的启动 状态转移 顺序继电器段条件结束 顺序继电器段结束
CALL　N(N1,…) CRET	调用一个子程序(N1,…可以有16个可选参数) 从子程序条件返回		
程序控制指令			
MOVB　IN,OUT MOVW　IN,OUT MOVD　IN,OUT BMB　IN,OUT,N BMW　IN,OUT,N BMD　IN,OUT,N	字节传送 字传送 双字传送 字节块传送 字块传送 双字块传送	MOVR　IN,OUT BIR　IN,OUT BIW　IN,OUT SLW　OUT,N SLD　OUT,N	实数传送 字节立即读 字节立即写 字左移 双字左移
SWAP　IN	交换字节	RRB　OUT,N RRW　OUT,N RRD　OUT,N	字节循环右移 字循环右移 双字循环右移
SHRB　DATA, S-BIT,N	寄存器移位		
SRB　OUT,N SRW　OUT,N SRD　OUT,N	字节右移 字右移 双字右移	RLB　OUT,N RLW　OUT,N RLD　OUT,N	字节循环左移 字循环左移 双字循环左移
算术和逻辑运算指令			
+I　IN1,OUT +D　IN1,OUT +R　IN1,OUT	整数加法:IN1+OUT=OUT 双整数加法:IN1+OUT=OUT 实数加法:IN1+OUT=OUT	/R　IN1,OUT SQRT　IN,OUT LN　IN,OUT EXP　IN,OUT	实数除法:OUT/IN1=OUT 平方根 自然对数 自然指数
+I　IN1,OUT +D　IN1,OUT +R　IN1,OUT	整数加法:OUT−IN1=OUT 双整数加法:OUT−IN1=OUT 实数加法:OUT−IN1=OUT	SIN　IN,OUT COS　IN,OUT TAN　IN,OUT	正弦 余弦 正切
MUL　IN1,OUT *I　IN1,OUT *D　IN1,OUT *R　IN1,OUT	完全整数乘法:IN1×OUT=OUT 整数乘法:IN1×OUT=OUT 双整数乘法:IN1×OUT=OUT 实数加法:IN1×OUT=OUT	INCB　OUT INCW　OUT INCD　OUT	字节增 1 字增 1 双字增 1
DIV　IN1,OUT /I　IN1,OUT /D　IN1,OUT	完全整数除法:OUT/IN1=OUT 整数除法:OUT/IN1=OUT 双整数除法:OUT/IN1=OUT	DECB　OUT DECW　OUT DECD　OUT	字节减 1 字减 1 双字减 1

表功能指令			
ATT　DATA,TBL	把数据加入表中	FND=TBL,PATRN,INDX FND=TBL,PATRN,INDX FND=TBL,PATRN,INDX FND=TBL,PATRN,INDX	根据比较条件在表中查找数据
LIFO　TBL,DATA FIFO　TBL,DATA	从表中取数据(后进先出) 从表中取数据(先进先出)		
转换指令			
BCDI　OUT	BCD码转换成整数	ROUND IN,OUT	实数转换成双整数(保留小数)
IBCD　OUT	整数转换成BCD码	AIH IN,OUT,LEN	ASCII码转换成ASCII进制格式
BTI　IN,OUT	字节转换成整数	HTA IN,OUT,LEN	16进制格式转换成ASCII码
ITB　IN,OUT	整数转换成字节	ITA IN,OUT,FMT	整数转换成ASCII码
ITD　IN,OUT	整数转换成双整数	DTA IN,OUT,FMT	双整数转换成ASCII码
DTI　IN,OUT	双整数转换成整数	RTA IN,OUT,FMT	实数转换成ASCII码
DTR　IN,OUT	双字转换成实数	DECO/ENCO IN,OUT	解码编码
TRUNC　IN,OUT	实数转换成双字(舍去小数)	SEG IN,OUT	产生7投码显示器格式
表功能指令			
CRETI ENI DISI ATCH　INT,EVNT DTCH　EVNT	从中断条件返回 允许中断 禁止中断 给事件分配中断程序 解除中断事件	NETR/NETW TBL,PORT GPA ADDR,PORT SPA ADDR,PORT	网络读/写 获取口地址 设置口地址
		HDEF HSC,MODE HSC　N	定义高速计数器模式 激活高速计数器
XMT　TBL,PORT RCV　TBL,PORT	自由口传送 自由口接收信息	FLS　Q	脉冲输出(Q为0或1)
		PID　TBL,LOOP	PID回路

参考文献

[1]冀建平. PLC 原理与应用[M]. 北京:清华大学出版社,2010.

[2]郭艳萍. 电气控制与 PLC 应用[M]. 北京:人民邮电出版社,2010.

[3]刘永华,姜秀玲. 电气控制与 PLC 应用技术[M]. 北京:北京航空航天大学出版社,2010.

[4]薛岩. 电气控制与 PLC 技术[M]. 北京:北京航空航天大学出版社,2010.

[5]徐国林. PLC 应用技术[M]. 北京:机械工业出版社,2007.

[6]肖宝兴. 西门子 S7 - 200PLC 的使用经验与技巧[M]. 北京:机械工业出版社,2008.

[7]韩金玲. 电气控制与 PLC[M]. 北京:机械工业出版社,2017.

[8]李长军,刘福祥,王明礼. 西门子 S7 - 200 PLC 应用实例解说[M]. 北京:电子工业出版社,2011.

[9]张文涛. 西门子 S7 - 200 PLC 应用技术[M]. 北京:北京航空航天大学出版社,2010.

[10]李海波,徐瑾瑜. PLC 应用技术项目化教程(S7 - 200)[M]. 北京:机械工业出版社,2012.

[11]向晓汉. PLC 控制技术与应用[M]. 北京:清华大学出版社,2010.

[12]李兰,曹金娟. 电气控制与 PLC[M]. 北京:机械工业出版社,2008.

参考文献

[illegible]